BUR

Giuseppe Ortolano

WEEKEND LOW COST IN ITALIA

GUIDA ANTICRISI
alle più belle mete da vacanza mordi e fuggi

BUR varia

ISBN 978-88-17-08020-0

Prima edizione BUR aprile 2015

Foto © Giuseppe Ortolano
Mappe © Elena Lombardi

Realizzazione editoriale: studio pym / Milano

WEEKEND
LOW COST
IN ITALIA

Ai giovani, perché trovino il tempo
di viaggiare a occhi aperti

Sommario

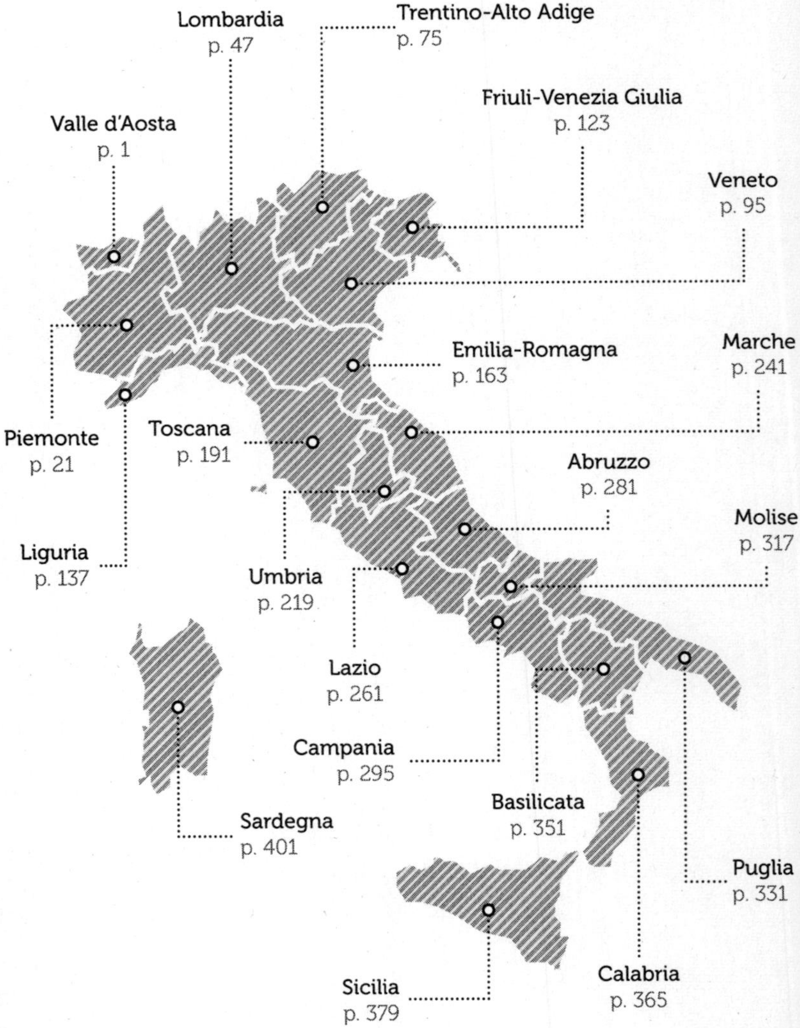
Lombardia
p. 47
Trentino-Alto Adige
p. 75
Friuli-Venezia Giulia
p. 123
Valle d'Aosta
p. 1
Veneto
p. 95
Emilia-Romagna
p. 163
Marche
p. 241
Piemonte
p. 21
Toscana
p. 191
Abruzzo
p. 281
Molise
p. 317
Liguria
p. 137
Umbria
p. 219
Lazio
p. 261
Campania
p. 295
Basilicata
p. 351
Sardegna
p. 401
Puglia
p. 331
Sicilia
p. 379
Calabria
p. 365

1. VALLE D'AOSTA

2. PIEMONTE

3. LOMBARDIA

4. TRENTINO-ALTO ADIGE

5. VENETO

6. FRIULI-VENEZIA GIULIA

7. LIGURIA

Introduzione

È sempre tempo di viaggiare

di Giuseppe Ortolano

Non è necessario attraversare oceani, cercare mete esotiche o avventurarsi ai confini del mondo per emozionarsi di fronte a un paesaggio da sogno, a un antico tempio, alla risacca del mare o a un'opera d'arte. L'Italia, la nostra Italia, così bistrattata dall'avidità e dall'incuria, è ancora un Paese stupendo. Vengono da tutto il mondo per scoprirlo. E chi non può visitarlo si accontenta di immaginarlo, cercarlo nei libri fotografici, nelle inquadrature dei film, nelle parole scritte dai viaggiatori di ieri e di oggi. E allora partiamo anche noi, anche solo per un weekend, per esplorare il nostro Paese, da nord a sud, da est a ovest, alla ricerca delle tante suggestioni che sa regalarci. A ognuno la sua, a seconda dei desideri, degli stati d'animo, dell'età, dei colori che hanno voglia di vedere gli occhi, dei compagni di viaggio, delle musiche o dei silenzi che vogliamo ci allietino.

Per aiutarvi nella scelta della meta ho selezionato sessanta itinerari che penso siano ancora capaci di affascinare il visitatore che ha voglia di ascoltare i suoni della natura e di inciampare nelle tracce di chi ci ha preceduto e ha contribuito a creare una simile bellezza. Sessanta idee per altrettanti weekend low cost, perché il bello deve essere alla portata di tutti, giovani inclusi.

Per ogni meta troverete informazioni utili per organizzare il fine settimana e indicazioni su dove dormire o mangiare a prezzi contenuti. Non me ne vogliano le località escluse, gli alberghi o i ristoranti non segnalati. Lo so, l'Italia low cost è molto più ampia di così, noi partiamo da qui, ma è solo l'inizio del viaggio.

Ho accuratamente controllato indirizzi, numeri di telefono, siti internet, orari e tariffe, ma le cose cambiano rapidamente, i musei possono chiudere per restauro, i locali possono cambiare gestione o riaprire in un altro luogo. Prima di scegliere una trattoria o un b&b vi consiglio quindi di verificare direttamente le informazioni fornite per evitare inconvenienti o delusioni. Sono aperto a critiche, segnalazioni di errori o imprecisioni, ma anche a suggerimenti di luoghi da visitare, locali low cost da sperimentare, tramonti da ammirare, nuove esperienze di turismo da vivere, emozioni da condividere. Perciò, buon weekend a tutti...

Per contattarmi
Pagina Facebook: il viaggiator cortese

Legenda dei simboli usati

Città d'arte

Natura

Mare

Montagna

Nostro preferito

Gratis

Anche con i bambini

Anche per comitive

Green

Wi fi

Cucina tipica

Dintorni

1.

Valle d'Aosta

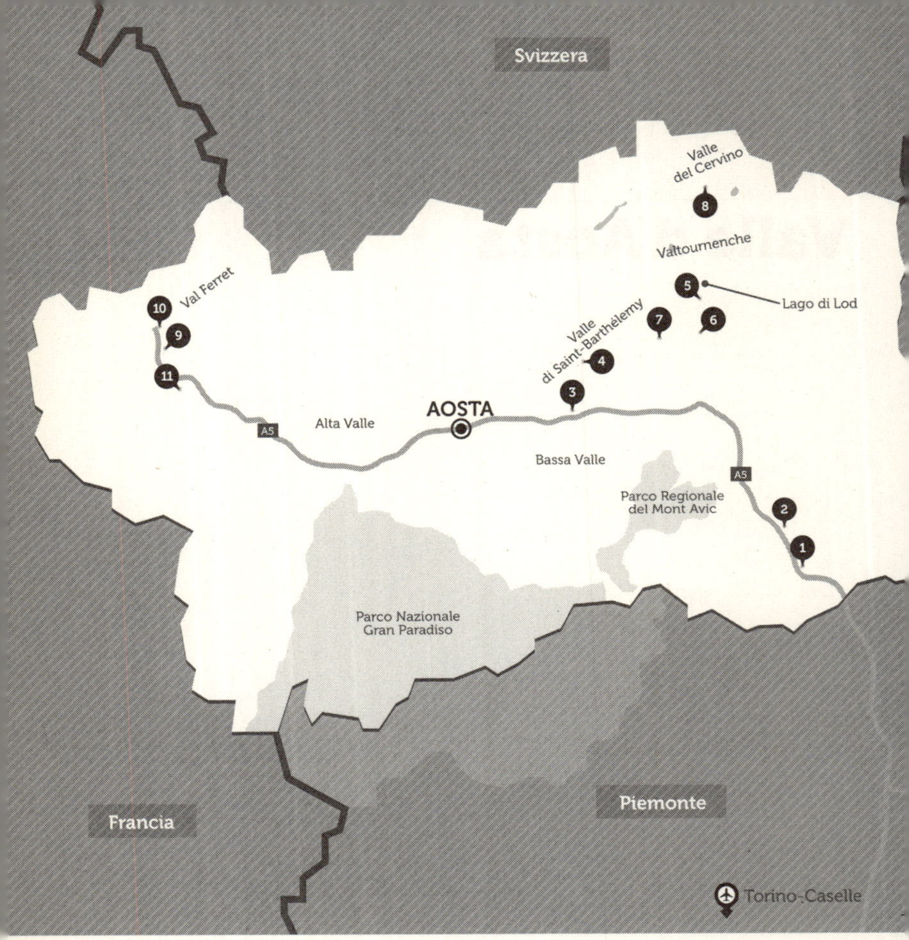

Valle d'Aosta

1. Bard (AO)
2. Arnad (AO)
3. Nus (AO)
4. Lignan (AO)
5. Chamois (AO)
6. La Magdeleine (AO)
7. Torgnon (AO)
8. Cervinia (AO)
9. Courmayeur (AO)
10. Entrèves (AO)
11. Pré-Saint-Didier (AO)

La Bassa Valle d'Aosta

Tra forti, santuari e cieli stellati

Non ha grandi vette e nemmeno famose piste da sci e quindi viene spesso attraversata rapidamente, senza prestarvi molta attenzione. È la Bassa Valle d'Aosta, in cui un tempo transitavano eserciti e commercianti, oggi visitatori fin troppo frettolosi. E proprio per questo suo essere in buona parte trascurata dal turismo di massa è la meta perfetta per un piacevole ed economico weekend tra maestose fortificazioni, sapori genuini e cieli stellati. Tre sono le destinazioni ideali per chi vuole godersi un fine settimana a contatto con la natura, alla scoperta di storia e tradizioni locali, assaporando i prelibati piatti tipici della zona. Si può iniziare da Bard con il suo poderoso forte, costruito per proteggere Piemonte e Nord Italia dalle invasioni, proseguire con Arnad, terra di dolci lardi e antichi riti pagani, per finire con la selvaggia Valle di Saint-Barthélemy, dove ha sede l'osservatorio astronomico.

Il Forte di Bard

1 Bard

È impossibile sfuggire al fascino del Forte di Bard, imponente fortificazione che chiudeva letteralmente il passo a chi voleva entrare in Piemonte dalla Valle d'Aosta. L'attuale costruzione, più volte rimaneggiata, fu edificata nel 1830 nel luogo dove il re ostrogoto Teodorico, agli inizi del VI secolo, aveva affidato a una guarnigione di sessanta armati il compito di sorvegliare e difendere i confini dell'impero. Un tempo utilizzato come colonia penale e deposito di armi, oggi il forte è sede dell'interattivo Museo delle Alpi, che racconta una montagna vissuta e trasformata dalla mano dell'uomo, e dello spazio ludico Le Alpi dei Ragazzi. La visita include anche le antiche e tenebrose prigioni e alcune sale del maniero ospitano regolarmente importanti esposizioni artistiche temporanee.

Ai piedi del forte c'è il piccolo borgo di Bard, attraversato da una stretta via pedonale, con alcune belle case d'epoca affacciate sulla Dora, una chiesa parrocchiale e un minuscolo ma interessante parco di incisioni rupestri.

INFO

Associazione Borgo di Bard • Piazza Cavour 2, Bard • 349 6765358 • www.comune.bard.ao.it

Forte di Bard • 0125 833811 • www.fortedibard.it • Aperto dal martedì al venerdì 10-18; sabato, domenica e festivi 10-19; chiuso in novembre • Costi: Museo delle Alpi 4/8 €, Le Alpi dei Ragazzi 4/6 €

2 Arnad

Arnad e il santuario di Machaby

Arnad è conosciuta per il dolcissimo lardo d'Arnad Dop, ottenuto dalla schiena del maiale, stagionata per almeno tre mesi in recipienti in legno di castagno, larice o rovere, utilizzando una miscela segreta di sale, spezie, aromi naturali ed erbe di montagna.

Dopo una visita alla chiesa parrocchiale di San Martino, piccolo gioiello romanico alla periferia del paese, si prosegue verso il suggestivo santuario di Machaby, dedicato alla Madonna delle Nevi, che si racconta avesse cacciato da una vicina caverna una strega-vipera e un diavolo con sette teste, impegnati in un sabba infernale. Raggiungibile con una passeggiata di circa quindici minuti attraverso il bosco, il santuario, che risale agli inizi del Cinquecento ed è circondato da un grande portico, mostra sul portale d'ingresso i segni lasciati dalle pallottole sparate dai soldati di Napoleone.

Fino a tutto l'Ottocento Machaby è stato un santuario *à répit*, «del respiro», un luogo dove venivano portati i bambini destinati al limbo, perché nati morti, nella speranza che qui potessero rinvenire per l'attimo sufficiente ad amministrare loro il sacramento del battesimo. Proseguendo lungo il sentiero si incontra una pietra liscia, chiamata della fertilità: nell'antichità le donne che desideravano avere un figlio venivano qui perché si diceva che sfregare il corpo sul masso favorisse il concepimento. La mulattiera conduce poi a un antico forte, oggi trasformato in ostello, e alla sovrastante batteria, utilizzati anche come rifugio dai partigiani durante la Seconda guerra mondiale.

INFO
Pro Loco di Arnad • 0125 966121 • Pagina Facebook: Pro Loco Arnad

Nus e la Valle di Saint-Barthélemy

3 Nus

4 Lignan

Nella lunga via principale del bel centro storico di Nus si possono visitare i ruderi del castello medievale, da qualche anno aperti al pubblico. Il maniero fu edificato sui resti di una precedente casaforte che, secondo la leggenda, ospitò Ponzio Pilato mentre si dirigeva in Gallia, dove era stato esiliato da Caligola.
Proseguendo verso la quasi sconosciuta Valle di Saint-Barthélemy si costeggiano i ruderi di un altro castello appartenuto ai conti locali e si raggiungono i 1633 metri di Lignan. Il villaggio è sede dell'Osservatorio Astronomico della Valle d'Aosta dove, grazie allo scarso inquinamento luminoso e alle attività promosse, nelle sere senza nubi, anche i neofiti si possono emozionare puntando in alto i telescopi installati sull'ampia terrazza in legno. Nel vicino planetario si organizzano incontri dedicati alla volta celeste.
La valle prosegue fino a Praz de l'Arp, da dove partono sentieri e assolate piste da sci di fondo. Chi ha voglia di camminare può raggiungere l'alpe Fontin (2003 metri d'altezza e due ore di cammino da Lignan), da cui pare abbia preso il nome il celebre formaggio Dop italiano.

Zoom

Le batailles de reines

Le *batailles de reines* sono un'antica tradizione della Valle d'Aosta, che da secoli organizza combattimenti incruenti tra centocinquanta mucche di razza pezzata nera e castana. L'evento ha luogo tra marzo e ottobre e mette in campo venti battaglie eliminatorie e una finale, nell'arena Croix-Noire di Aosta, durante la quale viene assegnato il prestigioso titolo di *reina delle reines* dell'anno. Come per i pugili, anche in questo caso ci sono diverse categorie, in funzione dell'età e del peso, e la battaglia conclusiva non è solo fra due bovine, ma tra una dozzina di campionesse selezionate durante l'anno.

Association Régionale Amis des Batailles de Reines • Località Grand Chemin 16, Saint-Christophe • 0165 261037 • www.amisdesreines.it

INFO
Pro Loco di Nus • Via Saint-Barthélemy 1, Nus • 0165 767204 • Pagina Facebook: ProLoco Nus

Società Incremento Turistico di Saint-Barthélemy • 339 1499469 • www.saintbart.it

Osservatorio Astronomico della Valle d'Aosta • Località Lignan 39, Saint-Barthélemy • 0165 770050 • www.oavda.it • Aperto su prenotazione, visite diurne e notturne • Costi: 3/15 €

Dove dormire

BARD

UNA VACANZA IN CASA

Nel cuore del borgo di Bard, un b&b che accoglie i suoi ospiti in una tipica abitazione valdostana, arredata con cura e gestita con professionalità e simpatia. L'abbondante prima colazione lascia davvero sorpresi, specie se servita in camera dal proprietario in persona. Il forte e gli altri punti di interesse turistico sono tutti vicinissimi, raggiungibili a piedi.

INFO
Vecchio Torchio • Via Vittorio Emanuele 28, Bard • 0125 809860 • www.vecchio-torchio.it • Costi: camera singola 35/45 €, doppia 60/70 € (prima colazione inclusa)

ARNAD

L'OSTELLO CHE RISPARMIA

Una sapiente ristrutturazione ha trasformato l'antico Forte di Machaby, raggiungibile a piedi in circa venti minuti o con la jeep-navetta al costo di 3 euro, in un accogliente ostello attento al risparmio energetico (pannelli solari e impianto geotermico sono il vanto di questa splendida struttura) e al recupero delle acque piovane. Si alloggia in camere doppie con bagno privato e in camerate con servizi ai piani.

INFO
Ostello del Forte di Machaby • Località Machaby 1, Arnad • 338 6550553 • www.fortedimachaby.it • Costi: camera doppia 23/40 €, posto letto in camerata 21/33 €

LIGNAN

A LIGNAN CON LA COOPERATIVA SOCIALE

Struttura moderna e funzionale, gestita da una cooperativa sociale, l'ostello di Lignan offre camere da due a dieci posti letto, ampie, luminose e confortevoli, alcune con bagno privato, altre con bagno in comune sul piano.
A disposizione degli ospiti ci sono anche due sale in cui mangiare o godersi qualche ora in compagnia, una cucina e il servizio di ristorazione.

INFO
Ostello di Lignan • Località Lignan 38, Saint-Barthélemy • 0165 33221 • www.coopindaco.it • Costi: camera doppia 46/58 €, posto letto 16,50 € (prima colazione inclusa)

Dove mangiare e bere

BARD

QUANDO NOVITÀ E TRADIZIONE SI INCONTRANO

Dopo aver visitato il Forte di Bard, cosa c'è di meglio di una pausa alla Caffetteria di Gola, ospitata all'interno di un locale del maniero, con arredi moderni e antiche feritoie per ammirare la valle? Il menu prevede specialità valdostane, come le classiche crespelle con fontina, oltre a taglieri di salumi e formaggi.

INFO

Caffetteria di Gola • Forte di Bard, Bard • 0125 833811 • Chiuso lunedì • Costi: 18/22 €, bevande escluse

I SAPORI DI UNA VOLTA NON DELUDONO MAI

Cinque minuti di auto separano il Forte di Bard da questa simpatica locanda, che mette in tavola i sapori di una volta. Ottimi i formaggi, la ricotta di latte intero con spezie e i salumi, speciali le tagliatelle alle noci e i dolci fatti in casa, tra i quali il bunet e la pannacotta. Il menu, presentato con tutti i crismi dal cameriere, varia a seconda della disponibilità dei prodotti di stagione.

INFO

Locanda Saveur d'Antan da Gino • Via Rondevacca 16, Donnas • 0125 807340 • Chiuso martedì • Costi: 15/18 €, bevande escluse

ARNAD

IL TRIONFO DEL KM 0

Quasi tutte le materie prime dei piatti serviti in questo agriturismo sono coltivate dai gestori. Il pane di segale è fatto in casa e cotto nel forno a legna, il vino proviene dalla cantina di famiglia, le castagne sono raccolte nei boschi della zona. Un trionfo di sapori decisi che vale la pena provare e che giustifica la passeggiata necessaria per raggiungere il ristoro.

INFO

Agriturismo Lo Dzerby • Località Machaby, Arnad • 0125 966067 • www.lodzerby.it • Aperto da maggio a ottobre sabato, domenica e festivi; ad agosto tutti i giorni, tranne lunedì • Costi: 10/16 €, bevande escluse

LE RICETTE DELLA NONNA

Osteria tradizionale valdostana dove si servono solo piatti della cucina regionale, preparati secondo le ricette della nonna.
Tra le specialità la minestra d'orzo e la zuppa di castagne, la fondue suisse e la polenta concia. Da provare la pierrade, carne cotta su pietra e condita con un'infinità di salsine, una più sfiziosa dell'altra.

INFO

Osteria L'Arcaden • Località Champagnolaz 1, Arnad • 0125 966928 • Chiuso lunedì e giovedì • Costi: 15/19 €, bevande escluse

NUS

AL POSTO DELLA MENSA, UN RISTORANTE

All'interno di una vecchia casa padronale, nelle sale una volta destinate alla mensa degli operai agricoli, questa accogliente

azienda agrituristica porta in tavola sapori prelibati, che non dimenticherete facilmente. Oltre al menu fisso, si possono ordinare salumi della casa, flan di verdura, polenta cotta sul forno a legna, ravioli, carne al ginepro e ottimi gelati artigianali.
L'agriturismo dispone anche di camere e appartamenti per il pernottamento.

INFO

Maison Rosset • Passaggio Rosset 1, Nus • 0165 767176 • www.maisonrosset.it • Chiuso lunedì • Costi ristorante: menu a prezzo fisso 30 €, bevande incluse; costi albergo: camera singola 40/50 €, doppia 70/90 €

LIGNAN

IL BAR DI MONTAGNA DOC

Nella frazione di Lignan, a oltre 1600 metri d'altezza, situato nella piazza centrale, un semplice bar-ristorante arredato nel classico stile di alta montagna. Tra i piatti, le cotolette di vitello alla valdostana, le zuppe di stagione, la fonduta e la carne di vitello e maiale accompagnata dalla polenta. A pranzo il menu è anche a prezzo fisso.

INFO

Bar ristorante Saint-Barthélemy • Località Lignan 40, Saint-Barthélemy • 0165 767199 • www.ristorantestbarthelemy.com • Chiuso lunedì • Costi: 13/18 €, bevande escluse; menu fisso 10 €

Trasporti e collegamenti

IN AEREO

L'aeroporto più vicino è quello di Torino-Caselle • Strada Aeroporto 12, Caselle Torinese • 011 5676361 • www.aeroportoditorino.it

IN TRENO

Le stazioni più vicine sono quelle di Pont-Saint-Martin e Verrès, sulla linea ferroviaria Torino-Aosta.

IN AUTO

È il mezzo di trasporto consigliato, specie per raggiungere il parcheggio ai piedi del Forte di Bard e del santuario di Machaby e la Valle di Saint-Barthélemy. L'uscita dell'autostrada A5 più comoda è Pont-Saint-Martin. Proseguire quindi per la SS 26 in direzione del capoluogo.

IN AUTOBUS

Bard, Arnad e Nus sono raggiungibili con gli autobus Savda della linea Milano-Ivrea-Aosta • 0165 367011 • www.savda.it

La Valle del Cervino

Dai silenzi di Chamois ai ghiacciai del Cervino

Il Cervino, uno dei mitici «quattromila» delle Alpi, è una montagna simbolo, una spettacolare piramide di granito da ammirare fermandosi lungo la Valtournenche, dove potrete scoprire anche Chamois, la Zermatt italiana, con i suoi silenzi, i prati verdi e la dolcezza di un luogo, anzi di un comune, l'unico in Italia, non ancora violato dalle auto. Poco lontano, sempre con un occhio rivolto al Cervino, i mulini di La Magdeleine, a ricordarci che le Alpi non sono solo cime da scalare, ma anche campi tenacemente strappati alla montagna da contadini che per secoli hanno saputo dialogare con la natura, in un equilibrio fragile ma difeso con impegno e dedizione.

Chamois

5 Chamois

Chamois è una piccola e quasi sconosciuta perla delle Alpi italiane, dove non circolano automobili. Il minuscolo comune, situato a circa 1800 metri d'altezza e abitato da una novantina di persone, è raggiungibile solo a piedi o, molto più comodamente, utilizzando una funivia da Buisson al costo di un biglietto del tram. Una località da sogno, che alcuni definiscono la Zermatt italiana, decisamente meno frequentata della nota località svizzera sull'altro versante del

Cervino, ma anche molto meno costosa.

La funivia si ferma in un'ampia piazzetta, sulla quale si affacciano il municipio, l'unico negozio che vende un po' di tutto, la chiesa seicentesca e un paio di bar-ristoranti. Da qui si parte, rigorosamente a piedi – quando nevica con gli sci o con le racchette –, verso le altre frazioni vicine, piccoli borghi in cui si conduce una vita semplice, in cui tutti si conoscono e dove ci si dà appuntamento alla fontana, alla cappella votiva e al forno, dove una volta alla settimana si cuoceva il pane.

In questi paesi si possono ammirare alcuni piccoli tesori dell'architettura tradizionale, come i rascard, tipiche costruzioni in legno e pietra di origine franco-provenzale legate alla coltivazione dei cereali. Stupendi i prati e i pascoli, che cambiano colore con le fioriture e il trascorrere delle stagioni e che d'inverno sono ricoperti di un candido manto di neve.

A piedi o in seggiovia si arriva al piccolo Lago di Lod, dal quale si diramano sentieri decisamente più impegnativi che portano al panoramico Col de Nana (2775 m), da cui si gode una bella vista sul Cervino e su Cheneil, caratteristico centro abitato della Valtournenche.

INFO

Ufficio Turistico di Chamois • Località Corgnolaz, Chamois • 0166 47134 | 0166 548266 • www.infochamois.it

6

La Magdeleine

La Magdeleine

La via più comoda per raggiungere La Magdeleine passa proprio da Chamois. Da qui, infatti, parte un'ampia mulattiera che, in poco più di un'ora, conduce al suggestivo Sentiero dei Mulini di La Magdeleine.

Si tratta di un interessante ecomuseo della civiltà contadina di alta montagna, lungo il quale si incontrano ben otto mulini, anticamente usati per macinare i cereali con cui produrre un ottimo pane nero, che veniva cotto nei cinque forni comunali situati nelle diverse frazioni del comune.

Le origini di questi impianti, costruiti lungo un piccolo corso d'acqua che nasce da alcune sorgenti alle pendici del Monte Tantané, si perdono nella notte dei tempi e risalgono ai primi insediamenti di questa valle.

I mulini sono raggruppabili in due categorie. Cinque di essi sono soltanto visitabili, con l'ausilio di pannelli che ne illustrano nel dettaglio il funzionamento; gli altri tre, oltre a essere aperti al pubblico, sono ancora in attività e il loro utilizzo, nel rispetto di alcune semplici regole, è libero, come da tradizione.

La singolarità di questi mulini consiste nel fatto che, come abbiamo già accennato, sono disposti in catena, in modo da poter sfruttare al meglio la poca acqua disponibile.

INFO
Ufficio Turistico di La Magdeleine • La Magdeleine • 320 4328359 • www.comune.la-magdeleine.ao.it

Zoom

Torgnon

7 Torgnon

In Valtournenche si incontra anche il bel borgo di Torgnon, con una splendida vista sul mitico quattromila. Suddiviso in numerose frazioni che conservano la caratteristica architettura alpina, gode di una posizione soleggiata ed è il punto di partenza per raggiungere il vicino Colle di Saint-Pantaléon, dal quale si ammira uno splendido panorama sulla Valle Centrale e sulla Valtournenche, con le Grandes Murailles, il Cervino e il ghiacciaio del Breithorn. In località Chantorné, a 1765 metri, in una bella pineta, c'è un'area attrezzata per il picnic. Non è raro, percorrendo i sentieri alle quote più elevate, incontrare camosci, stambecchi e marmotte e trovare le stelle alpine. In inverno si possono praticare sia lo sci alpino sia quello di fondo.

Ufficio Turistico di Torgnon • Piazza Frutaz, Torgnon • 0166 540433 • www.torgnon.net

Cervinia

8 Cervinia

Dimenticate il silenzio di Chamois e il piacevole rumore dell'acqua che muove i mulini di La Magdeleine. Cervinia è una delle più famose stazioni sciistiche delle Alpi, piena di alberghi, seconde case e locali alla moda.
Le sue origini risalgono a più di duecento anni fa e la sua notorietà è legata al fatto di trovarsi ai piedi della maestosa e spettacolare vetta del Monte Cervino, alto ben 4478 metri. Nelle belle giornate la cima della celebre montagna si specchia nelle acque del suggestivo Lago Blu, situato in un'incantevole conca morenica alla periferia del paese. Il suo nome deriva dalla presenza di alcune alghe accumulate sul fondo, che riflettono il colore blu intenso.
Per farsi affascinare davvero dal panorama alpino bisogna assolutamente prendere la funivia che raggiunge il ghiacciaio di Plateau Rosa. Qui si trova il museo europeo costruito alla quota più alta, «Una montagna di lavoro», con numerose fotografie e una collezione di attrezzi d'epoca che propongono al visitatore un avvincente viaggio tra i segreti del territorio e della costruzione di quegli impianti di risalita che hanno fatto la fortuna della Valle d'Aosta e delle altre località sciistiche delle Alpi. Il ghiacciaio regala anche una splendida e indimenticabile vista del Cervino e delle montagne

circostanti (condizioni climatiche permettendo, data l'altitudine).

INFO
Ufficio del Turismo di Cervinia • Via Circonvallazione 2, Cervinia • 0166 949136 • www.cervinia.it

Museo «Una montagna di lavoro» • Località Plateau Rosa, Cervinia • 0166 944311 • Aperto tutti i giorni 10-16 (verificare sempre che gli impianti di risalita funzionino) • Costi: ingresso gratuito

Dove dormire

CHAMOIS

NEL BOSCO DI LAVORÈ

Questo tranquillo e grazioso chalet di montagna in pietra e legno, nella minuscola frazione di Lavorè, a metà strada tra il capoluogo e il Lago di Lod, si affaccia su un ampio prato ed è il punto di partenza ideale per passeggiate ed escursioni con gli sci. Si alloggia in camere con due, quattro o sei letti e servizi al piano. Il rifugio dispone anche di una sala ristorante e il clima è familiare.

INFO
Rifugio Alpino L'Ermitage • Località Lavorè 5, Chamois • 0166 47140 • www.rifugioermitage.it • Costi: 40 € a persona (prima colazione inclusa), mezza pensione 50 €

D'ESTATE E D'INVERNO DA RASCARD D'ANTAN

Nella frazione La Ville c'è un antico fienile in legno, oggi adibito a b&b. L'ambiente è caldo e accogliente, rigorosamente in legno, il luogo ideale in cui rivivere atmosfere d'altri tempi, con stanze curate e confortevoli, seppur non particolarmente ampie. Perfetto per chi desidera allontanarsi dal caos della città senza rinunciare ai comfort.

INFO
Rascard d'antan • Località La Ville 5, Chamois • 345 8942730 • www.rascard-dantan.com • Costi: 32/43 € a persona (prima colazione inclusa)

LA MAGDELEINE

L'HOTEL SENZA TV

Nei pressi del Sentiero dei Mulini, un albergo semplice in puro stile montano. Una ventina di camere con vista panoramica sulla vallata – prive di televisori ma ricche di silenzio –, un parco giochi, un campo di bocce e una taverna con musica dal vivo. Gestione familiare e piacevolmente informale.

INFO
Hotel Miravidi • Località Artaz 8, La Magdeleine • 0166 548259 • www.miravidi.com • Costi: camera singola 38/45 €, doppia 50/70 € (prima colazione inclusa)

CERVINIA

DORMIRE A CERVINIA SALVANDO IL PORTAFOGLIO

Cervinia non è una località economica, ma questo hotel a conduzione familiare permette di soggiornare proprio ai piedi del Cervino senza spendere una fortuna. Dispone di undici camere con servizi e, grazie alla recente ristrutturazione, offre un ambiente intimo e curato.

INFO

Hotel Meynet • Via Carrel 2, Cervinia • 0166 948696 • www.hotelmeynet.it • Costi: camera singola 48/81 €, doppia 76/142 € (prima colazione inclusa); sconti in alcuni periodi per soggiorni di quattro giorni

TORGNON

AL BOULE DE NEIGE CON VISTA SULLA MONTAGNA

Due camere doppie e due appartamenti con quattro posti letto in una casa rurale in pietra a tre piani, affacciata sui prati e sulle montagne della Valle del Cervino. Al piano terra una piccola sala in cui fare colazione o cenare provando la cucina tradizionale valdostana. Gli spazi sono arredati con mobili in legno massello, che rendono l'ambiente particolarmente caldo e accogliente.

INFO

Agriturismo Boule de Neige • Località Mazod 16, Torgnon • 0166 540617 • www.agriturismitorgnon.it • Costi: camera doppia 61/81 € (prima colazione inclusa)

Dove mangiare e bere

CHAMOIS

SULLA RIVE DEL LAGO DI LOD

Proprio sulle rive del Lago di Lod c'è una simpatica baita trasformata in accogliente bar e ristorante dove assaporare piatti tradizionali come polenta e spezzatino, crespelle alla valdostana, tomini caldi con speck, taglieri di salumi e formaggi. Ottime le torte fatte in casa. Nella bella stagione è possibile mangiare all'aperto.

INFO

Bar ristorante Da Bruna • Località Lago Lod 6, Chamois • 0166 47155 | 333 5448267 • Aperto tutti i giorni da dicembre a marzo e da giungo a ottobre • Costi: 15/20 €, bevande escluse

LE SPECIALITÀ VALDOSTANE DI PIERINA

Cucina tipica valdostana in un ambiente caldo, accogliente e familiare. D'estate si mangia in un grazioso dehors, circondati da una ricca varietà di fiori colorati, con vista sui monti circostanti. Tra le specialità il dolce lardo di Arnad con castagne e miele, gli gnocchi alla bava, il salmì di cervo e la polenta concia.

INFO

Chez Pierina • Località Corgnolaz, Chamois • 0166 47126 • www.chezpierina.it • Chiuso mercoledì • Costi: 20/25 €, bevande escluse

LA MAGDELEINE

UNA POLENTA DA MANUALE

In questa trattoria di montagna a conduzione familiare il pezzo forte è la polenta concia in stile valdostano, ma solo dopo aver assaggiato il tagliere di salumi e formaggi locali.

Chi non ama troppo la polenta può invece provare la zuppa valdostana, la carbonade (carne di manzo cotta nel vino rosso) e lo spezzatino di cacciagione.

INFO

Trattoria Lo Scoiattolo • Località Vieu 75, La Magdeleine • 0166 548240 • Chiuso lunedì in bassa stagione • Costi: 18/20 € bevande escluse

CERVINIA

AL SOLITO POSTO

Se proprio avete voglia di fermarvi a mangiare a Cervinia, meta non facile per il turismo low cost, potete affidarvi alla cucina onesta di questo locale.
Semplice menu turistico, pizze e un paio di sere alla settimana cene in stile montanaro.
Buona la pasta fatta in casa. Piacevole il dehors.

INFO

Al Solito Posto • Via A. Meynet 11, Cervinia • 0166 949126 • Chiuso giovedì in bassa stagione • Costi: 18/25 €, bevande escluse

TORGNON

TUTTO A BASE DI PIATTI SEMPLICI

La baita Alpe Gorzà si trova in una posizione strategica: d'inverno è proprio sulle piste da sci, mentre d'estate è possibile praticare la pesca sportiva nel vicino Lago Gordza. Con la neve si può prenotare la salita in motoslitta fino al rifugio, dove vi aspetta una cena a base di specialità locali.

INFO

Alpe Gorzà • Località Chantorné, Torgnon • 347 8347267 • www.alpegorza.it • Aperto tutti i giorni in alta stagione, solo nei fine settimana il resto dell'anno • Costi: 15/18 €, bevande escluse; cena in motoslitta da 28 €

Trasporti e collegamenti

IN AEREO

L'aeroporto più vicino è quello di Torino-Caselle • Strada Aeroporto 12, Caselle Torinese • 011 5676361 • www.aeroportoditorino.it

IN TRENO

La stazione ferroviaria più vicina è quella di Châtillon-Saint-Vincent, a circa 20 chilometri dalla Valtournenche, posta sulla linea Torino-Chivasso-Aosta.

IN AUTO

Imboccare l'autostrada A5 Torino-Aosta, prendere l'uscita Châtillon-Saint-Vincent, proseguire quindi sulla SS 46.

IN AUTOBUS

La Valle d'Aosta è servita dagli autobus Savda in partenza da Milano, Aosta e altre località • 0165 367011 • www.savda.it

Courmayeur e la Val Ferret

Monte Bianco low cost

Courmayeur è la regina indiscussa del Monte Bianco, ma ha un difetto: è abbastanza costosa. Per fortuna c'è anche la possibilità di visitare la zona e godere della spettacolare presenza della montagna più alta d'Europa a prezzi low cost.
Dopo una piacevole passeggiata nella suggestiva via Roma, che attraversa il centro storico della cittadina e sulla quale si affacciano locali alla moda e noti marchi commerciali, ci si può dirigere verso Entrèves o Pré-Saint-Didier, località non solo decisamente più economiche ma anche piene di sorprese per il turista curioso.

Courmayeur

9 Courmayeur

Notissima località turistica situata in un'ampia conca a 1224 metri d'altezza, nell'Ottocento Courmayeur era frequentata da nobili e borghesi, attirati dalle proprietà benefiche delle sue acque termali, e accoglieva il turismo nazionale e internazionale desideroso di cimentarsi con la vetta più alta d'Europa. Oggi è ancora una cittadina un po' snob ed esclusiva: una passeggiata lungo l'isola pedonale di via Roma, che attraversa tutto il centro storico, permette di scoprirne l'animo mondano, con i suoi negozi di lusso e i tanti bar-ristoranti dove sorseggiare vini e liquori locali e provare i sapori decisi della cucina valdostana. L'importante è non lasciarsi ingannare dalle prime impressioni: sotto l'ap-

parenza chic si nascondono varie soluzioni low cost, adatte a tutte le tasche.
Due le mete interessanti da visitare in città: il Museo Alpino Duca degli Abruzzi e il Museo Transfrontaliero del Monte Bianco. Il primo è ospitato dalla suggestiva Casa delle Guide, dove viene raccontato il periodo eroico dell'alpinismo attraverso l'esposizione di documenti originali, cimeli e attrezzature utilizzate per scalare il Monte Bianco. Poco lontano ci sono i nuovi locali del Jardin de l'Ange, dove ha sede la sezione valdostana del Museo Transfrontaliero del Monte Bianco, che promuove la riflessione sull'identità delle popolazioni dell'Alta Savoia e della Valle d'Aosta con mostre temporanee.

Tra gli appuntamenti culturali più importanti il Courmayeur Noir Festival che, in dicembre, esplora le frontiere del brivido, e la Festa delle Guide Alpine il giorno di ferragosto.

INFO

Ufficio Turistico di Courmayeur • Piazzale Monte Bianco 15, Courmayeur • 0165 841612 • www.courmayeurmontblanc.it

Museo Alpino Duca degli Abruzzi • Casa delle Guide, strada Villair 2, Courmayeur • 0165 842064 • www.guidecourmayeur.com • Aperto tutti i giorni 9-12.30 e 16-19, tranne mercoledì • Costi: 1,50/3 €

Museo Transfrontaliero del Monte Bianco • Jardin de l'Ange, via Puchoz 4, Courmayeur • 0165 831311 • Aperto per mostre temporanee • Costi: ingresso gratuito

10 Entrèves

Entrèves e la Val Ferret

Uscendo da Courmayeur e proseguendo in direzione del traforo del Monte Bianco e della Francia si raggiunge Entrèves, l'ultima frazione della nota stazione alpina. Il borgo, con una bella casaforte trecentesca, è la porta della selvaggia e silenziosa Val Ferret, meta ideale per chi ama la pace e la tranquillità.
Qui non ci sono piste da sci né locali alla moda e per molti mesi all'anno non sono ammesse le auto private, validamente sostituite dal servizio di bus navetta in partenza dalla strada statale, non lontano dalla stazione delle funivie del Monte Bianco. Dominata dai ghiacciai della cima più alta d'Europa, resa accessibile a tutti da un'ampia mulattiera dalla dolce pendenza – percorribile anche in bicicletta –, la Val Ferret regala al visitatore quiete e serenità, oltre a piacevoli soste golose negli chalet del soleggiato fondovalle bagnato dalle fresche acque della Dora. I più sportivi possono imboccare i numerosi sentieri che risalgono la montagna e conducono ad accoglienti e panoramici rifugi alpini. Come quello dedicato all'alpinista Walter Bonatti, situato a poco più di 2000 metri d'altezza, meta ideale e non troppo faticosa per provare per la prima volta il fascino di

una notte in rifugio e di un'alba sul Monte Bianco, di fronte ad affilate creste e maestosi ghiacciai.
D'inverno la vallata si può attraversare con le racchette da neve o gli sci di fondo, sempre che non sia a rischio valanghe (segnalato da cartelli posti al suo ingresso).

INFO
Consorzio Val Ferret • Località Plampincieux, Courmayeur • 0165 869812 | 0165 842060 • www.consorziovalferret.it

Rifugio Bonatti • Località Malatrà, Val Ferret • 0165 1855523 | 335 6848578 • www.rifugiobonatti.it • Aperto tutti i giorni • Costi: 25/60 € a persona

Zoom

La traversata del Monte Bianco

Poco dopo Courmayeur, in località La Palud, inizia lo spettacolare percorso in funivia della traversata del Monte Bianco. Il primo tratto porta al rifugio Torino, con la possibilità di fare una sosta all'Oasi Naturalistica del Pavillon du Mont Fréty e al Giardino Botanico Alpino Saussurea. Dal rifugio Torino si prosegue fino ai 3462 metri di Punta Helbronner, la cui spettacolare Terrazza dei Ghiacciai (chiusa per manutenzione, la riapertura è prevista per aprile 2015) regala indimenticabili panorami su tutto l'arco alpino. Dalla Punta partono le telecabine che, «sorvolando» ghiacciai e crepacci, arrivano in Francia, ai 3842 metri dell'Aiguille du Midi, collegata da una funivia all'elegante località alpina francese di Chamonix.

Funivie del Monte Bianco • 0165 89925 • www.montebianco.com • Aperto 8.30-16 • Costi: 16/30 € a/r

Pré-Saint-Didier

11 Pré-Saint-Didier

Situata in una conca verdeggiante ai piedi del Monte Bianco, poco prima di Courmayeur provenendo da Aosta, Pré-Saint-Didier vanta un bel centro storico, in cui visitare la chiesa parrocchiale di San Lorenzo, edificata presumibilmente nell'XI o nel XII secolo, con un campanile in stile romanico lombardo dalla caratteristica torre quadrata, che si ritiene essere il più antico della Valle d'Aosta. Chi è interessato all'arte sacra non può perdersi le cappelle delle vicine frazioni di Verrand, Palleusieux, Champex ed Elevaz, che conservano al loro interno preziose statue quattro-cinquecentesche in legno intagliato e dipinto. Ma il vero gioiello del paese si trova poco fuori il centro abitato, in una grotta situata alla base dell'orrido di Pré-Saint-Didier, scavato dalla Dora di Verney. Qui, infatti, sgorgano acque minerali calde già conosciute in epoca romana. Ricostituenti, per la presenza di ferro, e antireumatiche, per la loro moderata radioattività, alimentano un piacevole centro termale inaugurato nel 1834 e recentemente rimodernato. Tre piscine di acqua calda all'aperto, funzionanti anche d'inverno con la neve, offrono la rara opportunità di ammirare i ghiacciai del massiccio del Monte Bianco completamente immersi nell'acqua fumante. E nel giardino termale è anche possibile accedere alle saune all'interno di caratteristiche baite di legno, con ampie vetrate panoramiche sulle vicine montagne.

INFO
Pro Loco di Pré-Saint-Didier • Piazza Vittorio Emanuele II 15, Pré-Saint-Didier • 0165 87817 • www.comune.pre-saint-didier.ao.it

Terme di Pré-Saint-Didier • Allée des Thermes, Pré-Saint-Didier • 0165 867272 • termedipre.it • Costi: 44/52 €, sconti per ingressi dopo le 18

Dove dormire

COURMAYEUR

L'AGRITURISMO CHE RISPETTA L'AMBIENTE

In questa bella azienda agricola con vista sul Monte Bianco, si allevano capre, pecore e bovini e si coltivano ortaggi e frutta. L'energia arriva dai pannelli fotovoltaici e si utilizza il riscaldamento con caldaia alimentata dalla legna trovata nei boschi. Per chi vuole rilassarsi, c'è un'area wellness con idromassaggio e sauna. È inoltre possibile portare a casa alcuni prodotti ordinandoli alla reception.

INFO
Agriturismo le Rêve • Rue du Biolley 3, Courmayeur • 0165 842861 • www.agriturismolereve.com • Costi: 40/70 € a persona (prima colazione inclusa), da settembre a novembre i bambini fino a cinque anni non pagano

ENTRÈVES E VAL FERRET

IL DUE STELLE DI ENTRÈVES

Albergo dotato di tutti i comfort, grazioso e in perfetto stile valdostano. I gestori sono particolarmente gentili e sempre disponibili a fornire indicazioni su come impiegare al meglio il weekend. L'atmosfera rilassata e il giardino con tavolini e sdraio garantiscono un piacevole soggiorno. Consigliata l'opzione della mezza pensione.

INFO
Hotel Aigle • Strada La Palud 5, Entrèves • 0165 869700 • www.hotelaigle.it • Costi: camera singola 50/60 €, doppia 70/90 € (prima colazione inclusa); sconti in alcuni periodi di bassa stagione

NEL PIANORO DELLA VAL FERRET

Dieci camere doppie e una singola, tutte con il bagno al piano, in un edificio ristrutturato di recente, immerso nel verde pianoro della Val Ferret, con un ampio solarium e una vista spettacolare sul massiccio del Monte Bianco.

L'ambiente è cordiale e tranquillo,

e c'è un ristorante che propone numerose specialità gastronomiche regionali.

INFO
Albergo Lavachey • Località Lavachey, Val Ferret • 0165 869723 • www.lavachey.com • Costi: camera singola 47 €, doppia 73 € (prima colazione inclusa)

PRÉ-SAINT-DIDIER

DORMIRE A DUE PASSI DALLE TERME
Questo accogliente b&b, situato nel placido paesino di Pré-Saint-Didier, è convenzionato con le vicine terme. Si alloggia in camere doppie, anche a uso singola, con la possibilità di aggiungere un letto, in una semplice casa valdostana. Nella bella stagione ci si rilassa in un piccolo giardino rivolto alle montagne, da cui si può ammirare lo splendido panorama.

INFO
La Maison des Fleurs • Via Verney 23, Pré-Saint-Didier • 0165 87012 • www.bblamaisondesfleurs.com • Costi: camera singola 45/60 €, doppia 70/100 € (prima colazione inclusa)

Dove mangiare e bere

COURMAYEUR

CRÊPES DOLCI O SALATE
E UN BICCHIERE DI SIDRO
Uno spuntino leggero ma non troppo? Ecco un locale informale dove mangiare crêpes salate o dolci, accompagnate dal tradizionale e dolce Cidre Bouché o da un fresco bicchiere di vino Blanc de Morgex et La Salle. Questi prodotti sono una specialità del bistrot, così come i taglieri di fontina, la mocetta e il lardo di Arnad.

INFO
Petit Bistrot • Via Marconi 6, Courmayeur • 347 5084158 • www.petitbistrot.it • Chiuso lunedì • Costi: 15/20 €, bevande escluse

L'IDEA GIUSTA PER UN PRANZO
AL SACCO
Se siete in partenza per un'escursione con pranzo al sacco, è d'obbligo una sosta alla storica e affollata bottega dei fratelli Panizzi, dove si possono acquistare i migliori prodotti tipici della valle, come il formaggio Bleu d'Aoste, le fontine, le tome d'alpe, il lardo o lo yogurt artigianale.

INFO
Fratelli Panizzi • Via Circonvallazione 41, Courmayeur • 0165 843041 • www.panizzicourmayeur.com • Chiuso martedì • Costi: pranzo al sacco medio 10 €, bevande escluse

ENTRÈVES E VAL FERRET

LA BRASSERIE VALDOSTANA
PER ECCELLENZA
Un buon ristorante dall'atmosfera caratteristica, in cui il servizio è gentile ed efficiente, dove gustare la cucina tradizionale valdostana, ma soprattutto saporite fondute, raclette e bourguignonne.
Non manca ovviamente la polenta, degno accompagnamento di ogni piatto che si rispetti.

Chi vuole stare leggero o preferisce il pesce, può assaggiare la trota alla griglia.

INFO
La Brasserie d'Entrèves • Via Colle Del Gigante 27, Entrèves • 0165 869718 • Chiuso mercoledì in bassa stagione • Costi: 22/25 €, bevande escluse

AI PIEDI DEL MONTE BIANCO

Per un pranzo particolare si può raggiungere in funivia il rifugio Torino, situato a oltre 3000 metri d'altezza, dalla cui terrazza si ammira un panorama mozzafiato. La cucina è semplice, tradizionale e sostanziosa, accompagnata da buoni vini valdostani e piemontesi. Per chi lo desidera, è possibile pernottare in semplici camerate.

INFO
Rifugio Torino • 0165 846484 | 0165 844034 • www.rifugiotorino.com • Aperto tutti i giorni • Costi: 20 €, bevande incluse

PRÉ-SAINT-DIDIER

LA TRATTORIA DELLA STAZIONE

È il tipico ristorante della stazione, ma non fatevi ingannare dall'aspetto dimesso. La cucina casalinga regala ottimi piatti della tradizione valdostana, preparati con grande amore. Antipasti di salumi misti, tagliatelle con selvaggina e una fumante polenta con i funghi fanno di questa trattoria un vero gioiello gastronomico di Pré-Saint-Didier, per di più a prezzi davvero vantaggiosi.

INFO
Trattoria la Vecchia Stazione • Via Della Stazione 2, Pré-Saint-Didier • 0165 87842 • Chiuso mercoledì • Costi: 22/25 €, bevande escluse

Trasporti e collegamenti

IN AEREO
L'aeroporto più vicino è quello di Torino-Caselle • Strada Aeroporto 12, Caselle Torinese • 011 5676361 • www.aeroportoditorino.it

IN TRENO
La stazione ferroviaria più vicina è quella di Pré-Saint-Didier, sulla linea Chivasso-Aosta-Pré-Saint-Didier.

IN AUTO
Imboccare l'autostrada A5 Torino-Aosta e prendere l'uscita per Courmayeur.

IN AUTOBUS
Courmayeur è servita dagli autobus della compagnia Savda in partenza da Milano, Aosta e altre località • 0165 367011 • www.savda.it

2.

Piemonte

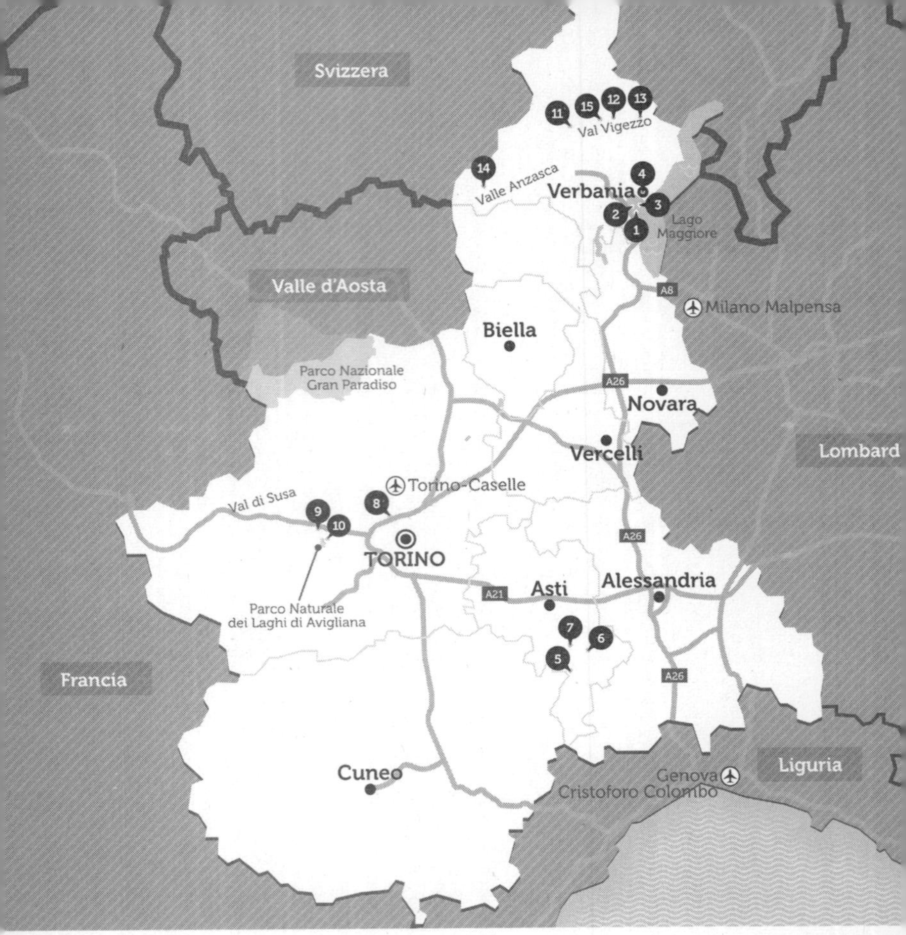

Piemonte

1. Isola Bella (VCO)
2. Isola Madre (VCO)
3. Isola dei Pescatori (VCO)
4. Verbania (VCO)
5. Canelli (AT)
6. Nizza Monferrato (AT)
7. Castelnuovo Calcea (AT)
8. Venaria Reale (TO)
9. Sant'Ambrogio (TO)
10. Avigliana (TO)
11. Domodossola (VCO)
12. Santa Maria Maggiore (VCO)
13. Re (VCO)
14. Macugnaga (VCO)
15. Coimo (VCO)

Le isole del Lago Maggiore

Ville e giardini da sogno

Tre isole e uno scoglio emergono dalle fresche acque del Lago Maggiore, proprio davanti alla cittadina piemontese di Stresa, la regina del Verbano. Sono le isole Borromee, così chiamate perché ancora oggi di proprietà della nobile famiglia Borromeo, che ha dato i natali a personaggi illustri, tra i quali il celebre cardinale Carlo Borromeo. L'isola Madre incanta con il suo palazzo rinascimentale, l'isola Bella con il grande palazzo barocco e l'isola dei Pescatori con la cucina di lago, servita nelle sue pittoresche osterie.

L'isola Bella

1 Isola Bella

Lo scrittore Charles Dickens definì l'isola Bella – la più piccola e la più famosa dell'arcipelago – «fantastica e bizzarra». E infatti questo fazzoletto di terra una volta inospitale, conosciuto anticamente come isola Inferiore, che nella prima metà del Seicento Carlo III Borromeo fece diventare un piccolo gioiello barocco, stupisce anche il turista più prevenuto. L'isola è in gran parte occupata dallo spettacolare palazzo iniziato nel 1632 e più volte rimaneggiato, oggi sede di un bel museo, le cui sale sono decorate con affreschi, arazzi fiamminghi, arredi e dipinti di vari artisti, tra cui il pittore napoletano Luca Giordano, il toscano Francesco Zuccarelli e il fiammingo Pieter Mulier, detto il Tempesta. I sotterranei della villa sono stati trasformati in finte grotte naturali, con le pareti rivestite di tufo e stalattiti artificiali, decorate con stucchi e mosaici. Il palazzo non affascina solo per la preziosità delle sue sale, ma anche per il giardino all'italiana, disposto su dieci terrazzamenti a piramide, dominati dalla statua del Liocorno cavalcato da Amore. Qui, tra alberi e fiori esotici e rari, fontane, cascatelle, giochi d'acqua e decine di statue della seconda metà del Seicento, si aggirano liberi i pavoni bianchi. La villa è stata anche testimone di importanti eventi storici. Nel 1797 ospitò Napoleone Bonaparte, accompagnato da Giuseppina di Beauharnais, e nel 1935 fu sede della Conferenza di Stresa tra Benito Mussolini, il ministro degli esteri francese Laval e il primo ministro britannico MacDonald.

INFO
Palazzo e giardino dell'isola Bella • Isole Borromee • 0323 30556 • www.isoleborromee.it • Aperto tutti i giorni da fine marzo a fine ottobre 9-17.30 • Costi: 8,50/15 €

Piemonte

2
Isola Madre

L'isola Madre

L'isola Madre, con il suo palazzo rinascimentale circondato da uno dei giardini più antichi e importanti d'Italia, è la più grande dell'arcipelago.
Definita da Flaubert un «paradiso terrestre», ospita l'allora dimora estiva della famiglia Borromeo, risalente al XVI secolo. All'interno dell'edificio, restaurato e aperto al pubblico nel 1978, sono stati ricostruiti fedelmente gli ambienti di una villa nobiliare d'epoca, in parte grazie al recupero di antichi arredi provenienti da diversi palazzi storici della Lombardia.
Alle pareti sono appesi arazzi e dipinti del Seicento lombardo e, anche se non siete degli appassionati, date un'occhiata alle porcellane e alla collezione di bambole francesi e tedesche dell'Ottocento. Tra le stanze più importanti il salone di Ricevimento con i quadri di Stefano Danedi, detto il Montalto, Ercole Procaccini il Giovane e Giovan Battista Costa, e la sala delle Stagioni, con il grande arazzo che domina la stanza.
Ai visitatori più giovani sono dedicate le tre sale del teatro delle marionette, dove sono esposti burattini e teatrini provenienti da tutto il mondo e risalenti ai secoli XVII, XVIII e XIX.
Usciti dal palazzo, non lasciatevi sfuggire l'opportunità di passeggiare nel giardino botanico che tanto affascinò Flaubert. A seconda della stagione si cammina tra azalee in fiore, rododendri, camelie, glicini, cedri, limoni o colorati ibiscus.
Il giardino ospita anche un maestoso cipresso del Kashmir, che ha più di duecento anni, oltre a un ginkgo biloba, aceri, banani, eucalipti, palme, piante di caffè, l'albero del fazzoletto del Tibet e

centocinquanta specie vegetali rare ed esotiche che arrivano da ogni parte del mondo. Lungo i sentieri si aggirano curiosi pavoni, colorati pappagalli e fagiani.

INFO
Palazzo e giardino dell'isola Madre • Isole Borromee • 0323 30556 • www.isoleborromee.it • Aperto tutti i giorni da fine marzo a fine ottobre 9-17.30 • Costi: 6,50/12 €

L'isola dei Pescatori

3 Isola dei Pescatori

Diversa dalle sue celebri sorelle, l'isola dei Pescatori non ha palazzi sontuosi, ma semplici case in pietra dai lunghi balconi dove un tempo si metteva a essiccare il pesce. Qui non ci sono dimore nobiliari né giardini incantati, ma ristoranti pittoreschi e accoglienti dove è possibile gustare piatti a base di pesce appena pescato, oltre ad alcuni negozietti tipici e a qualche traliccio in ferro utilizzato una volta per stendere le reti. Capita, in autunno o primavera, che si verifichi il fenomeno dell'acqua alta, che rende l'isola particolarmente suggestiva, con il lago che invade le strade e lambisce le case. Nel breve tratto di lago che separa l'isola dei Pescatori dall'isola Bella c'è il minuscolo isolotto della Malghera, chiamato anche isolino dell'Amore o degli Innamorati dove, tra una fitta vegetazione, fa capolino un piccolo sentiero, ideale da percorrere a piedi.

INFO
Isole Borromee • 0323 30556 • www.isoleborromee.it

Pro Loco di Stresa • Piazza Marconi, Stresa • 0323 31308 • www.stresaturismo.it

Zoom

I giardini botanici di Verbania

4 Verbania

Verbania, elegante centro di villeggiatura a 14 chilometri da Stresa, ha splendidi giardini affacciati sulle acque del Lago Maggiore. Tra quelli aperti al pubblico, i più famosi sono i giardini botanici di villa Taranto, che si estendono su 16 ettari e ospitano circa ventimila specie di piante provenienti da tutto il mondo. Il tour si svolge su sentieri che attraversano prati fioriti e portano a serre tropicali, vasche con piante acquatiche, cascatelle e giochi d'acqua. Dal parco della vicina villa San Remigio, situata sul colle della Castagnola, si gode una meravigliosa vista sul lago. Qui, tra fiori, giardini e statue antiche, si incontra la piccola chiesa romanica di San Remigio.

Verbania Turismo • Corso Zanitello 6, Verbania • 0323 503249 • www.verbania-turismo.it

Dove dormire

ISOLA DEI PESCATORI

Sull'isola Madre e sull'isola Bella non è possibile alloggiare. Non resta quindi che l'isola dei Pescatori, dove i prezzi non sono propriamente low cost... con qualche inaspettata eccezione.

UN'OASI IN MEZZO AL LAGO
Due mini appartamenti e una camera doppia in una tranquilla casa di pescatori recentemente ristrutturata. L'accoglienza calorosa, le stanze colorate e la posizione ne fanno la meta ideale per tutti coloro che vogliono provare il piacere di dormire in una piccola oasi di silenzio e quiete.

INFO
Da Giusy • Via Ugo Ara 3, isola dei Pescatori • 347 5064751 • Costi: camera doppia 70/75 €, appartamenti 75/80 €

STRESA

L'AFFITTACAMERE DI VIA MAZZINI
Nemmeno Stresa, la cittadina sulla terraferma più vicina alle isole Borromee, è particolarmente economica. Per un pernottamento low cost ci si può però rivolgere a questo affittacamere, che dispone di moderne stanze a due o quattro letti, con parquet in legno e tutti i comfort che desiderate. Parcheggio gratuito nelle vicinanze.

INFO
Via Mazzini • Via Mazzini 12, Stresa • 0323 31386 • www.via-mazzini.com • Costi: camera doppia 60/80 €

VERBANIA

UN WEEKEND SULLE RIVE DEL LAGO MAGGIORE
Questo affascinante albergo, con un grande giardino e un'area giochi per bambini, si trova a pochi passi dalle rive del lago. È la soluzione ideale per chi vuole visitare le isole Borromee soggiornando sulla terraferma: il molo da cui partono i battelli è situato infatti a meno di un chilometro. Le camere, che in alcuni casi si affacciano sul parco, sono spaziose e dotate di tutte le comodità.

INFO
Hotel Villa Lidia • Via Giuseppe Azari 65, Verbania • 0323 557669 • www.hotelvillalidia.com • Costi: camera singola 55/60 €, doppia 75/85 €

Dove mangiare e bere

ISOLA DEI PESCATORI

CINQUE GENERAZIONI DI FAMIGLIA NEGRI
Una trattoria gestita da ben cinque generazioni dalla stessa famiglia. Nella bella stagione si può mangiare in una terrazza affacciata sul lago e il menu prevede sempre piatti con pesce di acqua dolce, tra cui tortelloni ripieni di persico, tagliolini e croccanti pesciolini di lago fritti. Molto ricca la carta dei vini. Perfetto

per un pranzo in compagnia o una cena romantica.

INFO

Trattoria Imbarcadero • Via Lungolago 12, isola dei Pescatori • 0323 30329 • www.imbarcaderoisolapescatori.it • Chiuso lunedì • Costi: 22/27 €, bevande escluse

NON SOLO PIZZA

Per non spendere molto ci si può accontentare di una pizza... Ovviamente se si scelgono i buoni piatti di pesce di lago il conto sale. Per ritornare a Stresa la sera ci sono dei motoscafi che fanno la spola tra l'isola e la terraferma.

INFO

Pizzeria La Rondine • Via Ugo Ara 46, isola dei Pescatori • 0323 32530 • Aperto tutti i giorni • Costi: 15/20 €, bevande escluse

VERBANIA

IN TAVOLA CON LA TRADIZIONE

Tradizione è la parola d'ordine. Sulla lavagna trovate scritti i piatti del giorno e nel menu le proposte fisse, tra cui piatti speciali per i vegetariani e per i bambini. I punti di forza dell'osteria sono la trota in carpione, le acciughe al verde, i tagliolini della casa, il brasato e i formaggi locali. Per chi cerca la cucina del territorio non c'è posto migliore... specialmente quando si può magiare nel dehors vista lago!

INFO

Osteria Boccon di Vino • Via Paolo Troubetzkoy 86, Verbania • 0323 504039 • www.boccondivinoverbania.it • Chiuso martedì e mercoledì a pranzo • Costi: 20/25 €, bevande escluse

Trasporti e collegamenti

IN AEREO

L'aeroporto più vicino è quello di Milano Malpensa • Ferno Varese • 02 232323 • www.milanomalpensa-airport.com

IN TRENO

La stazione di Stresa si trova sulla linea ferroviaria Milano-Sempione. La linea Milano-Laveno delle Ferrovie Trenord ferma invece a Laveno • Trenord • 02 72494949 • www.trenord.it

IN AUTO

Imboccare l'autostrada A8 dei Laghi, direzione Gravellona Toce, uscita Carpugnino, e quindi seguire le indicazioni per Stresa.

IN AUTOBUS

I punti di imbarco per le isole Borromee sono serviti dai bus di Saf Duemila • 0322 863117 • www.safduemila.com

IN BATTELLO

Le isole si raggiungono con i battelli della Gestione Navigazione Laghi in partenza da Stresa, Arona, Pallanza, Locarno e Laveno • Gestione Navigazione Laghi • 800 551 801 • www.navigazionelaghi.it • Servizio diurno • Costi: 1,70/3,40 €

Il Monferrato

Un weekend tra vigneti e cattedrali sotterranee

Il Monferrato, con le sue dolci colline, i vigneti, i castelli e le ottime specialità locali, è una regione ricca di storia, bei paesaggi e prodotti tipici conosciuti in tutto il mondo. Ma oltre che per le sue famose eccellenze, questo splendido territorio attira i turisti anche per gli innumerevoli gioielli nascosti che possiede, quasi volesse svelarne la bellezza solo ai visitatori più attenti. Ve ne consiglio tre: le cattedrali sotterranee di Canelli, nel cuore delle colline tufacee, che sprofondano per svariati metri sotto la città; le cantine del settecentesco Palazzo Baronale Crova di Nizza Monferrato, dove tra fregi, stucchi e originalissime volte a vela si degustano i migliori vini della zona; i vigneti di Castelnuovo Calcea, protetti da inquietanti teste segnapalo e da altere figure in legno.

5
Canelli

Canelli

Vero paradiso per gli appassionati di enologia, Canelli è una delle capitali italiane del vino, celebre soprattutto per i suoi spumanti, dolci e secchi. Sotto le stradine del centro storico, sulle quali si affacciano case signorili e fortificazioni, si snoda una città sotterranea, scavata nel tufo. Si tratta di un intrico di corridoi e stanze che, come cattedrali nascoste (ecco

il motivo del nome), danno vita a suggestivi capolavori ingegneristici e architettonici. Gli spazi oggi visitabili sono stati trasformati nell'Ottocento, in seguito al boom della produzione di vino nella zona, in cantine per l'invecchiamento delle bottiglie, ampliando gallerie di origine antichissima e in gran parte sconosciuta. Riparati dalle navate di queste cattedrali sotterranee, a una temperatura costante di 12/14 gradi, riposano alcuni tra i più pregiati vini italiani. Tra le cantine aperte al pubblico vi consiglio le Gancia – dove nel 1865 Carlo Gancia, che aveva appreso i segreti dello champagne durante un soggiorno in Francia, creò il primo spumante italiano –, le Contratto, Bosca e Coppo.
Tra gli altri punti di interesse di Canelli vanno segnalati: Palazzo Anfossi, sede del municipio, dove sono esposti busti e foto dei fondatori delle maggiori ditte vinicole cittadine; la chiesa di San Rocco di Villanuova, elegante esempio di barocco piemontese; la chiesa parrocchiale di San Tommaso, ricostruita nel Settecento. Nel borgo medievale, raggiungibile percorrendo la stradina selciata che parte dalla chiesa dell'Addolorata, si incontra l'Enoteca regionale di Canelli e dell'Astesana. Ospitata dalle cantine di un palazzo ottocentesco, organizza degustazioni dei migliori vini della zona, Asti, Moscato Docg e Barbera d'Asti Doc, da accompagnare con i dolci a base di nocciole della varietà autoctona Tonda Gentile delle Langhe sfornati dalle pasticcerie locali.

INFO

IAT di Canelli • Via G.B. Giuliani 29, Canelli • 0141 820231 • www.canellieventi.it

Casa Gancia • Corso Libertà 66, Canelli • 0141 830262 | 0141 830253 • www.gancia.it

Cantine Contratto • Via G.B. Giuliani 56, Canelli • 0141 823349 • www.contratto.it

Cantine Coppo • Via Alba 68, Canelli • 0141 823146 • www.coppo.it

Enoteca regionale di Canelli e dell'Astesana • Via G.B. Giuliani 29, Canelli • 0141 820280 • www.enotecaregionaledicanelli.it

Nizza Monferrato

6 Nizza Monferrato

È uno dei principali centri agricoli del Monferrato, nato nel lontano 1225 a opera degli abitanti di sette castelli della zona distrutti nella guerra tra Asti e Alessandria, e il suo cuore pulsante è ancora oggi piazza Garibaldi, sede del mercato con il caratteristico Foro Boario, così chiamato perché in questo spazio i contadini vendevano e acquistavano i bovini. Come in tante cittadine piemontesi, la via principale di Nizza – l'antica Contrada Maestra, oggi via Carlo Alberto – è abbellita da portici, ideali per passeggiare anche d'inverno guardando le vetrine dei negozi, al riparo da pioggia e neve. Piazza Martiri di Alessandria è il salotto buono di Nizza, sul quale si affacciano il quattrocentesco Palazzo Comunale, con la torre merlata del Campanon, e l'elegante Palazzo De Benedetti dove, prima delle persecuzioni razziali del nazismo, era situata la sinagoga. Il centro enologico della cittadina si trova, invece, nelle cantine del settecentesco Palazzo Baronale Crova, dove ha sede il Palazzo del Gusto, in cui sono raccontate le eccellenze del Monferrato. Per approfondire la conoscenza sul mondo del vino di questo angolo di Piemonte si può anche visitare il Museo Bersano delle Contadinerie e delle Stampe sul Vino.

Ma non finisce qui. Un busto in bronzo di Francesco Cirio ricorda che Nizza ha dato i natali al fondatore di una delle più famose industrie di conserve italiane: la Cirio appunto.

INFO

Ufficio Informazioni Turistiche di Nizza Monferrato • Piazza Garibaldi 80, Nizza Monferrato • 0141 727516 • www.comune.nizza.asti.it

Palazzo del Gusto • Via Crova 2, Nizza Monferrato • 0141 793350 • www.palazzodelgusto.it • Aperto sabato, domenica e festivi 10-13 e 20-24 • Costi: ingresso gratuito

Museo Bersano delle Contadinerie e delle Stampe sul Vino • Piazza Dante 21, Nizza Monferrato • 0141 720211 • www.bersano.it • Aperto dal lunedì al venerdì 10-12.30 e 14.30-18, chiuso da novembre a marzo e in agosto • Costi: ingresso gratuito

7 Castelnuovo Calcea

Il Parco Artistico La Court di Castelnuovo Calcea

Castelnuovo Calcea è uno dei tanti borghi agricoli del Monferrato in cui abbondano vigneti e agriturismi, ma la Cascina La Court, situata poco lontano dal centro abitato, lo differenzia dai comuni limitrofi. Circondata da filari di Barolo e Barbera, accoglie i visitatori in un'aia dove, oltre ai tradizionali attrezzi agricoli, si ammirano diverse installazioni in legno che rappresentano, a grandezza naturale, personaggi che paiono usciti da una fiaba. Sono regine, re, menestrelli e draghi nati dalla fantasia del noto scenografo e artista Emanuele Luzzati, giunti in questo angolo del Monferrato insieme ad altre opere d'arte contemporanea per creare un originale parco artistico immerso nel vigneto. Non passa certo inosservato il vecchio ippocastano, dal quale pendono frutti dalle forme inusuali: cubi blu, piramidi gialle e sfere rosse. Seguendo le inquietanti teste segnapalo lungo il sentiero che attraversa i filari del vigneto, si incontra il Sito dell'Acqua dove, su una parete di piastrelle in vetro e ceramica, si erge una grande sirena in terracotta. Poco oltre, il Sito dell'Aria, con piccoli uccellini colorati di legno che sembrano volteggiare in voliere di ferro. Insomma, un luogo in cui l'arte contemporanea e il pregiato vino italiano si compenetrano e si intersecano, per regalare emozioni insolite e piacevoli al visitatore curioso.

INFO

Pro Loco di Castelnuovo Calcea • Piazza Castello 2, Castelnuovo Calcea • 327 1763569 • Pagina Facebook: Proloco "Castelneuv Brisò" – Castelnuovo Calcea

Parco Artistico La Court • Via Cocito 30, Castelnuovo Calcea • 0141 769030 • www.lacourt.it • Aperto nei fine settimana su prenotazione • Costi: ingresso gratuito

Zoom

L'assedio di Canelli

Il terzo weekend di giugno Canelli ricorda il celebre assedio del 1613 con una spettacolare e partecipata rievocazione storica. Oltre mille figuranti vestono i costumi d'epoca, contribuendo a ricreare, per l'intero fine settimana, l'atmosfera e le situazioni di una città assediata, e coinvolgendo direttamente il visitatore. Confondendosi tra ufficiali, soldati e contadini, il turista è invitato a entrare in osterie e taverne frequentate anche da malfattori, spie e accattoni, dove si commentano i combattimenti e le battaglie con le artiglierie nemiche. Carri carichi di cibo e masserizie corrono rumorosi nelle vie acciottolate affollate di curiosi.

www.assediodicanelli.it

Dove dormire

CANELLI

C'ERA UNA VOLTA UN HOTEL

A soli dieci minuti da Canelli, un albergo con camere dall'arredamento rustico e una sala ristorante in cui vengono serviti piatti tipici della cucina piemontese. Immerso nel verde dei vigneti e dei campi, si caratterizza per un'accoglienza cordiale e professionale. C'è anche la possibilità, in stagione, di fare colazione all'aperto.

INFO

Hotel C'era una volta • Regione Serra Masio 30, Canelli • 0141 824392 • Costi: camera singola 50/60 €, doppia 56/80 € (prima colazione inclusa)

NIZZA MONFERRATO

VINI NON SOLO DA BERE

La Cascina Monsignorotti è un agriturismo immerso nei vigneti del Monferrato. Ognuna delle sue sette camere è dedicata ai vitigni che circondano la cascina: ecco quindi che la stanza numero cinque si chiama Barbera e la numero sei Moscato. La prima colazione, come da tradizione contadina, prevede solo prodotti naturali e freschissimi, anche salati.

INFO

Cascina Monsignorotti • Strada San Nicolao 87, Nizza Monferrato • 0141 721100 • www.monsignorotti.com • Costi: camera singola 40 €, doppia 70 € (prima colazione inclusa)

CASTELNUOVO CALCEA

L'AGRITURISMO-FATTORIA LA MUSSIA

Otto camere accoglienti arredate con stile (una attrezzata per i disabili), dotate di bagno privato e televisione, in un'azienda agricola a diretto contatto con la natura e gli animali. La fattoria produce vino, cereali e foraggio destinato a nutrire i circa sessanta bovini allevati nella stalla. A disposizione degli ospiti ci sono barbecue e forno a legna e, su richiesta, vengono preparate ottime cene casalinghe.

INFO

Agriturismo La Mussia • Via Opessina 4, Castelnuovo Calcea • 0141 957201 • www.lamussia.it • Costi: camera singola 45/75 €, doppia 70/125 € (prima colazione inclusa)

Dove mangiare e bere

CANELLI

LA SALSICCIA COME NON L'AVETE MAI MANGIATA

L'ambiente rustico e la buona cucina rendono una sosta in questa osteria un'esperienza memorabile. Tra i piatti proposti i vol-au-vent con crema di gorgonzola e nocciole, l'insalatina di sedano, noci e asiago e varie specialità con la salsiccia. Non rinunciate ai dolci.

INFO

Osteria d'la Sternia • Via Villanuova 4/6, Canelli • 333 7546327 • Pagina Facebook: Osteria D'la Sternia Rolando • Chiuso giovedì • Costi: 22/25 €, bevande escluse

TRA VECCHIO E NUOVO DA SCACCIAPENSIERI

In pieno centro storico a Canelli, all'interno di una palazzina ristrutturata mantenendo però l'impostazione originale, un'accogliente osteria che, tra i piatti tradizionali, vanta i migliori agnolotti al plin della zona, su ricetta della mamma del titolare, dei superbi gnocchi al Castelmagno, il flan di verdure e l'immancabile bunet.

INFO

Osteria Scacciapensieri • Via G.B. Giuliani 10/14, Canelli • 0141 823532 • www.osteriascacciapensieri.com • Chiuso lunedì • Costi: 20/28 €, bevande escluse

NIZZA MONFERRATO

LA SIGNORA IN ROSSO

Nello stesso palazzo che ospita l'Enoteca regionale, una simpatica osteria moderna con un curato giardino esterno. Tra le specialità gli abbondanti antipasti, gli agnolotti conditi a piacimento, gli gnocchi al formaggio locale, il merluzzo al verde e il gallo al Barbera. Per concludere, un buon dolce tipico piemontese, come l'imperdibile bunet.

INFO
La Signora in Rosso • Via Crova 2, Nizza Monferrato • 0141 793350 • www.vinerialasignorainrosso.it • Chiuso lunedì e martedì • Costi: 20/25 €, bevande escluse

QUANDO I PRODOTTI SONO DAVVERO IMPORTANTI

Nel centro storico di Nizza Monferrato, l'Osteria Eneo è attenta alla provenienza dei prodotti e alle tradizioni enogastronomiche del Monferrato. I piatti sono legati alla stagionalità e, in autunno, vengono servite numerose pietanze condite con il saporito, e caro, tartufo d'Alba. Vi consiglio, prima di chiederne una spolveratina, di verificare i prezzi. L'ambiente è accogliente e il personale simpatico e disponibile.

INFO
Osteria Eneo • Via Crova 11, Nizza Monferrato • 0141 702546 • www.osteriaeneo.it • Chiuso mercoledì tutto il giorno, sabato e domenica aperto anche a pranzo • Costi: 20/25 €, bevande escluse

CASTELNUOVO CALCEA

UNA TRATTORIA SENZA PARAGONI

È vero, in questo piccolo paese del Monferrato non ci sono molti posti in cui mangiare, ma, anche se ci fossero, Il Boschetto non smentirebbe la sua reputazione. La cucina tradizionale piemontese dello chef è molto apprezzata: antipasti, tagliatelle al brasato, agnolotti burro e salvia e ottimi piatti di carne, tra i quali eccellono i brasati. Buona la scelta dei vini. Non fatevi spaventare dall'ingresso un po' anonimo: Il Boschetto è tutto da scoprire.

INFO
Il Boschetto di Vignole • Via Guglielmo Marconi 25, Castelnuovo Calcea • 0141 957434 • Chiuso lunedì a cena e martedì • Costi: 20/25 €, bevande escluse

Trasporti e collegamenti

IN AEREO
L'aeroporto più vicino al Monferrato è quello di Genova • Via Pionieri e Aviatori d'Italia 44, Genova • 010 60151 • www.airport.genova.it

IN TRENO
Nizza Monferrato si trova sulla linea ferroviaria Genova-Alessandria.

IN AUTO
Nizza Monferrato e le altre località citate si raggiungono utilizzando le autostrade A21 Torino-Brescia, uscita Asti Est, e A26 dei Trafori, uscite Alessandria Sud o Ovada.

IN AUTOBUS
La zona Nizza Monferrato e dintorni è servita dai bus delle autolinee Geloso • 0141 823213 • www.gelosobus.it

La Venaria Reale e la Sacra di San Michele

Alla scoperta della reggia dei Savoia e del borgo di Sant'Ambrogio

Dimenticata e abbandonata per oltre due secoli, da qualche anno la reggia di Venaria Reale ha ritrovato il suo antico splendore. Grazie a un monumentale restauro, la Versailles sabauda è ritornata a vivere e invita il visitatore a scoprire fasti e bellezze delle sue sale e dei suoi giardini. A una trentina di chilometri, austera e imponente, la Sacra di San Michele, dall'alto di uno sperone roccioso proteso verso il cielo, domina la valle e i suggestivi laghi di Avigliana.

8 Venaria Reale

La Venaria Reale

Si dice che i regnanti francesi ne rimasero affascinati, tanto da far costruire la famosa reggia di Versailles prendendo spunto da questa residenza sabauda. Il palazzo è infatti uno dei fiori all'occhiello della regione, grazie ai suoi ricchi arredi, alla sontuosità delle sale e ai magnifici giardini. I lavori della Venaria Reale iniziarono nel 1658 e si protrassero fino al 1675. Il committente fu il duca Carlo Emanuele II di Savoia, che desiderava farne la base per le sue battute di caccia nella brughiera torinese. Il nome in latino, Venatio Regia, rimanda non a caso all'arte venatoria. Ben presto il vasto complesso residenziale diventò una delle dimore reali dei Savoia e nel 1997 fu proclamato Patrimonio dell'umanità dall'Unesco. Oggi l'edificio rappresenta uno dei più importanti esempi dell'architettura barocca italiana, armoniosamente integrato con il vicino Parco della Mandria e il suggestivo borgo antico.

Aperto al pubblico nel 2007, propone un percorso di circa un chilometro e mezzo alla scoperta della cultura della regione e della dinastia che vi regnò.

Tra gli spazi più spettacolari il salone di Diana, capolavoro seicentesco di Amedeo di Castellamonte, la Galleria Grande, la Cappella di Sant'Uberto, la Citroniera e la Scuderia Grande, entrambe opera del genio di Filippo Juvarra. La visita prosegue poi nei circa 80 ettari di giardini che circondano il palazzo – tra i più vasti in Italia –, con le grotte, la Fontana d'Ercole, i resti del Tempio di Diana e la rinata Peschiera, che dialoga con le sculture contemporanee realizzate appositamente da Giuseppe Penone, uno dei maestri dell'arte povera.

Di fronte alla reggia si apre il centro storico del borgo antico, realizzato tra il 1667 e il 1690 intorno alla bella piazza dell'Annunziata, la cui forma ricorda il medaglione del Collare dell'Annunziata, simbolo di uno dei più antichi ordini cavallereschi sabaudi. La vicina tenuta della Mandria, protetta da un muro di cinta lungo ben 30 chilometri e sorta nel XVIII secolo per l'allevamento e la riproduzione dei cavalli di razza di casa Savoia, è oggi un bel parco regionale aperto al pubblico. Custodisce numerose costruzioni, come la Bizzarria, curioso palazzo in cui Vittorio Emanuele II si riposava durante le battute di caccia, e la Rubbianetta, una maestosa cascina a forma di ferro di cavallo. Il parco ospita inoltre diverse specie di animali selvatici e domestici ed è attraversato da vari sentieri naturalistici da percorrere a piedi, in bicicletta, in trenino o sul calesse.

INFO

Ufficio del Turismo di Venaria Reale • Piazza Martiri della Libertà 1, Venaria Reale • 011 4594766 • www.comune.venariareale.to.it

La Venaria Reale • Piazza della Repubblica 4, Venaria Reale • 011 4992333 • www.lavenaria.it • Aperto dal martedì al venerdì 9-17; sabato, domenica e festivi 9.30-19.30 • Costi: 16/25 €, sconti per famiglie

Parco La Mandria • Accesso da viale Carlo Emanuele II 256, Venaria Reale • 011 4993381 • www.parcomandria.it • Aperto tutti i giorni 8-17, nei mesi estivi fino alle 20 • Costi: ingresso gratuito

La sacra di San Michele a Sant'Ambrogio

9 Sant' Ambrogio

La leggenda vuole che fu proprio l'arcangelo Michele a voler edificare la spettacolare Sacra di San Michele sullo sperone roccioso del Monte Pirchiriano, in Val di Susa. L'imponente edificio si trova al centro di quella via di pellegrinaggio di 2000 chilometri che univa Mont

Saint Michel, in Francia, a Monte Sant'Angelo, in Puglia, i due principali centri religiosi dedicati all'arcangelo. La storia vuole, invece, che la chiesa sia nata tra il 983 e il 987 per opera di Giovanni Vincenzo (poi proclamato santo), vescovo di Ravenna che, dopo aver abbandonato la sede episcopale, decise di dedicarsi all'eremitaggio. Monsignor Amizone, vescovo di Torino, diretto al Monte Pirchiriano per consacrare l'opera, vide un grande fuoco avvolgere nella notte la cima della montagna e decise che la sua benedizione non era più necessaria, dato che gli angeli avevano già provveduto.

Oggi la Sacra è un grandioso e affascinante complesso religioso situato a circa 1000 metri d'altezza, aperto al pubblico e raggiungibile in auto o tramite un sentiero nel bosco. Il percorso prevede di salire un lungo scalone scavato nella roccia – chiamato lo Scalone dei Morti per via degli scheletri di monaci, abati e benemeriti del monastero ritrovati in una nicchia –, e poi di attraversare il Portale dello Zodiaco, il cui nome deriva dai segni zodiacali e dalle costellazioni australi e boreali degli stipiti. Alcune rappresentazioni sono però misteriose. Per esempio, perché il cancro, visto rovesciato, sembra la testa di un vescovo? E come mai il capricorno ha le ali? Ad accrescere l'enigma si aggiungono gli inquietanti simboli sui capitelli, dove Caino è accompagnato dal diavolo, tre persone furibonde si strappano i capelli a vicenda e due donne allattano quattro serpenti.

Dopo la visita della chiesa, sottoposta nel tempo a ingenti rimaneggiamenti, esplorate anche gli spazi circostanti e soffermatevi qualche minuto davanti alla Torre della Bell'Alda, costruita a strapiombo sul precipizio. Il nome ricorda una fanciulla che alla fine del Seicento, venuta alla Sacra per pregare contro i mali della guerra, venne sorpresa dai soldati nemici. Senza vie di scampo, nel tentativo di sfuggire al loro assalto, si gettò nel burrone invocando l'aiuto di San Michele e della Vergine, che la fecero atterrare dolcemente sul fondo del precipizio. La ragazza, però, per vanità e denaro, ripeté il salto davanti ai suoi compaesani. Il volo si concluse con la sua morte, dato che questa volta l'intervento divino non era necessario, non essendoci alcun pericolo.

Prima di lasciare la Sacra, scendete nella cella eremitica, scoperta solo nel 1987 sotto un corridoio. Alcuni pensano si trattasse di un ripostiglio, altri che ospitasse eremiti alla ricerca di pace e silenzio o che fosse una stanza collegata al cantiere di costruzione della prima chiesa.

INFO

Pro Loco di Sant'Ambrogio • Via Umberto I 159, Sant'Ambrogio • 389 6059612 • www.comune.santambrogioditorino.to.it

Sacra di San Michele • Via alla Sacra 14, Sant'Ambrogio • 011 939130 • www.sacradisanmichele.com • Aperto dal martedì al sabato 9.30-12.30 e 14.30-17, domenica e festivi 9.30-12 e 14.30-17.30; nei mesi estivi aperto un'ora in più il pomeriggio • Costi: 4/6 €

Zoom

I laghi di Avigliana

Non molto lontano dalla Sacra di San Michele ci sono i due laghi di Avigliana, nati migliaia di anni fa, quando l'imponente ghiacciaio si ritirò. L'area lacustre, dichiarata parco regionale, è visitabile grazie al materiale informativo e alla cartina curati dall'ente gestore, con una particolare attenzione ai portatori di handicap (rampe di accesso facilitato, scritte in braille, audiocassette per non vedenti, tavoli e parcheggi riservati). Da non perdere i «punti museo» che, tramite pannelli esplicativi, affrontano il tema della pesca nei laghi vista in tutti i suoi aspetti – naturali, tecnici ed economici –, partendo dall'età del Bronzo fino alla metà del XX secolo.

Parco Naturale Laghi Avigliana • Avigliana • 011 9313000 • www.parchialpicozie.it

Dove dormire

VENARIA REALE

LA CASCINA CHE FA STORIA

In un'antica cascina nel cuore della campagna torinese, c'è un agriturismo storico, citato sin dal 1593 nei documenti del catasto. Oggi, a cinquecento anni di distanza, la struttura è ancora in attività, custode di una tradizione secolare. Gli ospiti vengono accolti in otto camere con servizi, ma hanno a disposizione anche un soggiorno con camino e un ottimo ristorante con piatti della cucina tipica piemontese.

INFO

Agriturismo 'L Föjot • Cascina San Giovanni, Reg. Pralungo, La Cassa • 334 3329228 • www.ilfojot.it • Costi: camera singola 50 €, doppia 70 € (prima colazione inclusa)

A TUTTA SEMPLICITÀ

Accogliente b&b con camere singole e doppie e servizi privati a mezzo chilometro dalla Reggia, raggiungibile a piedi. Nella bella stagione si fa colazione, con prodotti anche per celiaci, nell'ampio balcone. La gestione è familiare e cortese, l'ambiente semplice ma pulito e curato.

INFO

B&B La Reale • Via Trento 13, Venaria Reale • 011 4591415 | 333 1668591 • www.lareale.eu • Costi: camera singola 35 €, doppia 50 € (prima colazione inclusa)

AVIGLIANA

A CASA DI PAOLA CON OGNI COMODITÀ

Il b&b Del Lago, a poche centinaia di metri dal Parco Naturale dei Laghi di Avigliana, è un buon punto di partenza per la Sacra di San Michele. Si alloggia in due camere situate al primo piano di una casa indipendente, la colazione è a buffet, il bagno in comune (completo di doccia-idromassaggio) e c'è un giardino con tavoli e sedie per rilassarsi all'aperto.

INFO

B&B Del Lago • Via Monte Pirchiriano 48, Avigliana • 011 9311935 • www.beb-delago.org • Costi: camera singola 35/45 €, doppia 52 € (prima colazione inclusa)

Dove mangiare e bere

VENARIA REALE

L'ELEGANZA INGANNA

Non fatevi intimorire dall'eleganza del locale, perché i prezzi sono più che accessibili. L'atmosfera delle sale è suggestiva: luce soffusa, antiche specchiere e deliziose composizioni floreali. C'è la possibilità di scegliere il menu alla carta, oppure i menu degustazione di carne o pesce. Se avete più di sei bambini da gestire, non abbiate paura: c'è infatti un servizio di baby sitting offerto dal ristorante e un menu su misura.

INFO

Ristorante Il Capitolo • Via Aldo Canale 25, Venaria Reale • 011 4529998 • www.ilcapitoloristorante.it • Chiuso lunedì • Costi: pranzo e cena alla carta 22/25 €, bevande escluse; menu degustazione carne 25 €, menu degustazione pesce 30 €

IL MENU SU MISURA DELLA LOCANDA

In questo ristorante-pizzeria vengono proposti vari menu, pensati per soddisfare le esigenze di tutti i palati: da quello piemontese a quello Savoia, che prevede fonduta e flan di peperoni con la bagna cauda, fino a un menu degustazione di mare per chi non ama la carne. Buoni anche i più economici calzoni, le pizze e le focacce.

INFO

Ristorante pizzeria La Locanda • Via Andrea Mensa 31, Venaria Reale • 011 497722 • www.lalocandadivenaria.it • Chiuso lunedì • Costi: 19/25 €, bevande escluse

AVIGLIANA

PIZZE, FARINATA E TANTO ALTRO

Una piacevole trattoria a una decina di chilometri dalla Sacra di San Michele. Buone le pizze e le farinate e decisamente invitanti i piatti, come la battuta di fassone di carne magra e freschissima, il vitello tonnato, gli agnolotti con sughi di carne o ripieni di pesce. Sfiziosi i dolci fatti in casa. Il personale è gentile e disponibile.

INFO

Trattoria del Moro • Corso Laghi 130, Avigliana • 333 3617439 • Chiuso martedì • Costi: 18/25 €, bevande escluse

IL SELF SERVICE DI QUALITÀ DEL GRAN CAFFÈ DEL CORSO

Il Gran Caffè del Corso non è solo un bar, ma anche un ristorante self service di qualità. Se non avete voglia di cene impegnative, siete nel posto giusto: potete ordinare un piatto semplice e leggero, un panino, un'insalata, o anche solo una fetta di dolce, da consumare al bancone o seduti a uno dei tavolini. Particolarmente adatto per il pranzo, il locale dispone di un ampio dehors.

INFO

Gran Caffè del Corso • Corso Laghi 6, Avigliana • 011 9327700 • Pagina Facebook: Gran Caffè del Corso • Chiuso lunedì • Costi: 10/15 €, bevande escluse

Trasporti e collegamenti

IN AEREO

Venaria Reale è vicina dall'aeroporto di Torino-Caselle • Strada Aeroporto 12, Caselle Torinese • 011 5676361 • www.aeroportoditorino.it

IN TRENO

Venaria Reale si raggiunge con la linea ferroviaria GTT Torino Dora-Ceres • 800 019 152 • www.gtt.to.it

IN AUTO

Percorrere la tangenziale Torino Nord, uscita Venaria o Savonera/ Venaria.

IN AUTOBUS

Torino è collegata a Venaria Reale con un bus GTT, in partenza da corso Stati Uniti, all'angolo con corso Re Umberto • 800 019 152 • www.gtt.to.it

La Val d'Ossola

Da Domodossola al Far West italiano

Se volete trascorrere un weekend nel cuore della Val d'Ossola, partite da Domodossola, uno dei comuni più vivaci della zona, con il suo bel centro storico e il caratteristico mercato del sabato. Da qui prendete la panoramica Ferrovia Vigezzina che, tra arditi ponti, gallerie e strapiombi, attraversa la Valle dei Pittori e arriva a Locarno, sulla sponda svizzera del Lago Maggiore. La vicina Valle Anzasca è famosa per le sue antiche miniere d'oro e per gli insediamenti del popolo Walser, qui migrato dalla Germania valicando i monti.

11 Domodossola

Domodossola

Molti visitano Domodossola il sabato, quando la rinascimentale piazza del Mercato si anima con i banchi di uno dei più grandi e antichi mercati della valle. È infatti da oltre mille anni che tra palazzi con balconi e loggette e portici quattrocenteschi si vendono prodotti alimentari e abbigliamento, mobili e oggetti d'artigianato. Ma le attrazioni di Domodossola non sono tutte qui: prima di raggiungere la Riserva del Sacro Monte si può fare una passeggiata lungo la caratteristica via Briona, dominata dalla torre trecentesca dell'antico Palazzo del Vescovo, e dall'ottocentesco Palazzo di Città, attualmente sede del municipio. Nel 1944, durante il dominio nazifascista, l'edificio ospitò il Governo Provvisorio della Repubblica dell'Ossola e, al suo interno, la sala della

Resistenza raccoglie alcune testimonianze sulla guerra partigiana. Da vedere anche Palazzo Silva, raro esempio di casa nobiliare tardorinascimentale, e il Civico Museo Sempioniano, dove sono conservati la diligenza del Sempione e i cimeli dell'aviatore Geo Chavez, morto a Domodossola.

Sul vicino colle Mattarella, che domina la cittadina e gran parte dell'Ossola, si ergono le quindici cappelle del Sacro Monte, ornate da statue in terracotta e pregiati affreschi. Costruito per volontà dei frati cappuccini intorno alla metà del Seicento, il Sacro Monte è oggi una riserva naturale dove, accanto al complesso sacro con il santuario ottagonale, ai ruderi del castello e dell'antico convento, è stato creato l'itinerario escursionistico Via dei torchi e dei mulini. Percorrendolo si costeggiano caratteristiche case in pietra, antichi torchi per pigiare l'uva, mulini per macinare orzo, segale e castagne e forni per cuocere il pane nero.

INFO

Pro Loco di Domodossola • Piazza Rovereto 3, Domodossola • 0324 248265 • www.prodomodossola.it

Riserva del Sacro Monte di Domodossola • Accesso da Sacro Monte Calvario 5, Domodossola • 0324 241976 • www.sacromontedomodossola.it • Aperto tutti i giorni • Costi: ingresso gratuito

Palazzo Silva • Via Paletta 3, Domodossola • 0324 249001 • Aperto venerdì e sabato 9-12 e 14.30-17 • Costi: 2/3 €

Civico Museo Sempioniano • Via Canuto 12, Domodossola • 0324 249001 • Aperto venerdì e sabato 9-12 e 14.30-17 • Costi: 2/3 €

Vigezzina

12 Santa Maria Maggiore

13 Re

Parte da una stazione secondaria di Domodossola e percorre tutta la Val Vigezzo per raggiungere il Lago Maggiore a Locarno, in Svizzera. È la spettacolare Ferrovia Vigezzina che, tra strapiombi, cascate d'acqua e anguste gallerie, attraversa la cosiddetta Valle dei Pittori, chiamata così per la bellezza dei suoi paesaggi naturali, che hanno ispirato numerosi ritrattisti e paesaggisti. Il capoluogo politico e amministrativo della Val Vigezzo è Santa Maria Maggiore, con il suo bel centro storico, piacevolmente chiuso al traffico nei giorni festivi, e l'insolito Museo dello Spazzacamino, che celebra il faticoso lavoro di coloro che, con raspa e scopino, si infilavano nei camini per pulirli. I primi spazzacamini sono stati proprio i vigezzini, che iniziarono a girare per l'Europa nella prima metà del 1500. Il museo, situato all'interno del parco di Villa Antonia, raccoglie oggetti e attrezzi di lavoro, abiti e immagini che raccontano la storia di chi, dopo aver abbandonato casa e famiglia, andava a svolgere questo duro mestiere.

Nella piazza principale si innalza la parrocchia, costruita prima dell'anno Mille, la cui cupola è abbellita da un grande affresco con oltre quattrocento figure che descrivono la Gloria di Maria in Cielo.
Da vedere la pala dell'altare maggiore e i due grandi affreschi del pittore vigezzino Giuseppe Mattia Borgnis sui muri laterali del presbiterio.
Pochi chilometri dopo Santa Maria Maggiore, appare il maestoso santuario dedicato alla Madonna del Sangue di Re, che ricorda il miracolo avvenuto nell'aprile 1494, quando l'immagine della Madonna rappresentata sulla facciata della vecchia chiesa iniziò a sanguinare, dopo essere stata colpita da un sasso lanciato da un ragazzino. Il santuario, costruito a partire dal 1922, non ha particolari meriti artistici, al contrario dell'adiacente chiesa seicentesca, al cui interno il bell'altare barocco in marmo policromo incornicia l'arcaica immagine della Madonna con bambino e tre rose nella mano destra. Il reliquiario posto nella parte posteriore custodisce il sangue della Vergine colpita dal sasso ed è meta di pellegrinaggi da tutta Italia.

INFO

Ferrovia Vigezzina • 0324 242055 • www.vigezzina.com

IAT Santa Maria Maggiore • Piazza Risorgimento 28, Sant'Ambrogio • 0324 95091 • www.comune.santamariamaggiore.vb.it

Museo dello Spazzacamino • Villa Antonia, piazza Risorgimento 28, Santa Maria Maggiore • 0324 905675 • www.museospazzacamino.it • Chiuso da novembre a febbraio • Costi: intero 2 €

Pro Loco di Re • Piazza Santuario 8, Re • 0364 8103433 • www.comune.re.vb.it

14 Macugnaga

Le miniere d'oro della Valle Anzasca

Già i romani conoscevano l'oro che si trovava nei giacimenti del Monte Rosa, ma è nell'Ottocento che Macugnaga – a una quarantina di chilometri da Domodossola – e l'intera Valle Anzasca si trasformano nel Far West italiano. La corsa all'oro vede protagonisti i mineraletti, minatori clandestini che sfruttano abusivamente piccoli affioramenti metallurgici. Poi vengono le grandi compagnie minerarie che operano fino agli anni Sessanta del secolo scorso, quando i costi di estrazione diventano troppo alti e la concorrenza internazionale, specie dal Sudafrica e da altri Paesi del sud del mondo, porta alla chiusura delle attività.
Tra le tante miniere della zona una è stata recentemente riaperta per svelare ai visitatori i segreti di quell'antico mondo sotterraneo. È il giacimento della Guia, scoperto nel 1710, in pieno boom minerario, in località Fornarelli, nei pressi di Macugnaga. Formata da una decina di chilometri di tunnel che si sviluppano su undici livelli, la miniera è

oggi visitabile, anche dalle persone diversamente abili in sedia a rotelle e dai bambini, per circa 1300 metri. Durante la camminata nelle viscere del Monte Rosa, a una temperatura costante di 9 gradi, si rivive, anche se solo per breve tempo, il duro e faticoso passato di chi lavorava in miniera. Le guide, solitamente ex minatori, illustrano le tecniche e i processi di estrazione e purificazione dell'oro, mostrano gli attrezzi utilizzati, spiegano l'evoluzione delle tecnologie impiegate e indicano i filoni di pirite aurifera dalla quale si potrebbe ancora ricavare l'oro. Proprio di fronte all'ingresso della Guia c'è il Museo Walser di Borca, in una tipica casa di legno con la base in pietra. I suoi abitanti erano Walser, una misteriosa popolazione di origine tedesca insediatasi a Macugnaga. Non molto lontano, nella frazione di Staffa, un vecchio fienile del XVIII secolo ospita il Museo della Montagna e del Contrabbando, con le attrezzature delle prime guide alpine della zona, reperti delle scalate e tanti ricordi della storia alpinistica di Macugnaga.

INFO

IAT di Macugnaga • Piazza Municipio, Macugnaga • 0324 65119 • www.macugnaga-monterosa.it

Miniera d'oro della Guia • Località Borca, Macugnaga • 340 3953869 | 347 4722583 • www.minieradoro.it • Aperto da giugno a settembre; per gli orari consultare il sito • Costi: 5/6 €

Museo Walser • Località Borca, Macugnaga • 347 9842329 • www.museowalser.it • Aperto da giugno a settembre, durante le feste natalizie e pasquali; per gli orari consultare il sito • Costi: 2,50 €

Museo della Montagna e del Contrabbando • Località Staffa, Macugnaga • 0324 65119 • Aperto luglio e agosto su richiesta • Costi: ingresso a offerta libera

Zoom

Il pane nero di Coimo

15 Coimo

Coimo, frazione di Druogno, è un piccolo borgo della Val Vigezzo noto per il suo pane nero. Per scoprire come viene preparato bisogna recarsi a piedi nel centro del paese dove, tra fontane, cortili, antiche case di pietra e stalle, c'è il forno. Qui viene cotto il pane nero di segale, venduto nell'unico negozio del paese o in altri locali della valle. La tipica e croccante pagnotta rotonda – che si conserva fragrante per alcuni giorni – ha anche una versione dolce (credenzin), con noci, fichi e uvetta. Per chi volesse fare una passeggiata, è sufficiente imboccare la mulattiera per Mozzio, ben indicata dalla segnaletica, che in circa un'ora raggiunge un piccolo villaggio, abitato solo d'estate. Lungo il percorso, fermatevi ad ammirare l'antico lavatoio e il mulino.

Ufficio Informazioni Turistiche di Druogno • Piazza della Chiesa, Druogno • 0324 93565 • www.comune.druogno.vb.it

Piemonte

Dove dormire

DOMODOSSOLA

UNA PAUSA RELAX ALL'HOTEL DOMODOSSOLA

A meno di un chilometro dalla stazione ferroviaria, dodici camere, alcune con balcone, in un edificio ottocentesco recentemente ristrutturato. La colazione è servita nel salone bar e, se volete consultare la vostra posta elettronica ma non avete né uno smartphone né un computer, lo staff mette a disposizione un iPad. Comodo parcheggio privato per auto, biciclette o moto.

INFO

Hotel Domodossola • Via Giovanni XXIII 93, Domodossola • 0324 260788 • www.hoteldomodossola.eu • Costi: camera singola 49/55 €, doppia 64/69 € (prima colazione inclusa)

SANTA MARIA MAGGIORE

NEL VERDE DELLA VALLE DEI PITTORI

L'Hotel La Jazza è un tranquillo albergo a circa cinque minuti a piedi dal centro di Santa Maria Maggiore, circondato da boschi e prati. Le camere curate, un ampio parcheggio privato, una sala di lettura e una terrazza con un'incantevole vista sulle montagne rendono particolarmente piacevole il soggiorno.

INFO

Hotel La Jazza • Via La Jazza 4, Santa Maria Maggiore • 0324 94471 • www.hoteljazza.com • Costi: camera singola 50/80 €, doppia 100/160 € (prima colazione inclusa)

MACUGNAGA

DORMIRE AI PIEDI DEL MONTE ROSA

Nella piazza principale di Macugnaga, a poche centinaia di metri dalla funivia che porta sul Monte Rosa, un albergo a gestione familiare appena ristrutturato. Personale cordiale e disponibile e camere luminose e funzionali.

Il ristorante dell'hotel propone un economico menu della casa a 12 euro, bevande incluse. Interessanti sconti per i bambini sotto i dieci anni.

INFO

Hotel Dufour • Piazza Municipio 100, Macugnaga • 0324 65484 • www.albergodufour.com • Costi: camera singola 35/50 €, doppia 60/90 € (prima colazione inclusa)

Dove mangiare e bere

DOMODOSSOLA

IL TAKE AWAY DI MONCALVESE

Il ristorante Moncalvese nasce dalla grande passione per la cucina del suo proprietario, che predilige odori e sapori antichi e genuini, nel rispetto delle tradizioni locali. Il menu, semplice e al contempo ricercato, prevede anche piatti di pesce di mare e pietanze gluten free. All'occorrenza, sappiate che qui è previsto il servizio di take away (un primo, un secondo con contorno, pane e dessert).

INFO
Ristorante Moncalvese • Corso Dissegna 32, Domodossola • 0324 243691 • www.ristorantemoncalvese.it • Chiuso martedì • Costi: 11/20 €, bevande escluse

DA LUCIANO E FRANCESCA
CON I SAPORI DELLA VAL D'OSSOLA
Luciano e Francesca, entrambi esperti ristoratori, amano il loro lavoro, che svolgono con grande professionalità. Per soddisfare i loro clienti, portano in tavola i piatti tipici della valle, come la fonduta di grasso d'alpe con crostoni di pane, gli gnocchi di pane con ragù di salumi ossolani, la zuppa grassa, il risotto ai formaggi, il filetto di manzo alla griglia con salsa di toma stagionata alla vinaccia e i tranci di trota al cartoccio con patate e pomodorini.

INFO
La Locanda del Pozzo • Corso F.lli di Dio 14, Domodossola • 0324 240579 • www.lalocandadelpozzo.eu • Chiuso domenica a cena e lunedì • Costi: 11/23 €, bevande escluse

SANTA MARIA MAGGIORE

L'AGRITURISMO CON SPACCIO
In questo agriturismo con spaccio annesso, in cui è possibile acquistare salumi, formaggi, burro e uova di produzione propria, si respira aria di casa. Non si ordina alla carta, ma si mangia quello che c'è: grigliate di carne, primi della tradizione vigezzina e dolci artigianali. Sei camere con bagno privato e area campeggio.

INFO
Agriturismo Al Piano delle Lutte • Località Lutte, Santa Maria Maggiore • 0324 94488 • Pagina Facebook: Agriturismo Al Piano delle Lutte • Aperto tutti i giorni • Costi: 18/22 €, bevande escluse

MACUGNAGA

BAR SOTTO E RISTORANTE SOPRA
Da Flizzi, in un edificio affacciato sulla piazza principale, al piano terra c'è il bar e al primo piano il ristorante-pizzeria. Si mangia in una sala decorata con quadri di pittori locali e i piatti sono rustici, tipici della cucina locale. Tra le proposte: polenta, capriolo in salmì, funghi trifolati e fonduta di formaggio, raclette e bourguignonne.

INFO
Bar Ristorante Flizzi • Piazza Municipio 7, Macugnaga • 0324 65160 • www.ristorantebarflizzi.it • Chiuso lunedì • Costi: 18/25 €, bevande escluse

LA PIZZA CON FARINA DI CASTAGNE
DEL ROFFEL
Una buona pizzeria con forno a legna dove è possibile mangiare anche piatti della cucina ossolana a prezzi contenuti. Locale carino, vasta scelta di pizze, inclusa una preparata con la farina di castagne, in omaggio alla tradizione locale che utilizzava la castagna al posto del grano. Ottimi i dolci fatti in casa.

INFO
Pizzeria Ristorante Roffel • Via Imseng 7, località Staffa, Macugnaga • 0334 65028 • Chiuso lunedì • Costi: 10/12 € per la pizza, 22/25 € cucina tipica; bevande escluse

Trasporti e collegamenti

IN AEREO
L'aeroporto più vicino è quello di Milano Malpensa • Ferno Varese • 02 232323 • www.milanomalpensa-airport.com

IN TRENO
La stazione ferroviaria di Domodossola si trova sulla linea che porta in Svizzera attraverso il traforo del Sempione.

IN AUTO
Imboccare l'autostrada A8 dei Laghi per poi proseguire sulla A26 Genova-Gravellona fino a Mergozzo, quindi prendere la SS 33 del Sempione fino a Domodossola.

IN AUTOBUS
I paesi della Val d'Ossola sono serviti dai bus Comazzi • 0324 240333 • www.comazzibus.com

3.

Lombardia

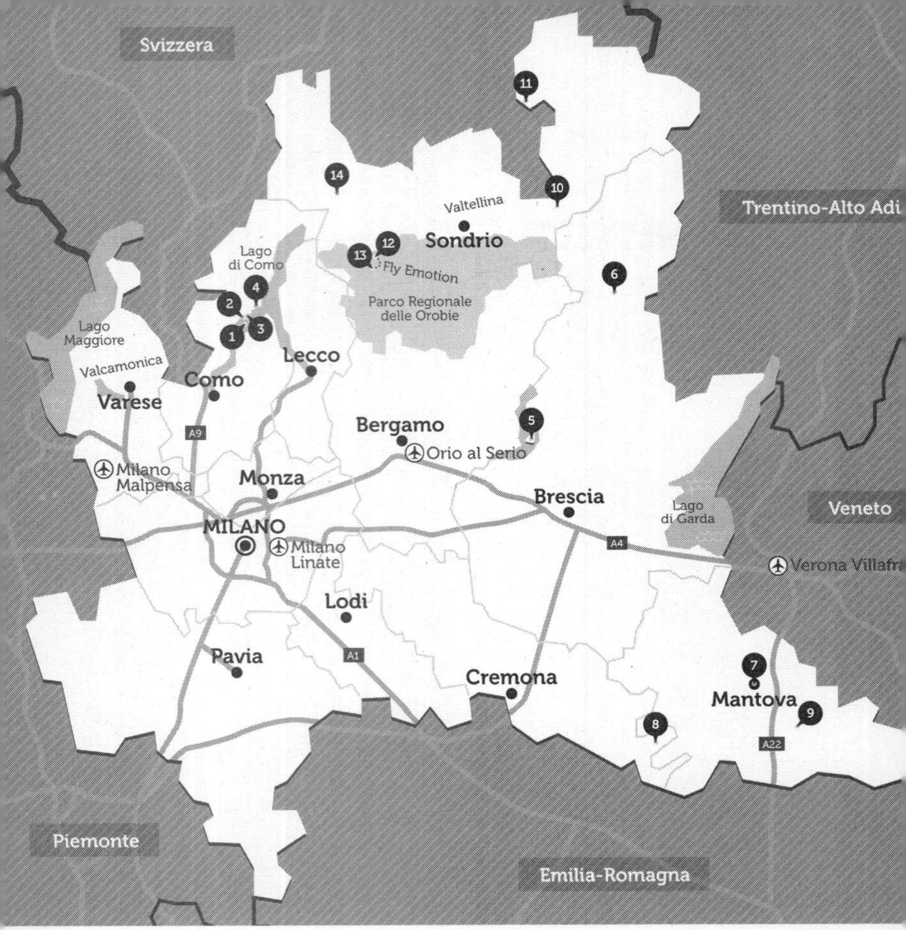

Lombardia

1. Isola Comacina (CO)
2. Ossuccio (CO)
3. Lenno (CO)
4. Tremezzo (CO)
5. Monte Isola (BS)
6. Capo di Ponte (BS)
7. Mantova
8. Sabbioneta (MN)
9. San Benedetto Po (MN)
10. Tirano (SO)
11. Passo Bernina (SO)
12. Albaredo per San Marco (SO)
13. Bema (SO)
14. Codera (SO)

Il Lago di Como

Isole dimenticate, insoliti campanili e ville cardinalizie

È uno dei tre grandi laghi della Lombardia e rappresenta una meta per un piacevole weekend tra natura e storia. Tralasciando le località più conosciute e frequentate, si può raggiungere la costa occidentale per andare alla scoperta di quella suggestiva e misteriosa isola – l'unica del lago – che il Barbarossa decise di bruciare. Poco lontano ci sono il paese di Ossuccio, con la sua splendida chiesa romanica dall'insolito campanile, e la sfarzosa villa del Balbianello, fatta edificare dal cardinale Angelo Maria Durini come luogo di delizie.

L'isola Comacina e Ossuccio

1 Isola Comacina

2 Ossuccio

È l'unica isola del Lago di Como, si trova a poche decine di metri dalla terraferma e ha una lunga storia da raccontare. È la Comacina, nei pressi del paese di Ossuccio, che ora emerge pigramente dalle acque quasi dimenticata, anche dai molti turisti che nelle belle giornate affollano le coste di uno dei grandi laghi della Lombardia. Eppure la Comacina fu al centro di importanti conflitti nel Medioevo, fino a quando Federico Barbarossa, il 24 giugno 1169, ordinò di radere al suolo case e fortificazioni. Alla devastazione si aggiunse anche la scomunica che il vescovo di Como inflisse all'isola.
Oggi questo piccolo lembo di terra sul lago conserva ancora i resti della basilica romanica di Sant'Eufemia che, secondo la leggenda, avrebbe

custodito il Santo Graal in viaggio verso Roma, e poche altre tracce di due dei nove edifici religiosi una volta esistenti sull'isola. Decisamente più recenti la chiesetta barocca dedicata a San Giovanni e le graziose villette edificate agli inizi del secolo scorso per ospitare artisti e letterati, ancora utilizzate dall'Accademia milanese di Brera per questo scopo.

In ricordo della distruzione dell'isola, la Comacina organizza ogni anno la Festa di San Giovanni, che si svolge durante il weekend della settimana in cui cade il 24 giugno, giorno in cui si celebra San Giovanni Battista, con uno spettacolare corteo di barche seguito da fuochi d'artificio che «incendiano» il lago.

Punto di partenza per la visita è l'Antiquarium di Ossuccio – dove sono esposti reperti archeologici provenienti dalla zona –, nei pressi del quale si erge la chiesa romanica di Santa Maria Maddalena, con l'insolita cella sovrapposta al campanile in pietra. Inoltre, alle pendici del monte che sovrasta l'abitato, si trova il santuario della Beata Vergine del Soccorso, del XVI secolo, a cui si accede a piedi percorrendo una strada acciottolata che costeggia coltivazioni di ulivi. Lungo il tragitto si incontrano le quattordici cappelle seicentesche che racchiudono statue in gesso raffiguranti i Misteri del Rosario.

Chi ama le passeggiate può infine imboccare il sentiero verso la verde Val Perlana che, in un paio d'ore di facile cammino, conduce all'abbazia romanica di San Benedetto, complesso monastico probabilmente fondato poco prima del 1083, anno a cui risale il primo documento giunto fino a noi.

Per raggiungere l'isola Comacina da Ossuccio è sufficiente imbarcarsi sul taxi boat, i cui biglietti sono acquistabili presso l'Antiquarium. Gli itinerari possibili comprendono vari sentieri, da percorrere con abbigliamento sportivo. I più interessanti sono quello di Sant'Eufemia e quello degli Artisti. Il primo tocca la casa-torre, la chiesa di San Giovanni Battista con la vicina aula battesimale biabsidata e la basilica di Sant'Eufemia. Il secondo porta alle case in stile razionalista, ai resti del convento benedettino femminile dei Santi Faustino e Giovita e agli scavi della chiesa di San Pietro in Castello.

Sull'isola si trovano anche il bar La Botte e la costosissima Locanda dell'Isola. Meglio perciò soggiornare a Ossuccio, e da lì partire per una gita alla Comacina.

INFO

Isola Comacina • Infopoint 0344 56369 • www.isola-comacina.it • Aperto da marzo a ottobre • Costi: Antiquarium e isola 3/6 €, taxi boat 7 € a/r

Museo Antiquarium • Via Somalvico, Ossuccio • 0344 56369 • www.isola-comacina.it/antiquarium/antico-hospitalis • Aperto 10-15, chiuso lunedì e mercoledì • Costi: 1,50/2 €

La villa del Balbianello a Lenno

3 Lenno

Davvero suggestiva questa villa che sorge solitaria sull'estremità di un promontorio a picco sulle acque del lago, nei pressi di Lenno, quasi di fronte a Bellagio. È la villa del Balbianello, costruita alla fine del XVIII secolo per volontà del cardinale Angelo Maria Durini, raggiungibile via lago, con imbarco da Lenno, o percorrendo una stradina pedonale lunga circa un chilometro. Aperta al pubblico grazie al Fai (Fondo Ambiente Italiano), accoglie il visitatore con il motto liberatorio *fay ce que voudras* (fa ciò che vuoi), inciso sul pavimento del portico che dà sul porticciolo.

Dopo una rilassante passeggiata tra alberi e fiori che adornano l'ampio giardino a terrazze, dominato da una loggia a tre arcate costruita sul punto più alto del promontorio, si entra nella villa, che ospita una ricca collezione di oggetti d'arte cinese, africana e precolombiana trovati dall'esploratore Guido Monzino durante i suoi viaggi, e un museo con documenti, fotografie e cimeli relativi alle sue numerose spedizioni. Durante la visita si possono ammirare una delle otto slitte trainate da cani con cui nel 1971 Monzino – a quel tempo proprietario della villa – raggiunse il Polo Nord e alcune inquietanti e misteriose statuette eschimesi che rappresentano divinità e figure antropomorfe. Questo piccolo gioiello nascosto ha dato alloggio anche all'abate e poeta Giuseppe Parini, che all'allora padrone di casa, il cardinal Durini, dedicò l'ode *La gratitudine*.

INFO

Ufficio Turistico di Lenno • Piazza XI Febbraio, Lenno • 0344 5583417 • www.comune.lenno.co.it

Villa del Balbianello • Via Comoedia 5, Lenno • 0344 56110 • www.visitfai.it/dimore/villadelbalbianello • Aperto da marzo a novembre • Costi: 5/10 €

Zoom

Villa Carlotta

4 Tremezzo

Tremezzo dista solo 5 chilometri da Ossuccio e ospita la seicentesca villa Carlotta con il suo magnifico parco botanico, noto per la splendida fioritura primaverile di rododendri e azalee. La villa ospita un museo con opere di Canova, Adamo Tadolini, Francesco Hayez, Andrea Appiani e altri importanti artisti. Una rarissima collezione di cammei in gesso, con oltre 470 calchi eseguiti intorno al 1830 dall'incisore romano Giovanni Liberotti, riproduce in miniatura i capolavori dei musei all'epoca più noti, partendo dai Musei Vaticani e Capitolini di Roma per giungere alle Gallerie di Firenze, Napoli e Parigi. Nelle serre del giardino è stato aperto al pubblico un museo di antichi attrezzi agricoli.

Villa Carlotta • Via Regina 2, Tremezzo • 0344 40405 • www.villacarlotta.it • Aperto da marzo a novembre 9-19.30 • Costi: 3,50/9 €

Dove dormire

OSSUCCIO

UNA LOCANDA VISTA LAGO

Accogliente b&b immerso nel verde, a circa 800 metri dal lago e all'inizio del viale pedonale che porta al santuario della Beata Vergine del Soccorso. Sei camere in una zona tranquilla, alcune con stupenda vista lago.

Nella bella stagione si può usufruire del solarium panoramico con piscina dotato di sdraio, ombrelloni e doccia.

INFO

Locanda Garzola • Via Giovanni Castelli 30, Ossuccio • 0344 55379 • www.locandagarzola.it • Costi: camera singola 40/45 €, doppia 70/82 € (prima colazione inclusa)

LENNO

LA TANA DI LENNO

Nel centro di Lenno, a pochi passi dal lago, un b&b a conduzione familiare con una sola camera dotata di bagno privato. La colazione, dolce e salata, può essere consumata sulla terrazza o nel soggiorno a seconda della stagione. L'inizio del sentiero per la villa del Balbianello dista poche decine di metri.

INFO

La Tana B&B • Via dei Pescatori 1, Lenno • 0344 55769 | 349 6731832 • www.latanabb.it • Costi: camera singola 60/70 €, doppia 70/80 € (prima colazione inclusa)

SUL GOLFO DI VENERE

Non lontano dalla villa del Balbianello, un piccolo albergo a gestione familiare offre uno splendido scorcio del golfo di Venere. Alcune camere sono affacciate sul lago, altre guardano il paese o le montagne. Il wi fi è a pagamento. L'hotel ha anche un ristorante, per godersi un pranzo o una cena nell'accogliente sala interna o, tempo permettendo, nella terrazza all'aperto.

INFO

Albergo Plinio • Via Carlo Lomazzi 3, Lenno • 0344 55158 • www.hotelpliniolenno.it • Costi: camera singola 70 €, doppia 85 € (prima colazione inclusa)

A GRIANTE, PER UNA VACANZA NELLA NATURA

A neanche 10 chilometri da Lenno, a pochi minuti a piedi dalla riva del lago e dal lido di Cadenabbia, un b&b circondato da un ampio giardino. Casa Pini è una spaziosa villetta su due piani: al piano terra abitano i proprietari, mentre il piano superiore ospita tre ampie camere con ingresso indipendente e bagno privato, due delle quali dotate di angolo cottura. Da segnalare il comodo parcheggio gratuito.

INFO

Casa Pini • Via Brentano 12, Griante • 0344 40528 | 338 1308945 • www.casapini.com • Costi: camera singola 30 €, doppia 50 € (prima colazione inclusa)

Dove mangiare e bere

OSSUCCIO

LE TROTE DEL CROTTO

Un simpatico «crotto» – osteria tipica – dove, nella bella stagione, è possibile mangiare all'aperto, in una veranda coperta o sul terrazzo. Le trote, la specialità della casa, come da tradizione, vengono pescate direttamente dalle acque del vicino torrente Perlana e sono servite affumicate e condite con olio e limone, in carpione o cotte alla griglia. Ottimi i salumi nostrani, i formaggi d'alpe e la saporita polenta uncia.

INFO

Crotto La Sorgente • Via P. Castelli 5, Ossuccio • 0344 55270 • www.crottolasorgente.com • Aperto nel fine settimana, d'estate tutti i giorni • Costi: 20/25 €, bevande escluse

LA TRATTORIA DEL SANTUARIO

A pochi passi dal santuario della Beata Vergine del Soccorso, una trattoria dalla cucina tradizionale di lago. Tra i piatti di pesce, meritano un assaggio il lavarello al burro e salvia e il missoltino, ma non sono da sottovalutare neppure le altre pietanze, come la polenta con diversi condimenti o i pizzoccheri, e i dolci fatti in casa. Un'avvertenza: il locale è raggiungibile solo a piedi, con una bella ma ripida salita tra gli ulivi. Il posto è piccolo e conviene sempre prenotare.

INFO

Trattoria del Santuario • Via al Santuario 50, Ossuccio • 0344 56311 • Chiuso martedì • Costi: 18/23 €, bevande escluse

LENNO

UN BREAK AL BAR SPORT

Non è un vero e proprio ristorante ma, come indicato chiaramente nel menu, uno snack bar con una vasta scelta di piatti freddi e primi di pasta e riso, ricche insalate, salumi e formaggi locali.

La gestione è familiare e il panorama sul golfo di Venere che si gode dalla terrazza è uno dei più suggestivi della costa. I gelati sono artigianali e la scelta dei vini è molto accurata.

INFO

Bar Sport Lenno • Lungolago Lomazzi 5, Lenno • 0344 55226 • www.barsportlenno.com • Costi: pranzo e cena 12/18 €, bevande escluse

CARNE E PESCE DI LAGO AL RISORGIMENTO

A Mezzegra, a circa 3 chilometri da Lenno, una trattoria a gestione familiare dai prezzi ancora contenuti. Piatti in gran parte giustamente dedicati ai pesci di lago, senza però farsi mancare qualche interessante proposta di carne. In inverno si mangia in una stanza riscaldata dal fuoco del camino.

INFO

Antica trattoria del Risorgimento • Via Sant'Abbondio 8, Mezzegra • 0344 41789 • www.anticatrattoriadelrisorgimento.com • Chiuso lunedì e domenica a cena • Costi: 22/33 €, bevande escluse

Trasporti e collegamenti

IN AEREO
L'aeroporto più vicino è quello di Milano Malpensa • Ferno Varese • 02 232323 • www.milanomalpensa-airport.com

IN TRENO
Raggiungere la stazione di Como Nord Lago con i treni di Trenord in partenza da Milano e quindi proseguire con gli autobus di linea C10.
Trenord • 02 72494949 • www.trenord.it
ASF Autolinee • 031 247247 • www.asfautolinee.it

IN AUTO
Autostrada A9 dei Laghi, uscita Como Nord, quindi imboccare la SS 340 Regina verso Menaggio fino a Ossuccio e poi a Lenno.

IN AUTOBUS
Per arrivare a Ossuccio in autobus, prendere la linea C10 in direzione Colico da Como • ASF Autolinee • 031 247247 • www.asfautolinee.it

IN BATTELLO
L'isola Comacina è raggiungibile con i battelli della Navigazione Laghi o con i taxi boat che partono da Ossuccio.
Gestione Navigazione Laghi • 800 551 801 • www.navigazionelaghi.it • Servizio diurno • Costi: 3/3,80 €

Il Lago d'Iseo e la Valcamonica

L'isola lacustre più grande d'Europa e le incisioni rupestri dei Camuni

Meno frequentato degli altri laghi lombardi, il Lago d'Iseo incanta per quella montagna galleggiante che emerge dalle sue acque. È Monte Isola, l'isola lacustre più grande d'Europa, con i suoi graziosi borghi ancora abitati da pescatori e contadini e il santuario della Madonna della Ceriola che, dai suoi 600 metri d'altezza, domina gli oliveti che adornano le pendici della collina. Poco più a nord, all'inizio della Valcamonica, le misteriose incisioni rupestri dei Camuni, antico popolo pagano che abitò questo angolo della provincia di Brescia.

Monte Isola

5 Monte Isola

Monte Isola o Montisola, come dicono i bresciani, emerge dal centro del Lago d'Iseo con la sua collina, ripida e boscosa nella parte sud-orientale e coltivata a olivi e ortaggi nel versante occidentale.
Chiusa al traffico automobilistico – riservato solo ai residenti – si visita a piedi, in bicicletta o con i bus locali, percorrendo la strada costiera che tocca tutti i principali centri abitati e gli storici cantieri navali, attivi sin dagli inizi del Seicento. Si può partire dall'antico borgo di pescatori di Peschiera Maraglio, dominato dalla mole del Castello Oldofredi (oggi sede di un residence di lusso) dove, nei cortili

delle case in pietra e sul lungolago, ancora si secca il pesce al sole e si riparano le reti. Il Museo della Pesca ricorda queste attività che, per anni, hanno costituito l'unico mezzo di sostentamento dell'isola ed espone immagini, attrezzature e imbarcazioni utilizzate dai pescatori.

A un solo chilometro da Peschiera Maraglio si incontra Sensole, una località frequentata da artisti, pittori e poeti, che apprezzano il suo clima mite e il panorama del pianeggiante isolotto privato di San Paolo, abitato per secoli dai frati francescani che vi coltivavano agrumi e distillavano un liquore ricostituente. Spostandosi verso nord si arriva al borgo medievale fortificato di Siviano, dominato dall'imponente Torre Martinengo, di forma quadrata e alta 20 metri, il capoluogo amministrativo dell'isola. Incantevoli le sue case con archi, loggette, stipiti di pietra e davanzali fioriti.

Masse, il paese meglio conservato dell'isola, si trova poco lontano, ed è raggiungibile percorrendo una vecchia strada di ciottoli bianchi che parte del centro di Siviano. Lungo il cammino ci si imbatte in un grande masso di arenaria rossa dove, secondo la leggenda, si radunavano le streghe per i loro riti magici. I più sportivi possono anche raggiungere la quota più alta, a 600 metri sul livello del mare, dove, edificato su uno spuntone di roccia grigia nel punto più suggestivo dell'isola, si trova il bianco santuario della Madonna della Ceriola. Un luogo di religioso silenzio, disseminato di ex voto, sorto agli inizi del Cristianesimo al posto di un tempietto dedicato alle divinità pagane delle selve, come testimonia la parola «fani» (probabilmente «fauno») incisa sulla pietra che sostiene la colonna della facciata.

Il piccolo scoglio che si vede a nord di Montisola si chiama Loreto, è di proprietà privata e la tradizione vuole che dal XIII secolo ospitasse un convento di suore clarisse, poi abbandonato e soppiantato, agli inizi del Novecento, da una villa e da un castello in stile neogotico.

INFO

Ufficio Turistico di Montisola • Località Peschiera Maraglio 151, Monte Isola • 030 9825088 • www.comune.monteisola.bs.it/pages

Museo della Pesca • Località Peschiera Maraglio, Monte Isola • 030 9825226 • Aperto nei giorni feriali 9-12, nei giorni festivi 10.30-17.30; chiuso da novembre a marzo • Costi: 1,50/2,50 €

6
Capo di Ponte

Il Parco delle Incisioni Rupestri di Capo di Ponte

Non è ancora chiaro il significato delle migliaia di incisioni lasciate dagli antichi Camuni in Valcamonica e in particolare nella zona di Capo di Ponte. C'è chi parla di antichi riti magico-religiosi per propiziarsi gli spiriti e le divinità residenti sui monti, chi crede che abbiano precisi riferimenti alla posizione delle stelle e ai fenomeni astronomici dell'epoca e chi le legge come affascinanti e millenarie pagine di storia scritte sulla roccia. All'interno del Parco Nazionale delle Incisioni Rupestri di Capo di Ponte, situato in località Naquane, ci sono oltre centoventi rocce che conservano le tracce dell'antica arte dei Camuni. Tra le più interessanti va annoverata la Grande Roccia, sulla quale sono state incise circa mille figure con scene di caccia ai cervi, riti di iniziazione, telai e un misterioso e complesso labirinto. Sulla roccia identificata con il numero 50, posta in posizione panoramica sulla valle, si riconoscono uomini in preghiera, guerrieri (anche di grandi dimensioni), capanne, iscrizioni camune e in caratteri etruschi. Su altre rocce le incisioni ritraggono un fabbro o un sacerdote che corre, Cernunnos – il dio celtico degli animali – e un carro dell'età del Ferro. Nei pressi del piccolo Antiquarium, dove sono illustrate le tecniche di incisione, si possono ammirare alcuni massi menhir provenienti dalle vicine località di Cemmo, Borno e Ossimo, che rappresentano uno tra i più significativi esempi di monumenti sacri dell'età del Rame.

INFO

Ufficio Informazioni di Capo di Ponte • Via Nazionale 1, Capo di Ponte • 0364 42104 • www.invallecamonica.it | www.turismovallecamonica.it

Parco Nazionale delle Incisioni Rupestri di Capo di Ponte • Località Naquane, Capo di Ponte • 0364 42140 • www.parcoincisioni.capodiponte.beniculturali.it • Aperto dal martedì alla domenica 8.30-13.30 • Costi: 2/4 €

La Riserva Naturale Incisioni Rupestri di Ceto, Cimbergo e Paspardo

In Valcamonica sono state censite circa 350.000 incisioni rupestri, anche se ogni anno il loro numero aumenta grazie a nuove scoperte. Oltre al più noto Parco di Capo di Ponte, vale quindi la pena visitare anche questa riserva naturale che, con le sue oltre quattrocento rocce incise, è il sito archeologico protetto più grande della Valcamonica. Le rocce con le incisioni rupestri sono caratterizzate da una straordinaria varietà di soggetti e di temi che le rendono particolarmente significative, spaziando da scene di lavoro nei campi ai riti religiosi e alle tradizioni della vita quotidiana dei Camuni. Si trovano lungo diversi percorsi che interessano i comuni della riserva, perciò con l'occasione si può fare una capatina al centro storico di Nadro, sede del Museo della Riserva, costruito attorno a un nucleo formato da una torre medievale, e alla chiesa parrocchiale che sorge ai piedi del campanile, oggi leggermente pendente, eretto nel 1611. Da vedere anche il paese di Cimbergo, dominato dai resti di un'imponente rocca, restaurata di recente, dalla quale si può ammirare un panorama magnifico della Media Valle.

INFO

Riserva Naturale Incisioni Rupestri di Ceto, Cimbergo e Paspardo • 0364 433465 • www.arterupestre.it • Aperto 9-17.30 d'estate, 9-16.30 d'inverno • Costi: ingresso sito Unesco, villaggio archeologico, area picnic e museo 3 €

Zoom

La Franciacorta

La Franciacorta è quell'angolo di Lombardia, in provincia di Brescia, dalle cui dolci colline nasce uno tra i più pregiati spumanti secchi italiani. Per visitarla conviene seguire la Strada del vino del Franciacorta. Si può partire da Mandolossa, alle porte di Brescia, per raggiungere Cellatica, la zona viticola più antica. Lungo la strada si incontrano numerose cantine, solitamente aperte al pubblico per visite guidate, degustazioni e acquisti.

www.franciacorta.net

Dove dormire

MONTE ISOLA

UN B&B IN UN BORGO DI PESCATORI

Tre camere in un b&b situato nell'antico borgo di pescatori di Peschiera Maraglio, a pochi passi dall'attracco dei battelli di linea. Si trova in un punto panoramico da cui si gode un'ampia vista del lago. Nella bella stagione la colazione viene servita all'esterno, nel grande terrazzo immerso tra oleandri e olivi.

INFO

B&B Verdeisola • Via Peschiera Maraglio 10, Monte Isola • 030 9825062 | 338 5323693 • Costi: camera singola 35/65 €, doppia 40/70 € (prima colazione inclusa)

PER UNA VACANZA DI PURO RELAX

Nella località collinare di Cure un nuovissimo b&b con due confortevoli camere immerse nella natura. Prima colazione a buffet con prodotti locali. In una ventina di minuti di cammino si raggiunge il santuario della Madonna della Ceriola, situato a 600 metri di altitudine, nel punto più alto di Monte Isola.

INFO

B&B La Ceriola • Via Cure 20, Monte Isola • 030 9825168 • bblaceriola.it • Costi: camera singola 35/70 €, doppia 50/80 € (prima colazione inclusa)

CAPO DI PONTE

LA CASA RUSTICA DEI CAMUNI

Nella minuscola frazione di Pescarzo di Capo di Ponte, in una splendida posizione panoramica che spazia su tutto il territorio della Media Valcamonica, questo b&b è l'ideale che per chi ama la natura e le atmosfere genuine. A colazione vengono serviti miele, formaggi, salumi, marmellate e crostate fatte in casa.

INFO

B&B I Camuni • Via San Rocco 7, località Pescarzo, Capo di Ponte • 338 6571153 • www.camuni.it • Costi: camera singola 35/40 €, doppia 60/70 € (prima colazione inclusa)

UN HOTEL ECONOMICO CON TUTTI I COMFORT

Questo confortevole albergo nel cuore di Capo di Ponte, da poco ristrutturato, accoglie gli ospiti in dieci camere pulite e dotate di tutti i servizi. Il personale è gentile e professionale e la reception fornisce informazioni utili per organizzare la visita alle incisioni rupestri. Brunch all'americana, dalle 10 alle 22, e una lista di oltre quaranta portate a base di prodotti locali.

INFO

Hotel Cumilì • Via Stazione 1, Capo di Ponte • 0364 42204 • www.hotelcumili.it • Costi: camera singola 35 €, doppia 65 € (prima colazione inclusa)

Dove mangiare e bere

MONTE ISOLA

PESCI E SALUMI DI MONTE ISOLA

È grazie a Nando, uno degli ultimi pescatori dell'isola, che coregoni, salmerini, tinche, trote, sardine di acqua dolce, persici e cavedani vengono serviti in questa favolosa locanda. Il menu prevede, oltre ai pesci essiccati con polenta, in carpione, al carpaccio o fritti, salumi tipici – tra i quali quello dell'isola tagliato a mano e affumicato – e ottimi primi di pesce, dalle zuppe ai risotti. Non economicissimo, ma ne vale la pena.

INFO

Locanda al Lago • Località Carzano 38, Monte Isola • 030 9886472 • www.locandaallago.it • Chiuso martedì da ottobre ad aprile • Costi: 25/30 €, bevande escluse

I PIATTI DEL VITTORIA, ANCHE PER I VEGANI

Direttamente in riva al lago, con una splendida terrazza panoramica, un ristorante che alterna ai piatti di pesce di acqua dolce e alla carne un menu vegetariano, con tanto di brasato di seitan al vino rosso di Franciacorta. Perfetto sia per un pranzo con gli amici sia per una romantica cena a lume di candela. Il rapporto qualità-prezzo è ottimo.

INFO

Ristorante Vittoria • Località Sensole 22, Monte Isola • 030 9886222 • www.ristorantevittoria.eu • Chiuso giovedì • Costi: 20/25 €, bevande escluse

CAPO DI PONTE E DINTORNI

TRADIZIONI LOCALI A MENU FISSO

Qui si mangia quello che hanno

preparato in cucina, senza tante possibilità di scelta. Dopo l'antipasto di salumi e formaggi locali vengono proposti tre o quattro piatti per portata, dai casoncelli agli gnocchi alle erbe, dall'arrosto allo stufato di asino, insieme a insalata o verdura lessa. Il vino rosso è rigorosamente locale.

INFO
Locanda Bottanelli • Via Rive 3, località Pescarzo, Capo di Ponte • 0364 42102 • Pagina Facebook: Locanda Bottanelli, Pescarzo di Capo di Ponte • Aperto tutti i giorni • Costi: 18/20 €, bevande escluse

CUCINA CAMUNA INNOVATIVA DA LAMBICH

A Ceto, vicinissimo al Parco Nazionale di Capo di Ponte e alla Riserva Naturale delle Incisioni Rupestri di Ceto, Cimbergo e Paspardo, un buon ristorante che propone una cucina camuna innovativa, basata in gran parte su ingredienti di qualità prodotti in zona.
Pasta fresca anche con patate, kamut e farina di castagne, carne alla griglia, formaggi come il fatulì, un caprino molto particolare e raro, e vini delle zone vicine.

INFO
Ristorante Lambich • Via Nazionale 45, Ceto • 0364 434486 • www.lambich.it • Chiuso martedì a cena • Costi: 18/23 €, bevande escluse

Trasporti e collegamenti

IN AEREO
Gli aeroporti più vicini sono quelli di Bergamo-Orio al Serio e Verona Villafranca.
Aeroporto di Orio al Serio • Via Aeroporto 13, Orio al Serio • 035 326323 • www.sacbo.it
Aeroporto di Verona Villafranca • Caselle Verona • 045 8095666 • www.aeroportoverona.it

IN TRENO
Con i treni della linea ferroviaria Brescia-Iseo-Edolo di Trenord in partenza da Brescia • 02 72494949 • www.trenord.it

IN AUTO
Prendere l'autostrada A4 Torino-Trieste, uscita Ospitaletto, quindi proseguire in direzione del Lago d'Iseo e della Valcamonica.

IN AUTOBUS
Le principali località della Valcamonica sono servite dagli autobus della compagnia SAB • 800 139 392 • www.bergamotrasporti.it

IN BATTELLO
Per raggiungere Monte Isola si possono utilizzare i battelli della Navigazione Lago di Iseo in partenza dai paesi di Iseo, Sulzano, Sale Marasino, Tavernola Bergamasca, Marone e Riva di Solto • 035 971483 • www.navigazionelagoiseo.it • Servizio diurno e notturno • Costi: 1,60/3,60 €

Mantova e Sabbioneta

I gioielli dei Gonzaga

Mantova città d'acqua. È infatti bagnata da ben tre laghi creati da antiche opere idrauliche che sin dal lontano 1190 regolano le acque del Mincio. Mantova città di elegante bellezza, a ricordo di quel lungo periodo storico che va dal 1328 al 1707 quando, sotto il governo della famiglia Gonzaga, la città ospitò una delle più raffinate corti italiane. E poi ancora la vicina Sabbioneta, la piccola Atene rinascimentale, fondata da Vespasiano Gonzaga Colonna tra il 1556 e il 1591, laddove sorgeva un piccolo borgo contadino. Un weekend magico nel cuore della Pianura Padana, in luoghi dichiarati dall'Unesco Patrimonio mondiale dell'umanità, proprio per la loro storia.

Mantova

Due i gioielli imperdibili di Mantova: Palazzo Ducale e Palazzo Te. Il primo era la reggia dei Gonzaga e vanta ben cinquecento stanze. L'attuale ingresso è ubicato nella centrale piazza Sordello, non lontano dalla riva del Lago Inferiore, e la visita permette di ammirare il piano nobile del Palazzo del Capitano, la sala dei Papi, il famoso studiolo e la grotta in cui Isabella D'Este custodiva la sua ricchissima collezione di capolavori, la splendida Galleria degli Specchi, la sala di Amore e Psiche, la suggestiva sala dello Zodiaco, la sala dei Fiumi – dedicata ai corsi d'acqua lombardi – e parte del Castello di San Giorgio, bastione fortificato del Palazzo Ducale affacciato sul lago. Il fiore all'occhiello dell'antica residenza dei Gonzaga è comunque la Camera degli Sposi, capolavoro di Andrea Mantegna, con il cielo dipinto al centro del soffitto, popolato da figure festose, sorridenti fanciulle, un uomo di colore, un pavone blu e una pianta d'arancio. Tutt'intorno un tripudio di decorazioni in oro e di affreschi colorati, che danno l'impressione di trovarsi all'interno di uno scrigno, tanto prezioso quanto irreale.

Attraversando a piedi il centro storico della città, lungo il Percorso del Principe, si giunge a Palazzo Te, edificato tra il 1524 e il 1534 in quella che un tempo era l'isola di Tejeto. Qui la famiglia Gonzaga amava rilassarsi e passare l'estate: dedicato al tempo libero, lo svago e l'ozio del principe, il palazzo nacque dalla ristrutturazione, affidata al famoso architetto Giulio Romano, delle scuderie riservate ai cavalli di razza. Gli spazi dove una volta venivano accolti ospiti illustri, come l'imperatore Carlo V o Enrico III re di Francia, sono oggi aperti al pubblico, che può ammirare all'ingresso un ritratto di Giulio Romano dipinto da Tiziano. Tra le diverse sale riccamente adornate spiccano la Camera dei Giganti, l'ambiente affrescato più famoso e stupefacente di Palazzo Te, e la camera di Amore e Psiche. La sua decorazione è interamente volta a celebrare l'unione del marchese Federico e di Isabella Boschetti attraverso la sensuale vicenda mitologica narrata da Apuleio nelle Metamorfosi, in un vortice di colori che danno risalto a divinità, fauni, satiri e putti.

Oltre a questi due preziosi gioielli Mantova riserva al visitatore altri luoghi di grande interesse, come la suggestiva basilica di Sant'Andrea, edificata al tempo dei Gonzaga su progetto di Leon Battista Alberti, dove si conservano i Sacri Vasi contenenti il sangue di Cristo portato a Mantova, secondo la leggenda, da un soldato romano.

O come la Torre dell'Orologio di Palazzo della Ragione, un prodigio meccanico quattrocentesco ancora perfettamente funzionante che è possibile contemplare dall'interno.

Da vedere anche la Rotonda di San Lorenzo, l'edificio religioso più antico della città, probabilmente costruito per volere di Matilde di Canossa e per secoli «dimenticato», adibito a magazzino, sede di negozi e abitazioni.

Insolita «bomboniera», aperta al pubblico in assenza di rappresentazioni, il settecentesco Teatro Bibiena o Teatro Scientifico stupisce il visitatore perché è praticamente privo di palco.

Il padre di Mozart, che qui, nel 1770, accompagnò il figlio impegnato nella sua prima tournée italiana, disse infatti: «Non ho mai visto in vita mia niente di più bello in questo genere, non siamo in un teatro ma in una sala adornata da palchetti».

Vale la pena di ritagliarsi un po' di tempo anche per il poco conosciuto Museo Diocesano, con sede nel chiostro maggiore dell'ex monastero agostiniano di Sant'Agnese, che a dispetto del nome non conserva solo arredi liturgici e paramenti sacri, ma raccoglie anche reperti archeologici che raccontano duemila anni di storia mantovana, preziosi smalti e avori, opere di oreficeria appartenute ai signori di Mantova, arazzi e soprattutto la più importante collezione italiana di armature del XV e XVI secolo.

Visitata la Mantova dei Gonzaga si può salire su una delle numerose imbarcazioni che conducono alla scoperta dei suoi tre laghi. L'escursione più interessante ha come meta il santuario di Santa Maria delle Grazie che, al suo interno, custodisce decine di statue in cartapesta che raccontano i miracoli della Vergine. Dal soffitto pende un improbabile coccodrillo imbalsamato e sul piazzale antistante, il 15 agosto, si riuniscono madonnari provenienti da tutto il mondo.

Una piccola dritta: acquistando la Mantova Musei Card, al costo di 15 euro, si ha l'ingresso gratuito alle cinque principali attrazioni della città (Palazzo Ducale, Palazzo Te, Museo della Città di Palazzo San Sebastiano, Museo Diocesano Francesco Gonzaga, Teatro Bibiena).

INFO

IAT di Mantova • Piazza Mantegna 6, Mantova • 0376 432432 • www.turismo.mantova.it

Palazzo Ducale • Piazza Sordello 40, Mantova • 0376 224832 • www.mantovaducale.beniculturali.it • Aperto dal martedì alla domenica 8.15-19.15, venerdì fino alle 21.30 • Costi: 3,25/6,50 €

Palazzo Te • Viale Te 13, Mantova • 0376 323266 • www.palazzote.it • Aperto lunedì 13-18, dal martedì alla domenica 9-18 • Costi: 6/12 € (valido anche per Palazzo San Sebastiano)

Torre dell'Orologio • Palazzo della Ragione, piazza delle Erbe, Mantova • 0376 288208 • Aperto dal martedì al venerdì 10-13 e 15-18; sabato, domenica e festivi 10-18 • Costi: 1,50/3 €

Rotonda di San Lorenzo • Piazza delle Erbe, Mantova • 0376 322297 • Aperto dal lunedì al venerdì 10-13 e 15-19 nei mesi estivi, 10-13 e 14-18 nei mesi invernali; sabato e domenica 10-18 • Costi: ingresso a offerta libera

Teatro Bibiena • Via Accademia 47, Mantova • 0376 327653 • Aperto dal martedì al venerdì 10-13 e 15-18; sabato, domenica e festivi 10-18 • Costi: 1,20/2 €

Museo Diocesano • Piazza Virgiliana 55, Mantova • 0376 320602 • www.museodiocesanomantova.it • Aperto dal mercoledì alla domenica 9.30-12 e 15-17.30, lunedì e martedì solo su prenotazione • Costi: 4/6 €

Mantova Musei Card • Ingresso gratuito alle cinque principali attrazioni della città (Palazzo Ducale, Palazzo Te, Museo della Città di Palazzo San Sebastiano, Museo Diocesano Francesco Gonzaga, Teatro Bibiena) • Costi: 15 € (si acquista direttamente presso i musei)

8 Sabbioneta

Sabbioneta

Per la sua eleganza e armonia Sabbioneta, la città ideale fondata da Vespasiano Gonzaga Colonna tra il 1556 e il 1591, è anche conosciuta come la piccola Atene del Rinascimento italiano. Il centro abitato conserva ancora quasi intatto il Palazzo Ducale, simbolo della grandezza dei Gonzaga, dove si possono ammirare le sale delle Aquile, degli Imperatori, degli Elefanti, oltre alla Galleria degli Antenati, in cui sono conservati i ritratti dei principi. Al suo fianco sorge il Palazzo del Cavalleggero (chiuso al pubblico), la cui facciata ricorda lo stile veneto. Poco lontano il Teatro all'Antica, realizzato alla fine del Cinquecento dall'architetto Vincenzo Scamozzi, che inventò il camerino per gli artisti e i foyer separati per gli uomini e le donne. In piazza d'Armi si trova, invece, il Palazzo Giardino, abitazione del principe sul cui retro si apre un giardino all'italiana. Un piccolo sovrappasso conduce alla Galleria degli Antichi, un lungo corridoio che custodisce una collezione di marmi di epoca classica, di cui Vespasiano Gonzaga era appassionato. I tesori della dinastia sono invece conservati nel vicino Museo d'Arte Sacra.

INFO

IAT di Sabbioneta • Palazzo Giardino, Piazza d'Armi 1, Sabbioneta • 0375 52039 • www.iatsabbioneta.org

Palazzo Ducale, piazza Ducale • Teatro all'Antica, via Teatro Olimpico 1 • Palazzo Giardino, piazza d'Armi 1 • Galleria degli Antichi, piazza d'Armi 1 • 0375 221044 • Aperto dal martedì al venerdì 9.30-13 e 14.30-18.30 (da novembre a marzo fino alle 17), sabato e festivi 9.30-13 e 14.30-19 (da novembre a marzo fino alle 18) • Costi: 10 € biglietto singolo, cumulativo 12 € (Palazzo Ducale, Galleria degli Antichi, Palazzo Giardino, Teatro all'Antica)

Museo d'Arte Sacra • Via Assunta 7, Sabbioneta • 0375 52035 • Chiuso lunedì • Costi: 3 €

9 San Benedetto Po

Zoom

L'antico monastero di San Benedetto Po

Pochi chilometri separano Mantova da San Benedetto Po, il cui nome è legato al monastero benedettino fondato nel 1007 da Tedaldo di Canossa sull'isola che sorgeva tra il fiume Po e il Lirone. Nel maestoso complesso monumentale si possono visitare la chiesa abbaziale con mosaici dell'XI secolo, il refettorio monastico del 1478 con una parete affrescata attribuita al Correggio, il museo con i reperti sulla storia dell'abbazia, i chiostri quattrocenteschi e le cantine cinquecentesche.

Monastero di San Benedetto Po • Piazza Teofilo Folengo, San Benedetto Po • 0376 623036 • Aperto dal martedì al venerdì 9-12 e 14.30-17.30, sabato e domenica 9.30-12.30 e 14.30-17.30 • Costi: 4/5 €

Dove dormire

MANTOVA

UNA RESIDENZA DI CHARME

Questa piccola dimora d'epoca, a pochi passi dal lago e vicina alla pista ciclabile, accoglie i suoi ospiti in camere eleganti e raffinate, arredate con uno stile ricercato e dotate di bagno privato. Piccolo solarium esterno vista lago, dove è possibile ammirare le antiche mura della Cittadella, risalenti al XVII secolo e ancora perfettamente conservate.

INFO

Villa Cittadella • Via Santa Maria Nuova 4, Mantova • 345 4054073 • www.villa-cittadella.com • Costi: camera singola 45 €, doppia 55 € (prima colazione inclusa)

L'HOTEL VICINO ALLA STAZIONE

A pochi passi dalla stazione e a una decina di minuti a piedi dai principali luoghi di interesse turistico, un albergo con ottimo rapporto qualità-prezzo ospitato in un palazzo del Quattrocento. Le camere, spaziose e con servizi privati, sono silenziose e pulite. Numerose offerte e promozioni temporanee sul sito.

INFO

Albergo Bianchi Stazione • Piazza Don Eugenio Leoni 24, Mantova • 0376 326465 • www.albergobianchi.com • Costi: camera singola 70/80 €, doppia 90 € (prima colazione inclusa)

UN AGRITURISMO NEL PARCO DEL MINCIO

Nel verde del Parco del Mincio, nei pressi del Bosco della Fontana, già residenza di caccia dei Gonzaga, un piacevole agriturismo dal quale si può raggiungere il centro storico in bicicletta, percorrendo una pista ciclabile. Si alloggia in quattro colorate camere doppie, anche a uso singola, e nove appartamenti da due a sei persone, con cucina. Il ristorante interno Zucca&Mirtilli, aperto a cena solo il venerdì e il sabato, propone piatti della cucina mantovana nella sua sala art gallery.

INFO

Agriturismo Beatilla • Corte Barco, Strada Mantova 21, Marmirolo • 0376 466480 • www.agriturismobeatilla.it • Costi: camera singola 45/55 €, doppia 60/70 €; appartamenti 29,50/35 € a persona (prima colazione inclusa), 27/32 € (prima colazione esclusa)

L'OSTELLO ALLE PORTE DI MANTOVA

In questo ostello immerso nella natura, a Rivalta sul Mincio, un piccolo borgo di pescatori alle porte di Mantova, troverete stanze singole, per famiglie e anche camerate a più letti. La struttura noleggia canoe e biciclette, offre una grande area verde per picnic ed è situato ai margini della ciclo-pedonale che conduce in città.

INFO

Ostello del Mincio • Via Porto 23/25, Rivalta sul Mincio • 340 9300509 • www.ostellodelmincio.it • Costi: 17/25 € a persona

SABBIONETA

DORMIRE IN UNA CASA DEL CINQUECENTO

Nel centro di Sabbioneta, in una

casa del Cinquecento situata a pochi passi dai principali monumenti, un albergo tranquillo e accogliente. Nella bella stagione si fa colazione in giardino e si noleggiano biciclette per andare alla scoperta di Sabbioneta e dintorni pedalando. L'albergo offre sconti sul biglietto d'ingresso alle attrazioni della città.

INFO

Albergo Giulia Gonzaga • Via Vespasiano Gonzaga 65, Sabbioneta • 0375 528169 • www.albergogiuliagonzaga.net • Costi: camera singola 40/50 €, doppia 60/80 € (prima colazione inclusa)

Dove mangiare e bere

MANTOVA

CUCINA MANTOVANA DOC

Osti da cinque generazioni propongono il meglio della cucina tradizionale mantovana, a prezzi più che onesti. In tre comode sale e un bel cortile con pergolato, si degustano i maccheroncini con lo stracotto, gli agnolini in brodo e i tortelli di zucca preparati come una volta. A seguire i bolliti, lo stinco al forno, lo stracotto con la polenta, il coniglio, gli arrosti e la faraona. Dolci rigorosamente fatti in casa. Vi conviene prenotare.

INFO

I Due Cavallini • Via Salnitro 5, Mantova • 0376 322084 • www.trattoriaduecavallinimantova.it • Chiuso martedì • Costi: 20/23 €, bevande escluse

ALL'ANTICA HOSTERIA CON GUSTO

Simpatica osteria tradizionale dall'atmosfera piacevole e personale cordiale. Propone piatti della tradizione come il risotto alla pilota, le tagliatelle al sugo di anitra, i bigoli al torchio con acciughe, lo stracotto di manzo alla mantovana, il luccio in salsa e la fritturina di pesciolini e saltarelli. Sbrisolona a fine pasto.

INFO

Antica Hosteria Leoncino Rosso • Via Giustiziati 33, Mantova • 0376 323277 • www.leoncinorosso.it • Chiuso domenica a cena • Costi: 20/25 €, bevande escluse

SABBIONETA

DOVE UN TEMPO C'ERA IL CASTELLO

Rilassante trattoria tipica dove un tempo sorgeva il castello, incorniciata dalla Galleria degli Antichi. Propone una raffinata cucina tradizionale mantovana, utilizzando solo prodotti di stagione.

In tavola ravioli di zucca, luccio in salsa, stracotto d'asino – accompagnati da una selezione di Lambruschi mantovani – e dolci tipici, come la sbrisolona con lo zabaione.

INFO

Osteria La Dispensa • Via Galleria 3, Sabbioneta • 0375 221107 • osteriadispensa.altervista.org • Chiuso lunedì • Costi: 18/25 €, bevande escluse

Trasporti e collegamenti

IN AEREO

L'aeroporto di Verona Villafranca si trova a 45 chilometri da Mantova ed è collegato alla città da un servizio di autobus • Caselle Verona • 045 8095666 • www.aeroportoverona.it

IN TRENO

La stazione FS di Mantova è collegata da treni diretti con Milano, Cremona e Modena.

IN AUTO

Autostrada A22 Brennero-Modena, uscite Mantova Nord e Mantova Sud; autostrada A4 Milano-Venezia, uscite Desenzano, Sirmione, Peschiera e Verona Sud; autostrada del Sole A1, uscite Parma Est e Reggio Emilia, proseguire quindi sulle strade statali.

IN AUTOBUS

Mantova e Sabbioneta sono raggiungibili con i bus APAM • 0376 230339 • www.apam.it

La Valtellina

Trenini che sfiorano i ghiacciai, antiche cantine e arditi voli sospesi nel vuoto

Ha compiuto cent'anni da poco e continua caparbiamente a risalire le pendici del massiccio del Pizzo Bernina – l'unica cima lombarda che supera i 4000 metri – per poi giungere a destinazione nella mondana St. Moritz. È il trenino rosso del Bernina, un capolavoro di ardita ingegneria ferroviaria che, con il bel tempo e con la neve, regala emozioni e panorami mozzafiato ai suoi passeggeri. Parte da Tirano, cittadina dai bei palazzi nobiliari e dalle antiche cantine, sorte nei secoli scorsi per vinificare l'uva raccolta nei vigneti che occupano i terrazzamenti di questo tratto della Valtellina. Tocca il picco a quota 2253 metri, all'Ospizio Bernina, per poi ridiscendere nella Valle dell'Inn.

Per concludere in bellezza questo weekend tra le vette, vi propongo anche un emozionante volo sulla Valle del Bitto, riservato a chi non ha paura del vuoto.

10 Tirano

Tirano, il crocevia delle Alpi

Tirano, importante comune di questo angolo di Valtellina, si annuncia con il santuario della Beata Vergine, il più bell'esempio del Rinascimento della provincia di Sondrio, eretto dopo l'apparizione della Madonna, avvenuta il 29 settembre 1504. La cittadina si trova al centro di uno storico crocevia allo sbocco della svizzera Val Poschiavo, punto d'incontro tra nord e sud delle Alpi (attraverso il Passo del Bernina), e tra bassa e alta Valtellina. Vanta inoltre un elegante centro storico da scoprire con una passeggiata tra i vicoli.

Di notevole interesse è Palazzo Salis, la più significativa delle dimore valtellinesi appartenute alla potente famiglia svizzera dei Salis, ancora di proprietà dei diretti discendenti. Edificato agli inizi del Seicento ristrutturando radicalmente due dimore cinquecentesche, lo storico palazzo è oggi aperto al pubblico, che può ammirare dieci sale elegantemente affrescate, arredate con mobili d'epoca e dipinti originali. Qui sono esposti importanti documenti della storia dei Salis e della Valtellina, come gli antichi statuti manoscritti del 1500 e il diploma comitale. La visita include anche l'affaccio sulla chiesetta barocca di San Carlo Borromeo, la prima in Valtellina dedicata a questo santo e, su richiesta, il giardino all'italiana. Molto suggestive le antiche cantine sotterranee che, in parte, vengono ancora utilizzate dall'azienda vinicola.

Un altro bel palazzo di Tirano, costruito nel Quattrocento dalla famiglia Lazzaroni e successivamente ampliato, ospita un costoso b&b e la Casa Museo d'Oro Lambertenghi. L'edificio, in parte ancora abitato dai discendenti, consta di alcune suggestive sale con i ricchi arredi e le collezioni artistiche che negli anni i proprietari hanno raccolto. Nel centro storico di Tirano si trova anche Palazzo Torelli, sede delle cantine Rivetti & Lauro, aperte al pubblico per visite, degustazioni e acquisto di vini. Da vedere i vecchi magazzini con soffitti in legno, i saloni affrescati, i giardini e la cappella con la sagrestia.

Sulla piazza del Santuario della Madonna di Tirano si affaccia invece la settecentesca Casa del Penitenziere, sede del MET – Museo Etnografico Tiranese, che documenta, attraverso oggetti e ricostruzioni d'ambiente, la vita e le attività tradizionali dei contadini e degli artigiani della valle. L'esposizione include anche alcuni importanti pezzi provenienti dalla vicina basilica, fra i quali i paramenti sacri donati dal cardinale Richelieu nel 1636.

INFO

Informazioni Turistiche Valtellina • 0342 215921 • www.valtellina.it

Ufficio Turistico di Tirano • Piazza della Stazione, Tirano • 0342 706066 • www.valtellinaturismo.com

Palazzo Salis • Via Salis 3, Tirano • 0342 702140 | 340 0640653 • www.palazzosalis.com • Aperto da aprile a fine ottobre dal lunedì al mercoledì 10-14, dal giovedì al sabato 10-15.30 • Costi: intero 6 €

Palazzo Lambertenghi • Via Ligari 7, Tirano • 0342 710262 • www.palazzolambertenghi.eu • Aperto da metà maggio a metà ottobre dal giovedì al sabato 10-12.30 e 14-16 • Costi: 5/6 €

Palazzo Torelli • Via Sant'Agostino 19, Tirano • 0342 016685 • www.rivettielauro.it • Aperto su prenotazione • Costi: ingresso gratuito

MET – Museo Etnografico Tiranese • Piazza Basilica 30, Tirano • 0342 701181 • www.museotirano.it • Aperto da giugno a settembre tutti i giorni 10-12.30 e 15.30-18, da ottobre a maggio sabato 14.30-17.30 • Costi: 3/5 €

11
Passo Bernina

Il trenino rosso del Bernina

Da oltre cento anni il trenino rosso del Bernina parte da Tirano e raggiunge St. Moritz, in Svizzera, con uno spettacolare percorso che attraversa la Val Poschiavo e l'Engadina tra stupefacenti opere di ingegneria ferroviaria, vigneti, laghi, boschi, imponenti montagne, ghiacciai e alpeggi che d'inverno diventano piste da sci. Un tour che da solo vale un weekend. Si viaggia su moderne e confortevoli carrozze panoramiche che consentono una vista a 360 gradi, sia in inverno sia in estate, raggiungendo i 2253 metri d'altezza del Passo Bernina su pendenze del 70 per mille, particolarmente ardite per una ferrovia. Si provano emozioni molto forti già a pochi chilometri dalla stazione di Tirano, quando la ferrovia supera lo spettacolare viadotto elicoidale di Brusio. Oltrepassata Poschiavo, capoluogo dell'omonima valle, con le sue belle dimore patrizie, si raggiunge Alp Grüm (2091 m), eccezionale punto panoramico. Il viaggio prosegue quindi fino al valico del Bernina e offre ai passeggeri la vista sull'imponente ghiacciaio del Morteratsch e sul gruppo montuoso del Bernina, con i suoi «quattromila» scintillanti di nevi eterne. In inverno il treno corre tra due scenografici muri di neve: uno spettacolo unico e irripetibile.

INFO

Trenino rosso del Bernina • Partenza da piazza Cavour, Tirano • 0342 701353 • www.rhb.ch • Costi: biglietto a/r da Tirano a St. Moritz a partire da 50 €, sconti e promozioni sul sito

12
Albaredo per San Marco

13
Bema

Fly Emotion

C'è un modo insolito per attraversare la Valle del Bitto, così chiamata perché da questi pascoli proviene il latte dal quale si produce uno dei più pregiati formaggi valtellinesi: il Bitto, appunto. È Fly Emotion, una nuova attrazione adatta a grandi e bambini, basta non avere paura del vuoto. Si tratta di un vero e proprio volo dell'angelo, andata e ritorno, che decolla da Albaredo per San Marco e atterra a Bema. Una speciale imbracatura assicura il passeggero a un carrello che scorre lungo una fune d'acciaio attraverso l'incontaminata valle montana, regalando attimi di pura emozione e panorami mozzafiato. All'arrivo

uno speciale sistema frenante rallenterà la corsa in modo naturale e totalmente automatico.
Fly Emotion collega due splendidi borghi nel cuore del Parco Regionale delle Orobie. Albaredo per San Marco è un piccolo paese situato sulla strada per il Passo San Marco, dipinto con bellissimi murales che raccontano la storia di queste montagne. Da qui si parte per passeggiate ed escursioni, anche guidate, in una natura incontaminata. Bema si trova ai piedi del Pizzo Berro (1847 m), in posizione dominante verso Morbegno. Alcuni facili sentieri portano agli alpeggi con le cappelle dipinte e le tipiche costruzioni rurali realizzate con tronchi di legno.

INFO

Fly Emotion • Partenza da via San Marco 20, Albaredo per San Marco • 800 917 521 • www.flyemotion.it • Costi: volo singolo 49 €, coppia 39,50 € (sono previsti sconti prenotando online)

Dove dormire

TIRANO

LE CASE CONTADINE DELL'ALBERGO DIFFUSO

Un nucleo storico abbandonato, fatto di vecchie case, è stato trasformato in albergo diffuso.
Situata a Villa di Tirano, ai piedi delle pendici del versante retico, e dominata dai vigneti terrazzati, Contrada Beltramelli accoglie i suoi clienti in abitazioni contadine piacevolmente ristrutturate, per una vera full immersion nella vita che un tempo si svolgeva da queste parti.
Turisti e ospiti hanno a disposizione un buon ristorante con cucina tipica e, inclusa nel prezzo, una ricca colazione a base di prodotti locali.

INFO

Contrada Beltramelli • Via Beltramelli 41, Villa di Tirano • 366 6296828 • www.contradabeltramelli.com • Costi: camera singola 55 €, doppia 80 €; appartamenti 70 € per una persona, 100 € per due persone (prima colazione inclusa)

SUL TRACCIATO DEL TRENINO ROSSO DEL BERNINA

IL SECOLARE OSPIZIO BERNINA

Un'idea romantica: dormire in questo antico ospizio (che vanta centotrent'anni di attività), situato proprio sul passo del Bernina, a 2309 metri d'altezza.
Dista neanche mezzo chilometro dalla stazione del trenino rosso del Bernina ed è aperto anche in inverno, ma per raggiungerlo bisogna munirsi di scarponi e abbigliamento da neve.
Siamo in Svizzera, dunque i costi non sono particolarmente economici (tanto meno quelli del ristorante), ma l'esperienza è decisamente interessante

INFO

Albergo Ospizio Bernina • Passo del Bernina, Berninahäuser, Svizzera • 0041 81 8440303 • bernina-hospiz.ch • Costi: 48/65 € per persona (prima colazione inclusa)

BEMA

GOURMET E RELAX NEL CUORE DELLE OROBIE

Se siete in cerca di pace e natura incontaminata, questo moderno albergo con ristorante fa al caso vostro. Situata nella piccola Bema, a 790 metri di altezza, proprio al centro del Parco Regionale delle Orobie, la vivace struttura rossa accoglie gli ospiti in sei camere ben arredate complete di servizi, televisore e ampio balcone. Per il relax è a disposizione anche una simpatica «tisaneria».

Il ristorante propone specialità valtellinesi nel rispetto della tradizione e le più pregiate etichette di vini.

INFO

Hotel il gusto di Valtellina • Via Lissi 2, Bema • 0342 618083 • www.hotelilgustodivaltellina.it • Costi: camera singola 37/42 €, doppia 56/66 € (prima colazione inclusa)

ARDENNO

L'OSTELLO DELLA GIOVENTÙ

A circa 20 chilometri dal punto di partenza di Fly Emotion, un economico ostello arredato e pensato per le esigenze dei giovani. Si alloggia in camere a due, tre, quattro e sei letti con servizi e la struttura è provvista di un'ampia sala da pranzo con angolo cottura dove prepararsi autonomamente la prima colazione.

INFO

L'Ostello coi Baffi • Via Molini 17, Ardenno • 339 3744037 • www.ostellocoibaffi.com • Costi: posto letto in camerata 17/24 €

Dove mangiare e bere

TIRANO

A CIASCUNO IL SUO MENU

Nella Tirano vecchia, questa elegante osteria ha due salette interne e una graziosa veranda riscaldata. La carta propone due differenti menu tradizionali a prezzi variabili, a seconda dell'appetito.

Qui trovate la tipica cucina valtellinese con qualche contaminazione (raccomandati i pizzoccheri), vini di qualità e anche buone pizze, croccanti e digeribili.

INFO

Antica Osteria dell'Angelo • Via Don Luigi Albonico 2, Tirano • 0342 706188 | 338 6152809 • www.osteriadellangelo.com • Chiuso lunedì da novembre a maggio • Costi: 15/30 €, bevande escluse

IL PASTO DEL CONTRABBANDIERE

Una simpatica trattoria poco fuori Tirano. Nella bella stagione si mangia all'aperto, con il freddo in una sala con caminetto. L'osteria propone una robusta cucina tipica e c'è anche il menu degustazione del contrabbandiere a prezzo fisso: per cominciare sciatt (le croccanti frittelle di grano saraceno, ripiene di formaggio fuso) e cicoria, poi pizzoccheri, scaloppine di manzo Roncaiola, patate gratinate e dolci fatti in casa. È un po' fuori mano, ma ne vale senz'altro la pena.

INFO

Osteria Roncaiola • Via Santo Stefano 2, Roncaiola • 0342 720387 | 349 2978698 • www.osteriaroncaiola.it • Chiuso mercoledì • Costi: menu del contrabbandiere 21 €, bevande escluse

ALBAREDO PER SAN MARCO

SULLE ORME DI GOETHE E DUMAS

A due passi dal punto di partenza di Fly Emotion, ad Albaredo per San Marco, una simpatica locanda in un edificio storico, che si dice abbia ospitato anche Goethe e Alexandre Dumas, di passaggio durante il Grand Tour.

Il ristorante propone piatti semplici della cucina valtellinese, oltre al pesce del Lago di Como, come i missoltini e il persico, e al risotto alla crema di tartufo.

Piatti unici con polenta e selvaggina domenica e nei giorni festivi.

INFO

Cà Priula • Via Brasa 14, Albaredo per San Marco • 0342 014688 • www.capriula.it • Aperto tutti i giorni • Costi: 18/25 €, bevande escluse

TIPICI SAPORI DI MONTAGNA

Situato nella parte sud del centro abitato di Albaredo per San Marco, il ristorante accoglie gli ospiti in una sala spaziosa con un'ampia vetrata che si affaccia sul caseificio Alpi Bitto, consentendo di assistere alla lavorazione del matusc, il più antico formaggio di queste montagne. Nel menu pizzoccheri, polenta taragna, salmì di cacciagione, selezione di formaggi tipici e vini della Valtellina.

INFO

Ristorante La Flora • Via San Marco 97, Albaredo per San Marco • 338 6779961 • Chiuso lunedì • Costi: 20/25 €, bevande escluse

Zoom

Codera

Tutti coloro che hanno voglia di camminare sappiano che, se arrivano da Lecco, invece di prendere direttamente la Valtellina possono proseguire lungo il lago fino a Novate Mezzola. Da qui parte la mulattiera che in circa un paio di ore di cammino porta al paese di Codera, all'imbocco dell'omonima valle. Una piacevole escursione, un po' faticosa all'inizio, e poi via via più rilassante. Codera è stata abitata fino agli anni Settanta e ancora oggi è regolarmente frequentata da ex residenti ed escursionisti che visitano il suo piccolo museo, la chiesetta e vanno alla scoperta del suo piccolo mondo contadino. Si può alloggiare e mangiare nella caratteristica locanda e all'Osteria Alpina.

Associazione Amici della Val Codera • Località Novate Mezzola, Codera • 0343 62037 • www.valcodera.com

14 Codera

Trasporti e collegamenti

IN AEREO

L'aeroporto più vicino è quello di Bergamo-Orio al Serio, collegato da voli low cost alle principali città italiane • Via Aeroporto 13, Orio al Serio • 035 326323 • www.sacbo.it

IN TRENO

Con i treni di Trenord della linea ferroviaria Milano-Lecco-Sondrio-Tirano. Il trenino rosso del Bernina parte dalla piazza principale di Tirano • Call center 02 72494949 • www.trenord.it

IN AUTO

Da Milano percorrendo la SS 36 (Milano-Lecco-Colico) e poi proseguendo sulla SS 38 che conduce allo Stelvio; da Brescia attraversando la Valcamonica e il Passo dell'Aprica.

IN AUTOBUS

Le principali località della Valtellina, inclusa Tirano, sono servite dagli autobus della compagnia Perego della linea Milano-Lecco-Sondrio-Bormio • 0342 701200 • www.busperego.com

4.

Trentino-Alto Adige

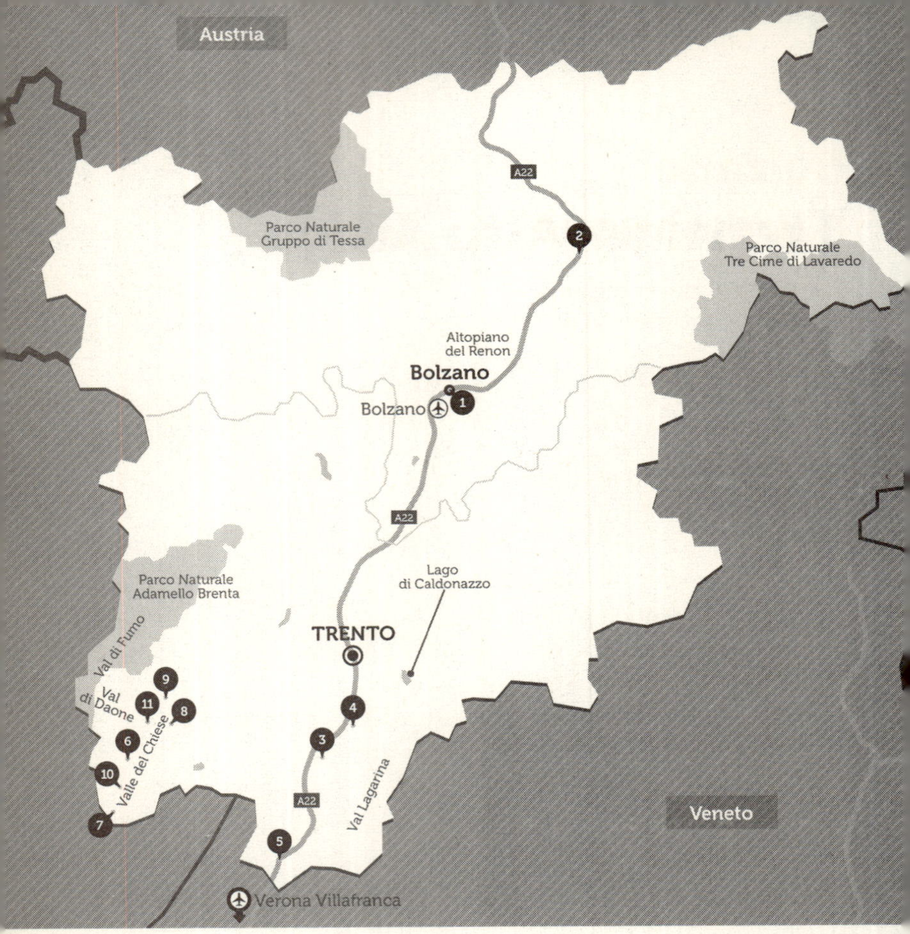

Trentino-Alto Adige

1. Bolzano
2. Bressanone (BZ)
3. Rovereto (TN)
4. Besenello (TN)
5. Avio (TN)
6. Brione (TN)
7. Bondone (TN)
8. Pieve di Bono (TN)
9. Roncone (TN)
10. Storo (TN)
11. Praso (TN)

Bolzano e Bressanone

Fascino antico e contaminazioni contemporanee

Nelle strade e nelle piazze del centro storico di Bolzano si respira un'aria d'altri tempi. Qui, passeggiando tra case eleganti e raffinate, antiche farmacie e mercati che esistono ormai da molti anni, si raggiungono alcuni interessanti musei, tra i quali quello dedicato all'Ötzi, la mummia dell'uomo venuto dal ghiaccio, risalente a circa 5300 anni fa. Poco lontano, a Castel Firmiano, uno dei musei che l'alpinista Reinhold Messner ha voluto dedicare alla montagna. Proseguendo verso il Passo del Brennero inizia a profilarsi l'abitato di Bressanone, città dal fascino tradizionale, che non disdegna però qualche incursione nel contemporaneo.

Bolzano

1 Bolzano

Porta d'accesso alle più belle montagne d'Italia, Bolzano, un tempo città di mecenati e mercanti, oggi è un centro artistico di grande spessore. Il suo cuore pulsante è l'ottocentesca piazza Walther, voluta da re Massimiliano di Baviera e dedicata a uno dei maggiori e più amati trovatori tedeschi del Medioevo, in onore del quale è stato costruita la maestosa statua in stile neoromanico che lo ritrae. Sulla piazza si affacciano l'imponente costruzione gotica del duomo – che ospita il Museo del Tesoro –, alcuni eleganti caffè d'epoca, gli antichi alberghi della città e qualche negozio alla moda. Dal salotto buono di Bolzano si diramano le vie, in gran parte porticate, che portano in piazza delle Erbe, occupata dalle bancarelle del caratteristico mercatino giornaliero di generi alimentari. Nel periodo natalizio piazza Walther e dintorni ospitano invece il tipico mercatino di Natale, uno dei più belli dell'Alto Adige.

Via del Museo conduce al Museo Archeologico, dedicato soprattutto all'Ötzi, la mummia dell'uomo venuto dal ghiaccio che ha circa 5300 anni, rinvenuta casualmente da due turisti tedeschi nel 1991 sul ghiacciaio del Similaun. All'interno del museo ci sono una ricostruzione a grandezza naturale della mummia e una ricca documentazione sulla sua scoperta, una delle più interessanti nelle Alpi.

Passeggiando nel centro storico si ammirano le eleganti facciate di case, palazzi storici, bar e ristoranti e l'antica farmacia Alla Madonna, uno scrigno di oli, essenze, tinture, balsami e tisane. Dato che siete nei paraggi, fate un salto anche all'emporio dell'associazione degli Artigiani Atesini, dove si possono acquistare i prodotti tipici dell'artigianato locale, ancora immune al fascino della globalizzazione.

Poco fuori dal centro di Bolzano si incontra Castel Firmiano, un maniero che da più di mille anni sorveglia la valle dell'Adige. Qui Reinhold Messner ha creato un museo dedicato alle religioni dei popoli che abitano le montagne, non solo del Trentino-Alto Adige o dell'Italia, ma del mondo intero. Per visitarlo si segue un itinerario in otto tappe che, in poco meno di un chilometro, passa dai mandala e dalle statue di Buddha, con musica tibetana in sottofondo e bastoncini d'incenso a profumare l'aria, ai riti animisti dei popoli africani. In questa specie di labirinto tracciato lungo il perimetro del castello viene raccontata anche la storia dell'alpinismo, con i suoi silenzi, i pericoli, le scalate e i popoli che abitano le montagne. Alla fine della passeggiata ci si ritrova nel cortile centrale, circondati da bellissime statue, immersi in una solitudine che invita alla riflessione.

Una dritta utile: se intendete visitare più musei in città vi consiglio di acquistare, presso l'Ufficio del Turismo, la Bolzano Bozen Card, che dà diritto anche all'utilizzo gratuito di tutti i mezzi pubblici della regione e al noleggio delle biciclette.

INFO

Ufficio del Turismo di Bolzano • Piazza Walther 8, Bolzano • 0471 307000 • www.bolzano-bozen.it

Museo del Tesoro del Duomo • Piazza della Parrocchia 27, Bolzano • 0471 978676 • Aperto 10-12.30, giovedì anche 15-17; chiuso lunedì • Costi: 3/4 €

Museo Archeologico dell'Alto Adige • Via Museo 43, Bolzano • 0471 320100 • www.iceman.it • Aperto dal martedì alla domenica 10-18 • Costi: 7/9 €

Messner Mountain Museum • Castel Firmiano, via Castel Firmiano 53, Bolzano • 0471 631264 • www.messner-mountain-museum.it • Aperto da marzo a novembre 10-18, chiuso giovedì • Costi: 3/9 €

Bolzano Bozen Card • Ingresso gratuito ai nove musei di Bolzano e agli altri ottanta musei dell'Alto Adige per tre giorni consecutivi • Costi: 16/28 € (si acquista presso l'Ufficio del Turismo)

Zoom

La Freudpromenade sull'Altopiano del Renon

Una funivia collega Bolzano al soleggiato Altopiano del Renon, un vasto pianoro protetto dai venti. Il mezzo di trasporto più simpatico per visitarlo è però il famoso trenino del Renon che, da oltre cento anni, collega la stazione a monte della funivia con il paese di Collalbo. Quasi 7 chilometri di strada ferrata, che si snoda tra boschi, masi e prati, con splendidi scorci delle vicine cime dolomitiche.
Tra i personaggi importanti che soggiornarono nel Renon va segnalato Sigmund Freud, che qui scrisse il libro *Totem e tabù*, come ricorda l'unico sentiero al mondo dedicato al grande psicanalista: la Freudpromenade che, in circa un'ora di cammino, porta da Soprabolzano a Collalbo. Da vedere anche le piramidi di terra, formatesi nel corso dei secoli dall'erosione delle rocce moreniche di origine glaciale.

Trenino del Renon • 840 000 471 • www.renon.com/it/scoprire-renon/treno-renon/ • Costi: sola andata 3,50 €, a/r 6 €

Bressanone

2 Bressanone

Elegante e fascinosa, Bressanone è un incantevole centro abitato in stile tirolese, in cui convivono piacevolmente la memoria della dominazione ecclesiastica del vescovo di Bressanone e una vivacità più mondana. Passeggiando tra le vie porticate si incontrano il duomo, il celebre chiostro romanico e la chiesa di San Michele, con il coro, il campanile quattrocentesco e alcuni affreschi. Da visitare anche l'antico Palazzo dei Principi Vescovi, ora sede del Museo Diocesano, che conserva preziose testimonianze della scultura e della pittura medievale, il Tesoro del Duomo, stufe in maiolica, mobili antichi, porcellane viennesi, e la Cappella Palatina. Tra gli altri musei il più originale è quello della Farmacia, dove sono esposti gli strumenti con cui preparare i medicinali, che documentano oltre quattrocento anni di storia.
L'anima moderna della città si scopre nei numerosi locali del centro, nell'avveniristico spazio di Acquarena, la nuova oasi balneare alpina per appassionati di nuoto, fitness e wellness, e negli impianti di risalita della Plose, la soleggiata montagna che domina Bressanone, meta ideale sia per sciare sia per salutari passeggiate.

Alle porte di Bressanone, sul fondovalle, si incontra l'abbazia di Novacella, uno dei monumenti religiosi più belli di tutto l'arco alpino.
Il complesso, circondato da vigneti, risale circa al 1140 e comprende una chiesa tardo barocca, un ampio chiostro gotico affrescato e la biblioteca. Nella Pinacoteca sono raccolti preziosi manoscritti, paramenti sacri, strumenti musicali storici e tavole lignee attribuite a Friedrich Pacher e alla sua scuola. Nel giardino fontane, aiuole fiorite, un'imponente sequoia, due alberi secolari di ginkgo biloba e un orto con erbe officinali. Nell'enoteca dell'abbazia si degustano e acquistano i prodotti dei frati: ottimi vini, grappe, succo di mela e di sambuco e tisane.

INFO

Associazione Turistica Bressanone • Viale Ratisbona 9, Bressanone • 0472 836401 • www.brixen.org

Museo Diocesano • Piazza Palazzo Vescovile 2, Bressanone • 0472 830505 • www.hofburg.it • Chiuso lunedì da marzo a ottobre, da novembre a gennaio aperto tutti i giorni 10-17 • Costi: 6/7 €

Museo della Farmacia • Via Ponte Aquila 4, Bressanone • 0472 209112 • www.museofarmacia.it • Aperto dal martedì al mercoledì 14-18, sabato 11-16 • Costi: 2,50/3,50 €

Acquarena • Via Mercato Vecchio 28, Bressanone • 0472 268433 • www.acquarena.com • Aperto tutti i giorni 9-22 • Costi: per i prezzi di piscina e sauna consultare il sito

Abbazia di Novacella • Via Abbazia 1, Novacella • 0472 836189 • www.abbazianovacella.it • Aperto per visite guidate dalle 10 alle 16, chiuso domenica • Costi: 3/7 €

Dove dormire

BOLZANO

IL NUOVO VOLTO DELL'HOTEL HOFER

Dopo la ristrutturazione, l'hotel Hofer ha sicuramente un aspetto del tutto diverso. Situato in un tranquillo quartiere nei pressi dell'uscita dell'autostrada, a soli venti minuti a piedi dal centro, raggiungibile anche con gli autobus di linea o in bicicletta, ha camere in legno, silenziose e con servizi privati. Si può mangiare nella trattoria dell'albergo.

INFO

Albergo trattoria Hofer • Via Bergamo 19, Bolzano • 0471 913522 • www.hoferbz.com • Costi: camera singola 55 €, doppia 90/110 € (prima colazione inclusa)

LE DEGUSTAZIONI DEL MASO MESSNERHOF

A meno di 5 chilometri dal centro di Bolzano, un maso con quattro appartamenti per due, tre o quattro persone, immerso nel verde di un'azienda agricola dove si coltivano viti, frutta e verdura. Oltre ad alloggiare in un ambiente rustico, con mobili in legno massiccio, gli ospiti possono degustare e acquistare vino, succo di mela fatto in casa, marmellate, sciroppi di produzione propria e uova freschissime. L'agriturismo dispone di giardino, giochi per bambini e balconi con vista panoramica.

INFO
Der Messnerhof • Via San Genesio 3, Bolzano • 0471 286418 • www.messnerhof.it • Costi: appartamento 65/75 €

NON IL SOLITO OSTELLO

Dimenticate i pregiudizi che circolano sugli ostelli. Qui non ci sono camere trascurate o disordinate, cucine affollate e sporche o servizi igienici precari. All'Ostello della Gioventù vigono due regole: pulizia e rispetto per gli altri. Camere singole, oppure con tre o quattro letti, deposito bagagli, cucina, distributori automatici di bevande e snack e un soleggiato cortile interno. I gestori forniscono agli ospiti cartine di Bolzano e dintorni e informazioni turistiche utili al soggiorno.

INFO
Ostello della Gioventù • Via Renon 23, Bolzano • 0471 300865 • www.jugendherberge.it • Costi: camera singola 29 €, posto letto in camerata 22 € (prima colazione inclusa)

BRESSANONE

L'AUSTERITÀ INGANNA

Trentatré camere da uno a quattro letti, con o senza servizi privati, nel cuore di Bressanone, a pochi passi dal duomo, in un austero edificio che, oltre ad aver ospitato una caserma, è stato sede di un istituto vescovile. L'ostello ha un ristorante interno con la possibilità di pranzare o cenare a prezzi decisamente modici.

INFO
Ostello Kassianeum • Via Bruno 2, Bressanone • 0472 279999 • bressanone.jugendherberge.it • Costi: camera singola 32 €, posto letto 22/29 € (prima colazione inclusa)

GLI APPARTAMENTI DI KONRAD E SONJA

I proprietari, Konrad e Sonja, amano le loro montagne, passione che trasmettono anche agli ospiti. La capienza dei tre appartamenti, con cucina abitabile e un balcone che guarda la Valle Isarco, va da due a cinque persone, oppure si può scegliere la stanza matrimoniale con bagno privato. Prima colazione nella stube o, se si preferisce, vassoio con marmellate e succhi fatti in casa, speck, uova fresche, pane e latte direttamente in camera.

INFO
Stocknerhof • Località Caredo, Bressanone • 0472 836742 • www.stocknerhof.eu • Costi: camera doppia 46/60 €, appartamenti 50/75 € (prima colazione inclusa)

Dove mangiare e bere

BOLZANO

UN'ISTITUZIONE DELLA CUCINA TIROLESE

Nell'enogastronomia tirolese, il Cavallino Bianco rappresenta una certezza. In tavola speck e altri salumi di produzione artigianale, sostanziose zuppe contadine, canederli al formaggio, gulasch e cacciagione in salmì. Per finire, l'immancabile strudel di mele.

INFO

Cavallino Bianco • Via Bottai 6, Bolzano • 0471 973267 • www.weissesroessl.org • Chiuso sabato a cena e domenica • Costi: 20/25 €, bevande escluse

LA TAPAS MANIA È SBARCATA IN ALTO ADIGE

Ormai la cultura delle tapas è arrivata ovunque, anche in Alto Adige. Nel centro storico di Bolzano, a pochi passi da piazza Walther, una vivace osteria-enoteca che propone tartine salate, salumi, formaggi e qualche piatto caldo, tra cui trippa (il giovedì), pesce (il venerdì), arrosti e sfiziosi primi piatti. Servizio self service, insalatone per chi vuole stare leggero e ottima selezione di vini.

INFO

Osteria Dai Carretai • Via Dr. Streiter 20, Bolzano • 0471 970558 • Pagina Facebook: Osteria Dai Carrettai • Chiuso sabato sera e domenica • Costi: 10/15 €, bevande escluse

LA PIÙ ANTICA OSTERIA DI BOLZANO

Si dice che sia la più antica osteria di Bolzano, aperta da più di seicento anni. Propone piatti della cucina altoatesina: carne alla griglia, stinco di maiale, pasta condita con burro fuso e canederli, accompagnati da vini locali e una valida selezione di birre artigianali. Ambiente informale, servizio cortese e a volte musica dal vivo.

INFO

Batzen Bräu • Via Andreas-Hofer 30, Bolzano • 0471 050950 • www.batzen.it • Aperto tutti i giorni • Costi: 15/20 €, bevande escluse

BRESSANONE

LA CANTINA DELL'ABBAZIA DI NOVACELLA

Nelle vaste sale della cantina dell'abbazia di Novacella si assaggiano vini, grappe, succo di mela, sciroppo di fiori di sambuco e tisane. All'ora di pranzo si servono i tipici taglieri tirolesi con speck, salsicce affumicate, formaggi, e poi zuppe d'orzo bollenti, insalata di stagione e vini dell'abbazia. Tra i dolci lo strudel di mele, la torta di grano saraceno e la Sacher.

INFO

Cantina dell'Abbazia • Via Abbazia 1, Novacella • 0472 836189 • www.abbazianovacella.it/it/ordine-convento.html • Chiuso domenica • Costi: 10/15 €, bevande escluse

IL MENU MULTIETNICO DI KUTSCHERHOF

Soffitti a volta, panche di legno e un grazioso cortile fanno di questa osteria innovativa nel centro di Bressanone, situata nell'antica rimessa delle carrozze dei vescovi, una meta ambita da turisti e residenti.

Nel menu c'è un po' di tutto: piatti tirolesi, minestra d'orzo, mezzelune al pane di segale, pizze, sashimi di tonno, spiedini di gamberi, tagliatelle al ragù di cervo, tartare di salmone e stinco di maialino con crosta al miele e chili. Birre e vini di qualità.

INFO

Kutscherhof • Via Vescovado 6, Bressanone • 0472 802674 • www.kutscherhof.it • Aperto tutti i giorni • Costi: 18/22 €, bevande escluse

Trasporti e collegamenti

IN AEREO

L'aeroporto di Bolzano ha più voli giornalieri da e verso Roma • Via Aeroporto Francesco Baracca, Bolzano • 0471 255255 • www.bolzanoairport.it

IN TRENO

Le stazioni ferroviarie di Bolzano e Bressanone si trovano sulla linea ferroviaria Bologna-Brennero.

IN AUTO

Autostrada del Brennero A22, uscita Bolzano Sud. Per Bressanone uscire a Chiusa-Val Gardena.

IN AUTOBUS

Le principali località turistiche dell'Alto Adige sono servite dai bus di linea di Mobilità Alto Adige • 840 000 471 • www.sii.bz.it

Rovereto e Castel Beseno

Arte contemporanea, castelli e dinosauri

Centro turistico, industriale e culturale, Rovereto custodisce un patrimonio storico, architettonico e naturalistico invidiabile. Posto lungo la strada che porta al Brennero, può rappresentare un'autentica sorpresa per chi decide di dedicarle un weekend. Qui, infatti, arte contemporanea e preistoria sembrano andare a braccetto. In corso Bettini il Mart, il museo progettato dall'archistar svizzera Mario Botta, ospita una ricchissima collezione di arte contemporanea e interessanti mostre temporanee di livello internazionale. Poco lontano l'unico museo futurista d'Italia, la campana della pace e il Museo della Grande Guerra. Fuori dalla città, castelli e sentieri che seguono le orme dei dinosauri, antichi abitatori di queste vallate.

3 Rovereto

Rovereto

Rovereto è una piacevole cittadina con un elegante e colorato centro storico, sulle cui vie si affacciano alcuni bei palazzi settecenteschi e il Teatro Zandonai, il più antico della regione, costruito più di duecento anni fa. Ma la sua attrazione più importante è il Mart, il grande polo museale progettato dall'architetto svizzero Mario Botta per ospitare una ricca collezione di arte contemporanea. Oltre dodicimila opere tra dipinti, disegni, incisioni e sculture di artisti noti come Fortunato Depero, Giorgio De Chirico, Giacomo Balla, Giorgio Morandi, Andy Warhol, Anselm Kiefer e Lucio Fontana sono oggi esposte a rotazione nelle ampie e luminose sale del Mart, mentre altri spazi sono dedicati alle mostre temporanee, tutte di livello e importanza internazionale.

A Rovereto c'è anche la Casa d'Arte Futurista Fortunato Depero, il primo e unico museo futurista d'Italia, nato da un'idea di Fortunato Depero negli anni Cinquanta. Al piano terra si trovano gli ambienti progettati da Depero, mentre al primo e secondo piano, nelle sale che l'artista non è riuscito a completare, sono esposte le celebri opere di panno, mobili, giocattoli e altri lavori.

Il poderoso castello quattrocentesco che domina la città è sede del Museo Storico Italiano della Guerra, con reperti, fotografie, lettere e documenti relativi alla Prima guerra mondiale. Nel rifugio antiaereo, scavato ai piedi del castello durante la Seconda guerra mondiale, si trovano invece le artiglierie utilizzate durante il conflitto. La zona di Rovereto fu infatti teatro di battaglie sanguinose e violente, durante le quali morirono moltissimi soldati. A tenere viva la loro memoria c'è la Campana della Pace, situata sul colle di Miravalle. Si tratta della più grande campana al mondo che suona a distesa, pesa oltre venti tonnellate ed è stata fusa utilizzando il bronzo dei cannoni di tutte le nazioni che parteciparono al primo conflitto mondiale. Al tramonto suona cento rintocchi per ricordare i caduti di tutte le guerre e invocare la pace.

Ultima tappa, il Museo Civico, fondato nel lontano 1851, che incanta i visitatori con le sue importanti collezioni botaniche, naturalistiche, mineralogiche, numismatiche e archeologiche, ma soprattutto con l'ampia sezione dedicata ai dinosauri. I paleontologi del museo organizzano regolarmente escursioni guidate al sito dei Lavini di Marco, nella vicina Val Lagarina, dove si possono ammirare le orme di dinosauri carnivori ed erbivori. Le «piste» dei dinosauri, di facile accesso e percorribili in tutte le stagioni, sono visitabili anche senza accompagnatori, grazie ai pannelli esplicativi posti lungo il cammino.

INFO

Azienda per il Turismo di Rovereto • Via Matteo del Ben 5, Rovereto • 0464 430363 • www.visitrovereto.it

Mart • Corso Bettini 43, Rovereto • 0464 438887 • www.mart.trento.it • Aperto 10-18, venerdì 10-21; chiuso lunedì • Costi: 7/11 €

Casa d'Arte Futurista Fortunato Depero • Via della Terra, Rovereto • 0464 452159 • www.mart.trento.it/casadepero • Aperto dal martedì alla domenica 10-18, chiuso lunedì • Costi: 4/7 €

Museo Storico Italiano della Guerra • Via Castelbarco 7, Rovereto • 0464 438100 •

www.museodellaguerra.it • Aperto dal martedì alla domenica 10-18, chiuso lunedì • Costi: 2/7 €

Museo Civico • Borgo Santa Caterina 41, Rovereto • 0464 452800 • www.museocivico.rovereto.tn.it • Aperto dal martedì alla domenica 9-12 e 15-18 • Costi: 3/5 €

4 Besenello

Castel Beseno a Besenello

Una decina di chilometri separa Rovereto da Castel Beseno, il più esteso complesso fortificato del Trentino. L'imponente castello rinascimentale, le cui origini risalgono però al Medioevo, si trova sul colle che domina Besenello, un paese situato tra Trento e Rovereto, famoso per la produzione del Moscato. L'edificio aveva una prevalente funzione difensiva, come testimoniano la sua posizione strategica, che consentiva il controllo del territorio dall'alto, e la massiccia struttura muraria. Successivi rimaneggiamenti hanno poi portato all'attuale aspetto. La visita del castello inizia dal Campo dei Tornei per poi proseguire in piazza Grande, dominata dal Palazzo Comitale, elegante residenza della famiglia Trapp, e si conclude nella corte d'onore, su cui si affacciano le cucine, i forni per la panificazione, le cantine, il pozzo e la cisterna per la raccolta dell'acqua piovana del cosiddetto Palazzo di Marcabruno. In questi spazi è allestita un'esposizione permanente che illustra, attraverso ricostruzioni, video e plastici, la battaglia di Calliano combattuta nel 1487 nella piana sottostante il castello tra le truppe trentine e veneziane, che ambivano a espandere i confini dei loro domini.

INFO

Azienda per il Turismo Rovereto e Val Lagarina • Piazza Rosmini 16, Rovereto • 0464 430363 • www.visitrovereto.it

Castel Beseno • Via al Castello 4, Besenello • 0464 834600 • www.buonconsiglio.it • Per gli orari consultare il sito • Costi: 3/5 €

Zoom

Il Castello di Avio

Il Castello di Avio è una delle fortificazioni militari più suggestive del Trentino. Sulle pareti della Casa delle Guardie, conserva alcune misteriose lettere gotiche, mentre nella Casa d'Amore sono raffigurate scene dell'amor cortese. La visita del castello, che tra i suoi ospiti annovera il re longobardo Autari e gli imperatori Carlo V e Massimiliano d'Asburgo, include il palazzo baronale e la torre d'ingresso al castello superiore.

Castello di Avio • Località Sabbionara, Avio • 0464 684453 • www.visitfai.it/dimore/castellodiavio • Chiuso lunedì e martedì • Costi: 3/6 €

Dove dormire

ROVERETO

IL BABY OSTELLO ROVERETO

Accogliente ostello con camere da uno, due, tre, quattro e cinque posti letto con servizi.

La struttura è particolarmente attenta alle famiglie con bambini, alle quali mette a disposizione fasciatoi, bilance per neonati, seggioloni, forno a microonde, un angolo gioco e un deposito per passeggini.

Su richiesta e gratuiti anche il parcheggio auto, il deposito bagagli e il noleggio bici.

INFO

Ostello Rovereto • Via delle Scuole 18, Rovereto • 0464 486757 • www.ostello-rovereto.it • Costi: camera singola 25,50 €, doppia e tripla 23,50 € a persona, camera con quattro o cinque letti 20 € a persona (prima colazione inclusa)

L'HOTEL CON GIARDINO E PISCINA

In questo albergo leggermente periferico, con tanto di giardino, piccolo parco giochi per bambini e piscina all'aperto con vista sulle montagne, si alloggia in una quarantina di camere con servizi privati, in stile trentino, alcune mansardate, altre con balcone.

Parcheggio gratuito per auto e moto e noleggio gratuito delle biciclette per chi ne è sprovvisto.

INFO

Hotel St. Ilario • Viale Trento 68, Rovereto • 0464 411605 • www.hotelsantilario.com • Costi: camera singola 50/65 €, doppia 73/90 €

IL B&B DOG FRIENDLY

Il quattrocentesco Palazzo Cobelli, in pieno centro storico, è stato restaurato, ma la sua struttura non è cambiata. Il magnifico cortile interno, le due stanze con servizi privati e la sala per la colazione, dolce e salata, sono più che sufficienti per trasformare un banale weekend fuori casa in una vacanza da sogno. Se avete un amico a quattro zampe non preoccupatevi: Donatella e i suoi figli saranno ben felici di ospitarlo.

INFO

Corte Santa Maria • Palazzo Cobelli, via Santa Maria 51, Rovereto • 328 7377685 • www.bb-cortesantamariarovereto.com • Costi: camera singola 45 €, doppia 70 € (prima colazione inclusa)

SOTTO IL SOLE DELLA VAL LAGARINA

In una soleggiata casa di pietra recentemente ristrutturata, a pochi chilometri dal centro di Rovereto, si dormono sonni tranquilli. Immerso nel silenzio della Val Lagarina, l'agriturismo Masi Brenta allieta il vostro soggiorno in Trentino con le sue stanze singole e doppie e con le suite per famiglie in legno di abete, dotate di bagno privato. Abbondante buffet per la prima colazione dolce e salata a base di prodotti locali.

INFO

Masi Brenta • Località Masi Brenta, Rovereto • 345 2403462 • www.agriturismo-trentinomb.it • Costi: camera singola 45/65 €, doppia 65 €

Dove mangiare e bere

ROVERETO

L'APERICENA DA STAPPOMATTO

I musei, si sa, fanno venire fame... Dopo ore e ore passate ad ammirare i quadri del Mart, fermatevi a fare uno spuntino da Stappomatto, una simpatica enoteca in cui si servono bruschette, taglieri di salumi, formaggi e carne salada, insalate e saporite zuppe di verdura, il tutto accompagnato da vini trentini bianchi e rossi, al calice o in bottiglia. Buoni i dolci fatti in casa e gli aperitivi.

INFO

Stappomatto • Corso Bettini 56, Rovereto • 0464 432551 • Pagina Facebook: Stappomatto rovereto • Aperto tutti i giorni • Costi: 13/15 €, bevande escluse

PIZZA E POLENTA ESPRESSA DA ASPORTO

Locale decisamente semplice dove mangiare o ordinare da asporto pizze di tutti i tipi e polenta condita con carne, salsicce o formaggio. La gentilezza del proprietario, il cibo genuino, la posizione centrale e l'ambiente familiare sopperiscono all'arredamento e allo stile spartano.

INFO

La Mangiona • Via Paoli 49, Rovereto • 0464 480940 • Pagina Facebook: La Mangiona • Chiuso domenica a pranzo • Costi: 8/12 €, bevande escluse

LA CUCINA FUSION SARDO-TRENTINA

Quando la cucina trentina incontra i sapori della Sardegna, regione di origine del proprietario, nasce Assaporando, una trattoria-rosticceria che sperimenta piacevoli contaminazioni tra le specialità di mare – dagli spaghetti alla bottarga agli ottimi spiedini di pesce spada – e di terra. I più piccoli possono ordinare il menu a loro dedicato. Il servizio in sala è cortese e informale.

INFO

Assaporando • Piazza Malfatti 8, Rovereto • 0464 424153 • Pagina Facebook: Assaporando Trattoria • Chiuso lunedì • Costi: 15/20 €, bevande escluse

L'ANGOLO VEGGIE DI ROVERETO

Una grande P campeggia sul bancone all'ingresso. Le sedie hanno colori tenui, le luci sono soffuse, i tavoli hanno ripiani di betulla e sostegni in ferro, i vini sono esposti in una libreria di design e la cucina è a vista. Con un curriculum del genere, L'Orto Di Pitagora non corre certo il rischio di essere confuso con la concorrenza.

In una terra di salumi pregiati, questo rilassante ristorantino vegetariano non vi farà rimpiangere la mancanza della carne. Ottime le torte di verdura, la pasta e i dolci. Piatti anche per i vegani.

INFO

L'Orto di Pitagora • Piazza Malfatti 20, Rovereto • 0464 432811 • Pagina Facebook: L' Orto di Pitagora • Chiuso lunedì • Costi: 18/22 €, bevande escluse

Trasporti e collegamenti

IN AEREO

L'aeroporto più vicino è quello di Verona Villafranca • Caselle Verona • 045 8095666 • www.aeroporto-verona.it

IN TRENO

La stazione ferroviaria di Rovereto si trova sulla linea Bologna-Brennero.

IN AUTO

Autostrada del Brennero A22, uscite Rovereto Sud-Lago di Garda Nord e Rovereto Nord.

IN AUTOBUS

Le diverse località del Trentino sono raggiungibili con i bus di Trentino Trasporti, che collegano i principali centri abitati con le stazioni FS • 0461 821000 • www.ttesercizio.it

La Valle del Chiese

Un dolce weekend esperienziale tra i monti del Trentino

La montagna incontaminata, non ancora toccata dal turismo di massa, esiste, ed è la Valle del Chiese, che prende il nome dal fiume che dalla Val di Daone e da Pieve di Bono percorre il fondovalle, per terminare nella piana di Storo, dove si immette nel Lago d'Idro. I suoi borghi, avvolti dai boschi e dai pascoli, conservano ancora quasi intatte le vecchie tradizioni. Un piccolo mondo antico, con tredici centri abitati e tante malghe sparse tra i prati, meta perfetta per un weekend in montagna a misura di famiglia e ideale per chi predilige le passeggiate nella natura, il trekking e le gite in sella alla mountain bike.

6 Brione

7 Bondone

Gli antichi borghi della Valle del Chiese

Sono tredici i suggestivi borghi di questa verde valle fatta di antiche malghe, sapori autentici, tradizioni e mestieri secolari. Tra i più interessanti Brione e Bondone: il primo, situato alla quota più alta, con la chiesa di San Bartolomeo, i caratteristici fienili e i sentieri che portano ai masi di Valle Aperta e Malmarone; il secondo, nella parte sud della valle, con i murales disegnati sulle facciate degli edifici pubblici, i lampioni sorretti da galli cedroni, la chiesa parrocchiale della Natività e il Castello di San Giovanni, antica fortezza dei Conti Lodron. A Pieve di Bono si ammirano Castel Romano con il suo parco, la chiesa di Santa Giustina, anteriore al 1200, e la sua cappella, con affreschi quattrocenteschi raffiguranti la crocifissione ed episodi tratti dalla vita dei Santi Giustina e Cipriano. Il Forte Carriola e le altre fortificazioni austriache alle pendici del Monte Nozzolo ricordano che queste zone furono luogo di scontri durante la Prima guerra mondiale. Pittoresche le case tradizionali in caratteristico stile giudicariese di Praso, con basamenti di pietra, grate di ferro battuto, porte con sovrastrutture lignee e tetto a due spioventi.

Roncone, il primo paese del Trentino collegato a due malghe da un lattodotto lungo ben 5700 metri, ha mantenuto inalterata la propria identità di antico borgo alpino, con le fontane in granito nelle piazzette, le vie selciate e le case affrescate con motivi sacri. Nei dintorni di Storo, noto per la preziosa pala del Romanino nella chiesa di San Floriano, del 1189, si trovano le spettacolari cascate Fontana Bianca e Fontana Santa. Nella frazione di Lodrone vanno visitati Palazzo Caffaro, con l'annesso Conventino, e Palazzo Bavaria. Storo è noto anche per la polenta, preparata con un granoturco macinato lentamente per conservarne intatti i principi nutritivi e il profumo.

8 Pieve di Bono

9 Roncone

10 Storo

INFO

Consorzio Turistico Valle del Chiese • Località Cologna 99, Pieve di Bono • 0465 901217 • www.visitchiese.it

Castello di San Giovanni • Località Baitoni, Bondone • Aperto luglio e agosto 14-18 • Costi: 2 €

Castel Romano • Dosso di Sant'Antonio, Pieve di Bono • Aperto luglio e agosto 14-18 • Costi: 2 €

L'Ecomuseo della Valle del Chiese

La storia dei popoli che vissero nella valle è raccontata da un ecomuseo diffuso strutturato in tre percorsi tematici: Memoria, Arte e Natura. L'itinerario proposto prevede, tra i tanti luoghi segnalati, tre dei cinque forti austriaci che formavano lo Sbarramento di Lardaro, il Sentiero Etnografico del Rio Caino di Cimego, e la Casa Fauna del Parco Naturale Adamello-Brenta a Daone, presso villa De Biasi, dove tra camosci e stambecchi, marmotte e aquile reali, il fascino della natura e degli animali che la abitano si respira in tutta la sua magia.

Nei pressi della Casa della Fauna, dalla piana di Pracul, parte il percorso storico-naturalistico Valle di Daone che, superato lo storico ponte in pietra di Manoncin, conduce a Manon, dove si possono osservare i resti dei camminamenti e delle trincee della Grande Guerra.

Da qui si continua fino a Cual della

Plana, dove si può visitare la primitiva Grotta dei Ciclopi, antico rifugio dei montanari e oggetto di racconti e leggende.
Al mondo rurale sono infine dedicati il Museo Casa Marascalchi a Cimego, dove si conservano strumenti e attrezzi usati per coltivare i campi e si racconta la storia di queste terre, e il Piccolo Museo della Civiltà Contadina di Casa Bonus, un'antica abitazione recentemente ristrutturata nel centro storico di Bondo.

INFO
Ecomuseo della Valle del Chiese • Via Baratieri 11, Condino • 0465 622137 • www.ecomuseovalledelchiese.it

Casa della Fauna del Parco Naturale Adamello-Brenta • Villa De Biasi, Daone • 0465 674989 • Aperto da giugno ad agosto 16-20, sabato e domenica anche 10-13; chiuso lunedì • Costi: 1 €

Museo Casa Marascalchi • Cimego • 0465 901217 • Aperto nei mesi estivi sabato 16-19 e durante il periodo natalizio • Costi: ingresso gratuito

Piccolo Museo della Civiltà Contadina • Bondo • 0465 900291 • Aperto nei mesi estivi sabato 16-19 e durante il periodo natalizio • Costi: ingresso gratuito

11 Praso

Zoom

Praso, il paese del legno

Un tempo, la valle era nota soprattutto per la lavorazione del legno, con cui venivano costruiti mobili, attrezzi da lavoro, ma soprattutto fregi, volute e decorazioni floreali che ancora oggi si possono osservare sui portoni dei palazzi signorili o delle chiese. Questa tradizione è stata recentemente recuperata dalla Scuola del Legno di Praso, che organizza laboratori e dimostrazioni per imparare a conoscere da vicino l'arte dell'intaglio. Lungo le vie del centro storico del paese è stato tracciato il Percorso del legno, una vera e propria mostra all'aperto con statue in legno e bassorilievi che raccontano la vita degli abitanti di queste montagne.

Scuola del Legno • Via Trento 2, Praso • 346 3236193 • www.busier.it/ita/scuola-del-legno

Dove dormire

VALLE DEL CHIESE
UN TUFFO NELLA NATURA PER GRANDI E PICCINI
Piacevole albergo con giardino, giochi per bambini e parcheggio auto e bici, situato in posizione panoramica e tranquilla all'imbocco del sentiero che porta in Val di Fumo e alle sorgenti del Chiese nell'Adamello.

Si alloggia in ampie e luminose camere a due, tre e quattro letti.

INFO
Albergo da Bianca • Località Valle di Daone, Daone • 0465 674704 • Costi: camera singola 35 €, doppia 60/70 € (prima colazione inclusa)

UNA FUGA DALLO STRESS
L'albergo Genzianella, a gestione familiare, è situato nel centro storico di Roncone. Recentemente ristrutturato, offre camere arredate in sobrio stile alpino in un ambiente accogliente e rilassante. L'hotel dispone di sauna, area fitness ed è un buon punto di partenza per passeggiate o gite in mountain bike. Buono il ristorante.

INFO
Albergo Genzianella • Via Lucchi 6, Roncone • 0465 901035 • www.albergogenzianella.net • Costi: camera singola 40/50 €, doppia 60/80 € (prima colazione inclusa)

UN DUE STELLE D'ECCEZIONE
Non è da tutti i giorni trovare un due stelle con parcheggio, campo di minigolf e bocce, parco giochi e ristorante. Se poi i proprietari sono dei perfetti padroni di casa, il successo è garantito. Questo albergo, ristrutturato nel 2011, è il luogo perfetto per un weekend in montagna, da soli, in coppia o con amici.

INFO
Albergo Miramonti • Località La Pozza, Roncone • 0465 901108 • Pagina Facebook: Albergo Miramonti – La Pozza – Roncone • Costi: camera singola 30/35 €, doppia 50/70 € (prima colazione inclusa)

A VILLA CA' PRAJA I SOGNI DIVENTANO REALTÀ
Se pensate che certi posti esistano solo nei film, Villa Ca' Praja vi farà ricredere.
Appena arrivati, vi sembrerà di essere in paradiso: staccionate di legno, torrenti di acqua limpida, prati e una casa di pietra che spunta isolata nel bosco. Recentemente restaurata con tecniche eco-compatibili di bioarchitettura, questa graziosa dimora accoglie gli ospiti in tre camere con travi a vista, le cui pareti sono state dipinte utilizzando oli e resine di origine vegetale. Colazioni bio e con prodotti locali.

INFO
Villa Ca' Praja • Località Risech-Ponte Morandino, Daone • 320 9571542 • www.villacapraja.it • Costi: camera singola 42/52 €, doppia 70/80 € (prima colazione inclusa)

Dove mangiare e bere

VALLE DEL CHIESE

SPERIMENTANDO LA TRADIZIONE
Quando tradizione e innovazione si incontrano, non resta che sedersi e ordinare. Ogni scelta è azzeccata: che si parli di focaccia di patate al lardo nostrano, fagottino di carne salada con ricotta affumicata, tortini di pasta sfoglia con formaggi e salsiccia o spiedini di speck, timo e

formaggella nostrana, l'Osteria Fra' Dolcino non vi deluderà.

INFO

Osteria Fra' Dolcino • Via Mon 16, Condino • 0465 622129 • www.lalocandaborgoantico.com • Chiuso lunedì • Costi: 20/25 €, bevande escluse

COSA SAREBBE UN MONDO SENZA POLENTA

Alla Polentera è d'obbligo assaggiare la polenta di Storo con spressa delle Giudicarie o la polenta di Storo e salmì bianco di lepre. Nel menu anche raviolone di puina e radicchio dell'orso al burro versato, tortino salato di puina di malga e miele di castagno della Valle del Chiese e filetto in crosta su fonduta di spressa.

INFO

Agriturismo La Polentera • Via Sorino 44, Storo • 0465 297111 • www.lapolentera.it • Chiuso lunedì • Costi: 15/20 €, bevande escluse

IL TIPICO PRANZO TRENTINO SUL LAGO DI BOAZZO

Sulle rive del Lago di Boazzo, questo ristorante è particolarmente frequentato da escursionisti, pescatori, scalatori e amanti della natura. Propone piatti tipici trentini a base di polenta con farina di Storo, selvaggina ed erbette di montagna, come il radicchio dell'orso o gli asparagi selvatici. Taglieri di salumi e formaggi locali, accompagnati da sottaceti, per chi desidera uno spuntino veloce. E per finire, un bicchierino di ottima grappa aromatica.

INFO

Bar ristorante Boazzo • Località Boazzo, Daone • 328 3697487 • www.ristoranteboazzo.it • Chiuso lunedì • Costi: 18/22 €, bevande escluse

Trasporti e collegamenti

IN AEREO

L'aeroporto più vicino è quello di Verona • Caselle Verona • 045 8095666 • www.aeroportoverona.it

IN TRENO

Le stazioni ferroviarie di Trento e Brescia si trovano sulle linee ferroviarie Bologna-Brennero e Milano-Venezia.

IN AUTO

Autostrada del Brennero A22, uscita Rovereto Sud, seguire le indicazioni per Brescia e Sella di Bondo, oppure autostrada A4 Milano-Venezia, uscita Brescia Est, proseguire verso il Lago d'Idro, Ponte Caffaro ed entrare nella valle.

IN AUTOBUS

La Valle del Chiese è servita dagli autobus di linea della Trentino Trasporti e della Trasporti Brescia.
Trentino Trasporti • 0461 821000 • www.ttesercizio.it
Trasporti Brescia • 840 620 001 • www.trasportibrescia.it

5.

Veneto

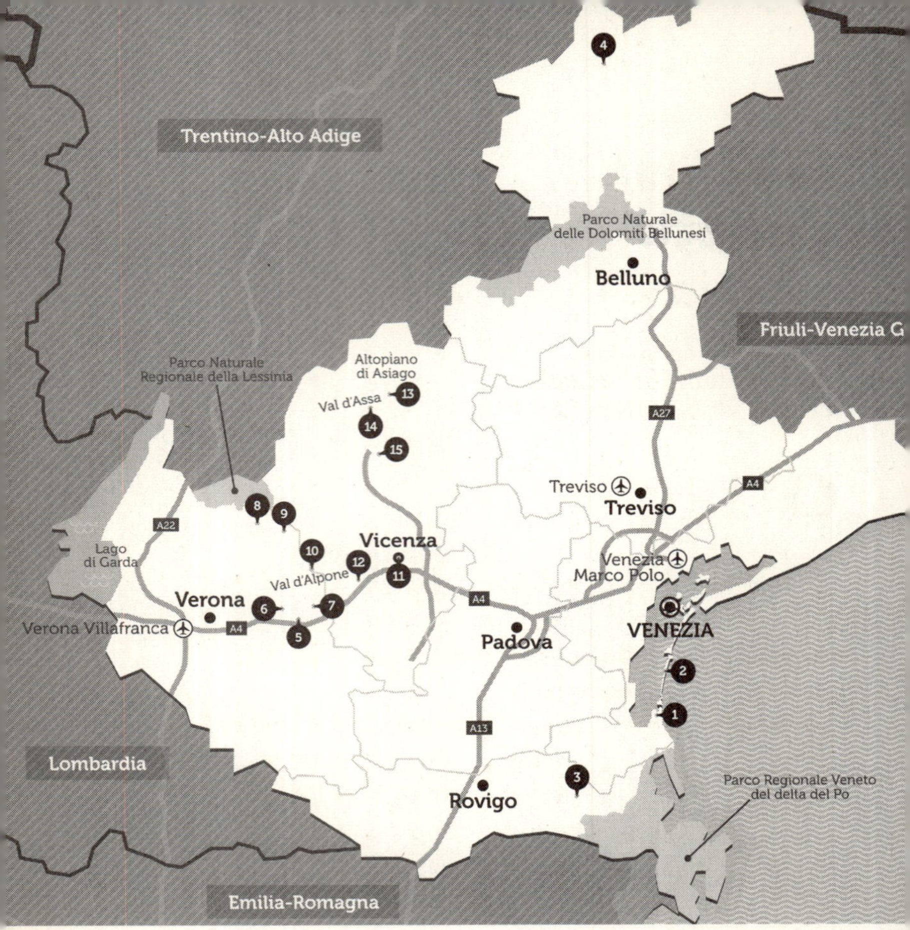

Veneto

1. Chioggia (VE)
2. Isola di Pellestrina (VE)
3. Adria (RO)
4. Cortina d'Ampezzo (BL)
5. Soave (VR)
6. Colognola ai Colli (VR)
7. Monteforte d'Alpone (VR)
8. Selva di Progno (VR)
9. Bolca (VR)
10. Roncà (VR)
11. Vicenza
12. Montecchio Maggiore (VI)
13. Asiago (VI)
14. Canove (VI)
15. Cesuna di Roana (VI)

La laguna chioggiotta e Adria

Dalla piccola Venezia alla cittadina che ha dato il nome al Mare Adriatico

Dimenticate il caos delle calli di Venezia, dove i prezzi degli alberghi sono spesso proibitivi e la folla che blocca continuamente il passaggio finisce per snervare anche il turista più paziente. Nella parte meridionale della laguna c'è Chioggia, la «piccola Venezia», vivace cittadina con un'economia legata ancora alla pesca. Da qui si può partire, con i battelli di linea, per l'isola di Pellestrina, andando alla scoperta del volto insolito e poco conosciuto della laguna. A una trentina di chilometri di distanza Adria, situata nella zona del delta del Po, alla quale il Mare Adriatico deve il suo nome.

Chioggia

1 Chioggia

Al confine meridionale della laguna ecco Chioggia, conosciuta anche come la «piccola Venezia» sia per la sua conformazione geografica (il centro storico sorge infatti su un gruppo di isolette) sia per la sua storia, che si intreccia saldamente a quella della Serenissima. La cittadina, attraversata da tre pittoreschi canali sui quali si affacciano le caratteristiche case dei pescatori, collegate tra di loro da calli e numerosi ponti in pietra, si riconosce per la particolarissima struttura urba-

nistica a forma di spina di pesce, quasi volesse ricordare al visitatore la principale attività locale...
Oltre al mercato del pesce dove, ancora oggi, si vende il pescato scaricato direttamente dalle imbarcazioni provenienti dalla laguna e dall'Adriatico, questo piccolo gioiello architettonico vanta anche altre attrazioni. Tra le più interessanti la cattedrale costruita nel Seicento sui resti di un tempio risalente al 1100, dedicata a Santa Maria Assunta; la suggestiva chiesa di San Domenico, che sorge su un'isoletta collegata alla cittadina da un ponte in muratura; il gotico Palazzo Granaio (purtroppo non visitabile), uno degli edifici più antichi della città, eretto nel 1328 e destinato alla conservazione del grano necessario al sostentamento della popolazione. In corso del Popolo, accanto alla chiesa di Sant'Andrea, si incontra la torre-campanile di stile romanico, risalente all'XI-XII secolo, con l'orologio più antico al mondo, esistente già nella prima metà del Trecento, contemporaneo a quello della cattedrale inglese di Salisbury. Molto bello anche il Refugium Peccatorum lungo il canale Perotolo, una suggestiva balaustra con statue settecentesche che rappresenta quanto resta dell'antico Palazzo Comunale, distrutto nel 1817. È così chiamato per la presenza di una statua della Madonna con Bambino, sormontata da una cupola dorata, davanti alla quale i condannati a morte sostavano per un'ultima preghiera prima di avviarsi al supplizio.
Appena fuori dalle mura, l'ex convento di San Francesco è sede dell'interessante Museo Civico della Laguna Sud, con un'ampia sezione dedicata alla marineria locale e una cisterna medievale.

INFO

IAT di Chioggia • Palazzo Ravagnan, Riva Vena 895, Chioggia • 041 5298711 • www.turismovenezia.it/IAT-Chioggia

Museo Civico della Laguna Sud • Campo Guglielmo Marconi 1, Chioggia • 041 5500911 • www.chioggia.org/museo-chioggia • Aperto martedì e mercoledì 9-13, dal giovedì alla domenica anche 15-18; nei mesi estivi apertura serale 21-23; chiuso lunedì • Costi: 1,75/5 €

2

Isola di Pellestrina

L'isola di Pellestrina

Proprio davanti a Chioggia, raggiungibile con i battelli di linea, si trova la lunga isola di Pellestrina, con i suoi centri abitati, tra cui San Pietro in Volta, Portosecco e Pellestrina.
Per spostarsi l'ideale è passeggiare o andare in bicicletta, dato che l'isola è ancora poco toccata dal turismo di massa e quindi non è mai troppo affollata, in modo da poter ammirare la bellezza delle chiesette, dei palazzi e delle colorate case cinque-seicentesche, senza farsi mancare una sosta in osteria o nelle piazzette, dove non è raro

incontrare le donne anziane che lavorano il merletto a tombolo.

Sul lato che dà sul mare si possono vedere i murazzi di pietra d'Istria – costruiti dalla Serenissima nel Settecento per difendere l'isola e la stessa Venezia dalla violenza delle mareggiate –, che collegano Pellestrina all'Oasi di Ca' Roman, il lembo meridionale dei lidi che separa la laguna di Venezia dal mare. Qui si trova uno degli ambienti naturali più integri di tutto l'alto Adriatico: è infatti possibile ammirare oltre centottanta specie d'uccelli, che migrano nell'isola in autunno e primavera per riposarsi e nutrirsi prima di riprendere il viaggio. All'estremità settentrionale, in località Santa Maria del Mare, raggiungibile anche con l'autobus di linea, c'è la fermata del traghetto che porta al Lido, e quindi a Venezia.

INFO

Oasi Naturalistica di Ca' Roman • Isola di Pellestrina • 347 2719682 • www.lipu.it/oasi-naturale-ca-roman

Zoom

Pescaturismo

«Chioggia e dintorni visti dalla laguna» è l'interessante iniziativa promossa dagli operatori del pescaturismo, che invitano a scoprire alcune delle più belle località della laguna a bordo di un peschereccio. Le proposte sono particolarmente allettanti. Si può costeggiare l'isola di Pellestrina per tutti i suoi 10 chilometri di lunghezza, ammirare l'alba o il tramonto facendo colazione o sorseggiando un aperitivo e navigare nella laguna visitando i caratteristici casoni (costruzioni di canna e legno), i cinquecenteschi ottagoni militari e le isole abbandonate. Sul peschereccio è anche possibile provare la saporita cucina di mare veneziana e prendere il sole sulle sdraio.

Nonno Renzo Pescaturismo • Partenza dal porto di Chioggia • 329 8186406 • www.escursioninonnorenzo.it • Costi: i prezzi variano a seconda della tipologia di escursione

Adria

3 Adria

Questa cittadina, situata nella zona del delta del Po, tra Rovigo e il mare, ha dato il nome all'Adriatico. Adria era infatti una località strategica dove, già nel VI secolo a.C., approdavano le navi greche per commerciare con le città della Pianura Padana. Il centro di questo placido borgo, oramai privo dell'antico porto, si sviluppa intorno a piazza Garibaldi, detta anche piazza Castello, su cui si affacciano la vecchia cattedrale e il Palazzo dell'Orologio, visibile solo dall'esterno.

Gli angoli più suggestivi della cittadina sono però le pittoresche riviere – luoghi ideali per tranquille passeggiate con lo sciabordio del fiume in sottofondo –, e il colorito quartiere Cannaregio, un tempo abitato prevalentemente da pescatori e raccoglitori di canne palustri. Adria ospita anche alcune mete culturali interessanti: il Museo Archeologico Nazionale che, attraverso reperti provenienti dagli scavi della zona, illustra la storia dell'area del delta del Po; l'elegante villa Mecenati, oggi sede del Conservatorio, un ex rustico all'interno di una vasta tenuta agricola; la bella villa Salvagnini, che ospita una scuola superiore e non è visitabile; i Giardini Scarpari.

INFO
Pro Loco di Adria • Piazza Bocchi 1, Adria • 0426 21675 • www.prolocoadria.it

Museo Archeologico Nazionale • Via Badini 59, Adria • 0426 21612 • www.smppolesine.it/adria • Aperto tutti i giorni 8.30-19.30 • Costi: 2/4 €

Villa Mecenati • Via Maddalena 2, Adria • 0426 21686 • www.conservatoriobuzzolla.it • Aperto in orario di lezione del Conservatorio • Costi: ingresso gratuito

Giardini Scarpari • Corso Vittorio Emanuele, Adria • 0426 9411• Aperto tutti i giorni 8-20 • Costi: ingresso gratuito

Dove dormire

Per visitare Pellestrina vi consiglio di prenotare una stanza in una delle varie sistemazioni disponibili a Chioggia, e da qui organizzare un'escursione sull'isola.

CHIOGGIA

TUTTI I COMFORT IN UNA SOLA STANZA

Dodici piacevoli camere, in gran parte con suggestiva vista sulla laguna, nel centro storico di Chioggia. Gestione familiare, abbondanti colazioni e comodo parcheggio privato gratuito, anche per biciclette e moto, a disposizione degli ospiti. L'hotel è dotato di tutti i comfort: aria condizionata, telefono, cassetta portavalori e bagno privato per ogni stanza.

INFO
Hotel Clodia • Calle Forno Filippini 876, Chioggia • 041 400813 • www.hotelclodia.it • Costi: camera singola 50/60 €, doppia 60/70 € (prima colazione inclusa)

IL VILLAGGIO NEL PARCO

Al Villaggio Isamar, i cottage, gli chalet e i bungalow sono immersi nel verde, in una sorta di grande campeggio stanziale in riva al mare. Il residence è aperto da metà maggio alla prima metà di settembre e dispone di spiaggia attrezzata, piscine, miniclub e animazione. C'è inoltre la possibilità di noleggiare una bicicletta per visitare la zona.

INFO
Villaggio Isamar • Via Isamar 9, Isolaverde • 041 5535811 • www.villaggioisamar.

com • Costi: per i prezzi di chalet, bungalow e cottage consultare il sito

IL B&B DI ALICE IN CAMPAGNA

Alla Casa di Alice, nel verde della campagna alle porte di Chioggia, una suite e quattro graziose camere arredate con gusto regalano un soggiorno di puro relax. Il centro storico è abbastanza vicino e il bel giardino permette di rilassarsi lontano dai rumori della cittadina, immersi nel silenzio, tra vigneti, olivi e alberi da frutta.

INFO

La Casa di Alice • Via Canal di Valle 1/c, Sant'Anna • 334 2851386 • www.lacasadialicesrl.com • Costi: camera doppia 70/90 € (prima colazione inclusa)

ADRIA

L'OSTELLO-IDROVORA DI ADRIA

Dove un tempo c'era un'idrovora per la regolazione delle acque nel Polesine, oggi c'è un ostello con stanze a due, tre e quattro letti dotate di servizi, oltre a una camerata da dieci posti, ideale per gruppi e comitive. Nell'edificio hanno sede anche un buon ristorante che propone i piatti della cucina tradizionale e un museo, dove ammirare vecchi strumenti e pompe necessarie per la bonifica.

INFO

Ostello Amolara • Località Capitello 11, Adria • 0426 943035 • www.amolara.it • Costi: camera doppia 60/90 €, posto letto in camerata 18/20 € (prima colazione inclusa)

LA CASINA BADOER ALL'INSEGNA DEL BIOLOGICO

Patrizia è una padrona di casa attenta e solerte: se vi servono informazioni turistiche o volete fare un'escursione in bici, non esitate a rivolgervi a lei. Nel suo bed&breakfast alle porte di Adria vengono cucinati solo cibi biologici e piatti vegetariani, si pernotta in tre camere dotate di bagno privato o in comune e sono disponibili alcune biciclette per gite nella zona. Il parcheggio è gratuito e c'è un servizio navetta dalla stazione dei treni di Adria.

INFO

Casina Badoer • Via Ciceruacchio 5, località Mazzorno Sinistro, Adria • 335 8405761 • www.casinabadoer.it • Costi: 40/50 € a persona

Dove mangiare e bere

CHIOGGIA

IL PESCE DELL'ADRIATICO

L'Osteria Penzo è un ristorantino nel centro storico di Chioggia, la cui cucina è decisamente orientata verso il pesce dell'Adriatico. In tavola vengono serviti piatti tipici come gli gnocchi con vongole veraci e radicchio di Chioggia, calamari ripieni, sarde in saor e bigoli in salsa d'acciughe. E, per finire, una squisita torta alla ricotta.

INFO

Osteria Penzo • Calle Larga Bersaglio

525, Chioggia • 041 400992 • www.osteriapenzo.it • Chiuso lunedì e martedì • Costi: 25/30 €, bevande escluse

SPECIALITÀ CHIOGGIOTTE INNOVATIVE

Alla Bella Venezia il pesce è protagonista indiscusso: le specialità chioggiotte incontrano sapori innovativi, dando vita a piatti unici che non dimenticherete facilmente. Nel menu baccalà mantecato, vongole alla chioggiotta, granseola alla veneziana, risotto al nero, crema di patate e scampi, fritture di pesce, anguilla e moeche fritte (granchi in muta senza guscio). Il servizio è cortese ed efficiente e, nella bella stagione, c'è la possibilità di mangiare all'aperto.

INFO

Bella Venezia • Calle Corona 51, Chioggia • 041 400500 • www.ristorantebellavenezia.com • Chiuso giovedì • Costi: 22/27 €, bevande escluse

ADRIA

LA CARNE VENETA DELLO SCIROCCO

In un edificio dell'Ottocento, un agriturismo con ristorante di carne che propone, in un ambiente tranquillo, piatti della cucina tradizionale polesana e veneta, preparati con materie prime della zona e rigorosamente di stagione. È possibile alloggiare in quattro camere arredate in stile rustico e visitare un piccolo museo, allestito in una delle sale della struttura, dedicato agli attrezzi e agli utensili del mondo contadino.

INFO

Agriturismo Scirocco • Località Voltascirocco 3, Adria • 0426 949503 • www.agriturismoscirocco.it • Chiuso lunedì; martedì, mercoledì e giovedì aperto solo su prenotazione • Costi: 18/20 €, bevande escluse

LA TIPICA TRATTORIA DI CAMPAGNA DEL POLESINE

Una simpatica trattoria che utilizza principalmente i prodotti del proprio orto, all'interno di una tipica casa della campagna polesana. Nel menu risotti con le verdure di stagione, frittate con salame o con formaggio pecorino, pollo, coniglio e anatra. Buoni i dolci e i vini sfusi. Annesso alla trattoria c'è un b&b con un paio di camere da letto e colazioni abbondanti.

INFO

Trattoria Alla Rosa • Via Treponti 8/a, Bellombra • 0426 41300 • wvww.trattoriaallarosa.it • Chiuso lunedì • Costi: 18/22 €, bevande escluse

Trasporti e collegamenti

IN AEREO

L'aeroporto più vicino è quello di Venezia • Via Galileo Galilei, Venezia • 041 2606111 • www.veniceairport.it

IN TRENO

La stazione di Chioggia si trova sulla linea ferroviaria Milano-Venezia.

IN AUTO

Autostrada A4 Milano-Venezia, uscita

Padova Interporto, seguire le indicazioni per Piove di Sacco e poi per Chioggia, oppure autostrada A13 Bologna-Padova, uscita Monselice, e seguire le indicazioni per Chioggia.

IN AUTOBUS

Dall'aeroporto di Venezia prendere l'autobus per piazzale Roma (linea 5 ACTV o linea ATVO Air Terminal) e da qui la linea 80 per Sottomarina.
ACTV • 041 2424 • www.actv.it
ATVO • 0421 5944 • www.atvo.it

IN BATTELLO

Per raggiungere l'isola di Pellestrina da Chioggia, prendere il traghetto di ACTV della linea 11 • 041 2424 • www.actv.it

Cortina d'Ampezzo

La regina delle Dolomiti

Cortina d'Ampezzo è uno dei gioielli delle Dolomiti, ma ha anche fama di essere una delle località più snob e costose delle nostre Alpi. Un luogo magico che, dal 2014, si fregia del prestigioso riconoscimento di World's 25 Best Ski Towns, attribuito dalla celebre rivista «National Geographic». Per ora è l'unica località italiana a comparire in classifica, attestandosi tra le prime dieci, e una delle poche europee, insieme a Chamonix, Zermatt e Kitzbühel. Anche per questo motivo vale la pena visitare la regina delle Dolomiti almeno una volta nella vita, e scoprire che è possibile trascorrere un weekend, se non proprio low cost, a prezzi sicuramente contenuti, evitando però le festività natalizie e pasquali, così come il mese di agosto.

4 Cortina d'Ampezzo

Cortina d'Ampezzo

Conosciuta in tutto il mondo come la regina delle Dolomiti, Cortina incanta il visitatore con i suoi fantastici panorami sui famosi Monti Pallidi. Dopo una doverosa passeggiata nel centro storico, tra negozi alla moda, gioiellerie, gallerie antiquarie e ristoranti dai costi spesso proibitivi, vi suggerisco di dedicarvi alla vera attrazione di Cortina: i sentieri segnalati, adatti a tutti i tipi di camminatori e alle famiglie, che conducono a ben cinquantasei rifugi alpini, alla scoperta dei monti che circondano la cittadina. Tra le mete più interessanti le cascate lungo il Sentiero dei Canyon, i boschi e i laghi del Parco Naturale delle Dolomiti e il più grande museo all'aperto sulla Grande Guerra, raggiungibile a piedi, in mountain bike o con gli impianti di risalita e costituito dal Museo del Lagazuoi, dalla zona delle 5 Torri e dal Sasso di Stria. Si estende lungo un raggio di 5 chilometri, permettendo di osservare tutti i diversi aspetti della Grande Guerra in montagna. Imperdibile anche il Forte Tre Sassi, costruito tra il 1897 e il 1901 per sbarrare l'accesso alla Val Badia all'esercito italiano e oggi sede di un importante museo che racconta la storia vista dai soldati e non dai generali. Oltre ai musei in montagna, ce ne sono altri da visitare in città. Tra questi il Museo d'Arte Moderna, che espone oltre ottocento opere, per esempio dipinti di De Pisis, Sironi, De Chirico, Carrà e Guttuso. Il Museo Paleontologico conserva invece fossili provenienti dall'area dolomitica, mentre il Museo Etnografico documenta le secolari tradizioni silvo-pastorali della comunità ampezzana. Ultimo, ma non certo per importanza, arriva l'Osservatorio Helmut Ullrich, con l'annesso planetario. Se volete scoprire tutto ciò che non sapete su stelle e galassie, raggiungete l'osservatorio seguendo il Sentiero dei Pianeti che, nell'arco di un solo chilometro, vi farà viaggiare nello spazio attraverso il sistema solare. A ogni passo è come se si percorressero quasi 10 miliardi di chilometri e in ciascuna tappa vengono illustrate le caratteristiche di un corpo celeste, grazie ai tabelloni esplicativi.

Chi ama le emozioni forti può dedicare una mezza giornata al Parco Avventura del Cortina Adrenalin Center, che propone tredici percorsi di diversa difficoltà e lunghezza con alberi su cui arrampicarsi, ponti tibetani, carrucole, reti, cavi e attraversamenti in sospensione. Il centro fornisce tutta l'attrezzatura e le informazioni necessarie per garantire la sicurezza dei partecipanti.

INFO

Ufficio Informazioni Turistiche di Cortina • Piazza Roma, Cortina d'Ampezzo • 0436 869086 • cortina.dolomiti.org

Museo della Grande Guerra • In Tra i Sass, Passo Valparola, Cortina d'Ampezzo • 347 4970781 • www.cortinamuseoguerra.it • Aperto da giugno a settembre tutti i giorni 10-13 e 14-17, negli altri mesi su richiesta; chiuso in novembre • Costi: consultare il sito per scoprire le varie opzioni

Museo d'Arte Moderna • Corso Italia 69, Cortina d'Ampezzo • 0436 866222 • www.musei.regole.it • Aperto dal martedì alla domenica 10-12.30 e 16-19.30; nei mesi di giugno, settembre e ottobre aperto solo il pomeriggio • Costi: 5/8 €

Museo Paleontologico e Museo Etnografico • Via Marangoi 1, località Pontechiesa, Cortina d'Ampezzo • 0436 875502 • Aperto dal martedì alla domenica 10-12.30 e 15.30-19.30 • Costi: 5/8 €

Osservatorio astronomico Helmut Ullrich e Sentiero dei Pianeti • Località

Col Drusciè, Cortina d'Ampezzo • 338 6163428 • www.cortinastelle.it • Aperto per visite guidate previa prenotazione (per gli orari consultare il sito) • Costi: 2/4 € la mattina, 5/10 € la sera

Cortina Adrenalin Center • Località Ronco, Cortina d'Ampezzo • 335 8155177 • www.adrenalincenter.it • Aperto da giugno a fine ottobre • Costi: 9/20 €

Zoom

Il vigneto più alto d'Europa

Nei pressi di Cortina, alle pendici del Monte Pomagagnon, in località La Vera, c'è il vigneto situato alla quota più elevata d'Europa. Si trova a 1350 metri di altezza ed è coltivato secondo un'antica tradizione della zona, quando la vite era destinata al consumo personale dell'uva. Le varietà sono quattro, tutte particolarmente resistenti alle basse temperature: due danno vita a vini bianchi e due a vini rossi. Un progetto che coniuga la sfida della produzione di un vino da primato con il desiderio di scoprire antiche tradizioni e nuovi percorsi enogastronomici, all'insegna di un turismo che sia alla portata di tutti. Per sostenere l'attività è possibile adottare un filare.

Vigna 1350 • Località La Vera, Cortina d'Ampezzo • www.vignetocortina.it

Dove dormire

CORTINA D'AMPEZZO

UN TRE STELLE DEL SETTECENTO

A pochi passi dalla via dello struscio, in piena isola pedonale, un accogliente albergo a tre stelle ospitato in un'antica palazzina del Settecento in stile veneziano, trasformata negli anni Quaranta in albergo. Si alloggia in camere singole, doppie, o con tre e quattro letti, oltre che in stanze comunicanti adatte alle famiglie con bambini. Parcheggio privato a pagamento. Consultate il sito per essere sempre al corrente degli sconti sul pernottamento.

INFO

Hotel Royal • Via Stazione 2, Cortina d'Ampezzo • 0436 867045 • www.hotelroyalcortina.it • Costi: camera singola 76/80 €, doppia 90/150 € (prima colazione inclusa)

ALLE PENDICI DEL MONTE FALORIA

Da Fraina, un rilassante b&b a circa 2 chilometri dal centro di Cortina, alle pendici del Monte Faloria, il weekend è all'insegna della natura. La baita, ristrutturata negli anni Sessanta, si trova infatti in mezzo al bosco e dalle camere si ammirano stupendi scorci delle Dolomiti. Si alloggia in sei stanze con servizi privati e, incluso nel prezzo, c'è persino l'accesso alla sauna.

INFO
Baita Fraina • Via Fraina 1, Cortina d'Ampezzo • 0436 3634 • www.baitafraina.it • Costi: 40/110 € a persona (prima colazione inclusa)

L'HOTEL-RISTORANTE PONTEJEL

L'Hotel Pontejel si trova nel centro storico di Cortina e dispone di sette accoglienti camere con servizi privati. La colazione è abbondante: marmellate e miele bio, muesli, yogurt, frutta di stagione, croissant, formaggi e affettati. Il ristorante, situato al piano terra, serve agli ospiti dell'albergo pranzi e cene scontati del 10% nelle sue due accoglienti sale.

INFO
Hotel Pontejel • Largo Poste 11, Cortina d'Ampezzo • 0436 2525 • www.hotelpontejelcortina.it • Costi: 40/100 € a persona (prima colazione inclusa)

DA JÄGERHAUS
SOLO PACE E SILENZIO

L'agriturismo Jägerhaus e le sue cinque camere in stile alpino, con arredi in legno e vista sulle Dolomiti, sono il luogo ideale in cui trascorrere un fine settimana di totale relax.
Cortina dista circa 4 chilometri ed è raggiungibile con i bus di linea che fermano nei pressi della struttura. Quiete, tranquillità, silenzio, un grande giardino, ottime colazioni a buffet e il parcheggio gratuito rendono particolarmente piacevole il soggiorno.

INFO
Agriturismo Jägerhaus • Località Cadin di Sotto 24, Cortina d'Ampezzo • 0436 860155 • Costi: camera doppia 50/90 €, nel periodo natalizio 120/130 € (prima colazione inclusa)

Dove mangiare e bere

CORTINA D'AMPEZZO

CUCINA TRADIZIONALE
CON UN PIZZICO DI INNOVAZIONE

Lo stile ricorda da vicino quello delle stuben tirolesi: pareti rivestite con pannelli di legno, sedie con il caratteristico schienale «a cuore» e tende di pizzo ricamate a mano. Il menu è quello della tradizione veneta: pasta fatta in casa, carni scelte e, per non farsi mancare nulla, ottime pizze. In questo ristorante a gestione familiare, che continua a mantenere un buon rapporto qualità-prezzo, il cuoco aggiunge alle ricette tipiche un tocco di innovazione, sempre però utilizzando i prodotti locali.

INFO
Ariston • Via Marconi 10, Cortina d'Ampezzo • 0436 866705 • www.ristorantea2ristoncortina.it • Chiuso giovedì in bassa stagione • Costi: 22/27 €, bevande escluse

L'ANIMA SPORTIVA DI CORTINA

L'anima di questo locale, raggiungibile a piedi dal centro di Cortina, è Stefano Rezzadore, ex giocatore di hockey e appassionatissimo di curling. Nel menu pappardelle ai porcini, costata di angus, capriolo, gulasch con polenta e pizza fino a mezzanotte. Meglio prenotare per essere sicuri di trovare posto.

INFO

Birreria Vienna • Via Roma 66, Cortina d'Ampezzo • 0436 866944 • Chiuso lunedì in bassa stagione • Costi: 20/25 €, bevande escluse

LA PIZZA DI SOIA È SOLO QUELLA DEL PONTE

Pizze croccanti e digeribili, anche nella variante con la pasta di soia, insalatone, primi piatti con verdure di stagione, sughi o funghi e carne preparata in tutti modi. Questo e tanto altro al Ponte, un locale molto frequentato per i prezzi contenuti e la buona qualità delle proposte culinarie.

Il servizio è cortese e la cantina è abbastanza fornita grazie alle amorevoli cure di Massimiliano, che seleziona personalmente le etichette.

INFO

Il Ponte • Via Franchetti 8, Cortina d'Ampezzo • 0436 867624 • Chiuso lunedì • Costi: 15/22 €, bevande escluse

Trasporti e collegamenti

IN AEREO

L'aeroporto più comodo è quello di Venezia, collegato tutto l'anno a Cortina dai bus della Cortina Express.

Via Galileo Galilei, Venezia • 041 2606111 • www.veniceairport.it

Cortina Express • 0436 867350 • www.cortinaexpress.it

IN TRENO

Le stazioni più vicine a Cortina sono Calalzo di Cadore e Dobbiaco, collegate alla regina delle Dolomiti da un servizio di bus di linea in coincidenza con l'arrivo e le partenze dei treni.

IN AUTO

Imboccare l'autostrada A27 Venezia-Belluno e prendere l'uscita per Belluno, oppure l'autostrada A22 del Brennero per poi proseguire sulla SS 51.

IN AUTOBUS

Gli autobus di linea della Cortina Express collegano Cortina a Venezia e Treviso • 0436 867350 • www.cortinaexpress.it

La Strada del Soave

Tra vigneti, castelli e lagune tropicali fossilizzate

Il weekend lungo la Strada del Soave non è riservato solo agli amanti del buon vino. Trascorrere un fine settimana tra queste dolci colline veronesi non significa infatti solo spostarsi di cantina in cantina per degustazioni e assaggi, ma anche visitare castelli e insoliti musei, lagune tropicali pietrificate e borghi medievali di rara bellezza. Chi sa andare a cavallo ha a disposizione le ippostrade che si inerpicano sui rilievi, mentre chi non ha paura di pedalare può noleggiare una bicicletta e avventurarsi sui tracciati ciclabili che, tra vigne, ciliegi e lievi pendenze, toccano i diversi paesi della Strada.

Soave

5 Soave

6 Colognola ai Colli

Il weekend lungo la Strada del Soave non può che iniziare a Soave, la bella Bandiera Arancione – riconoscimento assegnato dal Touring Club Italiano ai borghi di pregio – che dà il nome a uno dei migliori vini bianchi del Nord Italia. L'antica cittadina, che si estende interamente all'interno delle mura scaligere, è dominata da un imponente maniero, aperto al pubblico, e il suo centro storico è visitabile percorrendo il cardo romano formato da via Roma e via Camuzzoni. Su questa strada si affacciano il trecentesco Palazzo di Giustizia,

7 Monteforte d'Alpone

8 Selva di Progno

con una loggia a quattro arcate, il quattrocentesco Palazzo Cavalli e il Palazzo Scaligero o del Capitano, oggi sede del municipio (visibili solo dall'esterno). Particolarmente interessante, specie per le famiglie con bambini, il Museo del Gioco, nel Parco della Rimembranza, dove è esposta una ricca collezione di giocattoli di ogni tipo (bambole, tricicli, trottole e tanti altri).

Muovendosi da Soave in auto o in bici, meglio se guidati dalla app Strada del vino Soave, scaricabile gratuitamente, si possono raggiungere in pochissimo tempo i vigneti dove si produce un vino vulcanico, unico nel suo genere. Quando ci si trova per la prima volta ad ammirare le distese sterminate di filari, la sensazione che si prova è di essere in un giardino lussureggiante e rigoglioso, per l'esattezza quasi 7000 ettari dedicati alla coltivazione del Garganega, vitigno autoctono dal quale nascono il Soave Doc e il Recioto di Soave.

Lungo il tragitto si possono visitare Colognola ai Colli, borgo risalente all'epoca romana con una suggestiva chiesa, e Monteforte d'Alpone, con il suo bel centro storico. La chiesa di San Bortolo di Selva di Progno ospita invece il Museo dei Trombini, dedicato a una specie di archibugio usato ancora oggi dai trombonieri per animare con le loro schioppettate le feste di paese, mentre in località Giazza c'è il Museo dei Cimbri, che documenta le vicende storiche, linguistiche e culturali del popolo dei Cimbri, la comunità insediatasi sulle pendici della Lessinia a partire dal Medioevo.

INFO

Strada del Vino Soave • Associazione Strada del vino Soave • 045 7681407 • www.stradadelvinosoave.com

Pro Loco di Soave • Via XXV Aprile 6, Soave • 045 7680684 • www.prolocosoave.it

Castello di Soave • Via del Castello, Soave • 045 7680036 • www.castellodisoave.it • Aperto nei mesi estivi 9-12 e 15-18.30, nei mesi invernali 9-12 e 14-16; chiuso lunedì • Costi: 4/7 €

Museo del Gioco • Foro Boario 11, Soave • 045 6190691 | 349 8831553 • www.comunesoave.it/museo/museo.html • Per gli orari consultare il sito • Costi: 1/3 €

Museo dei Trombini • Chiesa di San Bortolo, Selva di Progno • 045 6513122 • www.itrombini.it/museo/museo.php • Aperto domenica 9-12 e 14-18 e su prenotazione • Costi: 1 €

Museo dei Cimbri • Via dei Boschi 62, località Giazza, Selva di Progno • 045 7847050 • www.cimbri.it • Aperto sabato e domenica 15-18 • Costi: 2 €

9 Bolca

La Val d'Alpone

10 Roncà

L'altra grande attrazione di questo territorio è il Museo dei Fossili di Bolca, gestito dal Parco Naturale Regionale della Lessinia e dalla famiglia Cerato, proprietaria delle cave situate in quella che era un'antica laguna tropicale. Siamo nella Val d'Alpone, la più orientale del territorio della Strada del Soave, dove si cela una grande laguna pietrificata. Una vasta area dove, cinquanta milioni di anni fa, pare proliferassero la fauna e la flora, e dove emergeva un maestoso complesso vulcanico attivo. A testimonianza della sua esistenza sono rimasti preziosissimi fossili, straordinari esemplari, unici per la varietà e lo stato di conservazione, che negli ultimi cinquecento anni hanno arricchito le collezioni dei più importanti Musei di Scienze Naturali d'Italia e del mondo. Un vero e proprio parco paleontologico, dove sono stati riportati alla luce pesci fossili dal colore ambrato, crostacei, palme, coccodrilli e tartarughe marine e terrestri, oltre a denti di squalo. Numerosi reperti provenienti da questi scavi sono attualmente esposti al Museo dei Fossili di Bolca, dove sono custoditi oltre cinquecento esemplari di pesci, rettili, crostacei, molluschi, piante marine e terrestri, ancora intatti nelle forme e nei colori originali, suddivisi a seconda della loro provenienza, da quelli costieri alla fauna e alla flora di mare aperto e delle isole.

A pochi chilometri dal Museo dei Fossili si trova la Pesciara, giacimento fossilifero unico nel suo genere. Oltre alla possibilità di osservare direttamente le gallerie da cui sono stati estratti i fossili, per gli appassionati è disponibile un'ampia area didattica dove, muniti di specifici attrezzi forniti in loco, ci si può esercitare nell'apertura di piccole lastre, frutto degli scarti di lavorazione degli scavi ufficiali, e sperare di trovare alghe, foglie e pesci da portare a casa come ricordo. Anche il Museo Geopaleontologico, situato in una via centrale della vicina Roncà, mette in mostra oltre trecento fossili, custodi di una memoria millenaria.

INFO

Museo dei Fossili e Pesciara • Via San Giovanni Battista 50, Bolca • 045 6565088 • www.museodeifossili.it • Museo aperto tutti i giorni nei mesi invernali 10-12 e 14-17, nei mesi estivi 9-12 e 14-18; Pesciara aperta dal lunedì al venerdì 14-18, chiusa da novembre a febbraio • Costi: museo 3/4 €, Pesciara 1/1,50 €

Museo Geopaleontologico • Via Garibaldi 1, Roncà • 045 7460617 • Aperto sabato e domenica 9-12 e 15-18 • Costi: 2 €

Dove dormire

SOAVE

LA FINESTRA SUL CASTELLO

Tre camere luminose con vista sul castello per un soggiorno di charme: a ogni piano ci sono un bollitore per tè e tisane e una macchinetta per il caffè espresso e i proprietari vi daranno consigli preziosi sui luoghi da visitare nel circondario. Anche i bambini sono trattati con un occhio di riguardo (per loro ci sono un'area giochi, bavaglini e posate su misura). La colazione, che nella bella stagione si fa in cortile, è molto ricca: pane e dolci tipici della zona, marmellate e frutta fresca.

INFO
La Finestra sul Castello • Via Mere 17, Soave • 346 6752614 • www.lafinestrasulcastello.it • Costi: camera singola 35 €, doppia 70 € (prima colazione inclusa)

D'INVERNO IL CAMINO, D'ESTATE IL GIARDINO
All'Antica Corte le stanze sono calde e ampie, dai colori tenui, con il soffitto in legno e arredate con gusto. C'è anche un accogliente salotto in cui sorseggiare un tè o un buon bicchiere di vino accanto al camino acceso. Durante la bella stagione l'abbondante colazione viene servita in giardino, sotto un pergolato fiorito.

INFO
Antica Corte • Contrada Pressi 7, Soave • 045 6112294 • www.anticacortesoave.it • Costi: camera singola 60 €, doppia 80 € (prima colazione inclusa)

VAL D'ALPONE

DORMIRE, MANGIARE E FARE SPORT A ILLASI
Un bell'albergo immerso nel verde della campagna di Soave, nei pressi del castello di Illasi. Camere spaziose e, in alcuni casi, dotate di balcone con vista sulla valle. L'hotel, nato dalla ristrutturazione di un antico casolare contadino, dispone di centro benessere, palestra e piscina coperta. Per chi volesse gustare i piatti della cucina veneta accompagnati dall'ottimo vino della zona, non c'è niente di meglio delle degustazioni nella stube del ristorante.

INFO
Sporting Hotel San Felice • Località San Giacometto, Illasi • 045 6520586 • www.sportingsanfelice.com • Costi: camera singola da 50 €, doppia da 70 € (prima colazione inclusa)

Dove mangiare e bere

In zona, per mangiare e bere qualcosa, non conviene fermarsi a Soave. Spostandosi in uno degli affascinanti borghi della Val d'Alpone troverete sicuramente ottimi agriturismi e trattorie in cui pranzare o cenare a prezzi davvero low cost.

VAL D'ALPONE

IL VENETO A TAVOLA
Al Bosco è un agriturismo che propone i piatti della tradizione del territorio con qualche piacevole incursione nella cucina creativa. Ottime pietanze e buon vino fanno di questo locale una delle mete preferite degli abitanti della zona. Si mangia in un'ampia sala o, tempo permettendo, nella terrazza all'aperto. Gran parte delle materie prime proviene dall'azienda agricola.

INFO
Agriturismo Al Bosco • Località Bosco 2, Colognola ai Colli • 045 7651635 • Aperto dal giovedì alla domenica • Costi: 18/22 €, bevande escluse

SELVAGGINA A TUTTO SPIANO

Nel menu fanno capolino i piatti della cucina veronese e vicentina: baccalà, faraona e selvaggina, fiore all'occhiello di questo locale a gestione familiare da più generazioni. Le proposte sono legate alla stagione e ai prodotti disponibili, perciò sappiate che i piatti variano a seconda del periodo.

INFO

Antica Trattoria Fattori • Piazza Terrossa 36, Roncà • 045 7460133 • www.anticatrattoriafattori.com • Chiuso martedì a cena e sabato a pranzo • Costi: 20/25 €, bevande escluse

IL SEGRETO DELLA BUONA CUCINA SONO I PRODOTTI

In una villa settecentesca, il ristorante Ballarini serve i suoi clienti con eleganza e professionalità, mantenendo però prezzi decisamente onesti. Nel menu antipasto rustico con salumi locali, ravioli al cacao con ripieno di agnello, tagliata di petto di faraona con crema allo scalogno. In vari periodi dell'anno vengono proposti vantaggiosi menu degustazione legati ai prodotti di stagione. Se invece aveste voglia solo di un aperitivo, nella cantina dalla volta in pietra si possono assaggiare i vini veronesi accompagnati da taglieri di salumi e formaggi.

INFO

Villa Ballarini • Via Fabio Filzi 10, località Cellore, Illasi • 045 6520636 • www.villaballarini.it • Chiuso lunedì sera e martedì • Costi: 20/22 €, bevande escluse

Zoom

Adotta un filare

Tredici cantine situate lungo la Strada del Soave propongono agli appassionati, oltre alle loro bottiglie, anche la visita del vigneto e l'adozione di un filare per sentirsi un po' viticoltori. I neogenitori ricevono, durante tutto l'anno, informazioni sullo stato di salute dei «loro» grappoli, a cui possono far visita in qualsiasi momento, sempre però previo appuntamento, periodo della vendemmia incluso. All'apertura delle botti verranno poi spedite dodici bottiglie del vino prodotto dalla cantina in questione, con etichette personalizzate che possono essere disegnate dagli stessi vignaioli adottivi, magari indicando i propri nomi.

Progetto «Adotta un filare» • Strada del Soave • www.stradadelvinosoave.com | Pagina Facebook: ADOTTA UNA GARGANEGA – Strada del Vino Soave

Trasporti e collegamenti

IN AEREO
L'aeroporto più comodo è quello di Verona Villafranca • Caselle Verona • 045 8095666 • www.aeroporto-verona.it

IN TRENO
La stazione ferroviaria più vicina a Soave si trova a San Bonifacio (5 chilometri da Soave), sulla linea Milano-Venezia.

IN AUTO
Imboccare l'autostrada A4 Milano-Venezia e prendere l'uscita Soave-San Bonifacio.

IN AUTOBUS
Servizio bus di linea ATV dalla stazione FS di Verona Porta Nuova • 045 8057922 • www.atv.verona.it

Vicenza e l'Altopiano di Asiago

Dalla città del Palladio ai monti di Rigoni Stern

Un weekend a Vicenza può rivelarsi pieno di sorprese interessanti: in questa città, spesso trascurata dai turisti, il genio architettonico di Andrea Palladio ha lasciato il segno più evidente della sua arte. Passeggiando per il bel centro storico si possono così ammirare numerosi edifici progettati dal grande architetto rinascimentale e, usciti dalla città, si può raggiungere in auto il borgo di Montecchio Maggiore, dominato dai castelli di Giulietta e Romeo, per poi proseguire verso il verde Altopiano di Asiago, dove lo scrittore Mario Rigoni Stern ha ambientato molti suoi romanzi.

Vicenza

11
Vicenza

Bella e mai troppo affollata, la città di Vicenza è il luogo in cui l'ingegnosità di Andrea Palladio ha lasciato le tracce più evidenti della sua lunga attività. La prima tappa non può che essere la celebre Basilica Palladiana, l'antica sede delle magistrature pubbliche di Vicenza, oggi meraviglioso spazio espositivo. L'attuale edificio è il risultato di un intervento del Palladio sul precedente Palazzo della Ragione: alla struttura dalle forme goticheggianti il Palladio aggiunse le celebri logge in marmo bianco, dando vita al capolavoro che tutti conosciamo. È chiamato Basilica perché ispirato al modello della basilica romana, luogo destinato a trattare faccende politiche e commerciali, non

religiose, come invece spesso si è portati a credere.
Tra gli altri edifici cittadini progettati da Andrea Palladio vale la pena visitare, o almeno fermarsi a guardare dall'esterno, Palazzo Chiericati, oggi sede del Museo Civico e della Pinacoteca, e Palazzo Valmarana-Braga, in cui si svolgono diverse attività culturali. Manca all'appello il Palladio Museum, ospitato nelle sale di Palazzo Barbaran da Porto, anch'esso ovviamente progettato dal Palladio. All'interno sono esposti i modelli lignei e i calchi realizzati in occasione delle numerose mostre palladiane. Anche lo scenografico Teatro Olimpico, terminato successivamente da Vincenzo Scamozzi, porta la firma del Palladio, così come, alle porte della città, villa Almerico Capra, detta La Rotonda, famosa per il particolare sviluppo a pianta centrale che si inserisce armoniosamente nella cornice naturale dei Colli Berici. Interessante, anche se non riconducibile al Palladio, il Museo del Risorgimento e della Resistenza, che ha sede in villa Guiccioli, nella zona in cui, nel 1848, gli italiani presero le armi per respingere gli austriaci e lottare per l'indipendenza del Paese.

INFO

IAT di Vicenza • Piazza Matteotti 12, Vicenza • 0444 320854 • www.visitvicenza.org

Basilica Palladiana • Piazza dei Signori, Vicenza • 0444 222811 • www.museicivicivicenza.it/it/tbc/basilica_palladiana/ • Aperto da giugno a ottobre (gli orari variano in base alla mostra ospitata) • Costi: 1/3 €

Museo Civico e Pinacoteca • Palazzo Chiericati, piazza Matteotti 37/39, Vicenza • 0444 222811 • www.museicivicivicenza.it/it/mcp/museo.php • Aperto 9-17, nei mesi estivi 10-18; chiuso lunedì • Costi: 3,50/5 € (12/15 € con biglietto cumulativo Museum Card valido anche per Teatro Olimpico, Museo del Risorgimento e della Resistenza, Palladio Museum)

Palazzo Valmarana-Braga • Corso Antonio Fogazzaro 16, Vicenza • 0444 547188 • www.palazzovalmaranabraga.it • Aperto mercoledì • Costi: 3/5 €

Palladio Museum • Palazzo Barbaran da Porto, contrà Ponti 11, Vicenza • 0444 323014 • www.palladiomuseum.org • Aperto dal martedì alla domenica 10-18 • Costi: 3/6 €

Teatro Olimpico • Piazza Matteotti 11 • 0444 222800 • www.teatrolimpicovicenza.it • Aperto dal martedì alla domenica 9-17 • Costi: 8/11 €

Villa Almerico Capra • Via della Rotonda 45, Vicenza • 0444 321793 • www.villalarotonda.it • Aperto da marzo a novembre mercoledì e sabato 10-12 e 15-18; solo esterni tutti i giorni, tranne lunedì • Costi: 5/10 €

Museo del Risorgimento e della Resistenza • Villa Guiccioli, viale X Giugno 115, Vicenza • 0444 222820 • Aperto dal martedì alla domenica nei mesi invernali 9-13 e 14.15-17, nei mesi estivi 10-13.30 e 14.45-18 • Costi: 2,50/3,50 €

Montecchio Maggiore

12 Montecchio Maggiore

Pochi chilometri separano Vicenza da Montecchio Maggiore, la città dei due castelli. Pochi sanno infatti che proprio qui venne ambientata la novella di Giulietta e Romeo, scritta originariamente dal vicentino Luigi Da Porto. La storia divenne nota però solo grazie alla penna di William Shakespeare, che le fece guadagnare fama in tutto il mondo. L'amore impossibile tra i due giovani nacque, nella fantasia dell'autore veneto, proprio nel Castello della Bellaguardia e in quello della Villa, oggi chiamati castelli di Giulietta e Romeo, che dominano, separati da un vallone, il centro storico di questo caratteristico borgo incastonato tra le dolci pendenze dei Colli Berici. Proseguite alla volta di villa Cordellina Lombardi, una sontuosa dimora con il salone affrescato da Giovanni Battista Tiepolo, al quale sono attribuiti pure i disegni delle statue che adornano il bellissimo giardino. Anche negli affreschi di villa Loschi Zileri, nella vicina località Biron, alcuni studiosi hanno riconosciuto la mano del Tiepolo. Da vedere la neoclassica villa Lorenzoni, sede del Museo Zannato, con una sezione archeologica e una naturalistica, il duomo di Santa Maria e San Vitale, risalente alla fine dell'Ottocento, e la chiesa di San Pietro Apostolo, che conserva al suo interno la famosa pala della Madonna della Sapienza di Giovanni Buonconsiglio, detto il Marescalco.

INFO

Villa Cordellina Lombardi • Via Lovara 36, Montecchio Maggiore • 0444 908112 • Aperto 9-13 e 15-18, martedì e venerdì solo il mattino; d'inverno su prenotazione • Costi: 2/3 €

Villa Loschi Zileri • Viale Zileri 4, località Biron, Monteviale • 0444 964190 • Aperto 8.30-12 e 14.30-18, chiuso sabato e festivi • Costi: 3/4 €

Museo G. Zannato • Villa Lorenzoni, piazza Marconi 17, Montecchio Maggiore • 0444 492565 • www.museozannato.it • Aperto sabato e domenica 9.30-12.30 e 15-18.30, venerdì solo al mattino • Costi: 1 €

L'Altopiano di Asiago

13 Asiago

14 Canove

15 Cesuna di Roana

La zona conosciuta come Altopiano di Asiago Sette Comuni (in realtà suddivisa in otto circoscrizioni) ha altitudini che oscillano tra 200 e 2300 metri, è il più vasto altopiano d'Italia e uno dei più ampi d'Europa. Tra queste montagne vivevano Mario Rigoni Stern, il celebre autore del *Sergente nella neve* e, prima di lui, i Cimbri, un popolo di origine germanica che nei secoli ha conservato intatte lingua e tradizioni. Qui i boschi sono di un verde sgargiante, il sole si riflette sulle cime delle montagne e il silenzio invita alla riflessione. L'altopiano ha mille volti, che soddisfano i diversi desideri dei suoi visitatori. Chi ama la natura può passeggiare tra fitte foreste di abeti e pascoli sterminati, dove si incontrano marmotte, cervi, camosci e caprioli, scoiattoli, galli cedroni e addirittura aquile reali. La vegetazione è molto ricca: giglio martagone e genziana, stella alpina e drosera (pianta carnivora di torbiera) sono solo alcune delle specie dell'altopiano. Gli appassionati di archeologia e storia possono invece andare alla ricerca delle incisioni rupestri della Val d'Assa a Canove di Roana e dei resti del villaggio paleoveneto di tremila anni fa del Bostel a Rotzo.

Gli sportivi hanno solo l'imbarazzo della scelta. D'inverno si scia (discesa, fondo, telemark e sci escursionismo), si fanno lunghe camminate con le racchette ai piedi e si prova l'emozione di sfrecciare nel bosco su una slitta trainata dai cani.

Nella bella stagione, quando la natura si risveglia e i pascoli accolgono le prime mandrie, si possono percorrere, a piedi o in mountain bike, i tanti sentieri e le strade sterrate che attraversano l'altopiano. Inoltre, chi non resiste al fascino del cielo stellato può recarsi all'Osservatorio Astrofisico di Asiago, aperto al pubblico anche per scopi amatoriali.

Non va però dimenticato che, oltre a essere un luogo di svago e quiete, l'altopiano è stato teatro dei sanguinosi combattimenti della Grande Guerra, che ha lasciato segni evidenti nella memoria degli abitanti e del territorio. Il più inquietante è il Sacrario Militare del Laiten, situato sul colle omonimo e simbolo di Asiago, che raccoglie le spoglie di oltre cinquantamila vittime. A ricordare gli orrori dei conflitti armati contribuiscono anche il Museo della Grande Guerra di Canove, che ospita cimeli bellici e una mostra fotografica, e i resti del Forte di Monte Verena, dal quale venne sparata la prima cannonata che decretò l'ingresso in guerra dell'Italia.

Infine, unico nel suo genere, il Museo dei Cuchi a Cesuna di Roana, che niente ha in comune con la furia bellicosa della Grande Guerra, al cui interno sono esposti oltre settemila cuchi, strumenti musicali a fiato simili al flauto.

INFO

IAT dell'Altopiano di Asiago • Piazza Carli 56, Asiago • 0424 462661 • www.asiago.to

Osservatorio Astrofisico di Asiago • Località Pennar, via dell'Osservatorio 8, Asiago • 0424 600011 • www.pd.astro.it • Aperto su prenotazione • Costi: 4/6 €

Museo della Grande Guerra • Ex stazione ferroviaria, Canove • 0424 692511 • www.anacanove.it • Aperto da giugno a settembre 10-12 e 15-19, su prenotazione gli altri mesi • Costi: 2/3 €

Museo dei Cuchi • Via XXVII Aprile 16, Cesuna di Roana • 0424 694283 • www.museodeicuchi.it • Aperto da ottobre a maggio sabato e domenica 10-12 e 14.30-17, da giugno a settembre tutti i giorni 10-12 e 15.30-19 • Costi: ingresso gratuito

Dove dormire

VICENZA

L'OSTELLO NEL CUORE DEL CENTRO STORICO

Vicino al Teatro Olimpico, nel centro di Vicenza, un ostello ospitato in un bell'edificio di tre piani in stile liberty. Si alloggia in camere di diverso tipo, dalla singola a stanze con sei letti, e, a disposizione dei clienti, ci sono un'ampia sala colazioni, una lavanderia, la cucina e il deposito bagagli. Il parcheggio per le auto è a circa 300 metri e i principali monumenti palladiani sono raggiungibili a piedi.

INFO

Ostello Olimpico • Via Giuriolo 7, Vicenza • 0444 540222 • www.ostellovicenza.com • Costi: camera singola 25/29 €, doppia 46/50 €, posto letto in camerata 22/23 € (prima colazione inclusa)

LA BACHERIA CHE OGGI È UN B&B

All'interno delle mura della città, a due passi dalla Basilica Palladiana, un'antica bacheria in contrà Santa Lucia accoglie i suoi ospiti in camere singole, doppie, triple e con quattro letti con bagno privato. La sala colazioni è utilizzabile anche come cucina, c'è il parcheggio privato e la struttura è convenzionata con un ristorante nelle vicinanze, in cui potrete mangiare a prezzi scontati.

INFO

La Bacheria • Contrà Mure Porta Santa Lucia 19, Vicenza • 346 7340002 • www.labacheria.com • Costi: camera singola 40 €, doppia 60 € (prima colazione inclusa)

Zoom

Il formaggio Asiago Dop

L'Altopiano di Asiago è la terra per antonomasia del formaggio a marchio Dop, conosciuto e apprezzato in tutto il mondo. Nel periodo estivo i pascoli d'alta quota, con le loro erbe aromatiche, vengono utilizzati esclusivamente per l'alpeggio del bestiame. Il pregiato formaggio, ottenuto dalla mungitura delle vacche, viene ancora prodotto in gran parte nelle ottantasette malghe dell'altopiano, in alcune delle quali è possibile acquistare il formaggio Asiago Dop nelle diverse stagionature e anche fermarsi a mangiare.

Consorzio Tutela Asiago • 0444 321758 • www.asiagocheese.it

L'IDROMASSAGGIO IN GIARDINO DI MUM'S

Alla periferia di Vicenza c'è un accogliente b&b con due camere con tv, frigorifero, macchina per il caffè e forno a microonde. Per rilassarvi dopo una giornata faticosa, accomodatevi in giardino e, se la stagione lo permette, fate un bel bagno nella vasca idromassaggio. La colazione viene servita in veranda ed è possibile scegliere il giorno prima cosa mangiare!

INFO

Mum's Bed and Breakfast • Strada della Pelosa 117, Vicenza • 328 5920238 • Pagina Facebook: Mum's Bed and Breakfast

• Costi: camera singola 45/50 €, doppia 80 € (prima colazione inclusa)

ASIAGO

L'ESPERIENZA FA LA DIFFERENZA

Nell'isola pedonale del centro di Asiago, un albergo-ristorante gestito direttamente dai proprietari, che vantano una secolare esperienza nel settore, proprio nell'area dell'altopiano. Le camere sono semplici ma pulite e accoglienti e, per dimenticare la stanchezza della giornata, la sera ci si può accomodare nella sala lettura, magari sorseggiando un buon tè.

INFO
Hotel Alpi • Corso IV Novembre 6, Asiago • 0424 462662 • www.hotelalpiasiago.it • Costi: camera singola 40 €, doppia 76 € (prima colazione inclusa)

AI TRE LARICI SI RISPETTA LA NATURA

Nella frazione di Ekar, a 4 chilometri da Asiago, un luminoso b&b in posizione panoramica sui pascoli dell'altopiano. Si alloggia in tre camere con servizi, ingresso indipendente e ampie terrazze con vista sulle montagne. L'energia elettrica è fornita da un impianto fotovoltaico e l'orto è irrigato con acqua piovana di recupero. Durante la bella stagione ci si rilassa in giardino, con barbecue e zona picnic.

INFO
Ai Tre Larici • Via Ekar 74, Asiago • 0424 55128 | 328 8299702 • www.aitrelarici.net • Costi: camera singola 30/50 €, doppia 60/100 € (prima colazione inclusa)

MAI ALBERGO È STATO PIÙ SILENZIOSO...

Ca' Sorda si chiama così perché, essendo situata in una località protetta da una collina, è isolata da suoni e rumori. A ciascuna delle sue otto belle camere è stato dato il nome di una delle mucche dell'agriturismo, un modo per dimostrare quanto gli animali siano importanti per la famiglia Rigoni, che gestisce la sua attività con amore e passione. Le stanze hanno mobili in legno, servizi e balcone panoramico. Vengono proposti anche pranzi e cene con piatti della cucina tradizionale e si può usufruire del parcheggio, della zona relax con sauna e idromassaggio e di sci, bob e biciclette da noleggiare in reception.

INFO
Ca' Sorda ai Pennar • Via Cassordar 55, contrada Pennar, Asiago • 0424 64031 • www.casorda.it • Costi: 35/75 € a persona (prima colazione inclusa)

Dove mangiare e bere

VICENZA

LA VERA OSTERIA VENETA

Il Cursore è la tipica osteria veneta: frequentata soprattutto da vicentini, ha le pareti di legno, il bancone dove sorseggiare un «gotto» di vino e le salette interne dove si assaggiano le specialità locali. In tavola zuppa di fagioli, tagliolini, baccalà mantecato, fagiano, carne alla griglia, oltre a un saporito gulasch con polenta. I dolci sono fatti in casa e il vino sfuso è di buona qualità.

INFO

Osteria del Cursore • Stradella Pozzetto 10, Vicenza • 0444 323504 • www.osteriacursore.it • Chiuso martedì • Costi: 18/20 €, bevande escluse

IL BISTROT E LA GASTRONOMIA DELLA FAMIGLIA BOSCOLO

Il Ceppo esiste fin dal 1971, quando Osvaldo Boscolo aprì il negozio nel centro storico di Vicenza. Oggi i quattro figli portano avanti con dedizione l'attività del padre: al piano superiore la gastronomia tradizionale dove acquistare salumi, formaggi e piatti della cucina vicentina; al piano inferiore, nella cantina dei vini, un piccolo e suggestivo bistrot dove degustare i prodotti e i piatti della gastronomia. Tra questi il baccalà, alla vicentina o mantecato, apprezzato persino da chi non ama il pesce.

INFO

Il Ceppo • Corso Palladio 196, Vicenza • 0444 322202 • www.gastronomiailceppo.com • Chiuso domenica e mercoledì pomeriggio • Costi: 15/20 €, bevande escluse

AL PARADISO: SUI RESTI DI UNA VILLA ROMANA

In questo ristorante-pizzeria a gestione familiare si sfornano ottime pizze cotte nel forno a legna e si cucinano piatti della tradizione vicentina. Si mangia in alcune salette distribuite su tre piani in cui fanno bella mostra di sé i resti di una villa romana, o nella piazzetta antistante. Il servizio è cortese ed efficiente e nel menu sono presenti anche piatti di pesce.

INFO

Al Paradiso • Contrada Pescherie Vecchie 5, Vicenza • 0444 322320 • Chiuso lunedì • Costi: 12/20 €, bevande escluse

ASIAGO

LA MALGA-RIFUGIO DI ALESSIO

In un'antica malga a 1658 metri d'altezza, in una sala riscaldata d'inverno da un caminetto risalente al periodo della Grande Guerra, i piatti della cucina tradizionale veneta e trentina sono preparati con i prodotti dell'altopiano. Nel menu zuppa d'orzo e speck, bigoli fatti in casa con sugo d'anatra, spezzatino di capriolo, gulasch con polenta, formaggio cotto e grigliate miste di carne. D'estate si può usufruire dell'ampia terrazza, dove prendere il sole dopo un pranzo sostanzioso. Per chi volesse pernottare in rifugio, le camere possono accogliere un massimo di trenta persone.

INFO

Rifugio Larici da Alessio • Località Larici, Asiago • 0424 66383 • www.rifugiolarici.it • Aperto tutti i weekend, per info più dettagliate consultare il sito • Costi: 20 €, bevande escluse

BIGOLI IN TUTTE LE SALSE

I bigoli sono una pasta tradizionale veneta simile a un grosso spaghetto. Qui si servono conditi in tanti modi diversi: con salsiccette, pancetta e salsa di funghi, oppure con salsiccia, patate, porri, panna e rosmarino o con sugo di cinghiale. Chi preferisce qualcosa di meno impegnativo può sempre optare per una buona pizza. Vino sfuso e dolci fatti in casa.

INFO
Bigoleria Edelweiss • Via Verdi 64, Asiago • 0424 460102 • Pagina Facebook: BIGOLERIA EDELWEISS • Chiuso martedì • Costi: 15/20 €, bevande escluse

Trasporti e collegamenti

IN AEREO
Gli aeroporti più vicini sono quelli di Verona e Venezia.
Caselle Verona • 045 8095666 • www.aeroportoverona.it
Aeroporto di Venezia Marco Polo • Via Galileo Galilei • 041 2606111 • www.veniceairport.it

IN TRENO
La stazione di Vicenza si trova sulla linea ferroviaria Milano-Venezia.

IN AUTO
Imboccare l'autostrada A4 Milano-Venezia e prendere le uscite di Vicenza Est o Vicenza Ovest.

IN AUTOBUS
Vicenza, Montecchio e Asiago sono servite dagli autobus delle Ferrovie e Tramvie Vicentine • www.ftv.it • 0444 223111

6.

Friuli-Venezia Giulia

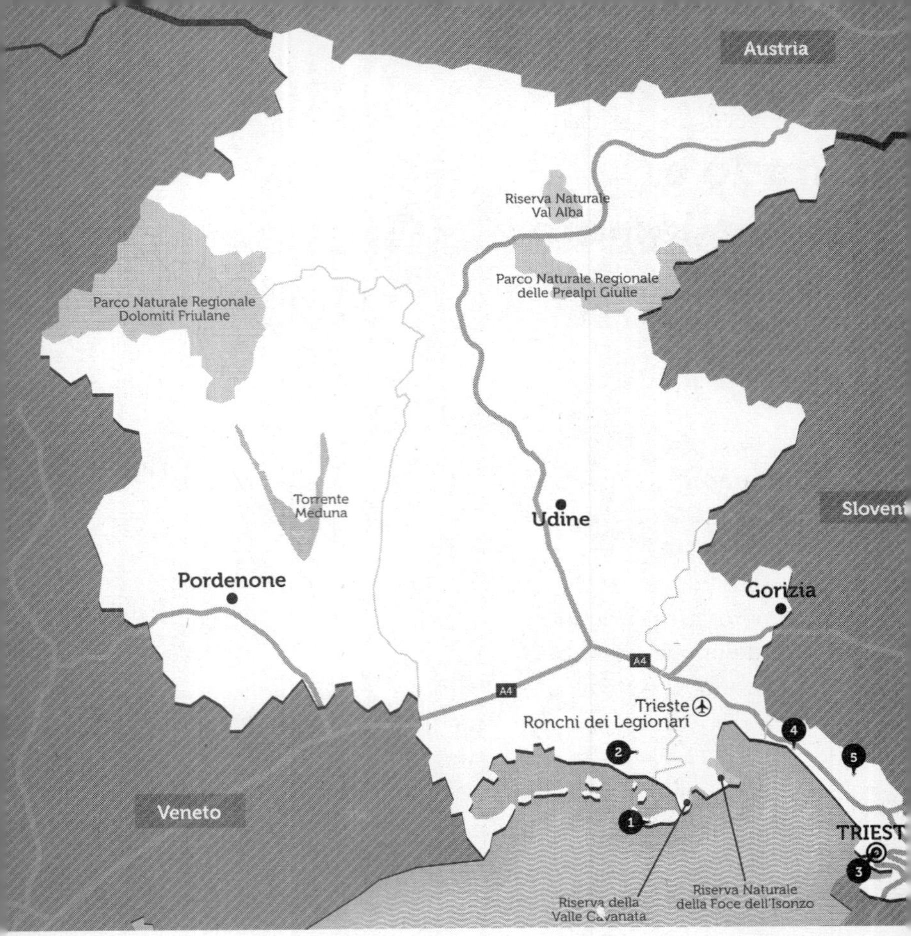

Friuli-Venezia Giulia

1. Grado (GO)
2. Aquileia (UD)
3. Trieste
4. Duino Aurisina (TS)
5. Sgonico (TS)

Grado e la sua laguna

L'isola d'oro e le riserve naturali friulane

Grado, famosa anche come l'isola d'oro, alla fine dall'Ottocento era considerata la più bella località balneare dell'impero austroungarico. Merito della sua composta eleganza e delle terme, che incantarono nobili e gentildonne di tutto il mondo. Oggi come allora, la cittadina affascina il visitatore con il suo delicato intreccio di calli e campielli, il suggestivo centro storico, il porto e la splendida e silenziosa laguna, dove Pasolini girò alcune scene del film *Medea*. Un vasto paesaggio di terra e acqua che si estende per oltre 16.000 ettari, compresi fra le foci dell'Isonzo e l'estremità occidentale dell'isola di Porto Buso.

Grado

1 Grado

Sull'isola, unita alla terraferma da una sottile striscia di terra, si dice che Grado è figlia di Aquileia. Mai frase fu più vera. Ai tempi dell'impero romano era infatti un suo scalo navale (*gradus* appunto), per poi passare, nel corso dei secoli, sotto il dominio della Serenissima, dell'Austria e, infine, dell'Italia. La cittadina è da scoprire lentamente, passeggiando nella vasta area pedonale, tra calli e campielli, iscrizioni latine, sculture, architetture medievali e i caratteristici camini, costruiti da fantasiosi operai edili. Nel centro storico, protetto dalle antiche mura, spiccano i tre edifici paleocristiani, che custodiscono quattordici secoli di storia e che si affacciano su Campo dei Patriarchi. Sono la basilica di Sant'Eufemia – ricca di mosaici in stile bizantino –, il battistero e la basilica di Santa Maria delle Grazie. Alle loro spalle il vivace porto vecchio di pescatori, a forma di Y rovesciata, una delle più importanti opere pubbliche realizzate dagli austriaci, arrivati a Grado nel 1815. E proprio nel porto sarebbero sbarcate, secondo la leggenda, le varvuole, fantasiose streghe marine che, tra schiamazzi e balli sfrenati, ancora oggi invadono il centro di Grado durante la rievocazione che si svolge ogni anno il 5 gennaio.

Nelle belle giornate, dal lungomare Nazario Sauro si ammira un vasto panorama che spazia dal Carso a Trieste. Quando invece il tempo è meno clemente, ci si può rifugiare nelle antiche terme, recentemente riaperte al pubblico, con la grande piscina di acqua marina.

INFO

Infopoint di Grado • Viale Dante Alighieri 66, Grado • 0431 877111 • www.grado.info

Terme marine • Viale Andromeda 25, Grado • 0431 80888 • www.gradoit.it • Chiuso domenica e festivi • Costi: il prezzo dei vari trattamenti è variabile

La laguna di Grado

Luogo di rara bellezza, la laguna di Grado è visitabile con le imbarcazioni che partono dal porto. Il suo territorio comprende due aree protette importanti. La prima è la Riserva della Valle Cavanata, una delle valli da pesca più ampie, dichiarata di valore internazionale in quanto habitat ideale per la nidificazione di molti uccelli (accoglie infatti oltre duecentosessanta specie di uccelli migratori).

La seconda si estende in un'area di circa 2400 ettari. È la Riserva Naturale Regionale Foce dell'Isonzo, primo esperimento in Italia di rinaturazione, volto a salvaguardare la biodiversità. Visitabile tutto l'anno, situata lungo gli ultimi 15 chilometri del corso del fiume, insieme alla zona del Caneo e all'isola della Cona, è un paradiso per gli amanti del birdwatching e delle escursioni con i cavalli Camargue.

Durante le varie gite è piacevole fermarsi nelle minuscole spiagge, come Banco d'Orio, a ovest di Grado, perfette per rilassarsi al sole. Da qualche anno si può anche alloggiare in laguna dormendo negli antichi casoni utilizzati dai pescatori, organizzati nel primo albergo diffuso in laguna a livello europeo. Purtroppo i prezzi sono fuori portata per il turista che vuole fare una vacanza low cost...

INFO

Riserva Naturale Valle Cavanata • 0431 88272 • www.vallecavanata.it • Aperto tutti i giorni • Costi: ingresso gratuito

Riserva Naturale Regionale Foce dell'Isonzo • 333 4056800 • www.riservafoceisonzo.it • Aperto 9-16, chiuso giovedì • Costi: ingresso gratuito

Zoom

Aquileia

Aquileia, dichiarata Patrimonio dell'umanità dall'Unesco, fu fondata nel 181 a.C. e raggiunse il suo apice durante l'impero di Augusto, quando divenne la capitale della X Regio Venetia et Histria. A testimonianza di quel periodo d'oro rimangono alcuni imponenti edifici, il foro, il porto fluviale, la collezione di ritratti funerari in pietra carsica e marmo e la suggestiva Via Sacra. Nel Museo Archeologico Nazionale si ammirano gemme e ambre intagliate, vetri e mosaici colorati che adornavano le case signorili e imponenti monumenti funebri. La Basilica di Santa Maria Assunta, edificata nel IV secolo, vanta il mosaico pavimentale più esteso di tutto il mondo occidentale.

IAT di Aquileia • Via Iulia Augusta, Aquileia • 0431 919491 • www.comune.aquileia.ud.it

2 Aquileia

Dove dormire

GRADO

MUEBLÈ AL SOLE, A DUE PASSI DALLA SPIAGGIA

Piccolo albergo, aperto da aprile a novembre, a gestione familiare situato a un centinaio di metri dalla spiaggia, non lontano dal parco termale. Si alloggia in camere recentemente ristrutturate, con arredi colorati, dotate di servizi privati e in alcuni casi di balcone con vista mare. Ci sono stanze attrezzate per ospitare famiglie con bambini.

INFO

Mueblè Al Sole • Viale del Sole 31, Grado • 0431 80370 • www.hotelalsole.net • Costi: camera singola 45 €, doppia 70 € (prima colazione inclusa)

AQUILEIA

L'OSTELLO DOMUS AUGUSTA DI AQUILEIA

Non fatevi ingannare dalle apparenze: l'aspetto è molto austero, ma il clima è giovanile e amichevole. L'Ostello Domus Augusta, nei pressi del Museo Archeologico, è una struttura semplice, con camere da due a cinque letti e servizi privati esterni. Fuori un grande giardino, dentro sala comune, distributore di bevande/snack e lavanderia automatica. Convenzioni per colazione e pasti e possibilità di noleggiare biciclette.

INFO

Ostello Domus Augusta • Via Roma 25,

Aquileia • 0431 91024 | 335 5388598 • www.ostelloaquileia.it • Costi: camera doppia 46 €, posto letto in camerata 21 €

L'EX CASA DEI CONTADINI DI ISOLA MOROSINI

La Casa alla Stanga, un rustico ottocentesco restaurato, immerso nel verde della campagna friulana, un tempo dava alloggio ai lavoratori dell'azienda agricola di Isola Morosini. Oggi è un b&b con due camere doppie e una stanza tripla, accoglienti e arredate con mobili tradizionali, dotate di servizi comuni. Colazione dolce e salata con frutta di stagione e formaggi locali.

INFO

Casa alla Stanga • Via Principale 26, località Isola Morosini, San Canzian d'Isonzo • 334 3357425 • www.casallastanga.altervista.org • Costi: camera singola 25/35 €, doppia 45/55 € (prima colazione inclusa)

Dove mangiare e bere

GRADO

RENATA, LA REGINA DEL PESCE FRITTO

In un vecchio casone, oramai quasi irriconoscibile, un locale semplice dove mangiare il pesce dell'Adriatico, aperto da aprile a ottobre a cena, nei giorni festivi anche a pranzo. In tavola ottime fritture di calamari e pesciolini, accompagnate da un onesto vino della casa. Meglio attrezzarsi contro le zanzare, particolarmente fastidiose nelle sere d'estate.

INFO

Friggitoria da Renata • Via Luseo 3, località Fossalon, Grado • 0431 88207 • Aperto tutti i giorni • Costi: 15/18 €, bevande escluse

PESCE A 372 GRADI

Gradevole osteria tutta dedicata alle specialità di mare. Tra i piatti l'insalata di pesce, patate e asparagi, gli spaghetti con le vongole locali, chiamate peverasse, e le fritture miste. Buoni i dolci fatti in casa e i vini locali. In estate si mangia anche all'aperto, lungo una via pedonale.

INFO

Trecentosettantaduesimogrado • Piazza Duca d'Aosta 19, Grado • 0431 860025 • Aperto tutti i giorni • Costi: 18/25 €, bevande escluse

IL PESCATO DEL GIORNO DEL PIASSÀLBER

La sala interna è molto semplice, così come la veranda all'esterno, con pochi tavoli e sedie di plastica. Aperto da poco, il Piassàlber serve solo pesce fresco: sfiziosi antipasti misti e gratinati, spaghetti alla busara o con i frutti di mare, croccanti e leggere fritture e grigliate di pesce accompagnate da piacevoli vini friulani e del Collio.
Posizione centrale e servizio cortese.

INFO

Ristorante Piassàlber • Piazza Oberdan

10, Grado • 0431 80814 • www.piassalber.it • Chiuso lunedì a pranzo • Pagina Facebook: Ristorante Piassàlber • Costi: 20/25 €, bevande escluse

AQUILEIA

CUCINA FRIULANA E MITTELEUROPEA

ALLA PERGOLA

Alla Pergola, cucina friulana e piatti mitteleuropei vanno a braccetto, sempre a prezzi contenuti.
Da provare i ravioli di asparagi bianchi con crema di code di gambero e la pasta con il sugo di cinghiale. Ottima la carne e, per finire, le palacinke, crepes dolci con varie farciture. Buoni i vini del territorio.

INFO

La Pergola • Località Beligna, Aquileia • 0431 919522 • Pagina Facebook: "La Pergola" Aquileia • Aperto nei weekend; nei mesi estivi tutti i giorni, tranne martedì • Costi: 22/28 €, bevande escluse

Trasporti e collegamenti

IN AEREO

L'aeroporto più vicino è quello di Trieste-Ronchi dei Legionari • Via Aquileia, Ronchi dei Legionari • 0481 773224 • www.aeroporto.fvg.it

IN TRENO

Le stazioni ferroviarie più vicine a Grado si trovano a Cervignano del Friuli e Udine e sono collegate a Grado dai bus dell'Azienda Provinciale Trasporti • 800 955 957 • www.aptgorizia.it

IN AUTO

Imboccare l'autostrada A4 Milano-Trieste, prendere l'uscita di Palmanova e proseguire verso Grado e Aquileia.

IN AUTOBUS

Grado e Aquileia si raggiungono con i bus delle autolinee SAF e ATVO in partenza da Udine, Latisana e Venezia.
SAF • 0432 608111 • www.saf.ud.it
ATVO • 0421 5944 • www.atvo.it

Trieste e il Castello di Duino

Tra caffè, castelli e grotte da guinness dei primati

Trieste, incastonata tra il nitore del paesaggio carsico e l'azzurro intenso dell'Adriatico, è da sempre un punto di incontro tra Oriente e Occidente, un crocevia di popoli e culture. Ancora oggi conserva un'anima cosmopolita, profondamente aperta all'incontro tra lingue e tradizioni diverse. È la città dei castelli, di Saba, Joyce e Svevo, dei celebri caffè storici, da sempre frequentati dal fior fiore degli intellettuali mitteleuropei.
A una ventina di chilometri dal centro storico, lo splendido Castello di Duino e la Grotta del Gigante, la caverna turistica più grande del mondo, inserita nel guinness dei primati negli anni Novanta.

3 Trieste

Trieste

Non ci sono parole per descrivere la magia che regna in questa città, dove il mare e la terra sembrano fondersi in un tutt'uno, le barche sono ormeggiate ai lati delle piazze e le montagne si innalzano maestose sullo sfondo. Trieste si annuncia così, con i suoi palazzi, i suoi castelli, il suo porto e il suo ricco passato, che rivive in ogni angolo, in ogni via, in ogni caffè.
Iniziate dal bianco Castello di

Miramare, affacciato sul mare e circondato da un enorme parco. Fatto costruire tra il 1856 e il 1860 dall'arciduca Massimiliano d'Asburgo per la sua giovane sposa, è aperto al pubblico, che può visitarne gli appartamenti privati, le stanze destinate agli ospiti, diversi saloni, la biblioteca-studio e la sala del Trono. Nel vasto parco in riva al mare si trovano le Scuderie, sede di mostre temporanee, e il Castelletto, l'edificio che riproduce in scala ridotta gli esterni del palazzo principale.

Proseguite quindi verso il cuore della città, la spettacolare piazza dell'Unità d'Italia – chiamata anche piazza Grande per le sue dimensioni, con un lato affacciato sul mare e gli altri tre chiusi da imponenti palazzi –, che pullula di caffè storici dal fascino retrò, un tempo frequentati da scrittori come Stendhal, Joyce, Svevo o Saba, dove si respira un'aria mitteleuropea e letteraria.

Il Caffè degli Specchi è sicuramente uno dei più caratteristici, situato al pianterreno di Palazzo Stratti. Aperto nel 1839 dal greco Nicolò Priovolo, rappresenta da sempre il salotto buono di Trieste, una vera e propria vetrina per notare e farsi notare. Il nome deriva dalle scritte incise sugli specchi per ricordare i fatti storici salienti avvenuti in Europa nell'Ottocento, oggi in gran parte conservate altrove.

Il vicino Caffè San Marco, in via Cesare Battisti 18, aprì nel 1914 e venne distrutto durante la Prima guerra mondiale in quanto luogo d'incontro di irredentisti. Rinato negli anni Venti, è giunto quasi intatto ai giorni nostri. Il Caffè Tommaseo, nell'omonima piazza, è il più antico locale di Trieste. Inaugurato nel 1830, conserva le decorazioni del pittore Gatteri e le originarie specchiere fatte arrivare appositamente dal Belgio.

Il Caffè Tergesteo, all'interno dell'omonima galleria nei pressi di piazza della Borsa, è noto per le vetrate colorate in cui sono raffigurate scene della storia cittadina, mentre il Caffè Stella Polare, nato nel 1867, serve nuovamente dolci, tè e caffè, dopo essere stato trasformato, durante l'occupazione angloamericana, in una famosa sala da ballo.

Salite ora al Castello di San Giusto, uno dei simboli di Trieste. Costruito tra il 1468 e il 1636 sul colle di San Giusto e dotato di ponte levatoio, è in parte aperto al pubblico, che può accedere al Cortile delle Milizie, ai bastioni, alla cappella e soprattutto alla Casa del Capitano con il Civico Museo del Castello, dove si conserva una ricca raccolta d'armi provenienti da collezioni private.

Il Lapidario Tergestino, ospitato negli ambienti restaurati del Bastione Lalio, espone centotrenta reperti romani, tra iscrizioni, sculture, bassorilievi e frammenti architettonici, che testimoniano l'importanza di Tergeste, città portuale risalente al periodo augusteo. Nell'area sottostante l'attuale castello, i romani costruirono una basilica e il foro, i cui resti sono stati riportati alla luce negli anni Trenta e possono essere

ammirati tuttora ai piedi della fortificazione.
Da visitare, anche se ricorda i tempi bui della nostra storia, la Risiera di San Sabba, l'unico vero e proprio campo di concentramento nazifascista in Italia. Costruita nel 1913 per la lavorazione del riso, fu utilizzata dai nazisti per imprigionare i militari italiani catturati dopo l'8 settembre 1943 e, successivamente, come Polizeihaftlager, campo di detenzione destinato allo smistamento degli ebrei verso la Germania e la Polonia e all'eliminazione fisica di quattromila/cinquemila persone, in gran parte oppositori politici, partigiani italiani, sloveni e croati.
Nella Risiera c'era anche un forno crematorio, fatto saltare con la dinamite dai nazisti in fuga per cancellare le prove dei loro crimini e oggi ricordato da una grande piastra metallica. Il resto dell'edificio è stato trasformato in museo della memoria, per ricordare gli orrori dell'Olocausto.

INFO

Trieste Infopoint • Via dell'Orologio 1, Trieste • 040 3478312 • www.retecivica.trieste.it

Castello di Miramare • Viale Miramare, Trieste • 040 224143 • www.castello-miramare.it • Aperto tutti i giorni 9-19 • Costi: 4/6 €

Castello di San Giusto • Piazza della Cattedrale 3, Trieste • 040 309362 • www.castellodisangiustotrieste.it • Aperto dal martedì alla domenica 10-18 • Costi: solo castello 1 €; castello, lapidario e museo 4/6 €

Risiera di San Sabba • Via Giovanni Palatucci 5, Trieste • 040 826202 • www.risierasansabba.it • Aperto tutti i giorni 9-19 • Costi: ingresso gratuito

4

Il Castello di Duino Aurisina

Duino Aurisina

A Duino Aurisina, a pochi chilometri da Trieste, si incontra lo splendido Castello di Duino, famosa dimora privata dei principi Thurn und Taxis, storici detentori del monopolio del servizio postale in Europa. L'edificio si erge su uno sperone roccioso a picco sul mare nel golfo di Trieste ed è aperto al pubblico. Secoli addietro, vi soggiornarono ospiti illustri, tra cui Strauss, D'Annunzio e il poeta Rainer Maria Rilke, che proprio qui compose alcuni versi delle sue *Elegie duinesi*.
All'interno si può accedere a una ventina di sale arredate con mobili d'epoca e impreziosite da dipinti, arazzi, stampe, argenti e cimeli di grande valore artistico.
Tra gli oggetti in esposizione il fortepiano del 1810, suonato da Liszt durante un soggiorno a Duino.
Si può anche salire sulla torre trecentesca, percorrere i viali del parco proteso come una terrazza verso il mare ed entrare nel bunker della Seconda guerra mondiale, trasformato in un piccolo museo scavato nella roccia. Poco lontano i ruderi del Castello Vecchio.

INFO
IAT di Duino Aurisina • Località Sistiana 56, Duino Aurisina • 040 299166 • www.comune.duino-aurisina.ts.it

Castello di Duino • Località Duino 32, Duino Aurisina • 040 208120 • www.castellodiduino.it • Aperto da marzo a ottobre 9.30-17.30, tranne martedì; nei mesi invernali aperto solo nei weekend • Costi: 3,50/8 €

Zoom

La Grotta del Gigante

La più grande grotta turistica esistente si trova a Sgonico, nei pressi di Trieste. Si tratta della Grotta del Gigante, formata dalla Grande Caverna e da un vano minore chiamato Sala dell'Altare. Il complesso è visitabile in circa cinquanta minuti. Si inizia con la scalinata in pietra, che permette di ammirare dall'alto la Grande Caverna. Alcune rampe conducono quindi alle vaste concrezioni colorate alla base della grotta, tra le quali il Pulpito e la Palma, alta 7 metri. Il Palazzo delle Ninfe offre la visione di un vero e proprio mare di stalattiti e stalagmiti, tra le quali spicca la Colonna Ruggero, alta ben 12 metri. Per uscire si risale sino al terrazzo, dal quale si domina l'immensa caverna che si spalanca sotto i piedi.

Grotta del Gigante • Località Borgo Grotta Gigante 42, Sgonico • 040 327312 • www.grottagigante.it • Chiuso lunedì, tranne nei mesi di luglio e agosto; visite guidate ogni ora dalle 10 alle 18 • Costi: 9/12 €

5 Sgonico

Dove dormire

TRIESTE

IL NUOVO ALBERGO CENTRO

Piazza dell'Unità d'Italia, la stazione ferroviaria e il lungomare sono raggiungibili a piedi, partendo da questo albergo a conduzione familiare situato in un elegante palazzo storico nel centro di Trieste. Si alloggia in luminose camere con o senza servizi.
Spazio book crossing e possibilità di noleggio di biciclette.

INFO
Hotel Nuovo Albergo Centro • Via Roma 13, Trieste • 040 3478790 • www.hotelcentrotrieste.it • Costi: camera singola 30/50 €, doppia 45/80 € (prima colazione inclusa)

LA PENSIONE ECONOMICA DI VIA LAZZARETTO

Nove semplici camere da uno a quattro letti al primo piano di un edificio storico nel centro di Trieste, a poche decine di metri dal mare. Non viene servita la colazione ma ci sono distributori automatici di bevande e merendine. Non ci saranno tutti i comfort di un hotel a quattro stelle, ma la cortesia e la gentilezza dei proprietari non vi deluderanno.

INFO
Pensione Gianni • Via Lazzaretto Vecchio 22, Trieste • 040 4702638 • www.pensionegianni.com • Costi: camera singola 30/40 €, doppia 50/70 €

L'OSTELLO VISTA MARE, PER INIZIARE BENE LA GIORNATA

La giornata inizia bene quando ci si sveglia e si vede il mare: è per questo motivo che all'Ostello Tergeste ogni mattina si parte con il piede giusto. Vicino al Castello di Miramare, camere da due, quattro, sei e otto posti letto, con o senza bagno privato. Ristorante interno con menu a prezzo fisso (10,50 euro), sconti in una vicina trattoria di pesce, giardino e noleggio biciclette.

INFO
Ostello Tergeste • Viale Miramare 331, Trieste • 040 224102 • it.ostellotergeste.com • Costi: camera doppia 39/45 €, posto letto in camerata 18/19 € (prima colazione inclusa)

UN SALTO NEL PASSATO DA MY WAY

Al secondo piano di un palazzo del 1825, un b&b con camere spaziose e ben arredate. Il bagno può essere in comune o privato, ma sempre esterno alla stanza.
Ottima posizione per andare a piedi alla scoperta della città o per fare un tuffo nel mare, distante pochi metri. Abbondante colazione dolce e salata.
Se volete informazioni turistiche sulla zona, non esitate a chiedere ai proprietari.

INFO
My Way • Via Cadorna 13, Trieste • 349 6210747 • mywaytrieste.it • Costi: camera singola 40 €, doppia 65/75 € (prima colazione inclusa)

Dove mangiare e bere

TRIESTE

IL BUFFET DEL BOLLITO DA OLTRE UN SECOLO

Nelle ore di punta preparatevi a vedere camerieri che sfrecciano con piatti fumanti e panini dall'aspetto irresistibile. Dietro al bancone, pentoloni di crauti e salse, cestini di uova fresche e carne di tutti i tipi. Il Buffet da Pepi è un locale simbolo di Trieste, che vanta oltre un secolo di esperienza nella preparazione di salsiccia, lingua, cotechino, pancetta e bolliti. Il servizio è spartano, ma ogni assaggio sarà unico.

INFO
Buffet da Pepi • Via Cassa di Risparmio 3, Trieste • 040 366858 • buffetdapepi.it • Chiuso domenica • Costi: 15/18 €, bevande escluse

UN ANGOLO DI GERMANIA A TRIESTE

La Baviera nel centro di Trieste. Qui tutto, dagli arredi, alla musica, ai vestiti dei camerieri, ai piatti e alle birre richiama la regione tedesca. Il locale si trova in un edificio storico in cui soggiornò Napoleone. Nel menu speck, strozzapreti, canederli, salsicce alla tirolese e alla griglia con patate, omelette e diversi tipi di würstel, speziati e non. Vasta scelta di birre alla spina, ma anche vini locali.

INFO

Kapuziner Keller • Via Pozzo del Mare 1, Trieste • 040 307997 • www.kapuzinerkellertrieste.it • Chiuso domenica • Costi: 15/18 €, bevande escluse

UNA VERA CANTINA TRIESTINA

Una cantina tradizionale con le pareti tappezzate di bottiglie di vino locale. Ogni giorno, dal mattino al pomeriggio, salumi, formaggi, bolliti, frittate, zuppe, polenta e altri piatti del giorno a seconda della fantasia dell'oste. Ambiente simpatico, vivace e popolare: uno spaccato della Trieste più vera e autentica.

INFO

Cantina del Bagatto • Via Cadorna 7, Trieste • 040 301771 • Chiuso domenica • Costi: 10/15 €, bevande escluse

MEZZO SECOLO DI SAPORI TIPICI

Da cinquant'anni la Trattoria da Giovanni mette in tavola i veri sapori della cucina triestina. Il locale si trova nel cuore della città e in estate è possibile pranzare nel dehors. Tra le specialità le polpette di carne, gli gnocchi di pane, la trippa triestina, il gulasch, le zuppe contadine e gli immancabili fritti di pesce. Il venerdì baccalà mantecato battuto a mano, baccalà in umido con le patate, seppioline con la polenta o con la pasta.

INFO

Trattoria da Giovanni • Via San Lazzaro 14, Trieste • 040 639396 • www.trattoriadagiovanni.com • Chiuso domenica • Costi: 20/23 €, bevande escluse

DUINO AURISINA

LA SLOVENIA IN TAVOLA ALL'OSTERIA SARDOC

In un tranquillo paese del Carso triestino, una gradevole trattoria gestita da tre generazioni dalla stessa famiglia. Il menu varia a seconda della stagione e dedica particolare attenzione ai piatti della tradizione slovena, cucinati con semplicità. Tra i piatti più interessanti gli gnocchi di patate, il rotolo di spinaci, le crespelle alle erbe, lo stinco di maiale o di vitello al forno, il pollo fritto e la carne alla griglia.

INFO

Osteria Sardoc • Località Silvia 5, Duino Aurisina • 040 200146 • www.osteriasardoc.it • Aperto dal giovedì alla domenica • Costi: 22/26 €, bevande escluse

Trasporti e collegamenti

IN AEREO

L'aeroporto più vicino è quello di Trieste-Ronchi dei Legionari • Via Aquileia, Ronchi dei Legionari • 0481 773224 • www.aeroporto.fvg.it

IN TRENO
La stazione ferroviaria di Trieste è il capolinea della linea ferroviaria Torino-Trieste.

IN AUTO
Autostrada A4 Milano-Trieste, uscita Sistiana, poi proseguire sulla SS 14 fino al Castello di Miramare e al centro di Trieste. Per Duino uscire al casello di Duino.

IN AUTOBUS
Trieste è servita dai bus delle autolinee SAF • 0432 608111 • www.saf.ud.it

7.

Liguria

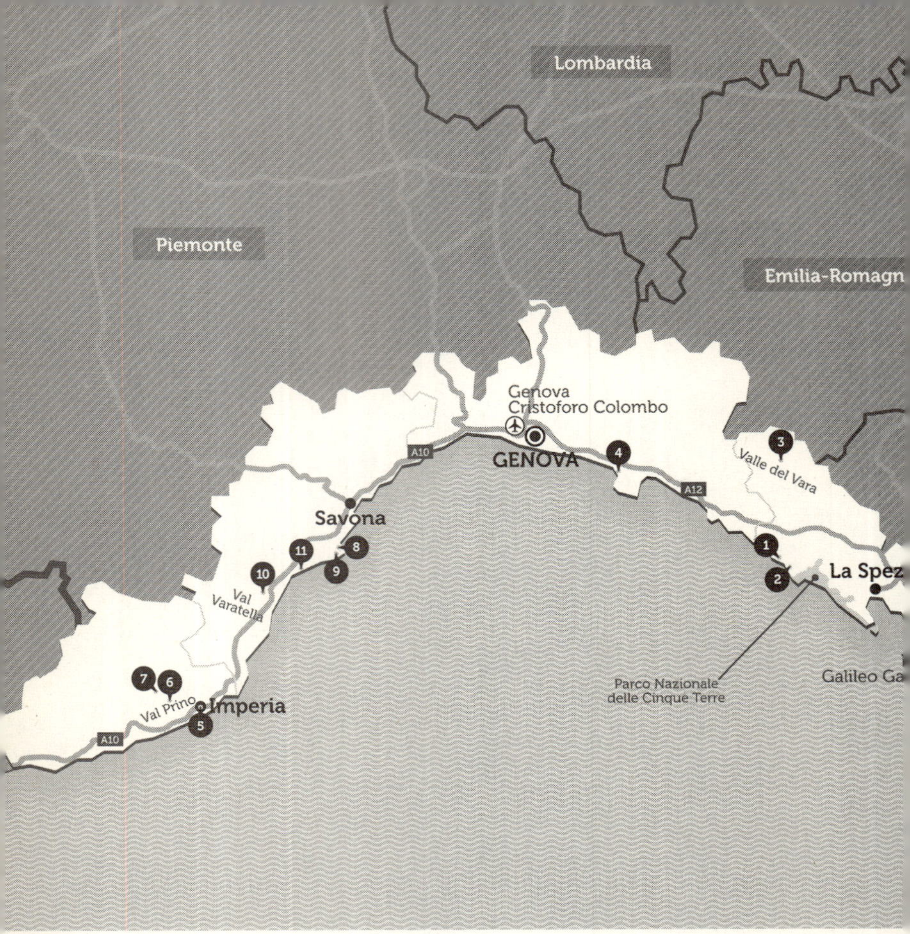

Liguria

1. Bonassola (SP)
2. Levanto (SP)
3. Varese Ligure (SP)
4. Camogli (GE)
5. Imperia
6. Dolcedo (IM)
7. Valloria (IM)
8. Noli (SV)
9. Varigotti (SV)
10. Toirano (SV)
11. Borgio Verezzi (SV)

Bonassola e Levanto

Ai confini delle Cinque Terre

Le Cinque Terre sono una delle mete più conosciute e apprezzate della riviera ligure di levante, ma non sono l'unica destinazione degna di nota. Ai suoi confini si trovano infatti altre località che vale la pena visitare e dove si può alloggiare a prezzi decisamente più contenuti. Tra queste Bonassola, che nel 1800 vantava una flotta di velieri che solcavano mari e oceani, con le sue belle e tranquille frazioni a picco sul mare. O Levanto, la città Slow Food per eccellenza – essendo uno dei comuni promotori di questa associazione –, da cui parte un sentiero panoramico che in un paio d'ore conduce a Monterosso, una delle porte di accesso alle Cinque Terre.

Bonassola

1 Bonassola

Il borgo marinaro di Bonassola, non lontano dalle Cinque Terre, si affaccia su un'ampia spiaggia di sabbia scura. Il paese, nato prima dell'anno Mille probabilmente per opera dei Tigulli, un'antica popolazione pre-romana, è ancora oggi una cittadina balneare abbastanza tranquilla, con eleganti case affacciate sull'ampia area pedonale che guarda verso il mare. Alle spalle del centro abitato i resti dell'antico castello cinquecentesco e la collina dove, tra olivi e vigneti, si inerpicano le piccole frazioni di Bonassola. La più suggestiva è Montaretto, un borgo di duecento abitanti, a 300 metri d'altezza con ampia vista sul mare, che prende il nome da *munta èrtu* («sali in alto» in genovese) e vanta una lunga e affascinante storia, a partire dal saccheggio del 1560 compiuto dai pirati turchi. Tra gli eventi più recenti va citato invece il famoso «sciopero al contrario» della metà degli anni Cinquanta quando, per motivi politico-economici, fu negato il permesso di costruire una strada di collegamento tra Montaretto e la provinciale per Levanto. Gli abitanti, tenaci e combattivi per tradizione, armati di pale e picconi iniziarono i lavori, incuranti delle decisioni delle autorità. Nella Casa del Popolo si possono vedere alcune foto in bianco e nero di quella straordinaria mobilitazione popolare.

Montaretto è raggiungibile in auto o con una piacevole passeggiata di un paio d'ore lungo gli antichi percorsi battuti dai contadini liguri. Il comodo sentiero, affrontabile anche con scarpe da tennis e molto meno affollato di quelli delle Cinque Terre, parte dalla stazione ferroviaria di Bonassola, passa vicino al castello e prosegue con una scalinata in salita tra le abitazioni, fino ad arrivare alla frazione di Serra. Da qui si continua su una mulattiera, che raggiunge la piccola località di Costella, con la suggestiva chiesa di San Giorgio. Imboccando il sentiero n. 3 si arriva al torrente San Giorgio, con un vecchio mulino oggi restaurato, e a Montaretto.

Tra Bonassola e la vicina Levanto, raggiungibile con la ciclo-pedonale che segue il tracciato della vecchia ferrovia, si trovano il parco e la scogliera della riserva marina di La Francesca, in gran parte occupata da un eco-villaggio turistico. Qui si può fare il bagno in un mare dai bellissimi fondali: secche, scogli con gorgonie gialle, rosse, arancio, rosa e bianche – particolarmente rare nel Mediterraneo – e qualche residua formazione di corallo donano all'acqua sfumature iridescenti che non dimenticherete facilmente. Banchi di posidonia hanno inoltre creato una rigogliosa flora sottomarina in cui stazionano pesci, molluschi e crostacei per deporvi le uova.

INFO

Pro Loco di Bonassola • Via F.lli Rezzano, Bonassola • 0187 813500 • www.prolocobonassola.it

Liguria

2 Levanto

Levanto

Levanto è uno dei paesi fondatori dell'associazione Cittaslow, attenta all'enogastronomia e alla qualità della vita di ospiti e residenti. Questa graziosa cittadina, collegata a Bonassola e Framura dalla nuova ciclo-pedonale in riva al mare, ha un bel centro storico, dove sono ancora visibili le originali architetture medievali e rinascimentali. Tra gli edifici medievali meglio conservati spiccano la loggia comunale cinquecentesca, dove si riuniva il Parlamento delle Università del

Borgo e della Valle (non visitabile all'interno) e l'ex convento degli Agostiniani, oggi sede di un ostello. Casa Restani, risalente al XIII secolo, è un tipico esempio di edificio mercantile medievale con i magazzini e la bottega al pianterreno, e l'abitazione a quello superiore, attualmente in parte occupata da un ristorante non troppo economico. Merita una sosta anche il piccolo Museo della Cultura Materiale, dedicato alle tradizioni della zona. Passeggiando per il bel centro storico, in gran parte isola pedonale, si ammirano anche la cinquecentesca Porta di San Cristoforo, abbellita da nove figure caricaturali, e la Porta dell'Acqua, in corrispondenza di una torretta delle antiche mura.

Gli edifici religiosi più interessanti sono la chiesa parrocchiale di Sant'Andrea, del 1222, con la facciata in stile ligure a righe alternate di marmo bianco e di pietra verde locale; l'oratorio di San Giacomo, costruito verso la fine del Cinquecento e sede della più antica confraternita della città; la chiesa di San Rocco.

Per esplorare i dintorni della città, imboccate la strada asfaltata che conduce fino alla panoramica Punta Mesco, passando davanti alla lussuosa villa Agnelli. Da qui seguite il sentiero che, in nemmeno due ore, raggiunge Monterosso costeggiando i resti dell'antica chiesa di Sant'Antonio e una vecchia postazione della marina militare. Volendo si può proseguire – a piedi o in treno – verso gli altri borghi delle Cinque Terre: Vernazza, Corniglia, Manarola e Riomaggiore. Dalla stazione ferroviaria di ciascuna di queste località partono treni regionali per Levanto e Bonassola, quindi non preoccupatevi: se siete stanchi, potete tornare indietro in qualsiasi momento.

INFO

IAT di Levanto • Piazza Cavour, Levanto • 0187 808125 • www.comune.levanto.sp.it

Museo della Cultura Materiale • Via San Nicolò, Levanto • 0187 817776 • Aperto nei mesi estivi venerdì, sabato e domenica 21.30-23.30 • Costi: ingresso gratuito

Zoom

Varese Ligure

Varese Ligure è il capoluogo dell'alta Valle del Vara, nota anche come la Valle del Biologico. In questo paese, da anni i contadini hanno bandito l'utilizzo di prodotti chimici nella coltivazione dei campi e nella cura degli animali. Varese Ligure non è però solo un centro d'avanguardia in materia di trattamenti biologici, ma anche un originale esperimento urbanistico del Duecento, promosso dai conti Fieschi, feudatari della zona, che incaricarono gli architetti del tempo di progettare un borgo rotondo il cui nucleo abitativo, con le case raccolte attorno a una piazza ellittica, servisse anche da fortificazione.

Pro Loco di Varese Ligure • Piazza Castello 1, Varese Ligure • 0187 842094 • www.prolocovareseligure.it

3 Varese Ligure

Dove dormire

BONASSOLA

IL RESORT MULTITASKING

Un verde promontorio tra Bonassola e Levanto accoglie le villette e gli appartamenti, da due a otto posti letto, di questo eco-villaggio tutto da scoprire. C'è l'accesso diretto alla ciclo-pedonale che collega Levanto a Framura, passando per Bonassola. I servizi offerti dal resort sono numerosi: parco giochi per i bambini, piscina, minimarket, bar, ristorante, parcheggio, campi da tennis, calcio e pallavolo.

INFO
La Francesca • Località La Francesca, Bonassola • 0187 813911 • www.villaggilafrancesca.it • Costi: camera doppia 70/90 €

L'OSTELLO SOLIDALE

In una casa con giardino e vista mare alla periferia di Montaretto, un simpatico ostello dove si alloggia in camere con quattro o sei letti. Gli ospiti hanno a disposizione anche una cucina e un salone riscaldato da una stufa antica, con tavoli e divani. Oltre alla solita clientela, qui si ha un occhio di riguardo per le persone più bisognose e si organizzano stage e laboratori, talvolta incentrati sulla tutela dell'ambiente.

INFO
Ostello Le Scuole • Via del Campo 14, località Montaretto, Bonassola • 333 6950547 • www.montaretto.it • Costi: posto letto 17 €

LEVANTO

UN EX CONVENTO SULLA SPIAGGIA

Nel centro di Levanto, a 100 metri della spiaggia e circa un chilometro dalla stazione ferroviaria, dove un tempo c'era un convento di monaci cassinesi oggi c'è un ostello con settanta posti letto in camere da due, quattro, sei o nove persone, tutte con servizi privati. Ci sono anche due stanze attrezzate per disabili e a tutti gli ospiti vengono forniti dei buoni sconto per pizzerie e ristoranti.

INFO
Ospitalia del Mare • Via San Nicolò, Levanto • 0187 802562 • ospitaliadelmare.it • Costi: camera doppia 57/68 €, posto letto in camerata 21/29,50 € (prima colazione inclusa)

IL B&B VICINO ALLA STAZIONE

In una casa a due piani situata in una zona tranquilla, a soli 300 metri dalla stazione ferroviaria, c'è il b&b La Vela, sempre pronto a offrire ai suoi ospiti cortesia e professionalità. Al secondo piano, due luminose camere doppie e la sala per le colazioni; al piano terra ci si può invece rilassare in un piccolo giardino con tavolo e sedie.

INFO
La Vela • Via Sella Mereti 1, Levanto • 0187 801187 • www.lavelalevanto.com • Costi: camera singola 30/40 €, doppia 60/80 € (prima colazione inclusa)

Dove mangiare e bere

BONASSOLA

LA TRATTORIA IN CUI IL TEMPO SI È FERMATO

Agli Aranci tutto è rimasto come una volta: le porzioni sono ancora abbondanti, l'accoglienza è un po' rude e il conto accettabile, visti i prezzi astronomici di questo angolo di Liguria. I piatti non sono numerosi, ma tutti saporiti e con materie prime di qualità, in particolare i croccanti fritti di paranza e acciughe o i pansotti al sugo di noci. Nella bella stagione si mangia anche in giardino.

INFO

Gli Aranci • Via Daneri 53, Bonassola • 0187 813605 • Chiuso mercoledì • Costi: 20/25 €, bevande escluse

CUCINA LIGURE DI MARE E TERRA

Nella piazzetta del borgo di Montaretto, a una decina di chilometri da Bonassola, il bar-ristorante Lorella è molto conosciuto e apprezzato. L'ambiente è sobrio e familiare e il menu tradizionale, curato direttamente dalla proprietaria, propone piatti di pesce a seconda della stagione, ottime trenette al pesto e interessanti incursioni nella cucina ligure di terra, dal coniglio al cinghiale.

INFO

Bar ristorante Lorella • Via San Rocco 39, località Montaretto, Bonassola • 0187 814006 • www.ristorantebarlorella.com • Chiuso lunedì a cena • Costi: 20/23 €, bevande escluse

LEVANTO

LE ANTICHE RADICI DELL'USTAIA ZITA

A Lavaggiorosso, minuscola frazione di Levanto a ridosso della montagna, sulla strada per Bonassola, l'Antiga Ustaia Zita ha mantenuto intatte le sue radici. Ottimi piatti, cucina casalinga, porzioni abbondanti e tanta simpatia. Nel menu acciughe salate, al limone e ripiene, ravioli di borragine, cima, cozze, coniglio arrosto alle olive e dolci fatti in casa. Meglio prenotare e ordinare per telefono i piatti disponibili solo su richiesta.

INFO

Antiga Ustaia Zita • Località Lavaggiorosso, Levanto • 0187 800158 • www.zitalevanto.com • Chiuso lunedì • Costi: 18/23 €, bevande escluse

LA PIZZA AL PESTO DI BRUNA

Vicino al mare, affacciato su un'ampia piazza alberata, il locale di Bruna sfama abitanti e turisti a prezzi ancora piuttosto bassi. Il pizzaiolo sa decisamente fare il suo mestiere: per assaggiare le sue creazioni si fanno anche lunghe file, l'importante è riuscire a ordinare la pizza al pesto alla genovese e quella ai frutti di mare. D'estate c'è la possibilità di mangiare all'aperto.

INFO

Nuova Pizzeria Bruna • Piazza Staglieno 42, Levanto • 0187 807796 • Chiuso martedì • Costi: 8/12 €, bevande escluse

VARESE LIGURE

IL RISTORANTE AMICI
A MARCHIO BIO

La famiglia Marconi sa che gli ingredienti sono importanti, infatti li acquista solo dai piccoli produttori del territorio e dalle aziende biologiche. Il menu varia di giorno in giorno e, ovviamente, a seconda della stagione, per assicurare ai clienti ampia possibilità di scelta e freschezza delle materie prime. I piatti sono quelli della tradizione ligure: ravioli alla genovese, tomaselle (involtini di carne ripieni), cima e tanto altro. Si può anche pernottare in camere semplici ma accoglienti e luminose.

INFO
Albergo Amici • Via Garibaldi 80, Varese Ligure • 0187 842139 • www.albergoamici.com • Aperto tutti i giorni • Costi ristorante: 18/22 €, bevande escluse; costi albergo: camera singola 55 €, doppia 70 €

Trasporti e collegamenti

IN AEREO
Gli aeroporti più vicini sono quelli di Genova e Pisa, serviti da voli di linea e compagnie low cost.
Aeroporto di Genova Cristoforo Colombo • Via Pionieri e Aviatori d'Italia, Genova • 010 60151 • www.airport.genova.it
Aeroporto di Pisa Galileo Galilei • Piazzale d'Ascanio, Pisa • 050 849300 • www.pisa-airport.com

IN TRENO
Le stazioni di Bonassola e Levanto, così come quelle delle Cinque Terre, si trovano sulla linea ferroviaria Genova-La Spezia-Roma.

IN AUTO
Imboccare l'autostrada A12 Genova-Rosignano e prendere le uscite di Deiva Marina o Levanto.

IN AUTOBUS
Bonassola e Levanto sono servite dagli autobus dell'Azienda Trasporti Provinciale ATP • 0185 373304 • www.atpesercizio.it

IN BATTELLO
Durante la bella stagione e nei periodi festivi i battelli del Consorzio Marittimo 5 Terre Golfo dei Poeti collegano Levanto con La Spezia e le Cinque Terre • 0187 732987 • www.navigazionegolfodeipoeti.it • Servizio diurno • Costi: prezzi variabili in base al punto di partenza e di arrivo

Camogli e Punta Chiappa

Dalla tonnara di Punta Chiappa all'abbazia di San Fruttuoso

Camogli, famosissima meta turistica, frequentata sia da italiani sia da stranieri, è un affascinante borgo marinaro famoso per il porticciolo, il lungomare su cui si stagliano le case variopinte, il castello e l'antica tradizione della tonnara (l'unica rimasta in Liguria e nel Nord Tirreno), nei pressi di Punta Chiappa. Da qui si può proseguire in barca o a piedi verso il Monte di Portofino e poi verso il suggestivo borgo di San Fruttuoso, con la sua splendida abbazia. Un tour magico, grazie al quale scoprirete che in questo angolo di Liguria, non troppo lontano da Genova, esistono luoghi dove è ancora possibile vivere le sensazioni che solo gli antichi paesi di mare possono regalare.

Camogli

4
Camogli

Camogli è conosciuta come la città dei mille bianchi velieri, in memoria di quell'antica tradizione marinara che la rese famosa nel mondo. Basti pensare che verso la metà dell'Ottocento il suo registro navale contava ben cinquecentottanta imbarcazioni, più di quante ne avesse il porto di Amburgo. Per rivivere quell'epoca è sufficiente visitare il Museo Marinaro, che racconta trecento anni di storia della marina a vela camogliese, avvalendosi di dipinti, reperti e ben centoquarantasei modelli di bastimenti.

A testimonianza della centralità del mare e delle navi, ancora oggi l'antico borgo medievale si raccoglie intorno al porto, sul quale si affacciano la basilica di Santa Maria Assunta e Castel Dragone, purtroppo di solito chiuso, costruito per difendere il territorio dalle incursioni dei pirati. Dal terrazzo della fortificazione, eretta sulla roccia a picco sul mare intorno al 1100, si ammirano splendidi panorami sul golfo, con case che, a causa dello scarso spazio edificabile, si inerpicano per più piani sulla collina. Vi consiglio quindi, data la conformazione della città, di girarla a piedi, perdendovi fra gli stretti caruggi, e scoprendo alcuni dei forni più rinomati della Liguria, specie per le ottime focacce con o senza formaggio. Se invece siete amanti del pesce, la seconda domenica di maggio, nella pittoresca piazzetta sul porticciolo, si svolge la Sagra del Pesce: in una grande padella vengono fritti chili e chili di pesce azzurro, da distribuire agli ospiti. Un'occasione imperdibile!

INFO

Pro Loco di Camogli • Via XX Settembre 33, Camogli • 0185 771066 • www.camogliturismo.it

Museo Marinaro • Via Gio Bono Ferrari 42, Camogli • 0185 729049 • www.museomarinaro.it • Aperto lunedì, mercoledì, giovedì e venerdì 9-12; sabato e domenica anche 15-18; chiuso martedì • Costi: ingresso gratuito

Punta Chiappa

Le acque ancora limpide di Punta Chiappa, nei pressi di Camogli, ospitano sin dal 1603 una piccola tonnara, ancora oggi utilizzata per la pesca. L'impianto, chiamato tonnarella, è diverso dai suoi fratelli maggiori sardi e siciliani. Qui infatti sono presenti solo due camere di pesca contro le sei e più delle tonnare tradizionali e i pescatori usano tre barche, mentre altrove se ne impiegano almeno dieci. Il nome tonnarella sta a indicare che qui non si pescano solo tonni, oramai rari in Liguria da molti decenni, ma anche altri pesci, come palamiti, boniti e lecce. Per raggiungere la tonnarella di Punta Chiappa bisogna imboccare il largo sentiero in salita che porta alla piccola piazza della località di San Rocco, sulla quale si affacciano la chiesa e il ben più noto panificio Maccarini, tappa obbligata per provare le famose focacce, le torte di verdura liguri e la mitica galletta del marinaio. Il sentiero prosegue quindi fra la fitta vegetazione del promontorio di Portofino sino a raggiungere il caratteristico borgo marinaro di Punta Chiappa, una frazione di Camogli che prende il nome dallo sperone roccioso un tempo utilizzato dai pescatori come rifugio per le barche e gli attrezzi da lavoro e come pontile naturale. All'estremità della Punta, dove una volta c'era una statuetta raffigurante l'effigie della Madonna Stella Maris – protettrice dei marinai dalla furia delle onde, venerata dagli abitanti di Camogli da secoli –, oggi c'è un mosaico. Lo stesso soggetto si ritrova in un affresco della chiesa di San Nicolò Capodimonte, situata lungo il sentiero, risalente al XII secolo e costruita per volere dei monaci di San Rufo.

Per chi intendesse continuare a esplorare la zona, da Punta Chiappa parte un sentiero che in circa due ore raggiunge San Fruttuoso e Portofino. Se invece camminare non è il vostro forte, tenete presente che si può arrivare a Punta Chiappa e nei paesi limitrofi anche con i battelli in partenza dal porto di Camogli o con le barche dei pescatori che praticano il pescaturismo e propongono escursioni lungo la costa ligure con pranzi a base del pescato del giorno.

INFO

Comunità di Punta Chiappa • www.comunitadipuntachiappa.it

Pescaturismo a Camogli • 338 7216789 • www.pescaturismocamogli.com

Zoom

L'abbazia di San Fruttuoso

San Fruttuoso è un caratteristico borgo marinaro, sulla cui spiaggia si affacciano poche casette di pescatori e alcuni ristoranti, raggiungibile solo a piedi o in barca. È conosciuto soprattutto per l'abbazia, databile tra il X e l'XI secolo, recuperata e aperta al pubblico dal FAI (Fondo Ambiente Italiano), la cui visita include l'antico complesso monastico con il chiostro, la sala capitolare, la chiesa e le tombe dei Doria. Altra attrazione degna di nota è la vicina torre, costruita nel 1562 per difendere il borgo dalle incursioni dei pirati, sede di esposizioni temporanee.
Inoltre, all'interno dell'Area naturale marina protetta di Portofino, nella baia di San Fruttuoso, si trova il celebre Cristo degli Abissi, una statua bronzea collocata a 15 metri di profondità. Nelle giornate di mare calmo e limpido è possibile ammirarla direttamente dalla barca, senza doversi immergere.

Abbazia di San Fruttuoso • Via San Fruttuoso 18, località San Fruttuoso, Camogli • 0185 772703 • www.fondoambiente.it/abbazia-di-san-fruttuoso-bene-fai.asp • Aperto dal martedì alla domenica 10-15.45, nei mesi estivi fino alle 17.45 • Costi: 3/5 €

Dove dormire

CAMOGLI

I MONOLOCALI DEL B&B DA ROBERTO

Da Roberto è un piccolo e accogliente b&b situato in una tipica casa ligure immersa nel verde, a due passi dalla spiaggia, dalla stazione e dal centro storico. Gli ospiti hanno a disposizione un parcheggio privato e possono alloggiare in camere matrimoniali all'interno di monolocali indipendenti e confortevoli, con servizi privati e solarium.

INFO
Da Roberto • Via San Bartolomeo 27, Camogli • 0185 774094 • www.camogliroberto.it • Costi: 25/42,50 € a persona (prima colazione inclusa)

LA COLAZIONE VEGAN/GLUTEN FREE DELLA GABBIANELLA

Cristina sa che il cliente va coccolato, ed è per questo che non gli fa mancare niente. Le due ampie camere, con servizi in comune, e un bel terrazzo vista mare sono il mix perfetto per una vacanza di puro relax, specie se a soli 300 metri dalla spiaggia. Abbondanti colazioni a buffet, adatte anche a ospiti con intolleranze alimentari (in particolare per i celiaci) o vegani.

INFO
La Gabbianella • Via Figari 29, Camogli • 347 4907098 • www.lagabbianella.eu • Costi: camera doppia 80 € (prima colazione inclusa)

L'AGRIRIFUGIO MOLINI

Imboccando il sentiero che da San Fruttuoso, attraversando uliveti e boschi di leccio, arriva nel cuore del Parco di Portofino, si raggiunge il rifugio-agriturismo Molini, dove ci si può anche recare a piedi da Camogli. Un posto unico, immerso nella natura e nel silenzio, ottimo punto di partenza per passeggiate nella zona. C'è la possibilità di acquistare olio, olive, miele e liquori artigianali.

INFO
Agririfugio Molini • Località San Fruttuoso, Camogli • 0185 772291 • www.ilgiardinodelborgo.it • Costi: camera doppia 100 €, posto letto in camera da quattro letti 40 € a persona

Liguria

Dove mangiare e bere

CAMOGLI

LA FOCACCIA PIÙ BUONA DI CAMOGLI

Una discreta trattoria ma soprattutto una buona focacceria dove gustare focacce appena sfornate con formaggio, pesto o gorgonzola. Buoni i piatti di pesce, le trofie al pesto e il risotto ai frutti di mare. Servizio cortese ed efficiente e, a pranzo, menu a prezzo fisso. A giudicare dal successo che riscuote far gli abitanti, uno spuntino in questo locale è assolutamente d'obbligo.

INFO
Trattoria del Duca • Via G.B. Ferrari 11, Camogli • 0185 773464 • Pagina Facebook: TRATTORIA DEL DUCA • Chiuso martedì • Costi: 15/25 €, bevande escluse; menu fisso 12 €

GIORGIO, IL RE DEI PRIMI PIATTI

Giorgio, detto «ü Recchelin» (che viene da Recco), ama sperimentare, soprattutto se si tratta di primi piatti, preparati solo con materie prime certificate.

Il punto di forza di questa trattoria sono le trofie al pesto, gli gnocchi conditi a piacimento e i tagliolini verdi. Da provare anche la cima alla genovese.

A pranzo, dal lunedì al venerdì, si può scegliere il menu fisso a 11 euro, e a cena, il venerdì e il sabato, a 18 euro.

INFO

Da Giorgio ü Recchelin • Via Aurelia 297, Camogli • 0185 771100 • www.urecchelin.it • Chiuso domenica • Costi: 23/25 €, bevande escluse; menu fisso 11/18 €, bevande incluse

IL PRANZO AL SACCO DEL PANIFICIO MACCARINI ♥

Nella mitica panetteria di San Rocco di Camogli si acquistano pane, focacce, dolci e le tradizionali gallette del marinaio, da mettere nello zaino per il picnic a Punta Chiappa o San Fruttuoso, luoghi incantevoli ma privi di trattorie low cost. Il panificio è solitamente affollato, quindi preparatevi a fare una lunga fila.

INFO

Panificio Maccarini • Località San Rocco 46, Camogli • 0185 770611 • www.panificiomaccarini.com • Chiuso giovedì pomeriggio • Costi: pasto al sacco 8/10 €, bevande escluse

Trasporti e collegamenti

IN AEREO

L'aeroporto più vicino è quello di Genova • Via Pionieri e Aviatori d'Italia, Genova • 010 60151 • www.airport.genova.it

IN TRENO

La stazione di Camogli si trova sulla linea ferroviaria Genova-La Spezia.

IN AUTO

Autostrada A12 Genova-Livorno, prendere l'uscita di Recco e proseguire in direzione di Camogli.

IN AUTOBUS

Camogli è raggiungibile con gli autobus dell'Azienda Trasporti Provinciale ATP • 0185 373304 • www.atpesercizio.it

IN BATTELLO

Durante la bella stagione e nei periodi festivi i battelli della compagnia Golfo Paradiso collegano Camogli con il porto antico di Genova • 0185 772091 • www.golfoparadiso.it • Servizio diurno • Costi: 15 € a/r

Imperia e la Val Prino

Le due anime di Imperia, i ponti e i frantoi di Dolcedo

Strana città Imperia, nata sotto il fascismo dall'unificazione dei due centri abitati di Oneglia e Porto Maurizio, storicamente e geograficamente diversi. Il primo, dallo spirito più commerciale, ha portato in dote la pasta e l'olio di oliva, il secondo, più residenziale e turistico, i vicoli e i bei palazzi. In fondo, Imperia è bella proprio perché ha queste due anime distinte, che le conferiscono una fisionomia unica. Sulla collina si scorgono alcune ville da sogno, tra le quali quella appartenuta a Grock, famoso re dei clown; nell'immediato entroterra la verde Val Prino, con i suoi oliveti, i piccoli borghi contadini e Dolcedo, la città dei ponti e dei frantoi, con le sue antiche leggende. Per un weekend in una Liguria diversa, particolarmente piacevole nelle mezze stagioni, quando il clima è più gradevole e il sole bacia le colline, non c'è niente di meglio che un tour di queste magiche zone.

5 Imperia

Imperia

Imperia è una città divisa in due dal torrente Impero. A levante Oneglia, con il porto dove approdano i pescherecci e una volta si caricava e scaricava l'olio di oliva. Sotto i portici di piazza Dante, ultimati nel 1895 recuperando in parte le antiche mura, sono sempre molte le persone che passeggiano guardando le vetrine dei negozi. Molto affollato è anche il vivace mercato ittico della Calata Gian Battista Cuneo, aperto prestissimo, fin dall'arrivo dei primi pescherecci, che mettono all'asta i loro prodotti. Poco più in là, sulla facciata del palazzo al civico 29, una lapide e una palla di cannone sparata dalla flotta del re di Francia ricordano il bombardamento francese ai danni del porto nel 1692. Sotto i portici ci sono anche numerosi locali, ristoranti, osterie e gelaterie che, la sera e nei giorni festivi, trasformano la piazza in un piacevole salotto affacciato sul mare. Se al caos preferite però la tranquillità e il silenzio, allontanatevi per un po' da Oneglia e imboccate la ciclo-pedonale di circa 2 chilometri che porta alla vicina Diano Marina.

Oltre il torrente Impero c'è l'altra Imperia, con l'elegante Porto Maurizio e Borgo Marina, le imbarcazioni da diporto e i battelli turistici che partono per il santuario dei Cetacei, nella speranza di avvistare balene e delfini. Il porto ospita anche numerosi locali alla moda ed è il cuore della vivace movida notturna.

Imperia non è però solo una città di mare. Sulla collina che domina Oneglia, il poliedrico artista svizzero Charles Adrien Wettach, noto come Grock e insignito del titolo di re dei clown per le sue straordinarie performance come giocoliere, equilibrista, acrobata e suonatore di un gran numero di strumenti musicali, fece costruire una villa imponente, che ne rispecchiava pienamente l'eclettismo. L'uomo che incantò il pubblico di mezza Europa dall'inizio del Novecento fino al suo addio alle scene, nel 1954, amava infatti questo angolo di Liguria e in particolare Imperia, dove si spense a settantanove anni. La villa, dalle chiare influenze liberty, in cui è ospitato il Museo del Clown, è un vero e proprio circo di pietra circondato da un vasto parco, con la vegetazione tipica dei giardini storici della riviera ligure. Dopo anni di abbandono, il parco è stato recuperato e aperto al pubblico, che lo può visitare percorrendo sentieri e camminamenti che portano a diverse fontane e a un laghetto con ponticello di ispirazione orientale.

INFO

IAT di Imperia • Piazza Dante 4, Imperia • 0183 274982 • www.visitrivieradeifiori.it

Escursioni per avvistamento cetacei • Imbarco dalla Calata Anselmi, Imperia • 392 1376120 • www.whalewatchimperia.it • Costi: Andora-Laigueglia 18/30 €, Sanremo-Imperia-Bordighera 22/34 €

Museo del Clown • Villa Grock, via Fanny Roncati Carli, Imperia • 0183 704211 • www.museodelclown.it • Aperto sabato e domenica 14.30-17.30 • Costi: 4/5,50 €

6

Dolcedo

Dolcedo

Dolcedo è il bel capoluogo della verde Val Prino, sulle cui colline, alle spalle di Imperia, si coltivano ancora le piccole e saporite olive taggiasche, macinate nei frantoi azionati dall'acqua dei due fiumi che attraversano la cittadina. L'olivicoltura fu introdotta nel XII secolo dai frati e ancora oggi rappresenta una parte importante dell'economia locale.

Oltre che per i bellissimi uliveti, Dolcedo merita una visita anche per lo splendido ponte in pietra, edificato nel 1292 su ordine dei Cavalieri Gerosolimitani, strani monaci mezzi frati e mezzi guerrieri.

Attraversato il ponte si entra nell'antico e suggestivo borgo medievale, che nei secoli si è arricchito di una bella chiesa barocca affacciata su una piazzetta, alla quale si accede da una loggia del 1650. A destra dell'ingresso degli uffici comunali si conservano ancora le misure standard di volume del Seicento, utilizzate per il commercio dell'olio di oliva e del vino. I ponti oggi sono in totale ben quattro, ma il fascino del paese dalle strade in ciottoli bianchi e neri rimane unico, con le sue case seicentesche e i vecchi mulini.

Da Dolcedo ci si può spostare nelle frazioni limitrofe, per esempio a Lecchiore, raggiungibile con una strada che attraversa gli oliveti o, per chi ama camminare, con una facile mulattiera.

Questa località è formata da una manciata di case raccolte intorno a una chiesa, in un ambiente naturale incantato, dove lo sguardo può spaziare fino al mare. Poco oltre il centro abitato, la strada asfaltata termina presso il suggestivo santuario della Madonna dell'Acquasanta con i vicini laghetti, vere e proprie piscine naturali scavate nella roccia.

Altro luogo sacro è la cappella di Santa Brigida la quale, si racconta, mentre era in pellegrinaggio dalla Svezia a Roma, scacciò il demonio. Nei dintorni di Dolcedo, in una località sconosciuta, la leggenda vuole infatti ci sia un'impronta del ginocchio del diavolo. In onore della santa la popolazione di Dolcedo eresse la cappella sul valico che collega la Val Prino a Pietrabruna, in un luogo piacevole da visitare, eccezione fatta per la notte del 31 agosto quando, sempre secondo la leggenda, il diavolo tornerebbe per ballare e prendersi la rivincita su qualche ignaro passante.

INFO

Comune di Dolcedo • Piazza Doria 35, Dolcedo • 0183 280004 • www.comune.dolcedo.im.it

Zoom

Valloria, il paese delle porte dipinte

Valloria è un piccolo borgo nell'entroterra di Imperia, all'interno del comune di Prelà. La sua attrattiva sono le centotrentuno porte dipinte di stalle, magazzini e cantine. Vere e proprie opere d'arte che si ammirano passeggiando per i caruggi, create da artisti di fama internazionale invitati a colorare e dare nuova vita alle antiche case. Non potevano ovviamente mancare i murales che raccontano la raccolta delle olive o i paesaggi locali. Un piccolo museo, «Le cose dimenticate», allestito nell'oratorio cinquecentesco di Santa Croce, espone gli attrezzi usati un tempo dai contadini per la coltivazione dell'ulivo e la produzione dell'olio, per macinare il grano in casa, tostare i ceci e il caffè e fare il burro.

Associazione Amici di Valloria • Località Valloria, Prelà • 0183 282396 • www.valloria.it

7 Valloria

Dove dormire

IMPERIA

L'APERITIVO NEL PARCO DELL'ARCADIA MARINA

Nelle vicinanze di Borgo Marina un elegante b&b in una casa ligure circondata da un grande parco a picco sul mare. Si alloggia in tre camere che utilizzano l'energia ricavata dai pannelli solari. Colazione a buffet a base di prodotti biologici, ampia terrazza solarium, in cui d'estate si organizzano sfiziosi aperitivi, biciclette a disposizione degli ospiti, cd e dvd da godersi comodamente sdraiati sul letto.

INFO
Arcadia Marina • Via Fiume 1, Imperia • 347 6999900 • www.arcadiamarina.it • Costi: 20/40 € a persona (prima colazione inclusa)

NEL CENTRO DI IMPERIA

L'Hotel Centro è un albergo recentemente ristrutturato nei pressi della stazione ferroviaria di Oneglia, non lontano dalla piazza e dalla Calata Cuneo. Le camere sono singole, doppie e triple, con aria condizionata e cassaforte. La struttura collabora con alcune aziende agricole della zona e propone sconti per i soggiorni di più notti in bassa stagione.

INFO
Hotel Centro • Piazza Unità Nazionale 4, Imperia • 0183 241967 • www.hotelcentroimperia.it • Costi: camera singola 50/55 €, doppia 60/80 € (prima colazione inclusa)

DOLCEDO

TRA GLI ULIVI DI CASA ASPLANATO

Nel piccolo centro abitato di Lecchiore, Casa Asplanato accoglie i suoi ospiti in una splendida struttura circondata da un ampio giardino con piscina e dagli oliveti di famiglia. Si alloggia in appartamenti per due o quattro persone, in un ambiente curato nei minimi dettagli. Chi è curioso di assaggiare le specialità del luogo, può anche acquistare dell'ottimo olio extravergine di oliva, ortaggi e olive in salamoia.

INFO

Casa Asplanato • Via Acquasanta 27, località Lecchiore, Dolcedo • 0183 280316 • Costi: appartamento 20/30 € a persona; in alta stagione soggiorno minimo di una settimana

NATALE E PASQUA ALLA MOLINELLA

In una casa a due piani circondata dall'orto coltivato dai proprietari, quattro semplici camere con bagno immerse nel silenzio e nella tranquillità. A disposizione degli ospiti mountain bike, campo di bocce e ping-pong. Il ristorante dell'agriturismo propone ottimi piatti della cucina dell'entroterra ligure. Attenzione però al periodo in cui decidete di prenotare la vostra vacanza: La Molinella è aperta solo da giugno a ottobre e durante le vacanze di Natale e Pasqua.

INFO

La Molinella • Località Molinella, Isolabona • 0184 208163 • www.lamolinella.it • Costi: camera singola 35/45 €, doppia 60/80 € (prima colazione inclusa)

Dove mangiare e bere

IMPERIA

LA PATRIA DEL PESCE DI MARE

La Patria è una trattoria tradizionale molto frequentata dagli abitanti di Imperia, situata a pochissimi passi dalla Calata Cuneo di Oneglia. I piatti sono prevalentemente di pesce, con porzioni abbondanti, specie le fritture di calamari e gamberi.

La cucina è semplice e senza concessioni alle mode; ottimi in particolare gli antipasti.

Nel fine settimana è consigliabile prenotare, soprattutto se è estate e volete mangiare nel dehors che si affaccia sul mare.

INFO

La Patria • Piazza De Amicis 13, Imperia • 0183 295739 • www.ristorantelapatria.it • Chiuso martedì • Costi: 20/25 €, bevande escluse

LA PIZZA SPECIALE DELLO CHEF

Una delle migliori pizzerie di Imperia si trova nel centro di Porto Maurizio e propone, oltre alle farciture classiche, pizze con gorgonzola, radicchio e noci, e varie altre combinazioni, a seconda dell'estro del pizzaiolo. Buoni anche i dolci fatti in casa. Il servizio è gentile ed efficiente e l'ambiente molto curato. Se il tempo lo permette, potete mangiare anche nel cortile all'aperto seduti su lunghe e comode panche.

INFO

Pizzeria Branda • Via Felice Cascione 5, Imperia • 0183 666980 • Chiuso lunedì • Costi: 8/12 €, bevande escluse

DOLCEDO

CUCINA LIGURE E PIZZA A VOLONTÀ

Quando si entra in questo ristorante nel centro di Dolcedo ci si sente subito a casa. La disponibilità dello staff e l'ambiente caldo e accogliente permettono di trascorrere una serata in compagnia gustando piatti semplici e ben preparati, oltre a ottime pizze. Nel menu, a seconda della stagione, tagliatelle con seppie e zucchine, ravioli di borragine, galletto e dolci rigorosamente fatti in casa. Buoni anche i vini locali.

INFO

La Fontanella • Via Parco Rimembranze 4, Dolcedo • 0183 280715 • Chiuso martedì • Costi: 20/23 €, bevande escluse

Trasporti e collegamenti

IN AEREO

L'aeroporto più vicino è quello di Genova • Via Pionieri e Aviatori d'Italia, Genova • 010 60151 • www.airport.genova.it

IN TRENO

Le stazioni di Imperia Oneglia e Porto Maurizio si trovano sulla linea ferroviaria Genova-Ventimiglia.

IN AUTO

Imboccare l'autostrada A10 Genova-Ventimiglia e prendere le uscite di Imperia Ovest (Porto Maurizio) o Imperia Est (Oneglia).

IN AUTOBUS

Imperia è servita dalle autolinee Riviera Trasporti • 0183 7001 • www.rivieratrasporti.it

Noli, Varigotti e Toirano

La piccola Repubblica Marinara, il borgo saraceno e le Grotte di Toirano

I libri di storia quasi non ne parlano, ma la piccola Noli, grazie alla sua efficiente flotta che le consentì di partecipare alla Prima Crociata accaparrandosi tesori e privilegi, è stata la quinta Repubblica Marinara, «alleata paritaria» di Genova. Di quei bei tempi andati conserva ancora l'eleganza e otto delle settantadue torri alle quali era affidata la difesa delle case e delle ricchezze conquistate in mare. Poco lontano si trova Varigotti, suggestivo borgo in riva al mare, nato là dove c'era un porto fortificato bizantino, distrutto nel 641 dal longobardo Rotari e poi più volte occupato dai saraceni.

8 Noli

Noli

Noli è sicuramente uno dei più interessanti e caratteristici insediamenti storici del Ponente ligure, in gran parte sopravvissuto al boom edilizio che dagli anni Sessanta in poi ha stravolto molte delle località costiere. Incastonata nella luminosa baia delimitata da Capo Noli e Punta Vescovato, la cittadina è ancora racchiusa all'interno delle mura che l'hanno protetta nei secoli dalle incursioni nemiche. Dominata dal Castello di Monte Orsino, conserva otto delle settantadue torri erette per la sua difesa e numerosi eleganti palazzi, la maggioranza dei quali appartenuti agli armatori della sua possente flotta mercantile, utilizzata per il trasporto dei soldati durante la Prima Crociata.

Al centro storico di Noli si accede attraverso la Porta di Piazza, sormontata dallo stemma della città, che conduce a piazza Milite Ignoto, su cui si affacciano il trecentesco Palazzo della Repubblica, attuale sede del Comune, e la duecentesca Torre Comunale, alta 33 metri. Passando dalla Loggia della Repubblica, si raggiunge piazza Dante con il Palazzo Viale-Salvarezza, costruzione signorile ligure di fine Seicento, che oggi ospita un b&b.
Tra le altre bellezze da ammirare non vanno dimenticate la Torre di Papone e la Torre del Canto, poste a difesa della più antica cerchia muraria; la chiesa di San Paragorio, nominata monumento nazionale italiano; il Palazzo Vescovile e casa Repetto, una delle poche case medievali il cui aspetto originario è rimasto più o meno inalterato.
Chi ha voglia di camminare può prendere il sentiero che raggiunge la frazione di Voze, tra uliveti con alti muri a secco e simboli della lotta di Liberazione, come l'albero cavo dove venivano nascosti documenti e materiale dei partigiani, la lapide in ricordo dei martiri di Voze e il monumento all'ecomemoria, per rendere omaggio alle vittime della dittatura cilena.

INFO

IAT di Noli • Corso Italia 8, Noli • 0197 499003 • www.comunenoli.gov.it

Varigotti

9 Varigotti

Se uscendo da Noli si prosegue in direzione di Finale Ligure si arriva al delizioso borgo di Varigotti, su cui svetta la torre di avvistamento costruita per proteggere il paese dalle incursioni nemiche, scelta dalla Disney per ambientare il fumetto *Paperino e la notte del Saraceno*. Ai suoi piedi le caratteristiche case colorate in riva al mare dell'antico porto fortificato bizantino, distrutto nel 641 dal longobardo Rotari e occupato più volte dai saraceni, di cui si conservano le tracce in alcune strutture architettoniche del vecchio borgo e della piccola frazione che prende appunto il nome di Cà dei Mori.
Il centro storico di Varigotti non ha palazzi nobiliari o imponenti chiese ma solo case color pastello che si affacciano direttamente sulla lunga spiaggia sabbiosa o sui vicoli pedonali. D'altronde, il fascino di Varigotti è proprio questo: la semplicità, il silenzio mescolato ai profumi della macchia mediterranea e ai colori del mare la rendono un luogo magico, ricco di tradizioni e memorie antiche. Facili sentieri si addentrano tra le colline circostanti, fino a raggiungere i ruderi del Castello dei Del Carretto e la chiesetta tardo medievale di San Lorenzo Vecchio, a strapiombo sul mare di Capo Noli.

INFO

IAT di Varigotti • Via Aurelia 79, Varigotti • 019 698013 • turismo.provincia.savona.it/it/localita/varigotti

10 Toirano

Le centocinquanta Grotte di Toirano

La provincia di Savona vanta le più importanti grotte della Liguria. Si trovano a Toirano, nel massiccio calcareo di dolomiti grigie della Val Varatella. Il complesso sotterraneo, situato a pochi chilometri dal mare, è composto da oltre centocinquanta caverne naturali, in parte ancora inesplorate e a tutt'oggi oggetto di ricerca da parte degli studiosi. L'itinerario, accessibile al pubblico dal 1953, permette di visitare numerosi antri sotterranei, tra i quali la spettacolare Grotta della Bàsura (della strega), dove è esposto lo scheletro di un orso preistorico parzialmente ricostruito. Il Corridoio delle Impronte conserva nell'argilla le impronte di piedi, mani e ginocchia lasciate dagli uomini primitivi che frequentavano la grotta per compiere riti magici. Nella sala più ampia della Grotta Inferiore di Santa Lucia, chiamata Pantheon, si ammira invece una stalagmite ricoperta di cristalli di aragonite, definita per la sua bellezza la «perla della grotta».
La visita si conclude nella Caverna del Tanone, utilizzata come rifugio antiaereo durante la Seconda guerra mondiale.

INFO
IAT di Toirano • Piazzale Grotte, Toirano • 0182 989938 • www.comune.toirano.sv.it

Grotte di Toirano • Via alle Grotte, Toirano • 0182 98062 • www.toiranogrotte.it • Aperto tutti i giorni 9.30-12.30 e 14-17 • Costi: 5/12 €

Zoom

11 Borgio Verezzi

Le Grotte di Borgio Verezzi

Dicono siano le grotte turistiche più colorate d'Italia. Se volete appurarlo con i vostri occhi, percorrete il lungo sentiero che attraversa per circa 800 metri le grandi sale delle grotte, affacciate sulle acque trasparenti dei laghi sotterranei creati da alcuni corsi d'acqua. Spettacolari le concrezioni di ogni forma e dimensione, oltre alle eccentriche stalattiti. La temperatura interna è di 16 gradi costanti tutto l'anno, quindi ricordatevi di indossare una felpa, anche in estate.

Grotte di Borgio Verezzi • Accesso da via Battorezza 5, Borgio Verezzi • 019 610150 • www.grottediborgio.it • Chiuso lunedì, per gli orari di ingresso consultare il sito • Costi: 5/9 €

Dove dormire

NOLI

UN FIORE PER CIASCUNO DI VOI

Questa graziosa pensione non passa certo inosservata, grazie al meraviglioso glicine che cresce intorno a uno dei balconi. In un antico palazzo nel centro storico di Noli, l'albergo fa alloggiare i suoi clienti in sette silenziose camere a tema floreale con bagno privato. L'ambiente è elegante e raffinato, con i soffitti affrescati, la sala colazione con il lampadario barocco e il terrazzino in cui sorseggiare un buon bicchiere di vino o leggere un libro. Alcune biciclette a disposizione degli ospiti.

INFO

Albergo Il Glicine • Piazza Garibaldi 7, Noli • 019 748168 • www.albergoilglicine.eu • Costi: camera doppia 75/85 €, tripla 100/115 € (prima colazione inclusa)

OGNI VOSTRO DESIDERIO È UN ORDINE

Un rilassante b&b in un piccolo borgo avvolto dagli ulivi, sulle alture tra Noli e Spotorno. Si alloggia in una casa con giardino, in camere accoglienti con bagno adiacente. Le colazioni sono abbondanti, con frutta di stagione, focaccia e, richiedendolo in anticipo, un menu scelto dagli ospiti in base alle loro preferenze... Perché qui il cliente è davvero al primo posto.

INFO

Ca' de Badin • Via Canepa 11, località Tosse, Noli • 349 3509193 • cadebadin.altervista.org • Costi: camera singola 30/50 €, doppia 55/80 € (prima colazione inclusa)

VARIGOTTI

AL SAN FRANCESCO SIETE TUTTI I BENVENUTI

Il San Francesco, situato praticamente in riva al mare, è aperto tutto l'anno e accoglie gli ospiti in camere singole, doppie, triple e quadruple. La clientela è piuttosto varia: dalle classi scolastiche ai gruppi aziendali (attratti dalla presenza di una capiente sala conferenze), dalle famiglie ai viaggiatori solitari. C'è la possibilità di usufruire della mezza pensione, cenando in una sala panoramica o, nella bella stagione, sotto il pergolato. Controllate spesso il sito e approfittate delle offerte proposte dalla struttura: buoni vacanza personalizzati, sconti per il weekend e per nonni e nipoti.

INFO

Casa per ferie San Francesco • Via degli Arenzi 6, Varigotti • 019 698025 • www.varigottisanfrancesco.it • Costi: pensione completa 50/72 € a persona

TOIRANO

IL B&B DI NICOLETTA E GIUSEPPE

Nicoletta e Giuseppe non sono dei semplici albergatori, ma persone che amano la loro terra e la loro attività. Non stupitevi quindi se metteranno a vostra disposizione biciclette per allegre scampagnate, mappe, guide della zona e libri da leggere, sistemati in una piccola biblioteca. In questo b&b, vicino alle Grotte di Toirano, con un comodo parcheggio a 400 metri dalla struttura, si alloggia in tre belle camere, di cui una dotata di camino, con bagno privato.

INFO
Ai Gatti di Barescione • Via Cavour 27, Toirano • 0182 989525 | 333 3554933 • aigattidibarescione.wordpress.com • Costi: camera singola 40 €, doppia 60 € (prima colazione inclusa)

PROFUMO DI VANIGLIA E CACAO
Si chiamano Vaniglia e Cacao le due camere con bagno di questo originale b&b affacciato sulla piazza principale di Toirano. A disposizione degli ospiti anche una sala con divani, tv e stereo. A colazione dolci di pasticceria appena sfornati e prodotti del mercato equosolidale, che con le loro squisite fragranze vi faranno iniziare la giornata con il piede giusto.

INFO
Profumo di Dolci • Via Parodi 24, Toirano • 339 8367262 • www.profumodidolci.it • Costi: camera doppia 50/70 € (prima colazione inclusa)

Dove mangiare e bere

NOLI

IL PESCE A PORTATA DI TUTTI
Nel centro storico di Noli, un locale dove il pesce regna sovrano. Ottimi e abbondanti gli antipasti, buone le trofie al pesto con vongole e scampi, leggere le fritture di calamari o del pescato del giorno, saporite le cozze alla ligure. Servizio efficiente e cortese, prezzi onesti per la zona, di solito non particolarmente economica.

INFO
Dal Pucci • Via Colombo 81, Noli • 019 7485754 • Chiuso martedì • Costi: 23/28 €, bevande escluse

ALLE INTOLLERANZE NON SI COMANDA
Le pizze, le focacce e le farinate preparate in questo locale sono davvero tante. Tra le più originali la pizza Brigata con paté d'olive, stracchino, pomodorini e prosciutto crudo. Nel menu troverete antipasti di mare, pansotti al sugo di noci, gnocchi al polpo e tagliolini con acciughe fresche. Non si paga il coperto, si possono ordinare piatti da asporto e chi soffre di qualche intolleranza alimentare può approfittare della disponibilità dello chef, sempre pronto a esaudire i desideri dei suoi clienti.

INFO
La Brigata • Via Cavalieri di Malta 39, Noli • 019 7485500 • www.pizzerialabrigata.it • Chiuso lunedì a pranzo • Costi: 20 €, bevande incluse; menu pizza 7 €, menu ristorante 8/10 €

VARIGOTTI

LE GRIGLIATE CON SALSA DELLA BRASSERIE SHAGARA
In questa originale brasserie alla ligure si servono soprattutto abbondanti grigliate di pesce e carne. L'atmosfera è rilassata, il servizio impeccabile, il buffet di verdure miste e di sfiziose salsine da accompagnare alle griglia-

te sempre ben fornito. Il rapporto qualità-prezzo è davvero ottimo, soprattutto considerando i costi medi dei locali di Varigotti.

INFO

Brasserie Shagara • Piazza Cappello Da Prete, angolo vicolo Aurelia, Varigotti • 019 698262 • Chiuso martedì • Costi: 20/27 €, bevande escluse

UN BALCONE SUL SAVONESE

La Cà dell'Alpe è un'oasi di pace immersa nel bosco. Il ristorante propone i piatti tradizionali dell'entroterra, affettati, frittate, coniglio alla ligure e grigliate miste.
Pane e dolci sono fatti in casa, l'olio e il vino sono quelli degli ulivi e delle uve dell'azienda agricola. I bambini qui sono sempre ben accetti, tanto che per loro è stato pensato un menu apposito.
C'è anche la possibilità di alloggiare in comode stanze con bagno o in una piccola area campeggio all'ombra dei castagni.

INFO

La Cà dell'Alpe • Via Alpe 6, Rialto • 019 688030 • www.agriturismofinaleligure.it • Aperto tutti i giorni • Costi: 12/19 €, menu bambini 6,50 €, bevande escluse

TOIRANO

LE STALLE E I FIENILI DELLA CASA DEI NONNI

Nelle stalle e nei fienili di un'antica casa contadina, appartenuta ai nonni degli attuali proprietari, oggi c'è un agriturismo.
La cucina è quella della tradizione ligure, con farinate, focacce ancora calde, torte di verdura, pasta fatta in casa condita a piacere, carni bovine e coniglio con le olive. Su ogni tavolo troverete una bottiglia dell'olio extravergine di oliva di produzione propria. Ci sono inoltre ampi appartamenti in cui alloggiare.

INFO

La Ferla • Via Provinciale 53, Toirano • 0182 98279 • www.agriturismolaferla.it • Aperto nei weekend, nei mesi estivi tutti i giorni • Costi: 22/25 €, bevande escluse

Trasporti e collegamenti

IN AEREO

L'aeroporto più vicino è quello di Genova • Via Pionieri e Aviatori d'Italia, Genova • 010 60151 • www.airport.genova.it

IN TRENO

La stazione FS di Spotorno-Noli si trova sulla linea ferroviaria Genova-Ventimiglia.

IN AUTO

Imboccare l'autostrada A10 Genova-Ventimiglia, prendere l'uscita di Spotorno e seguire le indicazioni per Noli.

IN AUTOBUS

Noli è servita dal Trasposto Pubblico Locale provincia di Savona • 800 012 727 • www.tpllinea.it

8.

Emilia-Romagna

Emilia-Romagna

1. Varano de' Melegari (PR)
2. Bardi (PR)
3. Compiano (PR)
4. Colorno (PR)
5. Fontanellato (PR)
6. Gropparello (PC)
7. Ferrara
8. Argenta (FE)
9. Portomaggiore (FE)
10. Goro (FE)
11. Mesola (FE)
12. Codigoro (FE)
13. Comacchio (FE)
14. Modena
15. Reggio Emilia
16. Carpi (MO)
17. Brescello (RE)

I castelli del ducato di Parma

Le fortezze e i manieri abitati dai fantasmi

I castelli anticamente edificati per proteggere il ducato di Parma sono numerosi. Tredici di essi sono stati restaurati e aperti al pubblico per visite guidate e iniziative culturali: fortezze arroccate su dirupi, rocche inespugnate, eleganti residenze di campagna e austere guarnigioni militari raccontano le loro antiche storie di fantasmi e ospitano insoliti musei. Un weekend alla scoperta di alcuni di questi castelli può diventare così un viaggio nel tempo particolarmente adatto alle famiglie con bambini, attirati dagli aneddoti misteriosi che le leggende tramandano da secoli.

Dalla Valle del Ceno a Compiano

Il punto di partenza migliore per questo tour delle fortezze del parmense è il Castello Pallavicino, eretto nel 1208 su un preesistente castrum romano, a protezione dell'antico borgo di Varano de' Melegari, nella valle del fiume Ceno. È l'unico nella zona in cui tre delle quattro torri guardano verso il fiume, mentre il mastio (la torre principale) è posizionato a nord, verso la strada. La visita include anche corte interna, salone e scalone d'onore, camminamenti di ronda, prigione del Bentivoglio, ponte levatoio e cucine.

1 Varano de' Melegari

2 Bardi

3 Compiano

Dal Castello Pallavicino si prosegue quindi verso sud, fino alla Fortezza di Bardi, che da oltre mille anni si erge su una rupe di diaspro rosso, alla confluenza dei torrenti Ceno e Noveglia.

L'edificio è uno dei massimi esempi di architettura militare in Emilia, nato per proteggere la popolazione dalle invasioni ungare. Parzialmente trasformato nel Cinquecento in dimora patrizia, è oggi sede di due musei. Quello della Fauna e del Bracconaggio racconta quanto la caccia fu importante in passato per il sostentamento degli abitanti della valle e quanto oggi è invece un atto di pura crudeltà verso gli animali.

Il Museo della Civiltà Valligiana espone oggetti e testimonianze della vita quotidiana della popolazione locale. La visita al castello comprende i camminamenti di ronda, le torri, la piazza d'armi, il cortile d'onore porticato, il pozzo, la ghiacciaia, i granai, le prigioni e le sale di tortura. La leggenda vuole che il castello sia abitato dallo spettro disperato di Moroello, il comandante delle guardie la cui amata, credendolo morto, si gettò dal mastio. Il Centro studi parapsicologici di Bologna sembra addirittura essere riuscito a fotografare il fantasma e ha esposto le immagini in una sala del maniero.

Proseguendo verso Borgo Val di Taro si arriva al Castello di Compiano, a pianta pentagonale irregolare con tre torri tonde alla piacentina e una torre quadrata. Si trova sul crinale di un colle che domina il fiume Taro e i collegamenti tra l'Emilia, la Toscana e la Liguria. Ospita, oltre a un hotel di lusso, il Museo degli Strumenti della Tortura e della Stregoneria e l'unico museo italiano dedicato agli Orizzonti Massonici, con una collezione di cimeli, medaglie, quadri e paramenti legati al simbolismo massonico, compreso un quadro che raffigura la regina Vittoria con le insegne della Massoneria.

INFO

Associazione Castelli del Ducato di Parma e Piacenza • Piazza Matteotti 1, Fontanellato • 0521 823221 • www.castellideldLucato.it

Castello Pallavicino • Via Rocca 1, Varano de' Melegari • 0525 400021 • www.castellodivarano.it • Aperto aprile e maggio sabato 15-18, domenica e festivi 11-13 e 15-18; da giugno a settembre fino alle 19 • Costi: 4,50 €

Fortezza di Bardi • Piazza Castello, Bardi • 0525 733066 • www.castellodibardi.it • Aperto tutti i giorni (per maggiori dettagli consultare il sito) • Costi: 3/5,50 € (stessi orari e costi sia per il Museo della Fauna e del Bracconaggio sia per il Museo della Civiltà Valligiana)

Castello di Compiano • Via Marco Rossi Sidoli 15, Compiano • 0525 825541 • www.castellodicompiano.it • Aperto nel weekend e festivi nei mesi invernali, tutti i giorni nei mesi estivi (per maggiori dettagli consultare il sito) • Costi: 5/7 € (stessi orari e costi sia per il Museo degli Strumenti della Tortura e della Stregoneria sia per il Museo degli Orizzonti Massonici)

La Reggia di Colorno e la Rocca Sanvitale di Fontanellato

4 Colorno

5 Fontanellato

La spettacolare Reggia di Colorno è conosciuta come la «piccola Versailles» del parmense per la sua maestosità e grandezza (conta infatti quattrocento sale e decine di corti interne e cortili). L'edificio, che nel corso dei secoli è passato di mano in mano, fu una delle dimore predilette di Maria Luigia D'Austria. Lambita dalle acque del torrente Parma, la reggia si affaccia su un ampio piazzale e su un meraviglioso giardino alla francese, con oltre duecento specie di piante e fiori. Durante la visita si possono ammirare lo scalone napoleonico, gli appartamenti del duca e della duchessa, la sala Grande e la neoclassica Cappella di San Liborio, adiacente al palazzo, con tele di celebri artisti e l'organo Serassi, utilizzato nell'annuale stagione concertistica, senza dimenticare l'appartamento nuovo del duca Ferdinando e l'Osservatorio Astronomico. La reggia è stata spogliata di arazzi, arredi e quadri originali, depredati da Vittorio Emanuele II di Savoia, ma conserva ancora gli originali pavimenti in marmo policromo, alcune porte con serrature in bronzo dorato e diversi camini in marmo di stile rococò.
Se la Reggia di Colorno incanta per la sua sontuosità, la vicina Rocca Sanvitale di Fontanellato stupisce per la bizzarria dei suoi antichi padroni. Eretta a partire dal 1124, custodisce al suo interno un'avveniristica camera ottica – l'unica ancora oggi perfettamente funzionante in Italia – che, grazie a un sofisticato gioco di lenti e specchi, proietta sulla parete della stanza l'immagine della piazza principale del paese. Secondo alcuni questa camera ottica serviva a spiare i sudditi e a scoprire eventuali cospirazioni, per altri era un più innocente gioco di società, per rallegrare le noiose giornate invernali della corte dei conti Sanvitale.
Nella saletta di Diana e Atteone campeggia un affresco dipinto dal Parmigianino nel 1524, un piccolo mistero, dato che non è chiaro il significato delle raffigurazioni di questa stanza al pianterreno, completamente priva di finestre. Alcuni pensano che contenga numerosi simboli alchemici, dipinti per volere di Galeazzo Sanvitale per rendere immortale l'anima del figlio appena scomparso.

INFO

Reggia di Colorno • Piazza Garibaldi 26, Colorno • 0521 312545 • www.turismo.comune.colorno.pr.it • Aperto tutto l'anno solo per visite guidate • Costi: 5,50/6,50 €

Rocca Sanvitale di Fontanellato • Piazzale Matteotti 1, Fontanellato • 0521 829055 • Aperto tutti i giorni da aprile a ottobre, da novembre a marzo chiuso lunedì (per maggiori dettagli consultare il sito) • Costi: 2,50/7 €

6

Gropparello

Zoom

Il Castello di Gropparello

Fuori dal confine della provincia di Parma, già in territorio piacentino, si erge il castello di Gropparello con il Parco delle Fiabe, nato per permettere ai bambini di partecipare a divertenti attività che li vedono protagonisti di fantasiose avventure. Girovagando per il bosco si incontrano la capanna della strega, l'antro dell'orco, il rifugio del folletto e la casa della fata. Una volta sconfitti l'orco e la strega, i piccoli cavalieri e le damigelle sono chiamati a raccolta sul ponte levatoio, dove vengono ringraziati per il coraggio, la lealtà e la fedeltà dimostrata dall'ordine dei Cavalieri del Castello di Gropparello. Mentre i bambini giocano, gli adulti possono visitare il castello.

Castello di Gropparello • Via Roma 82, Gropparello • 0523 855814 • www.castellodigropparello.it • Aperto tutti i giorni 10-17.30 in primavera, estate e in novembre; chiuso lunedì nei mesi invernali • Costi: castello 5/10 €, parco 7/18 €

Dove dormire

VARANO DE' MELEGARI

LA CASA IN CAMPAGNA DEL CHINO

In una casa contadina situata a circa 4 chilometri dal paese e dal castello, lungo la provinciale per Pellegrino, sei posti letto in un paio di semplici camere. Nell'agriturismo è anche possibile cenare, su prenotazione, o acquistare marmellate, miele, sottolio, formaggi, salumi e vino di produzione locale.

INFO

Ca' del Chino • Località Case Chino 4, Montesalso • 0525 53318 • Costi: camera singola 35 €, doppia 60 € (prima colazione inclusa)

BARDI

LE QUATTRO GENERAZIONI DEL BUE ROSSO

Nel cuore di Bardi, a soli 300 metri dal castello, un piacevole albergo-ristorante con sette camere. Il locale è gestito dalla stessa famiglia da ben quattro generazioni e dispone di un bel giardino con tavolini per gli ospiti e giochi per i bambini. L'arredamento è spartano, ma le stanze sono pulite e ordinate.

INFO

Bue Rosso • Via Martiri di Ungheria 10, Bardi • 0525 72260 • www.albergoristorantebuerosso.com • Costi: camera singola 40 €, doppia 80 € (prima colazione inclusa)

UN SOGGIORNO TRA NATURA E STORIA

Si dice che l'occhio vuole la sua parte e mai come a Ca' del Lupo il proverbio è stato più vero. Già la facciata in pietra vi farà respirare l'atmosfera dei castelli del parmense, per non parlare del magnifico soggiorno con camino, delle eleganti camere con travi a vista e del giardino che si affaccia sulla

Val Noveglia. Per finire, una piccola area benessere con idromassaggio, sauna e bagno turco per rilassarsi.

INFO

Ca' del Lupo • Località Bergazzi, Bardi • 0525 77177 • www.cadellupo.com • Costi: camera singola 40/50 €, doppia 80 € (prima colazione inclusa)

COMPIANO

UN AGRITURISMO EXTRA-LARGE

All'Agriturismo Carovane lo spazio non è certo un problema. All'interno di un'azienda agricola, che occupa circa 600 ettari, tre edifici recentemente ristrutturati con una quindicina di camere e servizi privati. Per grandi e piccini, tiro con l'arco, maneggio, giochi per bambini, campo da bocce e una ludoteca.

INFO

Agriturismo Carovane • Località Bertoli, Compiano • 0525 825324 • www.carovane.com • Costi: camera singola 35 €, doppia 60 € (prima colazione inclusa)

COLORNO

UN HOTEL UNA GARANZIA

Non ci sono insegne vistose ad annunciarlo, ma solo una scritta che sovrasta l'ingresso. D'altronde, l'Hotel Ponte non ha bisogno di presentazioni cerimoniose, la sua buona fama è già di per sé una garanzia. Lo stile è moderno, si alloggia in dieci camere con servizi privati e cassaforte, si può mangiare nel ristorante dell'albergo e viene utilizzato un sistema di pannelli fotovoltaici per produrre energia.

INFO

Hotel Ponte • Provinciale Asolana 89, Colorno • 0521 815761 • www.hotelponteparma.it • Costi: camera singola 49/59 €, doppia 59/69 € (prima colazione inclusa)

FONTANELLATO

OSTELLO DI NOME, NON DI FATTO

Ostello di nome, ma albergo di fatto, La Cascina accoglie gli ospiti in camere a uno o due letti con bagno privato o in confortevoli suite. Si trova alla periferia di Fontanellato, in un bell'edificio rurale in mattoni rossi recentemente ristrutturato, con travi a vista e graziose finestrelle ad arco. Se volete trascorrere un weekend con i fiocchi, affidatevi alla famiglia Froni: la sua cortesia sarà una piacevole sorpresa.

INFO

Ostello La Cascina • Località Cannetolo 25, Fontanellato • 0521 822235 • www.hostellacascina.com • Costi: camera singola 35 €, doppia 70 €

Dove mangiare e bere

VARANO DE' MELEGARI

LA BUONA CUCINA PARMIGIANA DI GELSY

Tra le verdi colline della Valle del Ceno, c'è un ottimo ristorante in cui gustare i piatti della cucina parmigiana, preparati come vuole la tradizione. Dallo gnocco fritto ai tortelli alle erbe di campagna, senza dimenticare il cinghiale con la polenta. Servizio cortese e tanta simpatia per un locale che vale da solo il viaggio. Anche per il conto.

INFO

Fopla da Gelsy • Villa Gelsomina, località Spiaggio 62, Solignano • 0525 58160 • www.villagelsomina.com • Aperto tutti i giorni • Costi: 18/22 €, bevande escluse

BARDI

IL RISTORANTE CHE ACCONTENTA TUTTI

Osteria tradizionale che propone, a chi ha voglia di una cena non troppo impegnativa, fantasiose pizze cucinate nel forno a legna. Menu con piatti di carne e pesce. Stagione permettendo, si può mangiare in giardino sotto un pergolato.

INFO

Il Pellicano • Via Pietro Cella 31, Bardi • 0525 71008 • Aperto venerdì, sabato e domenica • Costi: 15/20 €, bevande escluse

COMPIANO

TRA IL MARE E LA MONTAGNA, C'È LA PIZZA...

Trovare un ristorante in cui si mangiano buone pizze e buoni piatti di carne e pesce pare un'impresa impossibile, almeno finché non si prova Il Tiratardi. I prezzi sono contenuti, si mangia in ampie sale con pareti in legno o in giardino, circondati dal verde. Le specialità della tradizione, dai funghi impanati e fritti ai tagliolini al ragù di capriolo, si alternano ai ravioli di branzino e alle alici marinate. Buoni i dolci.

INFO

Il Tiratardi • Località Piano delle Moglie 115, Compiano • 347 1735506 • Chiuso lunedì • Costi: 20/25 €, bevande escluse

COLORNO

L'ARTE DI ABBINARE IL CIBO AL VINO

Per mangiare bene, non servono solo materie prime di qualità, ma anche vini che si accordino ai sapori e agli aromi. I proprietari lo sanno bene, ed è per questo che consigliano il vino adatto per le loro specialità locali, come risotto al culatello, maccheroni biologici con funghi e tartufi, punta di vitello arrotolata e ripiena cotta al forno, il mitico carrello dei bolliti e gli anolini in brodo di cappone.

INFO

Locanda Stendhal • Località Sacca 80, Colorno • 0521 815493 • www.ristorantestendhal.com • Chiuso domenica a cena • Costi: 20/25 €, bevande escluse

FONTANELLATO

IL REGNO DEL CULATELLO

È la prima culatelleria d'Italia e serve al tavolo salumi tipici della Bassa Parmense, tra cui ovviamente il culatello di Zibello e il salame Strolghino di Culatello, ciccioli frolli, lardo con verdure e formaggio grana, tortelli di erbette, di zucca e di patate preparati freschi tutti i giorni. Vini locali e torte della casa. Tutti i prodotti possono essere acquistati, compreso il vino. Aperto fino alle 19.

INFO

Culatelleria • Via Emilia 129, Sanguinaro di Fontanellato • 0521 825107 • www.culatelleria.it • Chiuso domenica e sabato pomeriggio • Costi: 13/15 €, bevande escluse

Trasporti e collegamenti

IN AEREO

L'aeroporto più vicino è quello di Bologna • Via del Triumvirato, Bologna • 051 6479615 • www.bologna-airport.it

IN TRENO

Le stazioni più vicine sono quelle di Fornovo Taro sulla linea ferroviaria Parma-La Spezia, Parma e Fidenza sulla linea Milano-Bologna, e Colorno sulla linea Parma-Brescia.

IN AUTO

Autostrada A15, casello di Fornovo di Taro per poi procedere in direzione Varano de' Melegari; autostrada A1 del Sole, uscita Parma, e poi proseguire per Colorno.

IN AUTOBUS

I borghi in cui sono ubicati i castelli sono raggiungibili con i bus delle autolinee Tep • 840 222 222 • www.tep.pr.it

Ferrara e Argenta

La città degli Estensi e il borgo dai riflessi argentei

Una volta i piani regolatori erano una faccenda seria. Quello voluto dal duca Ercole I d'Este per Ferrara e realizzato alla fine del Quattrocento dall'architetto Biagio Rossetti fu un capolavoro tale che l'Unesco ha dichiarato la città emiliana Patrimonio dell'umanità, un buon motivo per dedicare a questo prezioso centro abitato un weekend, ancora meglio se low cost. Poco lontano Argenta, il cui nome deriva dai riflessi argentei delle acque che anticamente la circondavano.

7
Ferrara

Ferrara

Ferrara è una città silenziosa ed elegante, da scoprire preferibilmente a piedi o in bicicletta. Un luogo insolitamente magico, dove austeri e massicci monumenti si alternano a capolavori architettonici più esili e slanciati e dove tranquilli vicoli dal sapore medievale incontrano costruzioni razionaliste. Il suo centro storico è circondato da circa 9 chilometri di mura, una spettacolare cortina rossa di mattoni realizzata tra il 1493 e il 1618, che contrasta con il verde intenso dei terrapieni alberati e rappresenta uno dei sistemi difensivi più imponenti del Medioevo e del Rinascimento. Oggi, dismesse le funzioni militari, le mura sono state trasformate in un suggestivo percorso pedonale o ciclabile.
La visita della città può iniziare da Palazzo Schifanoia, l'unica «delizia» estense sopravvissuta all'interno

delle mura, costruito nel 1385 come residenza destinata alle feste e alla vita sociale della corte, appunto per «schivare la noia», come suggerisce con chiarezza il nome. Nel salone dei Mesi si può ammirare uno dei cicli d'affreschi più importanti del Rinascimento, realizzato dai maestri dell'Officina Ferrarese e dedicato ai dodici mesi dell'anno.

La tappa successiva è il Castello Estense, edificato nel 1385 per volere del marchese Niccolò II d'Este per proteggere la signoria dalla rivolta popolare contro l'aumento delle tasse. Negli anni il castello, circondato da un ampio fossato e isolato dal ponte levatoio, perse la sua funzione militare e si trasformò in un lussuoso palazzo residenziale, con gli appartamenti ducali sontuosamente affrescati. Da non perdere la sala delle Geografie, dove sono esposte le carte geografiche settecentesche del territorio ferrarese, la Saletta dei Veleni, in cui venivano prodotti medicine e veleni usati contro i nemici politici, e il Camerino dei Baccanali, abbellito da scene ispirate al mito di Bacco. Scendendo nelle tenebrose segrete si scoprono le celle dove furono rinchiusi oppositori e amanti infelici.

Poco lontano, la cattedrale di San Giorgio, con la sua facciata di marmo bianco che spicca in mezzo agli altri edifici, conserva al suo interno un magnifico *Giudizio universale*. Altra meta degna di nota è il celebre Palazzo dei Diamanti, riconoscibile per le oltre 8500 bugne di marmo tagliate a diamante che coprono le due facciate, da cui ha preso il nome. Progettato nel 1492 e costruito fra il 1493 e il 1503 al centro del cosiddetto Quadrivio degli Angeli per volontà di Sigismondo d'Este, fratello del duca Ercole I, attualmente ospita le sale della Pinacoteca Nazionale e importanti esposizioni di arte. Poi c'è l'incompiuto Palazzo Costabili, detto anche di Ludovico il Moro, realizzato a cavallo tra Quattrocento e Cinquecento, circondato da un rigoglioso giardino e oggi sede del Museo Archeologico Nazionale, dove sono conservati i reperti provenienti dalla città di Spina, emporio commerciale etrusco scomparso senza lasciare traccia.

Tra i numerosi edifici di inizio Novecento che vale la pena vedere vi consiglio il Palazzo delle Poste, il Serbatoio monumentale dell'Acquedotto cittadino, costruito tra il 1930 e il 1932, il Palazzo dell'Aeronautica, non visitabile, uno dei capolavori del Novecento ferrarese, e l'ex Linificio Canapificio, risalente al 1938 e trasformato dopo la guerra nella fabbrica di aratri Toselli.

INFO

IAT di Ferrara • Castello Estense, largo Castello, Ferrara • 0532 209370 • www.ferraraterraeacqua.it/it/ferrara

Palazzo Schifanoia • Via Scandiana 23, Ferrara • 0532 64178 • Aperto dal martedì alla domenica 9.30-18 • Costi: 2/3 €

Castello Estense • Largo Castello, Ferrara • 0532 299233 • www.castelloestense.it • Aperto 9.30-17.30 nei mesi invernali, 9.30-13.30 e 15-19 nei mesi estivi; chiuso lunedì • Costi: 1/6 €

Pinacoteca Nazionale • Palazzo dei Diamanti, corso Ercole I d'Este 21, Ferrara • 0532 244949 • www.palazzodiamanti.it • Aperto 9-14, giovedì 9-19; chiuso lunedì • Costi: 2/4 €, escluse le mostre temporanee

Museo Archeologico Nazionale • Palazzo Costabili, via XX Settembre 122, Ferrara • 0532 66299 • www.archeoferrara.beniculturali.it • Aperto dal martedì al giovedì e domenica 9.30-17, venerdì e sabato 9.30-19; chiuso lunedì • Costi: 3/5 €

8 Argenta

Argenta

Argenta, importante cittadina di origine romana, ha fatto a lungo discutere riguardo alle radici del suo nome. Due le ipotesi più accreditate: secondo alcuni deriverebbe da *arx cinta*, «cinta da mura», secondo altri da argentea, per via del colore delle sue terre argillose e delle sfumature delle acque che anticamente la circondavano.
Non offre importanti monumenti o altre bellezze architettoniche, ma un interessante sistema ecomuseale che, in tre diversi spazi, narra la storia di questo angolo di provincia ferrarese.
Il Museo delle Valli di Argenta, all'ingresso del Parco Regionale del delta del Po, con sede nel Casino di Campotto, un edificio rurale prima usato per scopi agricoli e poi come residenza di caccia, racconta l'evoluzione del rapporto dell'uomo con l'ambiente naturale e illustra, in una sala multisensoriale, le caratteristiche della vicina area protetta.
Il Museo della Bonifica è un bell'esempio di archeologia industriale e permette di visitare due edifici di stile liberty: il grande impianto idrovoro di Saiarino, in cui è ospitato il museo, che provvede ancora allo scarico dell'acqua nel fiume Reno, e la vecchia centrale termoelettrica per la produzione di corrente.
Il Museo Civico ha sede nella chiesa di San Domenico ed espone tele, pale e tavole dipinte tra il XV e il XVIII secolo e reperti archeologici provenienti dai territori limitrofi alla Pieve di San Giorgio e dagli scavi effettuati nel centro cittadino, tra i quali una fibbia ostrogota.

INFO

IAT di Argenta • Piazza Marconi 1, Argenta • 0532 330276 • www.portaleargenta.it

Museo delle Valli di Argenta • Via Cardinala, Campotto • 0532 808058 • www.vallidiargenta.org • Aperto dal martedì alla domenica 9-13 e 15.30-18, chiuso lunedì • Costi: 2/3 €

Museo della Bonifica • Via Saiarino 1, Argenta • 0532 808058 • Aperto dal martedì alla domenica 9-13, visite guidate alle 9 e alle 11; il pomeriggio aperto solo su prenotazione e solo per gruppi • Costi: 3/4 €

Museo Civico • Via Aleotti 46, Argenta • 0532 808058 • Aperto da marzo a luglio e da settembre a ottobre sabato, domenica e festivi 15.30-18.30; gli altri giorni solo su prenotazione • Costi: ingresso gratuito

Zoom

Il Sepolcreto dei Fadieni

Poco più di 20 chilometri separano Ferrara dalla località di Gambulaga, nel comune di Portomaggiore, dove nel 2002 è stata scoperta l'affascinante necropoli di epoca romana dei Fadieni, risalente al I e II sec. d.C. Il museo archeologico ospitato nella Delizia Estense del Verginese, un casale di campagna trasformato in residenza ducale nel primo Cinquecento, mette in mostra cinque stele e oltre duecento reperti rinvenuti nelle tombe: oggetti in bronzo, finimenti di cavalli, monete e un'eccezionale raccolta di vasellame in vetro, integro e finemente lavorato, assai raro per il territorio ferrarese.

Sepolcreto dei Fadieni • Delizia Estense del Verginese, via Verginese, località Gambulaga, Portomaggiore • 0532 323258 • Aperto sabato, domenica e festivi 10-12.30 e 15-18.30; da aprile a ottobre 15.30-19 • Costi: 2/3 €

9
Porto-
maggiore

Dove dormire

FERRARA

LO STUDENT'S HOSTEL IN UN PALAZZO STORICO

Dimenticate tutto ciò che vi hanno raccontato sugli ostelli: qui è davvero un'altra faccenda. In un edificio storico nel centro di Ferrara, stanze triple (anche a uso singola o doppia) e camerate da quattro e sette posti letto, con bagni in comune, saranno il vostro rifugio dopo una giornata a spasso per la città. Deposito bagagli, ristorante, punto di informazioni turistiche, parcheggio auto a pagamento e noleggio bici.

INFO
Student's Hostel Estense • Corso Biagio Rossetti 24, Ferrara • 0532 201158 • it.ostelloferrara.it • Costi: camera singola 35 €, doppia 44 €, posto letto 17 € (prima colazione inclusa)

PACE E TRANQUILLITÀ NELL'EX CONVENTO DEI GESUATI

I Gesuati predicavano la povertà assoluta e vestivano con saio e zoccoli. Oggi, le sale del convento e i chiostri non sono più frequentati da devoti uomini di fede, ma da clienti in cerca di pace e tranquillità. Gli ambienti hanno conservato l'originario rigore: qui non troverete il lusso sfrenato, ma stanze spartane e un ristorante ricavato nell'ex refettorio dei monaci.

INFO
San Girolamo dei Gesuati • Via Madama 40, Ferrara • 0532 207448 • www.sangirolamodeigesuati.com • Costi: camera singola 50 €, doppia 90 € (prima colazione inclusa)

LA LOCANDA DELLA BISCIA

Cinque appartamenti in un antico edificio nel centro storico di Ferrara, attrezzato con angolo cottura e sala da pranzo. Oltre all'aria condizionata e all'uso gratuito delle biciclette, lo staff coccola i suoi ospiti servendo un'abbondante prima colazione, volendo anche in camera. Consultate spesso il sito per essere sempre al corrente delle offerte.

INFO
Locanda della Biscia • Via Palestro 57, Ferrara • 0532 242817 • www.locandadellabiscia.it • Costi: camera singola 55 €, doppia 75 €, posto letto in appartamento 27,50/30 €

ARGENTA

IL B&B DI CHARME NEL VECCHIO FIENILE

In un vecchio fienile immerso nella campagna ferrarese, è stato ricavato un b&b con camere di charme e un grande giardino con gazebo, in cui consumare un pranzo al sacco preparato dai proprietari o fare una grigliata con il barbecue a disposizione degli ospiti. Noleggio gratuito di biciclette e drink di benvenuto. Sconti per soggiorni di almeno quattro notti e per i bikers che arrivano in bicicletta.

INFO
B&B Basilico • Via Quartiere Runco 140/b, Runco di Portomaggiore • 339 1198691 • www.basilicoferrara.com • Costi: camera singola 45/60 €, doppia 60/75 € (prima colazione inclusa)

L'HOTEL CENTRALE DI ARGENTA

Semplice albergo a tre stelle recentemente rinnovato. Si alloggia nel centro di Argenta, in quattordici camere con aria condizionata e servizi privati, affacciate sulla vivace piazza del mercato. Gestione familiare, servizio bar e buon rapporto qualità-prezzo.

INFO
Hotel Centrale • Via Bianchi 1/d, Argenta • 0532 852694 • www.hotelcentraleargenta.it • Costi: camera singola 40/50 €, doppia 60 € (prima colazione inclusa)

Dove mangiare e bere

FERRARA

UN NAPOLETANO A FERRARA

Antonio vive a Ferrara dal 1959 e da allora la sua pizza napoletana, gustosa, ben cotta e con ingredienti di qualità, è una certezza per tutti gli abitanti della zona.
Per gli altri c'è la possibilità di scegliere tra pochi e semplici piatti della tradizione culinaria partenopea. Servizio rapido e cortese.

INFO
Pulcinella • Corso Porta Po 94, Ferrara • 0532 211146 • www.ristorantepizzeriapulcinellafe.it • Chiuso mercoledì • Costi: 12/15 €, bevande escluse

I PIACERI DELLA DUCHESSA ESTENSE

Ci sono tre cose che nella vita, secondo lo chef Giovanni, meritano di essere assaporate fino in fondo: l'arte, la musica e il cibo. Un buon menu non è solo questione di gusto, ma anche di presentazione e scenografia. Ecco perché i piatti dei Piaceri di Lucrezia sono sia buoni da mangiare sia belli da vedere. Si inizia con antipasti a base di salumi emiliani per proseguire con cappellacci di zucca, tortellini, tagliatelle e maltagliati, carne alla griglia e qualche piatto vegetariano.

INFO

I Piaceri di Lucrezia • Via XX Settembre 61, Ferrara • 0532 472501 • ipiaceridilucrezia.vpsite.it • Chiuso domenica a cena • Costi: 20/25 €, bevande escluse

ARGENTA

L'ANGUILLA ALLA COMACCHIESE DI PAOLO E VALERIA

Paolo e Valeria fanno i cuochi da oltre vent'anni, quindi sanno come trattare i clienti. Quando nel 2010 hanno aperto il loro ristorante, avevano già le idee chiare: servire piatti di pesce e carne, ma soprattutto la classica anguilla alla comacchiese, al forno o alla griglia, marinata per un mese intero in aceto, sale, acqua e due foglie d'alloro. Imperdibili le rane fritte o al sugo. Buone anche le pizze. Al piano superiore, l'albergo con sala riunioni.

INFO

Ristorante ai Dossi • Via 8 Settembre 1944 28, località Filo, Argenta • 0532 856241 • www.miositoweb.com/ristorante-aidossi • Chiuso lunedì a cena e martedì • Costi: 18/25 €, bevande escluse

LA CUCINA FERRARESE DALL'ANTIPASTO AL DOLCE

Nel centro di Portomaggiore, una locanda con un ristorante dedicato interamente alla cucina tradizionale ferrarese, di terra e mare. Antipasti di salumi e di pesce, cappellacci di zucca con ragù o burro e salvia, gnocchetti verdi con vongole veraci e datterini freschi, grigliate miste e, per finire, dolce salame ferrarese.

INFO

Locanda del Duomo • Piazza Umberto I 24/25, Portomaggiore • 0532 324500 • www.locandadelduomo.it • Chiuso lunedì e martedì a pranzo • Costi: 18/25 €, bevande escluse

Trasporti e collegamenti

IN AEREO

L'aeroporto più vicino è quello di Bologna • Via del Triumvirato, Bologna • 051 6479615 • www.bologna-airport.it

IN TRENO

La stazione FS di Ferrara si trova sulla linea Bologna-Padova.

IN AUTO

Autostrada A13 Bologna-Padova, uscite di Ferrara Sud e Ferrara Nord.

IN AUTOBUS

Argenta è raggiungibile con gli autobus Tper in partenza dalle stazioni di Bologna e Ferrara. Tper • 051 350111 • www.tper.it

Il delta del Po

La Finistère padana, tra fari, canali, boschi e antiche abbazie

Finistère è quel lembo di Bretagna proteso verso l'Oceano Atlantico. Anche l'Italia ha la sua «fine delle terre», coincidente con l'ultimo tratto del corso del Po, affacciato sul Mare Adriatico. Un luogo magico, da scoprire a piedi, in bicicletta o, ancora meglio, in barca. E per ricordare al visitatore la sua importanza, fa da imperituro promemoria l'abbazia di Pomposa, antico centro monastico di preghiera e lavoro.

10 Goro

Goro

A Goro inizia quel confuso intrico di terra e acqua che segna la fine della Pianura Padana e l'inizio del Mare Adriatico. La cittadina, con il suo vivace porto peschereccio, deve il suo nome a Gaurus, un vecchio ramo del Po, ed è relativamente moderna essendosi formata nel XVIII secolo, quando furono erette le prime abitazioni di canna lungo la sponda destra del Po. A ricordare l'importanza di Goro rimane oggi il faro di Gorino che, dopo un'attività decennale, è stato «inghiottito» dall'avanzamento della foce del fiume e sostituito da un nuovo imponente faro, alto circa 22 metri, con una lanterna il cui fascio luminoso copre una distanza di 10 miglia.

Se volete informazioni turistiche dettagliate sulla zona, recatevi alla casa del guardiano della vecchia lanterna, un suggestivo punto d'accoglienza nel Parco del delta del Po, raggiungibile con le barche in partenza da Goro, a piedi o in bicicletta attraverso un sentiero naturalistico che parte dal porto di Gorino. Grazie ai preziosi consigli del personale, potrete esplorare un habitat unico e vivere un'esperienza indimenticabile, soprattutto se sceglierete di fare una gita in barca. Meglio evitare le motonavi turistiche e affidarsi alle piccole imbarcazioni dei pescatori, in partenza dai porti di Goro e Gorino, che tra canali e fondali bassi e paludosi conducono alla scoperta del delta. Si gironzola, a volte quasi senza meta, sino a raggiungere la Sacca di Goro, separata dal mare dallo Scannone di Goro. Qui i fondali sono poco profondi, mediamente 60/70 centimetri, con punte massime non superiori a 2 metri. Il parco è attrezzato con numerosi centri visita a Mesola, Comacchio, Argenta Sant'Alberto, Cervia, Bevanella, Ostellato, Lagosanto e Bagnacavallo, che organizzano escursioni e birdwatching e in alcuni casi sono sede di ecomusei. Mentre si naviga alla scoperta della riserva naturale, si incontra una fauna ricchissima: aironi rossi, tarabusini, folaghe, gallinelle d'acqua e vari passeriformi che si riproducono nei canneti. La beccaccia di mare nidifica ormai abitualmente in questo ambiente, di grande importanza anche per le specie migratorie che vi stazionano (falchi di palude, sterne, pittime reali, marzaiole morette...). Sulla terraferma si trovano invece il toporagno d'acqua, la nutria e, secondo alcuni, anche la lontra. Per quanto riguarda la vegetazione, mentre la cannuccia di palude forma estesi e impenetrabili canneti, tra le piante sommerse si può riconoscere la Gracilaria confervoides, un'alga rossa usata per preparare cosmetici.

INFO

Ufficio Informazioni Turistiche di Goro • Via Cavicchini 13, Goro • 0533 995030 • www.comune.goro.fe.it

Parco del Delta del Po • 0533 314003 • www.parcodeltapo.it

Il Gran Bosco della Mesola

11 Mesola

Non distante da Goro si incontra il Gran Bosco della Mesola, una delle poche foreste oggi esistenti in pianura, in gran parte devastata dal massiccio disboscamento avvenuto durante la Seconda guerra mondiale. L'area aperta al pubblico è abbastanza ampia e conviene visitarla noleggiando una bicicletta all'ingresso. Lungo la strada sterrata è piuttosto usuale incontrare i cervi e i daini che attualmente vivono liberi nel bosco.

Uno dei luoghi più suggestivi della riserva naturale è il Taglio della Falce, una zona umida posta al limi-

te sud del Bosco della Mesola, là dove le acque della Sacca di Goro si mescolano con quelle provenienti dall'entroterra. Qui sono presenti un punto di ristoro, ospitato in un antico edificio risalente al 1872, e un oratorio di culto mariano, costruito nel 1905. Il bosco è anche attrezzato con un sentiero didattico per non vedenti, dotato di corrimano e scritte in braille che aiutano a comprendere le varie specie vegetali e faunistiche dell'oasi.
Nel vicino centro abitato di Mesola si può visitare l'elegante Castello Estense, della fine del Cinquecento, una via di mezzo tra una fortezza e una dimora di lusso, sede del Centro di Educazione Ambientale e del Museo del Bosco e del Cervo.

INFO
IAT di Mesola • Piazzetta Santo Spirito, Mesola • 0533 993358 • www.prolocomesola.it

Museo del Bosco e del Cervo • Castello Estense, piazza Santo Spirito, Mesola • 339 1935943 • Aperto 9.30-12.30 e 15-18; chiuso lunedì • Costi: 2/3 €

12 L'abbazia di Pomposa a Codigoro

Codigoro

Lungo la Strada Romea, l'antica via dei pellegrinaggi medievali, nel breve tratto che corre dal Po di Goro al Po di Volano, sorge il monastero benedettino di Pomposa, le cui prime fonti risalgono al IX secolo. L'abbazia venne consacrata nel 1026, quando visse il suo periodo di maggior splendore, ospitando personaggi illustri, come il monaco Guido d'Arezzo, il celebre inventore della scrittura musicale basata sul sistema delle sette note. A quel periodo risalgono i cicli di affreschi di ispirazione giottesca che si ammirano all'interno della basilica di Santa Maria e il bellissimo pavimento a mosaico con intarsi di marmi preziosi. Il Museo Pomposiano ha sede nell'antico dormitorio del monastero ed espone iscrizioni, marmi, rari stucchi, primitivi arredi della chiesa, maioliche e reperti archeologici di vario tipo,

Zoom

Comacchio

Per molti Comacchio, insieme alla rivale Chioggia, è una piccola Venezia. Antico baluardo dello Stato Pontificio, nemica acerrima della Serenissima, Comacchio vanta l'insolito Trepponti, tre ponti che si uniscono in un terrazzo con torri di guardia per controllare l'accesso al centro abitato. Poco lontano si incontra la piazzetta della Pescheria, dove si svolge il mercato del pesce. I canali di Comacchio si navigano a bordo delle battane, tipiche imbarcazioni mercantili oggi utilizzate per accompagnare i visitatori alla scoperta degli scorci più belli.

IAT di Comacchio • Via Agatopisto 3, Comacchio • 0533 314154 • www.turismocomacchio.it

oltre a lacerti di affreschi. Lo spettacolare campanile della chiesa, alto 48 metri, venne eretto nel 1063 dall'architetto Deusdedit, che volle essere ricordato in una lastra sulla parete occidentale.

INFO
Abbazia di Pomposa e Museo Pomposiano • Via Pomposa Centro 12, Codigoro • 0533 719119 • Aperto dal martedì alla domenica 8.30-19.30 • Costi: 2,50/5 €

Dove dormire

GORO

GLI SPUNTINI GOLOSI DELL'OSTELLO GORINO

Viaggiatori solitari, coppie e gruppi di amici, questo è l'ostello che fa per voi. Cinque ampie camere con bagno privato, sulla strada per Gorino, in posizione strategica per visitare la zona. La struttura dispone di giardino e parcheggio, la mattina viene offerta la prima colazione e, su richiesta, viene preparato il pranzo al sacco per le escursioni giornaliere. Bar aperto fino alle 20.30.

INFO
Ostello Bar Gorino • Via per Gorino 241, Goro • 0533 999758 • www.ostellobargorino.com • Costi: camera singola 28 €, doppia 45 €, posto letto 18 €

LA LOCANDA PER I CICLISTI

Una locanda-ristorante a gestione familiare con cinque camere dotate di servizi privati, a pochi passi dalla spiaggia. Biciclette gratuite per un giorno a coloro che soggiornano almeno tre notti a mezza pensione; gli altri le possono noleggiare. Chi invece ha la propria, sappia che c'è un garage con rastrelliere.

INFO
Locanda Ferrari • Via Brugnoli 244, Goro • 0533 996546 • www.ristoranteferrari.it • Costi: camera singola 45 €, doppia 70 € (prima colazione inclusa)

MESOLA

UN RIFUGIO NELLA LAGUNA

A poche centinaia di metri dal canale di Torre Abate, non lontano dalla Riserva Naturale Bosco della Mesola, il Rifugio Al Paesin, immerso nel verde, mette a disposizione dei suoi ospiti molti comfort: ampio giardino, parcheggio per auto e bici, perfino una piccola ciclofficina. Osteria con piatti della cucina ferrarese.

INFO
Rifugio Al Paesin • Via Boschetto 17, Mesola • 0533 993176 • www.fattoriedeldelta.it • Costi: camera doppia 48 €, posto letto in camerata 26 €

I PACCHETTI BENESSERE DI CA' VECIA

Prima era solo un'azienda agricola, ora è anche un agriturismo che vende ai suoi clienti gli ortaggi, la frutta e i vini che produce e organizza laboratori in cui partecipare attivamente alla vita di campagna. Acquistando dei convenienti pacchetti, si può usufruire di trattamenti benessere che comprendono massaggi e impacchi alle erbe aromatiche. Non fermatevi quindi alle apparenze: oltre alle sette camere, singole e doppie, Ca' Vecia ha parecchi assi nella manica.

INFO
Ca' Vecia • Via Nuova Corriera 166, Bosco Mesola • 0533 794600 • www.agriturismo-cavecia.it • Costi: camera singola 38 €, doppia 70 € (prima colazione inclusa)

COMACCHIO

VALLE ISOLA NELLA CAMPAGNA DI COMACCHIO

Aperta da marzo a novembre, Valle Isola è una casa colonica che regna indisturbata nei 120 ettari dell'azienda agricola Mazzotti. Si alloggia in camere e appartamenti da due a quattro letti, immersi nella campagna di Comacchio. Ristorante, noleggio bici, scuola di equitazione e birdwatching sono solo alcuni dei servizi offerti dall'agriturismo.

INFO
Valle Isola • Via Orto Ghiacciaia 10, San Giuseppe di Comacchio • 0533 379816 • www.biovivere.com • Costi: camera singola 50 €, doppia 75 €, appartamenti per quattro persone 120 € (prima colazione inclusa)

AL PASARAT, NEL CENTRO STORICO DI COMACCHIO

Tra canali e calli, nel cuore del centro storico di Comacchio, un tranquillo b&b in una casa a più piani in cui si dorme in tre luminose camere arredate con cura. Silenzio, tranquillità e gentilezza regnano sovrani. Quale modo migliore per scoprire la città e i suoi dintorni e assaggiare le specialità regionali?

INFO
Al Pasarat • Via Buonafede 90, Comacchio • 0533 81597 • www.bbalpasarat.com • Costi: camera singola 50 €, doppia 65 €

Dove mangiare e bere

GORO

A POCHI PASSI DAL PORTO

I sapori del delta del Po in un ristorante che oramai è una rinomata tradizione a Goro. In tavola cozze e vongole veraci alla marinara, frutti di mare gratinati, spaghetti al dente conditi con le vongole, risotti alla marinara, ravioli di spigola e ottime grigliate miste, anche con anguilla. Buona scelta di vini e dolci della casa.

INFO
Ristorante Ferrari • Via Brugnoli 244, Goro • 0533 996546 • www.ristoranteferrari.it • Chiuso mercoledì • Costi: 20/28 €, bevande escluse

MESOLA

SUA MAESTÀ IL PIATTO

Affacciato sulla piazzetta del bellissimo Castello Estense di Mesola, questo ristorante non teme paragoni. Che si mangi nella saletta interna dal sapore un po' retrò o all'esterno, all'ombra del porticato, i piatti emiliani serviti agli avventori sono sempre all'altezza della loro fama: risotti, pesce, carne e cacciagione, ma anche pizze cotte nel forno a legna. Dolci fatti in casa e buona cantina a prezzi più che onesti.

INFO

Al Castello • Piazza Umberto I 9, Mesola • 0533 993088 • Chiuso lunedì • Costi: 15/23 €, bevande escluse

COMACCHIO

IL RISTORANTE CON LOCANDA DELLA FAMIGLIA TADDEI

Prima era un bar, poi è diventato una tavola calda, e alla fine un ristorante con locanda. La famiglia Taddei ha capito qual è la ricetta di un locale di successo: cucina verace dove prevalgono i sapori del mare, professionalità ed esperienza. Ancora meglio se si può scegliere tra economici menu fissi, che includono anche una grigliata mista, o alla carta.

INFO

Locanda La Pescheria • Via Fogli 99, Comacchio • 0533 81597 • www.bbla-pescheria.it • Chiuso martedì • Costi: 20/25 €; menu a prezzo fisso 17 €, bevande escluse

IL MARE IN TAVOLA

A Lido Spina, a pochi passi dal mare, l'agriturismo Quietovivere porta in tavola tagliolini cozze e vongole, grigliate di pesce e crostacei, carpaccio di pesce spada, fritti misti e, per chi ha voglia di osare, il brodetto a becco, una specialità locale a base di anguilla soffritta con olio e cipolla. Servizio cortese e menu fissi, in base all'appetito e al portafoglio.

INFO

Quietovivere • Viale Raffaello 96, Lido di Spina • 0533 333559 • www.quietovivere.com • Aperto tutti i giorni • Costi: 18/23 €, bevande escluse

Trasporti e collegamenti

IN AEREO

Gli aeroporti più vicini sono quelli di Venezia e Bologna.
Aeroporto di Venezia Marco Polo • Via Galileo Galilei, Venezia • 041 260 6111 • www.veniceairport.it
Aeroporto di Bologna Marconi • Via del Triumvirato, Bologna • 051 6479615 • www.bologna-airport.it

IN TRENO

Le stazioni più vicine sono quelle di Codigoro e Ostellato, servite da Ferrovie Emilia Romagna • 0532 979311 • www.fer-online.it

IN AUTO

Autostrada A13 Bologna-Padova, uscita di Ferrara Sud, proseguire quindi sulla SS 309 Romea.

IN AUTOBUS

La zona del Delta è servita dagli autobus Tper in partenza da Ravenna, Bologna e Cento • 051 350111 • www.tper.it

Modena, Reggio e Carpi

Piazze, palazzi e torri tra Modena, Reggio Emilia e Carpi

Tre splendide città, vicine tra loro, e quindi visitabili in un unico weekend. Modena, che con il suo fascino e la sua grazia, per dirla con le parole dell'Unesco, «è una testimonianza eccezionale della tradizione culturale del XII secolo e un esempio eminente di un complesso architettonico i cui valori religiosi e civici sono riuniti in una città cristiana del Medioevo». Reggio Emilia e Carpi, più discrete, ma altrettanto belle, le cui piazze ne ricordano il passato di borghi medievali.

14 Modena

Modena

La visita di Modena non può che iniziare da piazza Grande, il cuore della città, con il suo antico pavimento acciottolato. Incorniciata dal duomo, dalla Torre Ghirlandina (insieme ai quali è stata dichiarata dall'Unesco Patrimonio dell'umanità) e dal porticato del Palazzo Comunale, simboli storici delle istituzioni politiche e religiose, la piazza conserva ancora la Pedra Ringadora, «pietra dell'arringa» in dialetto modenese, un enorme masso di pietra che, nel Medioevo, fungeva da palco per gli oratori che, a turno, esortavano la folla. La vicina Torre della Ghirlandina, alta 86 metri, è una delle strutture più rappresentative della città. Deve il suo nome alle balaustre in marmo che, come tante ghirlande, si attorcigliano intorno alla guglia, e riuni-

sce in sé due stili diversi: romanico alla base e gotico sulla cuspide.
Modena non ha solo un'anima culturale. La sua fama è legata anche a un'eccellenza ben più recente e sportiva, amata da uomini e donne di tutte le età e di ogni estrazione sociale.
Si tratta della Ferrari. A Modena si trova infatti la casa natale del suo fondatore, Enzo Ferrari, trasformata recentemente in museo, con un percorso multimediale che ripercorre gli eventi più significativi della vita del creatore della prestigiosa casa automobilistica attraverso documenti storici, oggetti e testimonianze audio-video inedite, e una serie di macchine esposte come opere d'arte. Tra queste l'Alfa Romeo 40-60 del 1914, l'Alfa Romeo RL Super Sport Mille Miglia del 1927 e l'Alfa Romeo Bimotore del 1935.
Un biglietto unico e un bus navetta in partenza dal Museo Ferrari permettono di visitare anche il Museo di Maranello, con uno sconto di 4 euro. Qui si racconta la storia della casa automobilistica e dei suoi successi sportivi e commerciali. Cuore dell'esposizione sono naturalmente le circa quaranta vetture, scelte a rotazione tra tutte quelle a marchio Ferrari.
Compreso nel prezzo anche il tour guidato all'interno della Pista di Fiorano e lungo il viale Enzo Ferrari, in fabbrica. Il debole di Modena per le quattro ruote non si esaurisce comunque con la mitica Ferrari. Lo dimostra il Museo dell'Auto Storica Stanguellini, con la sua collezione di una trentina di vetture da corsa e coupé sportive prodotte da questo marchio, nato nel 1900.
Altri gioielli di grande valore sono conservati nel Palazzo dei Musei, sede dei Musei Civici e della Galleria Estense, nelle cui sale si ammirano veri e propri capolavori, come il busto di Francesco I d'Este del Bernini, il ritratto, sempre di Francesco I, di Velázquez, la Madonna col bambino del Correggio, un trittico di El Greco e un Crocifisso di Guido Reni.
Prima di lasciare la città può essere piacevole anche una sosta al Museo della Figurina, dove sono raccolte figurine di tutti i tipi e di tutte le epoche, dalle mitiche Liebig ai leggendari album dei calciatori che hanno fatto sognare generazioni di bambini.

INFO

IAT di Modena • Piazza Grande 14, Modena • 059 2032660 • turismo.comune.modena.it

Torre Ghirlandina • Piazza Torre, Modena • 059 2032660 • Aperto in settembre e ottobre dal martedì alla domenica 9.30-12.30 e 15-19 • Costi: 2/3 €

Museo Enzo Ferrari • Via Paolo Ferrari 85, Modena • 059 4397979 • www.museocasaenzoferrari.it • Aperto tutti i giorni da novembre a marzo 9.30-18, da aprile a ottobre 9.30-19 • Costi: biglietto singolo 5/15 €, biglietto cumulativo 10/26 € (Museo Enzo Ferrari e Museo Maranello)

Museo Ferrari Maranello • Via Dino Ferrari 43, Maranello • 0536 949713 • museomaranello.ferrari.com • Aperto tutti i giorni 9.30-18, da aprile a ottobre fino alle 19 • Costi: biglietto singolo 5/15

€, biglietto cumulativo 10/26 € (Museo Enzo Ferrari e Museo Maranello)

Museo dell'Auto Storica Stanguellini • Via Emilia Est 756, Modena • 059 361105 • www.stanguellini.it • Aperto dal lunedì al venerdì 15-18 • Costi: ingresso gratuito

Musei Civici • Viale Vittorio Veneto 5, Modena • 059 2033100 • www.museimodenesi.it • Aperto dal martedì al sabato 9-12, domenica e festivi 10-13 e 16-19; chiuso lunedì • Costi: ingresso gratuito

Galleria Estense • Palazzo dei Musei, largo Porta Sant'Agostino 337, Modena • 059 4395711 • www.galleriaestense.org • Chiusura temporanea per lavori di restauro, riapertura prevista in maggio 2015

Museo della Figurina • Corso Canalgrande 103, Modena • 059 2032919 • www.comune.modena.it/museofigurina • Aperto dal mercoledì al venerdì 10.30-13 e 15-18; sabato, domenica e festivi 10.30-19 • Costi: ingresso gratuito

15 Reggio Emilia

Reggio Emilia

Più raccolta di Modena, Reggio nell'Emilia, conosciuta comunemente come Reggio Emilia, concentra in piazza Camillo Prampolini, popolarmente definita piazza Grande, gli edifici simbolo della vita religiosa e politica della città. Su di essa si affacciano infatti il duomo di origine romanica, il battistero risalente all'XI secolo, e il Palazzo del Monte di Pietà, con la torre dell'orologio alta 47 metri. Su piazza Grande guarda anche il Palazzo del Comune, dalla graziosa facciata settecentesca, noto perché in una delle sue sale, oggi visitabile (insieme al Museo del Tricolore), nel 1797 i rappresentanti di Reggio, Modena, Bologna e Ferrara proclamarono la Repubblica Cispadana e adottarono il tricolore come bandiera.
Proprio accanto al duomo, il Broletto, una vivace strada in parte coperta collega piazza Prampolini con la vicina piazza San Prospero, detta anche piazza Piccola che, con la facciata barocca della basilica di San Prospero, tra le più antiche della città, attira ogni giorno molti turisti.
Per chi avesse ancora voglia di scoprire le meraviglie della città, in un ex convento nei pressi del Parco del Popolo, i Musei Civici espongono diverse raccolte e collezioni archeologiche, etnografiche, artistiche e di storia naturale.

INFO

IAT di Reggio Emilia • Via Farini 1, Reggio Emilia • 0522 451152 • turismo.comune.re.it

Sala e Museo del Tricolore • Palazzo del Comune, piazza Prampolini 1, Reggio Emilia • 0522 456586 • www.tricolore.it • Per gli orari consultare il sito • Costi: ingresso gratuito

Musei Civici • Via Spallanzani 1, Reggio Emilia • 0522 456816 • www.musei.re.it • Chiuso lunedì • Costi: ingresso gratuito

Carpi

16
Carpi

Definita «perla del Rinascimento» dai viaggiatori tedeschi di fine Ottocento, Carpi conserva ancora perfettamente integro il complesso di edifici dove risiedevano i nobili della signoria dei Pio. Nelle belle sale affrescate hanno sede i principali musei della città, come la Pinacoteca, la raccolta di documenti e oggetti sulla storia di Carpi e la sezione dedicata alle vittime della deportazione nazista.
Uscendo sulla piazza dei Martiri, la terza piazza più grande d'Italia, sulla quale si affacciano, oltre al Palazzo dei Pio, la cattedrale, il Palazzo Comunale e il Portico del Grano, ci si ritrova immersi nella vivace vita sociale del paese. Da visitare anche la torre campanaria della Sagra, la chiesa più antica della città, fondata dal re longobardo Astolfo.
Poco fuori Carpi si incontra il campo di Fossoli, drammatica testimonianza degli anni più bui vissuti dal nostro Paese e dall'Europa, utilizzato come anticamera dei lager nazisti.

INFO

Ufficio del Turismo di Carpi • Via Berengario 2, Carpi • 059 649255 • www.carpidiem.it/turismo

Pinacoteca • Palazzo dei Pio, piazza dei Martiri 68, Carpi • 059 649955 • www.palazzodeipio.it • Aperto sabato, domenica e festivi 10-13 e 15-19, gli altri giorni su richiesta • Costi: 3/5 €

Torre Campanaria della Sagra • Piazzale Re Astolfo IV, Carpi • 059 659255 • Chiusura temporanea per lavori di restauro

Campo di Fossoli • Località Fossoli, Carpi • 059 688272 • www.fondazionefossoli.org • Aperto domenica e festivi 10-12.30 e 15-19 • Costi: ingresso a offerta libera

Zoom

Il paese di Peppone e don Camillo

17
Brescello

Guareschi ha ambientato le scaramucce tra il sindaco comunista Peppone e don Camillo a Brescello, un piccolo paese in provincia di Reggio Emilia. La memoria dei loro battibecchi è ancora piuttosto viva, tanto che nella chiesa di Santa Maria Nascente è appeso il crocifisso al quale don Camillo rivolgeva le sue accorate preghiere, creato appositamente per il film e poi donato alla parrocchia.
Peppone e Camillo hanno fatto la storia di questo borgo: le loro statue di bronzo svettano nel cuore di piazza Matteotti e la stazione ferroviaria che compare in numerose scene è rimasta pressoché immutata nel tempo.

Visit Brescello • Via Cavallotti 24, Brescello • 0522 482564 • visitbrescello.it

Dove dormire

MODENA

UN WEEKEND DA FAVOLA ALL'HOTEL CASTELLO

Se volete trascorrere un weekend in un albergo di charme a prezzi accessibili, l'Hotel Castello è il compromesso ideale. Nata nel Settecento come dimora nobiliare, la villa, con tanto di torre, accoglie gli ospiti in trentotto camere con bagno privato situate sia nell'antica residenza sia nella dépendance. La ciliegina sulla torta è l'ampio e rilassante giardino con gazebi in cui prendere il sole d'estate, leggere un libro o sorseggiare un buon bicchiere di vino.

INFO

Hotel Castello • Via Pica 321, Modena • 059 361033 • www.hotelcastello-mo.it • Costi: camera singola 60/85 €, doppia 90/120 € (prima colazione inclusa)

L'OSTELLO DELLA GIOVENTÙ DI MODENA

All'Ostello San Filippo, vicino alla stazione ferroviaria e non lontano da piazza Grande, le soluzioni per il pernottamento sono le più varie. Camere singole, doppie o triple con bagni ai piani o privati, e, in aggiunta, spazi comuni per mangiare, leggere e chiacchierare, distributori di bevande e snack, lavatrici/asciugatrici automatiche, deposito bagagli e, in collaborazione con il comune di Modena, il noleggio gratuito di biciclette per muoversi in città.

INFO

Ostello San Filippo Neri • Via Sant'Orsola 48, Modena • 059 234598 • www.ostellomodena.it • Costi: camera singola 25 €, doppia 40 €, posto letto in camerata 18,50 €

LE CAMERE E L'APPARTAMENTO DELLA POMPOSA

La Pomposa ha sempre un posto per voi: se il b&b è al completo, c'è l'appartamento in piazza della Pomposa. La struttura, situata in una via tranquilla del centro storico, dispone di accoglienti camere singole o matrimoniali con servizi. La colazione si fa al bar sottostante e include cappuccino e cornetto. Si può accedere e parcheggiare nella zona a traffico limitato.

INFO

La Pomposa • Via Piave 68, Modena • 059 4821121 • www.lapomposa.com • Costi: camera singola 40 €, doppia 64 €; appartamento 40 € a persona (prima colazione inclusa)

REGGIO EMILIA

UN'ACCOGLIENTE PENSIONE

Nel centro di Reggio Emilia, in prossimità di tutti i principali monumenti, raggiungibili a piedi, un semplice hotel che ricorda le vecchie e accoglienti pensioni di una volta. Servizio cortese, camere con servizi pulite e ben arredate, possibilità di parcheggio nelle vicinanze e accesso alla zona a traffico limitato.

INFO

Hotel Ariosto • Via San Rocco 12, Reggio Emilia • 0522 437320 • Pagina Facebook: Hotel Ariosto – Reggio Emilia centro •

Costi: camera singola 38/45 €, doppia 48/58 € (prima colazione inclusa)

IL TRE STELLE A DUE PASSI DALLA STAZIONE

In piazza Marconi, di fronte alla stazione dei treni, c'è un tre stelle con una cinquantina di camere, in alcuni casi a tre o quattro letti, recentemente rinnovate, con servizi privati, tv al plasma, cassaforte, minibar, aria condizionata e riscaldamento autonomi. Vengono studiate soluzioni ad hoc per i gruppi numerosi.

INFO

Hotel San Marco • Piazzale Marconi 1, Reggio Emilia • 0522 435364 • www.hotelsanmarco-re.it • Costi: camera singola 50/67 €, doppia 70/96 € (prima colazione inclusa)

CARPI

LA VILLETTA NELLA CAMPAGNA MODENESE

In un grazioso quartiere di villette nella campagna modenese, a circa 5 chilometri dal centro storico di Carpi e meno di venti minuti da Modena e Reggio Emilia, un accogliente b&b che serve la colazione direttamente in camera o, nei mesi estivi, in giardino. Possibilità di parcheggio, anche per moto e biciclette.

INFO

B&B La donna con la valigia • Via Achille Caprari 14, Carpi • 370 3052441 • Pagina Facebook: Bed and Breakfast La Donna con la valigia – Carpi (MO) • Costi: camera singola 25/45 €, doppia 50/70 € (prima colazione inclusa)

Dove mangiare e bere

MODENA

POCHI PIATTI, TANTO GUSTO

Scordatevi i menu chilometrici di certi ristoranti: da Aldina i piatti sono pochi, qualche primo, qualche secondo, due contorni e due dolci, tutto a prezzi più che convenienti. L'ambiente è informale, il servizio cortese e le portate variano a seconda della stagione. Imperdibili le lasagne, le tagliatelle al sugo, i tortellini, le polpettine con piselli e purè e la tagliata al rosmarino. Buoni i Lambruschi e il Pignoletto.

INFO

Trattoria Aldina • Via Albinelli 40, Modena • 059 236106 • Pagina Facebook: Trattoria Aldina • Aperto a cena solo venerdì e sabato, chiuso domenica • Costi: 18/20 €, bevande escluse

A PRANZO DA ERMES

Oggi le osterie sono sempre più chic... Non tutte però: per fortuna alcune sono rimaste fedeli ai tempi andati, quando le trattorie erano posti alla buona, in cui mangiare la domenica con amici e parenti. Ermes apre solo a pranzo, il suo locale non è tanto grande, ma resta uno dei migliori della città. Una volta seduti arrivano, senza ordinarli, salame e ciccioli, per poi proseguire con lasagne e tortellini in brodo, tagliatelle al ragù, zamponi e baccalà.

INFO
Osteria da Ermes • Via Ganaceto 89, Modena • 059 238065 • Chiuso domenica e sempre a cena • Costi: 15/18 €, bevande escluse

REGGIO EMILIA

IL PARADISO DELLA CARNE

Un'insolita macelleria che mette a disposizione dei suoi clienti una sala con una ventina di tavoli dove degustare taglieri di salumi, hamburger e bistecche. Il servizio rapido ed efficiente e i piatti più che generosi hanno rapidamente fatto la fortuna del locale, quindi vi consiglio di prenotare se non volete aspettare troppo.

INFO
Trattoria Macelleria Fornaciari • Via Amendola 1, Reggio Emilia • 0522 331391 • Aperto tutti i giorni a pranzo, tranne domenica • Costi: 15/18 €, bevande escluse

MUSICA DAL VIVO ALLA CANTINA GARIBALDI

Nella piazza principale di Cavriago, a una decina di chilometri da Reggio Emilia, la Cantina Garibaldi abbina al buon cibo anche ottima musica dal vivo. In tavola salumi emiliani, torte di verdure di stagione, pasta casereccia, risotti al taleggio o al gorgonzola, brasati di bufalo.

INFO
Cantina Garibaldi • Piazza Garibaldi 16, Cavriago • 0522 372065 • www.cantinagaribaldi.com • Chiuso domenica e lunedì • Costi: 20/25 €, bevande escluse

CARPI

CUCINA EMILIANA RIVISITATA

Nella frazione di Fossoli, una simpatica osteria dove la cucina tradizionale emiliana viene abilmente rivisitata. In un ambiente rustico al punto giusto si servono tigelle, gnocco fritto, pasta fatta in casa, spiedini di carne, sformati di verdura e polenta. Possibilità di acquistare vini, giardiniere e marmellata di produzione locale.

INFO
La Cascina • Via Remesina Esterna 40, località Fossoli, Carpi • 059 654639 • www.osterialacascina.it • Chiuso lunedì e martedì • Costi: 15/20 €, bevande escluse

Trasporti e collegamenti

IN AEREO

L'aeroporto più vicino è quello di Bologna Borgo Panigale • 051 6479615 • www.bologna-airport.it

IN TRENO E AUTOBUS

Modena e Reggio Emilia si trovano sulla linea ferroviaria Roma-Milano. I treni Alta Velocità fermano invece nella nuova stazione Reggio Emilia AV Mediopadana, servita dai bus dell'Agenzia Mobilità Reggio Emilia • 840 000 216 • www.am.re.it

IN AUTO

Autostrada del Sole A1, uscite Modena Sud, Modena Nord e Reggio Emilia.

9.

Toscana

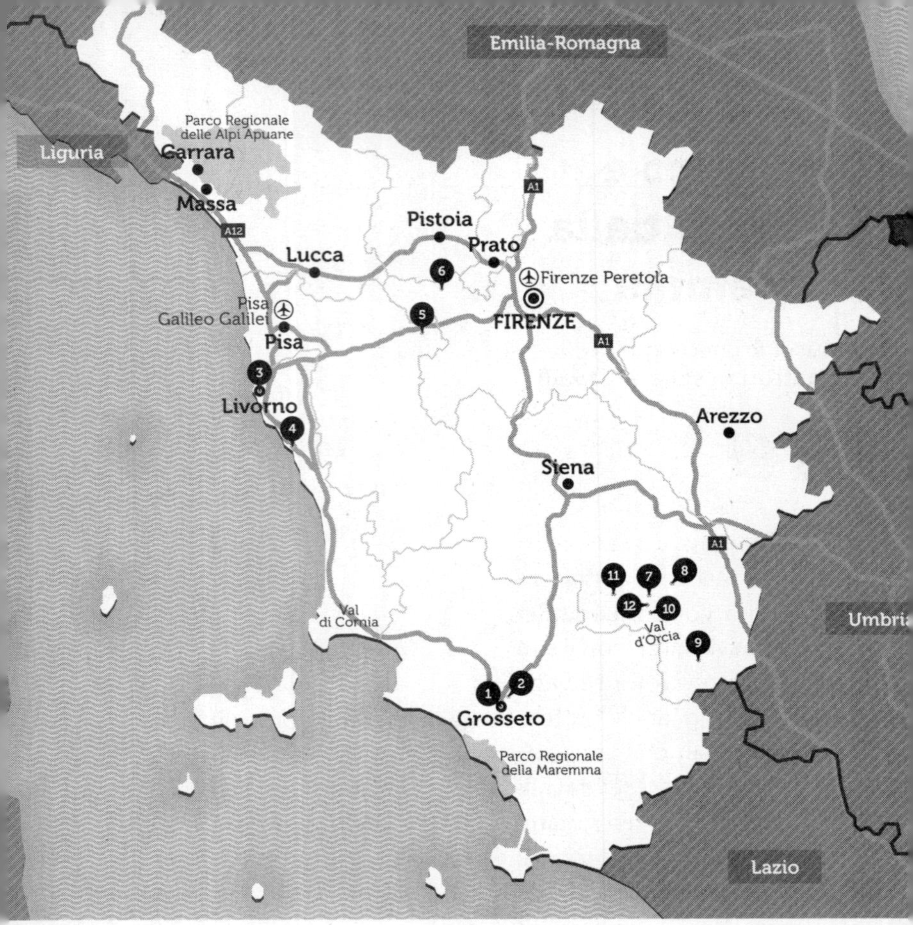

Toscana

1. Grosseto
2. Roselle (GR)
3. Livorno
4. Castiglioncello (LI)
5. San Miniato (PI)
6. Vinci (FI)
7. San Quirico d'Orcia (SI)
8. Pienza (SI)
9. Radicofani (SI)
10. Castiglione d'Orcia (SI)
11. Montalcino (SI)
12. Bagno Vignoni

Grosseto e il Parco della Maremma

Musei archeologici e butteri in sella ai cavalli

Difficile resistere al fascino della Maremma. Questa terra, una volta inospitale, ammalia i visitatori con il suo ambiente naturale selvaggio su cui vigilano i butteri, cowboy locali che cavalcano i discendenti dei cavalli berberi importati dai romani dal Nord Africa. Grosseto è il suo antico capoluogo, avvolto da mura che avevano lo scopo di difendere la città dalle incursioni dei pirati e dalle rivolte contadine. A pochi chilometri di distanza si trova Alberese, il cuore del Parco Regionale della Maremma, nonché il punto di partenza per visitare la zona e raggiungere la lunga e bella spiaggia sabbiosa della Marina di Alberese.

Grosseto

1 Grosseto

Grosseto, nota per essere l'elegante e austero capoluogo della Maremma toscana, situata a pochi chilometri dal mare, nella verde pianura bagnata dal fiume Ombrone, risale al IX secolo. La sua importanza crebbe nel tempo, soprattutto a partire dal 935, quando la vicina Roselle fu distrutta dai saraceni e Grosseto acquisì di conseguenza un ruolo egemonico.
Il centro storico è ancora completamente racchiuso all'interno delle mura medicee, tra le poche in Italia ad avere conservato la struttura originaria, con i bastioni

che fungevano da posti di guardia. Il cuore del sistema difensivo di Grosseto era l'imponente costruzione del Cassero – ancora oggi visibile –, eretta fra il 1344 e il 1345 per volontà della Repubblica senese allo scopo di difendere la città dagli attacchi esterni, ma anche dalle ribellioni popolari. Passeggiando nel bel centro storico si ammirano: il duomo in stile gotico di fine Duecento; il monumento dedicato a Leopoldo di Lorena, detto Canapone per il colore dei capelli e della barba, nell'atto di sollevare una donna, allegoria della Maremma, e di schiacciare un serpente, simbolo della malaria; la chiesa di San Pietro, la più antica di Grosseto; il convento di San Francesco, con il cinquecentesco Pozzo della Bufala nel chiostro. I musei più interessanti sono quello d'Arte Sacra della Diocesi di Grosseto e il Museo Archeologico e d'Arte della Maremma, che hanno sede nel palazzo tardo ottocentesco del vecchio tribunale della città. All'interno del Museo Archeologico sono esposte urne cinerarie etrusche volterrane e chiusine, e importanti reperti provenienti dalla Maremma, in particolare dalla città di Roselle.

INFO

APT di Grosseto • Viale Monterosa 206, Grosseto • 0564 462611 • www.turismogrosseto.it

Museo d'Arte Sacra della Diocesi • Piazza Baccarini 3, Grosseto • 0564 488760 • Aperto dal martedì al venerdì 9-15; sabato, domenica e festivi 10-13 e 16-19 • Costi: 2,50/5 €

Museo Archeologico e d'Arte della Maremma • Palazzo del vecchio tribunale, Piazza Baccarini 3, Grosseto • 0564 488750 • maam.comune.grosseto.it • Chiuso lunedì (per maggiori informazioni consultare il sito) • Costi: 2,50/5 €

Il Parco della Maremma

Alberese, una delle frazioni di Grosseto, paese un tempo afflitto dalla malaria, è la porta di accesso al Parco Regionale della Maremma, conosciuto anche come Parco dell'Uccellina, popolato da cinghiali, istrici, volpi e ricci. Sulla strada che porta alla spiaggia di Marina di Alberese si incontra l'imponente Granaio, realizzato dagli Asburgo Lorena nel 1822 e rimasto in attività fino agli anni Ottanta. Oggi l'edificio è stato restaurato, compresi i vecchi macchinari per raccogliere e macinare il grano e la vicina selleria, utilizzata dai butteri, caratteristici cowboy in sella ai cavalli maremmani. Contattando l'Ente Parco, chi desidera cavalcare può trascorrere una giornata di lavoro insieme ai butteri e ammirare i più begli esemplari di bovini della zona, dalle corna grandi e dal manto grigio, che vivono ancora allo stato brado. Si possono anche seguire itinerari di degustazione ambientale o raggiungere, in auto o con il bus navetta, la spiaggia della Marina.

Il parco si visita prevalentemente a piedi, percorrendo i sentieri che toccano l'abbazia di San Rabano – edificata all'inizio del XII secolo e, secondo la leggenda, custode di un antico tesoro –, e le diverse torri che si innalzano sulle colline. Tra queste quella dell'Uccellina, che ha dato il nome al parco. Un altro sentiero conduce alla suggestiva e tranquilla Cala di Forno, la baia in cui un tempo si caricava il carbone estratto nell'entroterra della Maremma per trasportarlo ai porti di Talamone e Castiglione della Pescaia.

INFO

Pro Loco Alborensis • Piazza del Combattente 17, Alberese • 0564 411171• www.prolocoalborensis.it

Parco Regionale della Maremma • 0564 393211 • www.parco-maremma.it • Centro visite aperto tutti i giorni 8.30-14

Zoom

L'area archeologica di Roselle

2 Roselle

Roselle, situata a circa 6 chilometri da Grosseto, era un'importante città etrusca, conquistata nel 294 a.C. dai romani, che la trasformarono in una fiorente colonia. L'area archeologica, oggi visitabile, conserva alcuni importanti edifici dell'antica città, tra i quali la Domus dei Mosaici, con bellissimi disegni di delfini guizzanti, la Casa dell'Impluvium, la Casa a due vani e l'Edificio con Recinto. Da vedere anche il monumentale complesso del foro con la Basilica dei Bassi e, sulla collina settentrionale, l'Anfiteatro.

Area archeologica di Roselle • Via dei Ruderi, località Roselle, Grosseto • 0564 402403 • Aperto tutti i giorni 8.30-16.45, nei mesi estivi fino alle 19.30 • Costi: 2/4 €

Dove dormire

GROSSETO

PACE E SILENZIO ALL'INTERNO DELLE MURA MEDICEE

Nel centro storico di Grosseto, a pochi passi dai principali musei e monumenti, un tre stelle con un ottimo rapporto qualità-prezzo. Situato nella zona pedonale, garantisce tranquillità e silenzio nelle sue trenta camere con servizi privati. Noleggio gratuito di biciclette.

INFO

Hotel Maremma • Via Fulceri Paolucci de Calboli 11, Grosseto • 0564 22293 • www.hotelmaremma.it • Costi: camera singola 45 €, doppia 75 € (prima colazione inclusa)

CONVENIENZA E PROFESSIONALITÀ ALL'APPENNINO

A 300 metri dalla stazione ferroviaria, un economico albergo a due stelle con accoglienti camere dotate di servizi privati. Il personale sempre disponibile, la posizione e i prezzi decisamente contenuti ne fanno l'hotel ideale per un weekend low cost a Grosseto.

INFO

Albergo Appenino • Via Mameli 1, Grosseto • 0564 23009 • www.albergoappennino.it • Costi: camera singola 37 €, doppia 57 € (prima colazione inclusa)

AL BANDO LA TELEVISIONE!

Le camere sono tutte al piano terra e tutte affacciate sul giardino dell'agriturismo. Qui non troverete la televisione, ma verrete svegliati dal cinguettio degli uccelli, che delizieranno le vostre pause relax in veranda. Chi ama cavalcare può scegliere uno dei cavalli del centro equestre e fare delle indimenticabili escursioni nel Parco della Maremma. Grande piscina estiva e parco giochi.

INFO

Il Gelsomino • Via Strada del Barbicato 4, località Alberese, Grosseto • 0564 405133 | 347 7746476 • www.ilgelsomino.com • Costi: camera singola 45 €, doppia 75 € (prima colazione inclusa)

NELLA VECCHIA FATTORIA

Un'azienda agricola con una piccola fattoria, un grande giardino, giochi per bambini e un tavolo da ping-pong. Si alloggia in camere colorate e appartamenti con ingresso indipendente, circondati da ampi spazi verdi. L'agriturismo dispone di un ristorante dove è possibile pranzare e cenare. Su richiesta, noleggio di biciclette.

INFO

Agriturismo Allegro • Strada Pianacce 131, località Alberese, Grosseto • 0564 407115 • www.agriturismoallegro.com • Costi: camere e appartamenti 35 € a persona (prima colazione inclusa)

L'EX TENUTA DEI MONACI BENEDETTINI

All'interno del Parco della Maremma, in una vasta tenuta anticamente coltivata dai monaci benedettini, una fattoria dove si produce olio extravergine biologico. Si alloggia in camere e appartamenti con servizi privati, l'ambiente è rustico ma funzionale, tranquillità e relax garantiti.

INFO

La Valentina • Strada Vicinale della Valentina 12, Talamone • 0564 885355 • www.agriturismolavalentina.it • Costi: camera doppia 50/80 €, appartamenti 25/40 € a persona

Dove mangiare e bere

GROSSETO

IL RISTORANTE PER CELIACI, VEGETARIANI E CARNIVORI

Cucina toscana in un ristorante di campagna alla periferia di Grosseto. Menu stagionali, anche per celiaci e vegetariani, con salumi toscani, crostini, formaggio pecorino con marmellate, torte salate, pici conditi a piacere, zuppe di verdura, cinghiale, coniglio e capretto. Torte rigorosamente fatte in casa. Il menu completo prevede quattro antipasti, due primi, un secondo con contorno e un dolce.

INFO

Ristorante Gli Attortellati • Strada Provinciale 40, località Trappola 39, Grosseto • 0564 400059 • www.gliattortellati.com • Chiuso lunedì • Costi: menu completo 28 €, bevande escluse

CINGHIALE E FAGIOLI DA OLTRE UN SECOLO

Nel centro storico di Grosseto, una locanda gestita da una famiglia che da oltre un secolo fa mangiare grossetani e turisti. Ricavato all'interno delle antiche cannoniere delle mura medicee, il locale propone piatti della tradizione maremmana e toscana, dalle pappardelle al cinghiale alla cacciatora, accompagnato dagli immancabili fagioli all'uccelletto. Offerte per gruppi numerosi.

INFO

Locanda de' Medici • Piazza del Popolo 5, Grosseto • 0564 410744 • www.locandademedici.it • Chiuso lunedì • Costi: 22/27 €, bevande escluse

LO SPUNTINO AL NEGOZIO KM 0

Non è una vera e propria trattoria, ma un negozio di alimentari a km 0 che mette a disposizione dei clienti alcuni tavolini dove fare uno spuntino o anche cenare, senza grandi pretese. Nulla di cucinato, se non qualche crostata, ma abbondanti e ottimi piatti di salumi e formaggi toscani accompagnati da miele e confetture, schiaccine e vino della Maremma.

INFO

Da Rita • Strada del Barbicato 54, località Alberese, Grosseto • 338 4455801 • Pagina Facebook: Da Rita, si mangia e si beve • Aperto tutti i giorni • Costi: 8/12 €, bevande escluse

CARNE E FORMAGGI ALLA STUZZICHERIA PAVIN

Nato nel 2013, questo agriturismo immerso nel verde si è subito fatto apprezzare. Mette in tavola i piatti tipici locali, dalle pappardelle, alle grigliate di carne, ai taglieri di formaggi e salumi. Tutti i prodotti utilizzati provengono da aziende agricole che operano nella zona del Parco della Maremma. Nella bella stagione si mangia all'aperto e i bimbi hanno a disposizione un parco giochi.

INFO

Stuzzicheria Pavin • Strada Provinciale 59, località Alberese, Grosseto • 324 8253811 • Pagina Facebook: Ristorante Agrituristico Stuzzicheria Pavin • Aperto tutti i giorni • Costi: 18/20 € , bevande escluse

PIZZERIA-SPAGHETTERIA-BAR

LA SCAFARDA

Pizzeria, spaghetteria e bar nel centro di Alberese. Si chiama Scafarda, come la sella delle truppe di cavalleria, e cucina pasta fresca, spaghetti conditi con sughi vari o con pomodorini e lardo di Colonnata, qualche piacevole antipasto di pesce, ottime e fantasiose pizze e carne maremmana alla brace. Il vino della casa è un buon Morellino di Scansano.

INFO

La Scafarda • Via del Fante, Alberese • 0564 412587 • www.lascafarda.com • Chiuso martedì • Costi: 18/23 €, bevande escluse

Trasporti e collegamenti

IN AEREO

Gli aeroporti più vicini alla Maremma sono Roma Fiumicino e Pisa.

Aeroporto di Roma Fiumicino • Via dell'Aeroporto di Fiumicino, Fiumicino • 06 65951 • www.adr.it

Aeroporto di Pisa Galileo Galilei • Piazzale d'Ascanio, Pisa • 050 849111 • www.pisa-airport.com

IN TRENO

La stazione FS di Grosseto si trova sulla linea Genova-Roma.

IN AUTO

Autostrada A12 Genova-Roma, uscita Rosignano Marittimo o Civitavecchia (se si proviene da sud), per poi proseguire sull'Aurelia.

IN AUTOBUS

La Maremma è servita dai bus delle autolinee Tiemme • 0564 475111 • www.tiemmespa.it

Livorno e Castiglioncello

Le tante anime del litorale toscano

Livorno, città di mare, da sempre aperta a tradizioni, religioni e culture di tutto il Mediterraneo. Città da scoprire passo dopo passo, attraverso i segni lasciati dalle popolazioni che l'hanno abitata nel corso dei secoli. E poi l'elegante e un po' snob Castiglioncello, con la sua passeggiata lungomare e le ville di artisti, intellettuali e politici, che l'hanno scelta come luogo di ritiro. Nell'entroterra, le necropoli etrusche e romane e le antiche miniere.

Livorno

3
Livorno

Le origini di Livorno sono piuttosto oscure. Difficile stabilire con certezza chi l'abbia fondata: certo è che a dominarla furono in parecchi, dai Visconti, ai genovesi, ai fiorentini. Il suo punto di forza, allora come oggi, è il porto, a cui i Medici diedero un impulso significativo, tanto da renderlo il più importante del Granducato. Città dalle mille anime, Livorno va esplorata a piedi, perché ogni luogo ha un profumo, un colore, un'atmosfera particolare. Potete per esempio fare un viaggio alla scoperta delle diverse culture che l'hanno abitata, partendo dalla chiesa armena e proseguendo fino alla chiesa seicentesca dei Greci Uniti di via della Madonna, alla chiesa olandese alemanna, alla sinagoga di piazza Benamozegh, inaugurata nel 1962 in sostituzione di quella distrutta durante la Seconda guerra mondiale, alla chiesa valdese, al cimitero degli inglesi – uno dei cimiteri acattolici più antichi d'Italia – e, per finire, alla ex chiesa protestante di San Giorgio in via Verdi, oggi di rito cattolico.

Livorno si può ammirare anche dalla barca, toccando la Fortezza Vecchia e quella Nuova, ma soprattutto il caratteristico quartiere della Venezia, nato nel Seicento, attraversato dai tanti canali che collegavano il porto ai magazzini, oggi vivace centro della movida cittadina, con locali, feste di strada e manifestazioni folkloristiche.

Prima di lasciare la città, vale la pena visitare l'ottocentesco Mercato Centrale, o Mercato delle Vettovaglie, dove si riuniscono le diverse abitudini culinarie che hanno influenzato la gastronomia livornese. Da non perdere il Museo Civico Giovanni Fattori, che raccoglie alcuni dei dipinti più importanti del maestro e di altri artisti macchiaioli e post macchiaioli, e il Museo Mascagni, che conserva cimeli, fotografie, manoscritti, spartiti e volumi legati alla vita e alle opere del musicista livornese (attualmente chiuso per lavori). Nel Museo Ebraico sono invece esposti gli arredi sacri dell'antica sinagoga, distrutta durante i bombardamenti della guerra.

Se avete ancora qualche ora a disposizione, vi consiglio la rilassante passeggiata sul lungomare fino all'Acquario, con trentadue vasche che ospitano trecento specie diverse, dalla tartaruga verde al pesce Napoleone, agli innocui squali pinna nera.

INFO

Ufficio del Turismo di Livorno • Via Pieroni 18, Livorno • 0586 894236 • www.comune.livorno.it/portaleturismo

Livorno in battello • Partenza dall'Ufficio del Turismo • 0586 894563 • www.livornoinbattello.info • Servizio diurno, tutti i giorni da maggio a ottobre • Costi: 5/10 €

Museo Civico Giovanni Fattori • Via San Jacopo in Acquaviva 65, Livorno • 0586 808001 • pegaso.comune.livorno.it/fattori • Aperto dal martedì alla domenica 10-13 e 16-19 • Costi: 2,50/4 €

Museo Mascagni • Via Calzabigi 54, Livorno • 0586 852695 • Aperto per visite guidate su prenotazione • Costi: ingresso gratuito

Museo Ebraico • Via Micali 21, Livorno • 0586 896290 • Aperto da giugno a settembre la prima domenica del mese 15-17 • Costi: ingresso a offerta libera

Acquario • Piazzale Mascagni 1, Livorno • 0586 269111 • www.acquariodilivorno.it • Per gli orari di apertura consultare il sito • Costi: 7/13 €

4 Castiglioncello

Castiglioncello

Castiglioncello dà l'idea di essere una località molto chic e alla moda, ma non fidatevi delle apparenze: questo splendido borgo nasconde varie soluzioni low cost, con un ottimo rapporto qualità-prezzo.

La cittadina, conosciuta anche come la «perla del Tirreno», è sovrastata dall'imponente Castello Pasquini, sede di svariate iniziative culturali. Alle spalle della lunga passeggiata lungomare, che va dal moderno e un po' anonimo porto turistico alla suggestiva Punta Righini, si trovano la bella pineta e le ville di personaggi famosi come il senatore Giovanni Spadolini, Marcello Mastroianni, Alberto Sordi, Paolo Panelli, Bice Valori e Gillo Dorfles. Le spiagge si affacciano su un mare che negli ultimi anni si è aggiudicato la Bandiera Blu e in lontananza si vedono le propaggini di Rosignano Solvay, con le celebri Spiagge Bianche, che richiamano i paesaggi dei Caraibi. Il colore bianco è dovuto agli scarichi – a detta di tutti innocui – di carbonato di calcio del vicino stabilimento della Solvay.

INFO

Ufficio di Informazione Turistica di Castiglioncello • Via Aurelia 632, Castiglioncello • 0586 753241 • www.costadeglietruschi.it

Castello Pasquini • Piazza della Vittoria 1, Castiglioncello • 0586 754202 • Aperto durante le iniziative culturali • Costi: variabili a seconda dell'evento

Zoom

I parchi della Val di Cornia

Nella Val di Cornia ci sono sei parchi, tra i quali quello Archeologico di Baratti e Populonia e quello Archeominerario di San Silvestro. Il primo propone un vero e proprio viaggio tra le rovine etrusche e romane, alle pendici del promontorio di Piombino e nel golfo di Baratti, dove sorgeva Populonia. Il secondo, sulle colline a nord di Campiglia Marittima, racconta la storia di un territorio ricco di giacimenti di rame, piombo e argento. A piedi o su un trenino, particolarmente amato dai più piccoli, potrete visitare i luoghi di estrazione e lavorazione dei minerali, dal periodo etrusco fino al 1976. Il cuore del parco è Rocca San Silvestro, un villaggio medievale di minatori che propone un itinerario attraverso i resti delle abitazioni, della chiesa, del cimitero, della zona signorile e dell'area industriale.

Parchi della Val di Cornia • 0565 226445 • www.parchivaldicornia.it • Aperto dal martedì alla domenica 10-17, nei mesi invernali solo il fine settimana (chiuso tutto il mese di novembre e dicembre) • Costi: 3,50/15 €

Dove dormire

LIVORNO

DORMIRE TRA BUSSOLE E TIMONI

A un paio di chilometri dal centro di Livorno, in una zona verde e tranquilla, un albergo a tre stelle che ricorda una barca, arredato con pezzi originali di velieri antichi. Si alloggia in camere con servizi privati, cassaforte e minibar. Le stanze più lussuose sono dotate di idromassaggio. Parcheggio privato, giardino, campi da tennis su prenotazione e possibilità di noleggiare biciclette.

INFO

Hotel Atleti • Via dei Pensieri 50, Livorno • 0586 502409 • www.hotelatleti.com • Costi: camera singola 55/90 €, doppia 70/120 €

IL B&B CON UNA SOLA STANZA

Questo b&b è molto grazioso e accogliente, ma ha un limite: dispone di una sola camera, perciò, se intendete soggiornare qui, vi conviene prenotare per tempo. Nel palazzo, risalente all'Ottocento, abitano anche i proprietari, sempre pronti a venire incontro alle richieste dei loro ospiti. Servizi privati, ottima prima colazione, cordialità e pulizia.

INFO

B&B Verde • Piazza della Vittoria 51, Livorno • 0586 834508 • Costi: camera singola 35/45 €, doppia 50/60 € (prima colazione inclusa)

LA CASA DI ULISSE FIRMATA BRUNA E MARCO

Nel verde delle colline di Quercianella, con vista panoramica sul mare, Bruna e Marco hanno ricavato quattro camere in cui coccolare i loro clienti. Le stanze hanno nomi di fiori o arbusti e dispongono di bagno con doccia, ingresso autonomo dal giardino e climatizzazione. Abbondante prima colazione, anche con formaggi e salumi.

INFO

La Casa di Ulisse • Via della Vitalba 3, Quercianella • 0586 492052 • www.lacasadiulisse.eu • Costi: camera singola 35/40 €, doppia 65/80 € (prima colazione inclusa)

CASTIGLIONCELLO

LA PENSIONE DEL POETA

A poche decine di metri dalla baia della Caletta, un poeta albanese e la sua famiglia hanno aperto una pensione. Le camere sono semplici ma curate nei minimi particolari e ognuna ha il nome di un poeta. D'estate si organizzano incontri culturali, reading ed eventi. Chi vuole può mangiare nel ristorante dell'albergo.

INFO

Hotel pensione Signorini • Via di Crepatura 8, Castiglioncello • 0586 794393 • www.pensionesignorini.it • Costi: camera singola 45/55 €, doppia 60/80 € (prima colazione inclusa)

LONTANO DALLO STRESS ALL'HOTEL COSTA VERDE

Diciannove camere in un semplice albergo all'interno della pineta Marradi, a pochi metri dal mare e vicino alla stazione ferroviaria. L'Hotel Costa Verde offre un parcheggio gratuito, servizi privati (a eccezione della camera singola) e ristorante con veranda che serve specialità di carne e pesce. Tenete d'occhio il sito per approfittare di eventuali promozioni.

INFO
Hotel Costa Verde • Via Ugo Foscolo 2, Castiglioncello • 0586 752080 • www.hotelcostaverdecastiglioncello.it • Costi: camera singola 35/65 €, doppia 50/120 € (prima colazione inclusa)

Dove mangiare e bere

LIVORNO

LA SALSA VERDE DELLA BARROCCIAIA

La Barrocciaia è un'osteria particolarmente amata dai livornesi. In tavola, oltre ai panini con la famosissima salsa verde, un vero must del locale, mezze maniche al granchio, pappardelle al cinghiale, baccalà fritto, moscardini in umido, totani ripieni, sgombri piccanti e torte fatte in casa. Non si accettano prenotazioni.

INFO
La Barrocciaia Osteria • Piazza Cavallotti 13, Livorno • 0586 882637 • www.labarrocciaia.it • Chiuso domenica a pranzo e lunedì • Costi: 20/25 €, bevande escluse

LA CANTINA NARDI

Che sia a cena o per l'aperitivo, la Cantina Nardi seleziona solo vini di alta qualità. Nel menu trovate piatti di pesce e carne della tradizione toscana: riso con fagioli e cavolo nero, spaghetti alle telline, baccalà alla livornese, sformato di acciughe, polpo alla cipolla e aceto balsamico. Possibilità di consegna a domicilio.

INFO
Cantina Nardi • Via Cambini 6, Livorno • 0586 808006 • www.cantinanardi.com • Chiuso domenica • Costi: 22/27 €, bevande escluse

DA CECCO, L'ARTISTA DELLA CECINA

La cecina, chiamata altrove farinata, è una torta salata a base di farina di ceci, bassa e cotta al forno, preferibilmente a legna. Livorno è uno dei luoghi migliori per mangiarla, soprattutto se andate Da Cecco, uno dei monumenti alla cecina toscana, famoso anche per le pizze a lievitazione naturale, cotte al mattone e preparate con ingredienti freschissimi.

INFO
Da Cecco • Via Cavalletti 2, Livorno • 0586 881074 • www.pizzeriaceccolivorno.com • Chiuso domenica • Costi: 10/15 €, bevande escluse

CASTIGLIONCELLO

A CENA SUL LUNGOMARE DI CASTIGLIONCELLO

Mangiare a Castiglioncello a prezzi contenuti è possibile. Ai Bagni Belvedere si ordinano piatti di pesce o molto più economiche schiaccine farcite con prosciutto, formaggi o verdure, proprio lungo la bella passeggiata sul mare. È praticamente obbligatoria la prenotazione, perché il locale non è molto grande ed è quasi sempre pieno.

INFO
Bagni Belvedere • Lungomare Cristoforo Colombo 14, Castiglioncello • 0586 754862 • Aperto tutti i giorni da maggio a fine settembre, gli altri mesi solo nel weekend • Costi: 18/25 €, bevande escluse

Trasporti e collegamenti

IN AEREO
L'aeroporto più vicino è quello di Pisa • Piazzale D'Ascanio, Pisa • 050 849111 • www.pisa-airport.com

IN TRENO
La stazione FS di Livorno si trova sulla linea che collega Genova a Roma.

IN AUTO
Autostrada A12 Genova-Rosignano Marittimo, uscita Livorno.

IN AUTOBUS
Castiglioncello e gli altri comuni della provincia di Livorno sono serviti dagli autobus dell'Azienda Trasporti Livornese • 800 317 709 • www.atl.livorno.it

San Miniato e Vinci

Torri, castelli, tartufi e macchine leonardesche

Terra di tartufi, pregiato olio extravergine di oliva, sapori antichi, borghi secolari e strepitosi panorami, questo angolo di Toscana va visitato lentamente, partendo da San Miniato, dominata dalla Torre di Federico II e ricca di musei. Poco lontano, tra la provincia di Pisa e quella di Firenze, Vinci, la città natale di Leonardo, dove andare a caccia delle tante invenzioni del genio italiano del Rinascimento: dalle macchine da guerra alle pompe per l'acqua, dall'architettura alla medicina.

San Miniato

5 San Miniato

San Miniato si annuncia con la snella sagoma della Torre della Rocca di Federico II, fatta costruire dall'imperatore tra il 1217 e il 1223 sulla sommità del colle, dalla cui cima si gode uno splendido panorama. La fortificazione, così come alcuni dei quartieri medievali, ha subìto pesanti danni durante il secondo conflitto mondiale, ed è stata in parte ricostruita. Oggi la torre si raggiunge attraverso un piacevole itinerario che tocca i principali monumenti della città, intervallati da giardini, orti e suggestivi angoli verdi. Quasi tutti i punti di interesse turistico aperti al pubblico aderiscono al Sistema Museale di San Miniato e danno vita a un percorso che coinvolge tutto il paese, per apprezzarne la ricchezza artistica e culturale ma anche la struttura urbana e il paesaggio. Tra questi, oltre alla rocca, l'Oratorio del Loretino, costruito alla fine del Duecento come cappella privata dei governanti, e

il Museo Diocesano d'Arte Sacra, in piazza Duomo, in cui sono conservati oggetti provenienti da varie chiese, dipinti trecenteschi e un busto del Redentore del Verrocchio.
In via Augusto Conti si incontra Palazzo Roffia, costruzione tardo cinquecentesca sede dell'Arciconfraternita della Misericordia che espone, accanto a paramenti sacri e opere d'arte, l'antica ambulanza ottocentesca trainata da cavalli e i lampioni settecenteschi, utilizzati fino ai giorni nostri in occasione di importanti ricorrenze religiose.
Lungo la vicina Via Angelica, antico passaggio un tempo percorso da chi proveniva dalla campagna per raggiungere il centro della città, si possono ammirare gli spazi affrescati sottostanti la chiesa dei Santi Jacopo e Lucia, uno dei luoghi più suggestivi di San Miniato.
All'estremità opposta del centro storico si visita Palazzo Migliorati, sede dell'Accademia degli Euteleti, la più antica istituzione scientifico-culturale della zona, fondata nella prima metà del XVII secolo con il nome di Accademia degli Affidati. Al suo interno una pregiata biblioteca e la maschera funeraria di Napoleone Bonaparte.
Tra gli altri monumenti il Palazzo Vescovile e il Palazzo Comunale, costruito intorno al 1300 come residenza dei Dodici Signori, difensori del popolo. Pur non essendo aperto al pubblico, è assolutamente da vedere il curioso Palazzo del Seminario, con le facciate abbellite da figure allegoriche e sentenze religiose.
Sulle colline intorno alla cittadina cresce il pregiato tartufo bianco di San Miniato, a cui tra novembre e dicembre è dedicata un'affollata mostra mercato. Qui sembra infatti sia stato raccolto il tartufo più grande mai rinvenuto al mondo: un profumatissimo fungo di oltre due chili e mezzo, donato nel 1954 al presidente degli Stati Uniti Harry Truman.

INFO

Fondazione San Miniato Promozione • Piazza del Popolo 1, San Miniato • 0571 42745 • www.sanminiatopromozione.it

Torre di Federico II • Rocca Federiciana, San Miniato • 342 3406442 • Aperto dal martedì alla domenica 11-17, nei mesi estivi fino alle 18 • Costi: 2,50 €

Oratorio del Loretino • Via Vittime del Duomo 1, San Miniato • 0571 400458 • Aperto sabato e domenica 14-18 • Costi: 1,50/2,50 €

Museo Diocesano d'Arte Sacra • Piazza Duomo, San Miniato • 342 6860873 • Aperto tutti i giorni da aprile a settembre, dal venerdì alla domenica da ottobre a marzo • Costi: 2,50 €

Museo dell'Arciconfraternita della Misericordia • Palazzo Roffia, via Augusto Conti 40/44, San Miniato • 342 3406442 • Aperto domenica 15-18 • Costi: incluso nel biglietto del Sistema Museale

Via Angelica • Via Angelica, San Miniato • 0571 42745 • Aperto domenica 10-14 • Costi: incluso nel biglietto del Sistema Museale

Accademia degli Euteleti • Palazzo Migliorati, piazza XX Settembre 21, San Miniato • 0571 401047 • Aperto dal mercoledì alla domenica 15-18, chiuso lunedì e martedì • Costi: incluso nel biglietto del Sistema Museale

Sistema Museale San Miniato • Biglietto cumulativo per Rocca Federiciana, oratorio del Loretino, Museo Diocesano d'Arte Sacra, Museo dell'Arciconfraternita della Misericordia, Via Angelica, Accademia degli Euteleti • Costi: 5 € (si acquista presso i singoli musei e presso la Fondazione San Miniato)

Vinci

6 Vinci

A una quindicina di chilometri da San Miniato, ma già in provincia di Firenze, Vinci, la città natale di Leonardo, è un suggestivo borgo medievale in cui tutto parla del grande artista: la casa dove nacque, il 15 aprile del 1452, il museo e i monumenti dedicati al genio del Rinascimento italiano.
La visita non può che iniziare dal Museo Leonardiano, ospitato in due differenti sedi vicine tra loro: la Palazzina Uzielli e il Castello dei Conti Guidi.
Si tratta di una delle raccolte più ampie e originali dell'artista: una sessantina di macchine e modelli del Leonardo inventore, tecnologo, ingegnere, scienziato, riprodotti sulla base dei disegni originali e accompagnati da ricostruzioni digitali animate che ne mostrano il funzionamento. Il museo illustra anche gli studi di Leonardo in materia di fisica della luce. La sua casa natale, una tipica abitazione colonica della Toscana rurale, si trova invece nella frazione di Anchiano.
Passeggiando per il centro storico di Vinci, ci si imbatte nella piazza dei Guidi, spazio urbano riqualificato dall'artista contemporaneo Mimmo Paladino, con un'inedita scenografia che unisce i due spazi del Museo Leonardiano.
Ultima tappa dell'itinerario è la villa medicea di Cerreto Guidi, a circa 5 chilometri da Vinci, sede del Museo Storico della Caccia e del Territorio, dedicato soprattutto alle armi da caccia e da tiro.

INFO

Ufficio Turistico Intercomunale • Via della Torre 11, Vinci • 0571 568012 • www.vinciturismo.it

Museo Leonardiano • Piazza Guidi, Vinci • 0571 933251 • www.museoleonardiano.it • Aperto tutti i giorni 9.30-18 da novembre a febbraio, 9.30-19 da marzo a ottobre • Costi: 5/7 €, biglietto unico con la casa natale di Leonardo 6/8 €

Casa natale di Leonardo • Località Anchiano, Vinci • 0571 933248 • www.casanataledileonardo.it • Aperto tutti i giorni 10-17 da novembre a febbraio, 10-19 da marzo a ottobre • Costi: 3 €, biglietto unico con il Museo Leonardiano 6/8 €

Museo Storico della Caccia e del Territorio • Villa medicea, via dei Ponti Medicei 7, Cerreto Guidi • 0571 55707 • www.museodellacaccia.it • Aperto dal martedì alla domenica 8.15-19, chiuso il secondo e il terzo lunedì del mese • Costi: ingresso gratuito

Zoom

Il sito archeologico di San Genesio

La Via Francigena, che univa Roma alla Francia, attraversa il territorio di San Miniato, che pare aver avuto origine dal borgo di San Genesio, abbandonato dai suoi abitanti nel 1200 e poi definitivamente distrutto nel 1248. La campagna di scavi, iniziata nel 2001, ha portato alla luce le vestigia di una città sommersa, con reperti che ne testimoniano l'importante ruolo di crocevia. Nell'area che si ritiene sia stata l'antico cimitero sono stati rinvenuti i resti di una giovane donna che aveva con sé una moneta d'argento di Carlo Magno, coniata a Tours, in Francia, da dove forse era partita. Sono state scoperte anche ceramiche, una struttura di età romana, una capanna e una necropoli. L'area archeologica è oggi parzialmente visitabile, con percorsi guidati, escursioni tematiche e laboratori rivolti a studenti e appassionati.

Area archeologica di San Genesio • Strada Statale Tosco-Romagnola, San Miniato • 347 9126956 • www.archeoandtech.com • Aperto sabato e domenica da ottobre a marzo 10-16, da aprile a settembre fino alle 19 • Costi: 3/4 €

Dove dormire

SAN MINIATO

IL CALDO BENVENUTO DI CORNIANO VACANZE

In questo resort immerso nel verde, tra le valli dell'Arno e dell'Elsa, un semplice weekend fuori casa si trasformerà in una vacanza indimenticabile. Si alloggia in appartamenti da due a sei posti letto e d'estate si può fare il bagno in piscina. Cesto di benvenuto con prodotti enogastronomici locali per soggiorni di almeno tre notti e un ottimo ristorante dalla cucina casalinga.

INFO

Corniano Vacanze • Via Corniano 7, San Miniato • 0571 931081 • www.cornianovacanze.it • Costi: bilocale 59/98 €, trilocale 79/128 €, quadrilocale 98/150 €

LE DUE CAMERE DELLA CASTELLANA

Alla Castellana troverete tutti i comfort che vi vengono in mente: bollitore per tè e tisane in camera, parcheggio per auto e biciclette, una piccola palestra, gazebo, giardino e vasca idromassaggio (con un leggero sovrapprezzo). In questo b&b sulle colline di San Miniato, a circa 3 chilometri dal centro storico, le stanze sono solo due e hanno il bagno in comune, ma l'atmosfera rilassata e la cortesia dei proprietari sono davvero impagabili.

INFO

La Castellana • Via Fornace Vecchia 21, San Miniato • 0571 401107 • bblacastellana.eu • Costi: camera doppia 60 €, tripla 75 € (prima colazione inclusa)

DA ELIO A SAN MINIATO BASSO

Accogliente albergo a San Miniato Basso, con camere ampie e luminose, una singola, una doppia e una tripla, dotate di servizi privati. La stazione dista circa un chilometro, la gestione è familiare (i proprietari sono gli stessi da dieci anni), l'arredamento è spartano, ma l'ambiente è curato e pulito. Si accettano animali domestici di piccola taglia.

INFO

Albergo Elio • Via Tosco Romagnola 485, località San Miniato Basso, San Miniato • 0571 42010 • www.albergoelio.it • Costi: camera singola 35 €, doppia 50 €

VINCI

L'ANTICO FIENILE DI VINCI

Dalla ristrutturazione di questo antico fienile sulle colline che guardano verso Vinci sono state ricavate due camere con angolo cottura, bagno privato e ingresso indipendente. A disposizione degli ospiti mountain bike, parcheggio privato e un'ampia veranda da cui si gode un bel panorama della valle.

INFO

Il Fienile di Vinci • Via Santa Maria 26, località Faltognano, Vinci • 339 7735191 | 339 7735192 • ilfieniledivinci.com • Costi: camera singola 50 €, doppia 70 € (prima colazione inclusa)

A POCHI METRI DAL MUSEO LEONARDIANO

Albergo a tre stelle nel centro storico di Vinci, con ventinove camere dotate di servizi privati, arredate con gusto e attenzione ai particolari. Tranquillo, silenzioso e accogliente, offre ai clienti anche un servizio di baby-sitting a pagamento e la prenotazione dell'ingresso alle attrazioni della zona. Imperdibile il Museo Leonardiano, a pochi metri dell'hotel.

INFO

Hotel Monna Lisa • Via Lamporecchiana 27/29, Vinci • 0571 56266 • www.hotelmonnalisavinci.it • Costi: camera singola 50/70 €, doppia 70/85 € (prima colazione inclusa)

Dove mangiare e bere

SAN MINIATO

BACCALÀ IL VENERDÌ E TARTUFO IN STAGIONE

Daniele su certe cose non transige: gli ingredienti dei suoi piatti devono essere freschi e di stagione, meglio se biologici. Tra i piatti tipici del territorio, i bignè di Cinta Senese, i tagliolini fatti in casa e gli involtini di maiale. Il venerdì è la serata del baccalà e, in stagione, si servono varie specialità a base di tartufi, ma il prezzo sale...

INFO

Antico Ristoro Le Colombaie • Via Giuseppe Montanelli, località La Catena, San Miniato • 0571 484220 • www.lecolombaie.eu • Chiuso lunedì • Costi: 23/28 €, bevande escluse

LA TAVERNA DELL'OZIO A CORAZZANO

Meglio evitare i locali un po' troppo turistici del centro e raggiungere la frazione di Corazzano. Qui, alla Taverna dell'Ozio, una tipica osteria toscana, si mangiano un'ottima bistecca di cinghiale impanata e fritta, formaggio alla griglia con funghi e tagliata di Cinta Senese. Da provare il buon vino della casa. Ambiente caratteristico, con travi a vista e tavoli di legno.

INFO
La Taverna dell'Ozio • Via Zara 85, località Corazzano, San Miniato • 0571 462862 • Pagina Facebook: Taverna dell'Ozio • Chiuso lunedì • Costi: 20/25 €, bevande escluse

L'OSTERIA MODERNA ROSSO ANTICO

Rosso Antico è la classica osteria moderna, con tavoli bianchi di design e sedie di legno, bicchieri appesi al soffitto e divani rossi su cui accomodarsi sorseggiando un buon bicchiere di vino. Nel menu piatti creativi, hamburger, tartare di chianina, tapas e antipasti sfiziosi, tempura di pollo e dolci fatti in casa.

INFO
Osteria Moderna Rosso Antico • Via IV Novembre 2, San Miniato • 0571 419759 • www.rossoanticosteriamoderna.it • Chiuso mercoledì a cena • Costi: 15/23 €, bevande escluse

VINCI

I QUATTROCENTO VINI DEL BORGO ALLEGRO

Tra i vigneti del Chianti Docg e gli uliveti centenari, un'enoteca-ristorante-wine bar che propone piatti di carne e pesce, oltre a bruschette, formaggi locali, salumi di cacciagione e Cinta Senese certificata. In cantina ci sono oltre quattrocento etichette, da abbinare alle pietanze scelte. Nella bella stagione si mangia all'aperto, tra luci soffuse e musica soft.

INFO
Borgo Allegro • Via Fucini 20, Vinci • 0571 567866 • www.borgoallegro.it • Chiuso martedì • Costi: 15/25 €, bevande escluse

LA TRADIZIONE NEL PIATTO

Fin dal 1989 Massimo e Franca deliziano il palato dei loro clienti con piatti del territorio. Il menu prevede crostini, bruschette con lardo di Conca e pomodoro, pasta fatta in casa con ragù di cinghiale, tagliata al rosmarino e pepe verde, rosticciana di maiale, ma anche pesce e pizze. Interessanti promozioni sul sito e menu a prezzo fisso.

INFO
Ristorante pizzeria Leonardo • Via Montalbano 16, Vinci • 0571 567916 • www.ristoranteleonardo.com • Chiuso mercoledì • Costi: menu degustazione 25 €, turistico 13 €; bevande escluse

Trasporti e collegamenti

IN AEREO
Gli aeroporti più vicini sono quelli di Pisa e Firenze.

Aeroporto di Pisa Galileo Galilei • Piazzale D'Ascanio, Pisa • 050 849111 • www.pisa-airport.com

Aeroporto di Firenze Peretola • Via del Termine, Firenze • 055 30615 • www.aeroporto.firenze.it

IN TRENO

La stazione FS di San Miniato si trova sulla linea Firenze-Pisa.

IN AUTO

Autostrada A12 Genova-Rosignano, uscite di Collesalvetti o Pisa Centro, poi immettersi nella Strada di Grande Comunicazione Firenze-Pisa-Livorno.

Autostrada A1 del Sole, uscita Firenze Scandicci, poi immettersi nella Strada di Grande Comunicazione Firenze-Pisa-Livorno.

IN AUTOBUS

San Miniato è servita dalla Compagnia Pisano Trasporti, Vinci da Piùbus.

CPT • 199 120 150 • www.cpt.pisa.it

Piùbus • 0574 6081 • www-piubus.it

La Val d'Orcia

Tra rocche, vigneti e antichi giardini

La Val d'Orcia è un gioiello talmente prezioso che nel 2004 l'Unesco l'ha dichiarata Patrimonio dell'umanità, in qualità di «eccezionale esempio di come il paesaggio naturale sia stato ridisegnato nel periodo Rinascimentale per rispecchiare gli ideali di buon governo e per creare un'immagine esteticamente gradevole». Questo piccolo paradiso, che deve il suo nome al fiume che lo attraversa, si trova nel cuore delle colline senesi, ricche di calanchi, oasi termali, vigneti e oliveti.

7 San Quirico d'Orcia

8 Pienza

9 Radicofani

10 Castiglione d'Orcia

Da San Quirico d'Orcia a Castiglione

Al confine settentrionale della Val d'Orcia troviamo San Quirico, bella città medievale protetta da una poderosa cinta muraria. Percorrendo la lunga via lastricata che attraversa il borgo si incontrano la Collegiata dei Santi Quirico e Giulitta con i suoi magnifici portali, l'elegante Palazzo Chigi, la chiesa di San Francesco, dove è conservata una *Madonna* di Andrea della Robbia, l'Ospedale della Scala, la suggestiva chiesetta romanica dedicata a Santa Maria Assunta e gli Horti Leonini, realizzati intorno al 1580, superbo esempio di giardino all'italiana abbellito da sculture contemporanee e dal Giardino delle Rose.

A una decina di chilometri da San Quirico c'è Pienza, città simbolo del Rinascimento italiano grazie alla cattedrale dell'Assunta – costruita nel 1459, emblema del potere di papa Pio II –, al Palazzo Comunale, al Palazzo Vescovile, sede del Museo Diocesano, e all'imponente Palazzo Piccolomini, dalla cui loggia si ammira uno dei più affascinanti panorami sulla Val d'Orcia. Anche dalla Torre di Radicofani, comune noto per le scorribande del brigante Ghino di Tacco, si gode una vista mozzafiato sulla vallata, sull'Amiata, sull'Appennino, sul Lago Trasimeno e sul Lago di Bolsena. Prima di lasciare il paese, fate una sosta al Palazzo della Posta, una villa medicea poi trasformata in albergo per viaggiatori illustri (qui soggiornarono infatti Montaigne, Dickens, Pio VI e Pio VII).

Al confine con le foreste del Monte Amiata fa bella mostra di sé il borgo di Castiglione d'Orcia, dominato dai ruderi della Rocca degli Aldobrandeschi, con un pozzo in pietra risalente al 1618. Chiamata anche Rocca di Tentennano, ospitò Santa Caterina da Siena che, analfabeta, sembra abbia ricevuto qui il dono della scrittura e della lettura.

INFO

Parco Artistico Naturale Culturale della Val d'Orcia • 0577 898303 • www.parcodellavaldorcia.com

Collegiata dei Santi Quirico e Giulitta • Piazza Chigi 1, San Quirico d'Orcia • 0577 897236 • Aperto tutti i giorni 8-18 • Costi: ingresso gratuito

Palazzo Chigi Zondadari • Piazza Chigi 2, San Quirico d'Orcia • 0577 899724 • Aperto in occasione di esposizioni temporanee • Costi: variabili a seconda dell'evento

Horti Leonini • Antichi Baluardi, piazza della Libertà, San Quirico d'Orcia • 0577 897506 • Aperto tutti i giorni 8-20 • Costi: ingresso gratuito

Museo Diocesano • Palazzo Vescovile, piazza Pio II, Pienza • 0578 749905 • palazzoborgia.it • Aperto da marzo a ottobre 10.30-13.30 e 14.30-18, chiuso martedì; da novembre a febbraio sabato e domenica 10-16 • Costi: 3/4,50 €

Palazzo Piccolomini • Piazza Pio II 2, Pienza • 0577 286300 • www.palazzopiccolominipienza.it • Aperto dal martedì alla domenica da ottobre a marzo 10-16.30, da aprile a settembre fino alle 18.30 • Costi: 5/7 €

Parco Museo Città Fortificata di Radicofani • Via della Fortezza, Radicofani • 331 4103303 • Aperto tutti i giorni 10.30-19.30, nei mesi invernali solo sabato e domenica • Costi: 3/4 €

Rocca degli Aldobrandeschi e Torre di Tentennano • Località Rocca d'Orcia, Castiglione d'Orcia • 0577 888986 • Aperto sabato e domenica 10-13 • Costi: 1,50/3 €

Montalcino

11 Montalcino

Montalcino non ha bisogno di presentazioni pompose. La fama del suo pregiatissimo vino parla da sé: le note aromatiche del Brunello, un rosso corposo, dal sapore pieno e rotondo, hanno fatto il giro del mondo e ottenuto importanti riconoscimenti. La visita al borgo non può quindi che iniziare dall'Enoteca La Fortezza, all'interno della torre principale della fortezza medievale di Montalcino, costruita nel 1361 dai senesi. Passeggiando nel centro storico si arriva al trecentesco Palazzo Comunale con la torre che ospita il Campanone, i cui rintocchi risuonano ancora nelle vie del paese. L'ex convento di Sant'Agostino è la sede del Museo Civico e Diocesano d'Arte Sacra, strutturato in due sezioni: il padiglione di pittura e scultura lignea di scuola senese e il padiglione archeologico. Da vedere anche piazza del Popolo, con i suoi loggiati, e la trecentesca chiesa di Sant'Agostino. A una decina di chilometri da Montalcino, nella frazione di Castelnuovo dell'Abate, sorge l'abbazia di Sant'Antimo, costruita a cavallo tra l'XI e il XII secolo, considerata uno dei capolavori del romanico francese in Italia.

INFO

Pro Loco di Montalcino • Costa del Municipio 1, Montalcino • 0577 849331 • www.prolocomontalcino.com

Enoteca La Fortezza • Piazzale Fortezza, Montalcino • 0577 849211 • www.enotecalafortezza.com • Aperto tutti i giorni 9-20 • Costi: ingresso gratuito

Museo Civico e Diocesano d'Arte Sacra • Via Ricasoli 31, Montalcino • 0577 846014 • Aperto dal martedì alla domenica da gennaio a marzo 10-13 e 14-16, da aprile a dicembre 10-18 • Costi: 3/4,50 €

12 Bagno Vignoni

Zoom

Le acque termali di Bagno Vignoni

Bagno Vignoni, frazione di San Quirico d'Orcia, è noto in tutto il mondo per la sua grande vasca di acqua termale calda proveniente dal Monte Amiata. Il bacino fu costruito nel Medioevo nel cuore del centro abitato e oggi è ancora perfettamente conservato, anche se è vietata la balneazione. Vi si affacciano abitazioni, ristoranti, la piccola chiesa di San Giovanni Battista e alcuni alberghi non particolarmente economici, che mettono le loro piscine termali private a disposizione dei clienti. Intorno al borgo, la Valle dei Molini, opera d'ingegneria idraulica medievale particolarmente affascinante, salvaguarda e valorizza uno dei principali poli molitori del senese.

Pro Loco di Bagno Vignoni • Piazza delle Sorgenti, Bagno Vignoni • 333 4473252 • www.bagnovignoni-terme.net

Dove dormire

SAN QUIRICO D'ORCIA

LA SVEGLIA CON SORPRESA ALLA DIMORA DEL POETA

Non c'è che dire: le quattro camere di questo b&b sono davvero eleganti e raffinate. Travi a vista, pavimenti in cotto e letti a baldacchino fanno della Dimora del Poeta la location perfetta per un weekend nella Val d'Orcia. Se vi state chiedendo il perché del nome, aspettate la colazione per scoprirlo...

INFO

La Dimora del Poeta • Via Dante Alighieri 91, San Quirico d'Orcia • 0577 778033 • www.dimoradelpoeta.com • Costi: camera doppia 55/89 €

PIENZA

L'ANTICA LOCANDA DEL XV SECOLO

Nel centro di Pienza, in un palazzo del XV secolo, un tempo sede del Segretariato Papale, quattro camere e due mini appartamenti, con angolo cottura e servizi privati. Il fascino di alloggiare in un'antica struttura a pochi passi dai principali monumenti della cittadina si unisce ai comfort moderni, regalandovi un soggiorno indimenticabile. Varie offerte e pacchetti scontati.

INFO

Antica Locanda di Pienza • Corso Il Rossellino 72, Pienza • 339 3112277 • www.anticalocandapienza.it • Costi: camera singola 45/70 €, doppia 70/90 €

L'AGRITURISMO A GESTIONE FAMIGLIARE CON PODERE

Generazioni e generazioni di Barbi hanno lavorato in questa azienda agricola. Oggi la tenuta è in mano a Vilmo, che ha fatto dell'agricoltura biologica il suo fiore all'occhiello e ha adibito due edifici ad agriturismo, con tre appartamenti da due a quattro posti letto. Volendo si può partecipare ai lavori agricoli e acquistare olio extravergine di oliva, orzo, ceci e pasta di produzione propria.

INFO

Agriturismo Barbi • Podere Montello, località Montichiello, Pienza • 338 7705202 • www.agriturismobarbi.it • Costi: camera doppia 65/80 €, appartamento da quattro 30/40 € a persona

CASTIGLIONE D'ORCIA

LE QUATTRO CAMERE DEI TRE RIONI

A Campiglia d'Orcia, un antico borgo medievale nei pressi di Castiglione, un b&b con quattro camere dotate di servizi privati, arredate con mobili tipici toscani e letti in ferro battuto. Al piano terra c'è un buon ristorante con piatti tipici della zona. Stupendi panorami sulla Val d'Orcia e i suoi castelli.

INFO

I Tre Rioni • Via Campotondo 3, Campiglia d'Orcia • 0577 872015 • www.itrerioni.com • Costi: camera singola 40/60 €, doppia 60/80 € (prima colazione inclusa)

MONTALCINO

LA COLAZIONE FAI DA TE DI IDOLINA

Poggio Rubino, una delle migliori aziende produttrici del celebre Brunello di Montalcino, dispone di quattro eleganti camere all'interno di un antico palazzo nel centro storico di Montalcino. La mattina c'è la possibilità di prepararsi la colazione in cucina, utilizzando i prodotti tipici della Val d'Orcia, messi a disposizione dei clienti.

INFO

B&B Da Idolina • Via Mazzini 65/67, Montalcino • 0577 849212 • www.bebidolina.com • Costi: camera singola 60 €, doppia 80 € (prima colazione inclusa)

LA LOCANDA SANT'ANTIMO A CASTELNUOVO

Cinque camere con servizi comuni o privati in un accogliente caseggiato in pietra, a circa mezzo chilometro dall'abbazia di Sant'Antimo. La struttura è circondata da un grande giardino con vista panoramica sulla valle e dispone di un buon ristorante che prepara saporiti piatti della tradizione.

INFO

Locanda Sant'Antimo • Via Bassomondo 8, località Castelnuovo dell'Abate, Montalcino • 0577 835615 • www.locandasantantimo.it • Costi: camera singola 50/60 €, doppia 75/90 € (prima colazione inclusa)

Dove mangiare e bere

SAN QUIRICO D'ORCIA

PESCE, PIZZA E SAPORI TOSCANI AL GARIBALDI

La buona cucina nasce da ingredienti di qualità, abbinati con gusto e fantasia. È per questo che al Garibaldi ogni piatto è un'esperienza unica e indimenticabile: dai crostini, alla fiorentina, agli gnocchi di patate con seppioline e baccalà croccante, al pesce e alle pizze, si ha solo l'imbarazzo della scelta. Alcune camere in cui pernottare.

INFO

Il Garibaldi • Via Cassia 17, San Quirico d'Orcia • 0577 898315 • www.ilgaribaldi-sanquirico.it • Chiuso domenica • Costi: 20/25 €, bevande escluse

PIENZA

LA MENSA DEL CONTE

Alle porte del centro storico di Pienza, un ristorante a conduzione familiare che propone i piatti della tradizione toscana, dai crostini agli affettati tipici, dai famosi pici fatti a mano all'agnello alla griglia. Si sceglie fra tre vini, Brunello, Nobile e Chianti, l'accoglienza è calorosa e si mangia nella saletta interna o nella piccola veranda di fronte al locale.

INFO

La Mensa del Conte • Piazza Dante Alighieri 9, Pienza • 0578 748076 • www.lamensadelconte.it • Chiuso giovedì • Costi: 20/25 €, bevande escluse

CASTIGLIONE D'ORCIA

VINI BIO E PIATTI CONTADINI AL RITROVINO

Nelle cantine di un palazzo storico nel centro di Castiglione d'Orcia, il Ritrovino vi aspetta a pranzo, a cena, per merenda, per un aperitivo o in tarda serata. Propone i semplici e saporiti piatti della cucina contadina della zona, accompagnati da un ottimo vino sfuso, che si può anche acquistare, insieme a salumi e formaggi, rigorosamente biologici.

INFO

Il Ritrovino • Via del Fosso 2, Castiglione d'Orcia • 338 7004146 • Pagina Facebook: Il Ritrovino: Osteria, Vineria • Chiuso mercoledì pomeriggio e giovedì tutto il giorno • Costi: 12/18 €, bevande escluse

MONTALCINO

LA TRATTORIA DI UNA VOLTA DI PORTA AL CASSERO

Per chi ama le trattorie di una volta, L'Osteria di Porta al Cassero è una scelta obbligata. Si mangia su tavolini di marmo e ghisa, sistemati di fronte al bancone e nella saletta adiacente, con mattoni alle pareti e travi a vista.

Le tovagliette sono di carta, l'ambiente è semplice, ma la cucina è deliziosa: pici al pomodoro e aglio saltato, cinghiale, trippa allo zafferano o coniglio arrosto. Vini delle aziende della zona.

INFO

Osteria di Porta al Cassero • Via Ricasoli 32, Montalcino • 0577 847196 • Chiuso mercoledì • Costi: 18/25 €, bevande escluse

I VINI AL CALICE DELL'OSTICCIO

Nel centro di Montalcino, l'Enoteca Osticcio serve i migliori vini toscani, anche al calice (sono più di un centinaio le etichette disponibili). In tavola bruschette, antipasti tipici, ribollita, taglieri di salumi e formaggi, fagioli all'uccelletto e cecini rosa di Pratomagno all'olio. Zabaione al cioccolato e cantucci con il vin santo per chiudere in bellezza.

INFO

Enoteca Osteria Osticcio • Via Matteotti 23, Montalcino • 0577 848271 • www.osticcio.it • Chiuso domenica • Costi: 22/27 €, bevande escluse

LA PASTA FRESCA DI FRANCA E PAOLA

Trattoria toscana situata su un'altura che domina Montalcino, nella frazione di Sant'Angelo in Colle. Le sorelle Franca e Paola propongono, tra i primi piatti, oltre alla pasta fresca, cibi poveri ma deliziosi come la zuppa di pane e l'acqua cotta. Secondi di carne, dalla fiorentina ai bocconcini al Brunello, accompagnati da verdure fresche di stagione.

INFO

Trattoria il Pozzo • Piazza Castello, località Sant'Angelo in Colle, Montalcino • 0577 844015 • www.trattoriailpozzo.com • Chiuso martedì • Costi: 20/25 €, bevande escluse

Trasporti e collegamenti

IN AEREO

L'aeroporto più vicino è quello di Firenze • Via del Termine, Firenze • 055 30615 • www.aeroporto.firenze.it

IN TRENO

La stazione ferroviaria più vicina è quella di Buonconvento, sulla linea Siena-Grosseto.

IN AUTO

Imboccare l'autostrada A1 del Sole, casello di Chiusi-Chianciano, e poi proseguire per Montepulciano e Pienza. Per la Val d'Orcia imboccare la superstrada Firenze-Siena, quindi proseguire sulla Cassia verso Roma.

IN AUTOBUS

La Val d'Orcia è servita dagli autobus delle autolinee Tiemme • 0564 475111 • www.tiemmespa.it

10.

Umbria

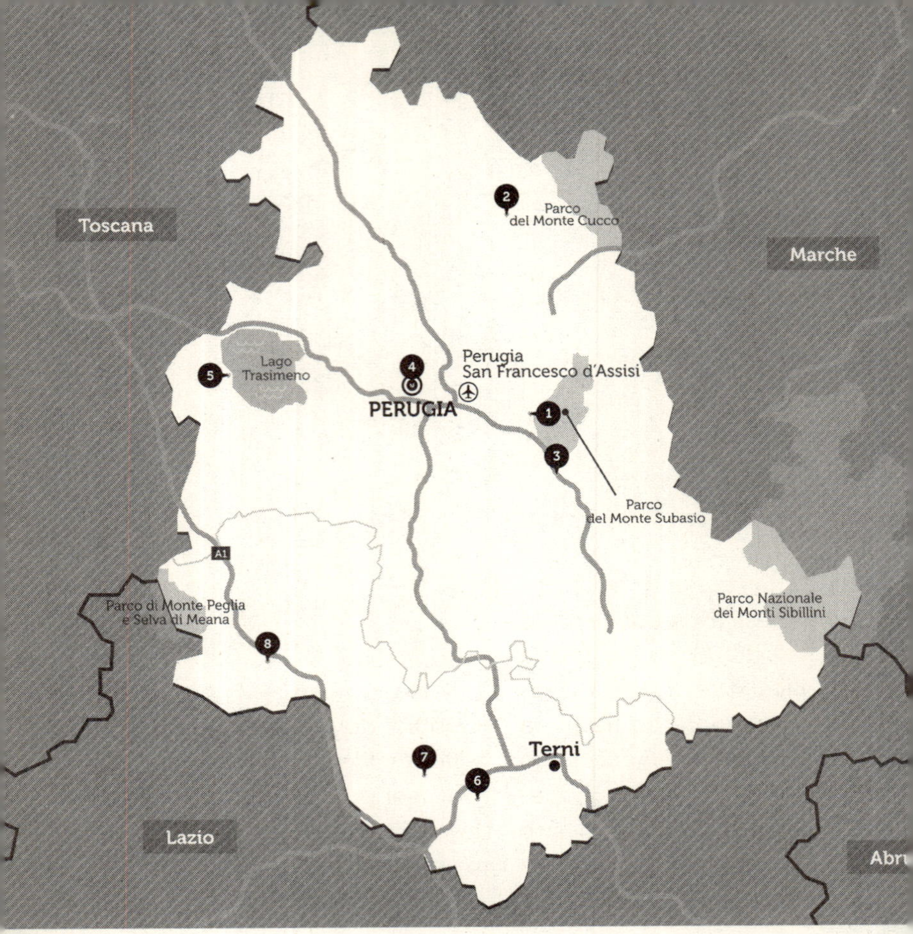

Umbria

1. Assisi (PG)
2. Gubbio (PG)
3. Spello (PG)
4. Perugia
5. Castiglione del Lago (PG)
6. Narni (TR)
7. Amelia (TR)
8. Orvieto (TR)

Assisi e Gubbio

Da San Francesco a Giotto

Assisi, dolcemente adagiata su uno sperone del Monte Subasio, è la città di San Francesco, ma anche di Giotto che, sessant'anni dopo la morte del frate, decorò la basilica superiore con scene che ne raffigurano la vita e l'opera. Celebri sono anche gli affreschi, a opera dei discepoli del maestro fiorentino, dell'abside della chiesa di San Francesco a Gubbio, dove il sant'uomo incontrò il lupo e si convertì. Due borghi dove religione, leggenda, arte e buona cucina si incontrano, per nutrire il corpo e la mente.

Assisi

1 Assisi

Città della spiritualità e della Marcia per la Pace, Assisi si annuncia con la piazza inferiore di San Francesco, circondata da portici risalenti al Quattrocento. Da qui si sale alla piazza superiore, sulla quale si affaccia la splendida basilica di San Francesco, consacrata nel 1253, formata da due chiese sovrapposte. La basilica superiore, di stile gotico, conserva un ciclo di affreschi di Giotto, con scene che raffigurano episodi della vita del santo, e un ciclo di affreschi attribuito a Cimabue nel transetto e nell'abside. Le cappelle della basilica inferiore furono invece decorate successivamente, quando Giotto ritornò ad Assisi insieme a un gruppo di allievi e collaboratori. Nella cripta si trova infine la tomba di San Francesco, che riposa accanto ai frati Angelo, Leone, Masseo e Rufino. Intorno alla basilica si sviluppa il centro storico della città, con la bella piazza del Comune, alcuni importanti palazzi nobiliari, il Tempio di Minerva, risalente all'età augustea e poi trasformato nella chiesa di Santa Maria sopra Minerva, e il Palazzo Vallemani, con la Pinacoteca comunale che espone pregevoli opere della pittura umbra. Da vedere anche l'imponente Rocca Maggiore, fatta ricostruire nel 1365 dal cardinale Egidio Albornoz dopo la sua distruzione nel 1198, il duomo, la chiesa gotica di Santa Chiara, con splendidi affreschi e il crocifisso che, a San Damiano, avrebbe parlato al poverello di Assisi.

Sotto piazza del Comune è visitabile l'antico Foro Romano, al quale si accede da via Portica, passando attraverso la cripta romanica dell'ex chiesa di San Nicolò, dove sono conservati sarcofaghi, capitelli e iscrizioni provenienti da Assisi e dintorni. Fuori dal centro abitato, la basilica di Santa Maria degli Angeli con l'oratorio della Porziuncola, in cui San Francesco si ritirava in preghiera.

Immerso nel verde dei lecci secolari, a circa 4 chilometri da Assisi, sorge l'Eremo delle Carceri, dove Francesco e i suoi fratelli usavano rifugiarsi per meditare. La visita al suggestivo luogo di preghiera, ancora oggi avvolto dal silenzio, inizia dal Chiostrino dei Frati e prosegue nel refettorio, nelle celle dei frati e nella piccola chiesa di Santa Maria delle Carceri, dove sono custodite alcune reliquie di San Francesco. Scendendo una ripida scalinata si raggiungono la grotta di San Francesco e l'enorme leccio dove si dice che gli uccelli sostassero per ascoltare le parole del santo. Una curiosità: nella grotta c'è un buco che ricorda le ire del demonio, cacciato da frate Rufino e sprofondato negli abissi della Terra.

INFO

Ufficio del Turismo di Assisi • Piazza del Comune, Assisi • 075 8138680 • www.visit-assisi.it

Basilica di San Francesco • Piazza San Francesco 2, Assisi • 075 819001 • www.sanfrancescoassisi.org • Aperto tutti i giorni 6-19 • Costi: ingresso gratuito

Pinacoteca comunale • Palazzo Vallemani, via San Francesco 12, Assisi • 075 8155234 • Aperto tutti i giorni da novembre a febbraio 10.30-13 e 14-17, da marzo a ottobre 10-13 e 14.30-19 • Costi: 2/3 €, 5/8 € biglietto cumulativo Foro Romano e Rocca Maggiore

Rocca Maggiore • Piazzale delle Libertà Comunali, Assisi • 075 8155234 • Aperto tutti i giorni 10-15.45, nei mesi estivi fino alle 19 • Costi: 3,50/5,50 €, 5/8 € biglietto cumulativo Pinacoteca e Foro Romano

Foro Romano • Via Portica 2, Assisi • 075 8155077 • Aperto tutti i giorni 10.30-13 e 14-17, nei mesi estivi fino alle 19 • Costi: 2,50/4 €, 5/8 € biglietto cumulativo Pinacoteca e Rocca Maggiore

La Porziuncola • Piazza della Porziuncola 1, località Santa Maria degli Angeli, Assisi • 075 8051419 • www.porziuncola.org • Aperto dal martedì alla domenica 9.30-12.30 e 15-18.30 • Costi: 2/3 €

Eremo delle Carceri • Località Eremo delle Carceri, Assisi • 075 812301 • www.eremodellecarceri.it • Aperto tutti i giorni 8.30-17.30 • Costi: ingresso gratuito

Gubbio

2 Gubbio

Ci sono svariati motivi per fare una capatina a Gubbio. Il primo è legato a San Francesco, che qui ammansì un lupo che terrorizzava i contadini della zona. Il secondo è legato all'arte: negli affreschi dell'abside della chiesa di San Francesco la scuola giottesca ha infatti lasciato un'imperitura traccia di sé. Ma Gubbio incanta soprattutto per il trecentesco Palazzo dei Consoli, uno dei più belli in Italia, in cui hanno sede la Pinacoteca e il Museo civico che, oltre a dipinti, ceramiche e monete, espone le Tavole Eugubine, sette lastre di bronzo con inciso un testo in lingua umbra, ritenuto la più esaustiva descrizione di riti religiosi dell'Occidente.

Per visitare il borgo antico vale la pena lasciare l'auto nella parte bassa della città e raggiungere a piedi le chiese di San Francesco e di San Pietro, finemente affrescate, e il Palazzo Ducale, che ospita il Museo d'Arte. Da vedere anche la fontana cinquecentesca detta «dei matti», nella piazzetta antistante il Palazzo del Bargello. Secondo la tradizione, chi gira tre volte intorno a essa, dopo essersi bagnato con la sua acqua riceve la Patente da Matto, un certificato che comprova l'avvenuto «battesimo». Alla periferia di Gubbio si trovano il Teatro Romano, uno dei più grandi conservati dall'epoca augustea, il vicino Antiquarium, un quartiere residenziale di epoca romana, e il Mausoleo di Pomponio Grecino.

INFO

Ufficio del Turismo di Gubbio • Via della Repubblica 15, Gubbio • 075 9220693 • www.comune.gubbio.pg.it

Museo civico e Pinacoteca • Palazzo dei Consoli, piazza Grande, Gubbio • 075 9274298 • Aperto tutti i giorni 10-13 e 14.30-17.30 • Costi: 2,50/5 €

Museo d'Arte • Palazzo Ducale, via Federico da Montefeltro, Gubbio • 075 9275872 • Aperto dal martedì alla domenica 8.30-19.30 • Costi: 2,50/5 €

Teatro Romano • Via Matteotti, Gubbio • 075 9220992 • Aperto tutti i giorni da aprile a ottobre 10-19.30, da novembre a marzo 9-18.30 • Costi: 1,50/3 €

Zoom

Spello

3 Spello

Solo 13 chilometri separano Assisi da Spello, dove il Pinturicchio ha affrescato la Cappella Baglioni della chiesa di Santa Maria Maggiore e ha lavorato alla grande pala dell'altare della chiesa di Sant'Andrea. Nella stessa chiesa si ammira anche un crocifisso attribuito al Maestro Espressionista di Santa Chiara, che alcuni identificano con Palmerino di Guido, presunto aiutante di Giotto. Il centro storico di Spello ospita anche alcuni eleganti edifici, come il Palazzo Comunale, il Palazzo Baglioni e il Palazzo Cruciani.

Pro Loco di Spello • Piazza Matteotti 3, Spello • 0742 301009 • www.prospello.it

Dove dormire

ASSISI

ACCOGLIENZA DAL 1860

Dal 1860 l'Hotel Pallotta accoglie i suoi clienti in un antico edificio situato lungo la caratteristica via pedonale San Rufino, tra piazza del Comune e il duomo. La struttura si compone di otto camere e una saletta panoramica che guarda i tetti di Assisi. Le stanze sono piccole ma graziose, con bagno privato, pavimenti in cotto e letti in ferro battuto.

INFO
Hotel Pallotta • Via San Rufino 6, Assisi • 075 812307 • www.hotelpallotta.it • Costi: camera singola 55/70 €, doppia 69/80 € (prima colazione inclusa)

IL CASOLARE DI PIETRA CON HAMMAM E BAGNO TURCO

Il casolare di pietra risale addirittura all'XI secolo e l'azienda agricola produce un fantastico olio extravergine d'oliva, acquistabile su richiesta. Questo e molto altro alle Mandrie di San Paolo, dove si può fare il bagno in piscina, rilassarsi nella sauna o nell'hammam e cenare nella caratteristica sala ristorante. Gli ospiti possono vedere da vicino gli animali della fattoria e visitare il frantoio. Si alloggia in camere e mini appartamenti con angolo cottura.

INFO
Le Mandrie di San Paolo • Località San Vitale, Assisi • 075 8064070 • www.agriturismomandriesanpaolo.it • Costi: camera doppia 75/90 €, posto letto in appartamento 30/40 €

L'HOTEL LUNGO LA SCALINATA

Nel centro di Assisi, lungo la scalinata del vicolo della Fortezza, sette stanze semplici e pulite, con parquet e bagno privato. Al terzo piano c'è una sala con terrazza panoramica, che regala affascinanti scorci del paese. A disposizione degli ospiti anche un ristorante.

INFO
Hotel La Fortezza • Vicolo della Fortezza, Assisi • 075 812418 • www.lafortezzahotel.com • Costi: camera singola 32/45 €, doppia 55/75 €

GUBBIO

L'OSPIZIO PER I PELLEGRINI

Alle porte del centro storico di Gubbio, dove nel XII secolo c'era un ospizio per i pellegrini diretti a Roma, ora c'è un albergo. Sessantatré confortevoli e luminose camere arredate da artigiani locali, alcune affacciate sul giardino, altre con vista sulla città. Parcheggio convenzionato e solarium. Ristorante in cui assaggiare le specialità umbre.

INFO
Hotel San Marco • Via Campo di Marte 2, Gubbio • 075 9220234 • www.hotelsanmarcogubbio.com • Costi: camera singola 50/70 €, doppia 50/80 € (prima colazione inclusa)

L'AGRITURISMO BIO/VEGAN LA GINESTRA

Bioagriturismo nel verde delle colline umbre, tra boschi, olivi e alberi da frutta. Si alloggia in camere e appartamenti con servizi privati, all'interno di alcuni antichi casali in pietra ristrutturati. Prime colazioni biologiche e, su prenotazione, anche vegane. Noleggio di mountain bike e sconti per famiglie e gruppi.

INFO

La Ginestra • Località Valmarcola-Santa Cristina, Gubbio • 075 920088 | 333 3622640 • www.agriturismolaginestra.com • Costi: camera doppia 40/70 €, posto letto in appartamento 17/45 €

SPELLO

UN WEEKEND DA RE ALLA BASTIGLIA

Fare il bagno in piscina circondati da prati verdi, sedersi su una poltrona d'epoca nell'elegante salottino con travi a vista e cenare nel grazioso dehors all'aperto sono lussi che solo La Bastiglia può regalarvi. A tutto questo si aggiunge il centro benessere con bagno turco o, per un trattamento da re, la suite con vasca idromassaggio e terrazzo panoramico, ovviamente più cara delle stanze standard.

INFO

La Bastiglia • Piazza Vallegloria, Spello • 0742 651277 • www.labastiglia.com • Costi: camera singola 70/80 €, doppia 80/100 € (prima colazione inclusa)

Dove mangiare e bere

ASSISI

A CENA IN STALLA

Sulla strada per l'Eremo delle Carceri, a meno di un chilometro dalle mura di Assisi, c'è il centro turistico-ricettivo Fontemaggio, con una tradizionale trattoria di campagna. Si mangia in una vera e propria stalla ristrutturata, in un ambiente informale, a volte un po' rumoroso e affollato, ma i piatti sono buonissimi e i prezzi contenuti, cosa non facile per Assisi.

INFO

La Stalla • Via Eremo delle Carceri 24, Assisi • 075 812317 • www.fontemaggio.it • Chiuso lunedì • Costi: 18/22 €, bevande escluse

PASTEGGIARE CON SALUMI E TISANE ALLA TERRA CHIAMA

Piccolo locale nel centro di Assisi che propone piatti, anche veloci, in gran parte a base di prodotti biologici o a km 0. Buoni i taglieri di salumi e formaggi umbri, ottima la scelta dei vini, tenera la carne e sfiziosi gli antipasti. Tisane per chi vuole concludere il pasto con qualcosa di caldo o chiacchierare con gli amici il pomeriggio.

INFO

Hostaria Terra Chiama • Via San Rufino 16, Assisi • 075 8199051 • www.hostariaterrachiama.it • Chiuso lunedì • Costi: 22/26 €, bevande escluse

GUBBIO

UNA CRESCIA DA LECCARSI I BAFFI

La crescia è forse una delle specialità umbre più popolari, in particolare nella zona di Gubbio. Si tratta di una focaccia sottile, la cui pasta è simile a quella della piadina, farcita con prosciutto, spinaci, salsiccia o altri salumi e insaccati locali. L'Osteria del Bottaccione ne prepara una ottima e molto saporita, accompagnata da buon vino locale.

INFO
Osteria del Bottaccione • Via di Giove Pennino 25, Gubbio • 340 1462816 • Pagina Facebook: Il Bottaccione in Gola • Chiuso mercoledì • Costi: 15/20 €, bevande escluse

MARTEDÌ TRIPPA, VENERDÌ BACCALÀ

L'Osteria dei Re è giustamente famosa per l'abbondante Piattone del Re, composto da prosciutto di montagna, caciotta al tartufo, crostini con guanciale di maiale e funghetti alla cacciatora, uno spicchio di crescia con frittata rognosa, patate arrosto, polenta alla contadina, brustengo, fantasie di stagione, cotiche e fagioli all'eugubina. Martedì trippa, venerdì baccalà, da settembre a marzo cene a base di selvaggina.

INFO
Osteria dei Re • Via Cavour 15, Gubbio • 075 9222504 • www.osteriadeire.com • Chiuso mercoledì • Costi: 17/20 €, bevande escluse

SPELLO

L'ANTICA STAZIONE DELLA POSTA DI SPELLO

Dove nell'Ottocento c'era una stazione di posta, ora c'è la Locanda del Postiglione, così chiamata in onore dell'antico utilizzo. In tavola i piatti della cucina umbra, dal guanciale di Norcia con rucola e aceto balsamico alla zuppa di legumi, dal filetto di vitello all'agnello, allo scottadito e al piccione alla spellana. Per concludere in bellezza, la pera cotta al sagrantino passito e anice stellato.

INFO
Locanda del Postiglione • Via Roma 5, Spello • 074 2301164 • www.locandadelpostiglione.com • Chiuso martedì • Costi: 18/25 €, bevande escluse

Trasporti e collegamenti

IN AEREO
Gli aeroporti più vicini sono quelli di Roma Ciampino e Fiumicino.
Aeroporto di Ciampino • Via Appia, Ciampino • 06 65951 • www.adr.it
Aeroporto di Fiumicino • Via dell'Aeroporto di Fiumicino, Fiumicino • 06 65951 • www.adr.it

IN TRENO
La stazione FS più vicina è quella di Santa Maria degli Angeli, sulla linea Foligno-Terontola.

IN AUTO
Autostrada A1 del Sole, uscita Valdichiana, e proseguire per Cesena fino ad Assisi.
Autostrada A14 Adriatica, uscita Cesena o Civitanova Marche; poi seguire le indicazioni per Perugia fino ad Assisi.

IN AUTOBUS
Le autolinee Sulga collegano Assisi a Roma. • 075 5009641 • www.sulga.it

Perugia e il Lago Trasimeno

Dai capolavori del capoluogo al lago più grande dell'Italia centrale

Perugia, stupenda città d'arte che domina la pianura umbra, ha alle spalle una storia piuttosto travagliata. Fu prima un borgo etrusco, poi un florido municipio romano e un libero comune, per passare infine sotto il dominio dello Stato Pontificio. Queste vicissitudini hanno lasciato una traccia profonda nella struttura urbanistica, così come negli edifici e nei monumenti. Poco lontano dal capoluogo umbro, il Lago Trasimeno, il più grande dell'Italia centrale, con le sue tre interessanti isole, offre preziosi momenti di svago e relax.

Perugia

4 Perugia

Il cuore pulsante di Perugia è piazza IV Novembre, una delle più belle d'Italia. Vi si affacciano la cattedrale di San Lorenzo, la famosissima Fontana Maggiore, abbellita da alcune graziose sculture, e il Palazzo Comunale o dei Priori, in stile gotico, costruito alla fine del Duecento, in cui hanno sede il Comune e la Galleria Nazionale dell'Umbria, che conserva capolavori dei grandi maestri italiani, dal Medioevo fino all'Ottocento, quali Duccio di Buoninsegna, Arnolfo di Cambio, il Perugino, il Pinturicchio, Beato Angelico.
Passeggiando lungo corso Vannucci, la via principale della città, si ha

l'occasione di ammirare altri palazzi storici, come il Nobile Collegio del Cambio, con la sala delle Udienze, uno dei maggiori esempi di arte rinascimentale, o il Nobile Collegio della Mercanzia, abbellito da decorazioni lignee.

Meritano una sosta anche il Complesso Templare di San Bevignate, significativa testimonianza della presenza dei Templari a Perugia, e il monumentale Pozzo Etrusco di piazza Danti, capolavoro di ingegneria idraulica. Profondo circa 36 metri e alimentato da tre differenti corsi d'acqua, rappresentava la fonte principale di approvvigionamento idrico della Perugia etrusca e romana.

Da non perdere la spettacolare Rocca Paolina, fatta costruire da papa Paolo III Farnese tra il 1540 e il 1543, su disegno di Antonio da Sangallo il Giovane. Vi si accede attraverso le scale mobili dalla stazione degli autobus o da Porta Marzia ed è utilizzata per organizzare svariati eventi culturali.

In località Ponte San Giovanni, l'ipogeo della ricca famiglia dei Velimna-Volumni è la più grande e importante tomba gentilizia etrusca della regione. Si trova all'interno della Necropoli del Palazzone, costituita da quasi duecento tombe rupestri risalenti, in alcuni casi, al V secolo a.C.

Si parte dal piccolo Antiquarium, dove sono custodite urne cinerarie e altri materiali provenienti dalla necropoli, e si prosegue nella necropoli vera e propria, composta da ben dieci ambienti, alcuni dei quali magnificamente decorati e affrescati.

INFO

IAT di Perugia • Piazza Matteotti 18, Perugia • 075 5736458 • turismo.comune.perugia.it

Galleria Nazionale dell'Umbria • Palazzo dei Priori, corso Vannucci 19, Perugia • 075 58668415 • www.gallerianazionaleumbria.it • Aperto dal martedì alla domenica 8.30-19.30, venerdì fino alle 22 • Costi: 3,25/6,50 €

Nobile Collegio del Cambio • Corso Vannucci 25, Perugia • 075 5728599 • Aperto dal lunedì al sabato 9-12.30 e 14.30-17.30, domenica e festivi 9-13 • Costi: 3,50/4,50 €, 4,50/5,50 € biglietto cumulativo con il Nobile Collegio della Mercanzia

Nobile Collegio della Mercanzia • Corso Vannucci 15, Perugia • 075 5730366 • Aperto dal martedì al sabato 9-17.30, domenica e festivi 9-13 • Costi: 1/1,50 €, 4,50/5,50 € biglietto cumulativo con il Nobile Collegio del Cambio

Complesso Templare di San Bevignate • Via Enrico dal Pozzo 145, Perugia • 199 151 123 • ssgu.comune.perugia.it/sanbevignate • Aperto sabato e domenica, gli altri giorni su prenotazione • Costi: 2,50/5 €

Pozzo Etrusco • Piazza Danti 18, Perugia • 075 5733669 • Aperto dal martedì alla domenica, in aprile e agosto tutti i giorni • Costi: 2/3 €

Rocca Paolina • Piazza Italia, Perugia (accesso attraverso le scale mobili dal parcheggio di Piazza Partigiani) • 075 5721009 • Aperto dal martedì alla domenica 11-19 • Costi: ingresso gratuito

Ipogeo dei Volumni e Necropoli del Palazzone • Via Assisana 53, località Ponte San Giovanni, Perugia • 075 393329 • Aperto tutti i giorni 9-18.30, in luglio e agosto fino alle 19.30 • Costi: 1,50/3 €

Il Lago Trasimeno

5 Castiglione del Lago

Il Trasimeno è il lago più grande dell'Italia peninsulare. Il centro abitato più importante bagnato dalle sue acque è Castiglione del Lago, un borgo completamente circondato da mura e protetto dall'elegante Rocca del Leone.
La fortezza, a pianta pentagonale, è aperta al pubblico, che può salire anche sulle quattro torri angolari e sul possente mastio triangolare, alto 30 metri, da cui si gode una splendida vista sul Parco del Trasimeno. La rocca è collegata a Palazzo della Corgna, costruito intorno alla metà del Cinquecento, da un suggestivo camminamento coperto che conduce a un accesso segreto. Nel palazzo si visitano gli appartamenti del marchese Ascanio e i saloni, con affreschi e dipinti che si richiamano alla mitologia greca e latina, alla famosa battaglia del Trasimeno di Annibale e alle gesta di Ascanio.
Oltre a fortezze e residenze nobiliari, nel bacino del Trasimeno ci sono altre attrazioni che valgono una sosta, specie per gli amanti della natura e delle gite in barca. Si tratta delle tre isole del lago: l'isola Polvese, l'isola Maggiore e l'isola Minore. La prima è la più grande, con un vasto bosco di alberi ad alto fusto, un canneto e un oliveto secolare da cui si ricava un ottimo olio biologico. Esplorando l'isola, raggiungibile con i battelli in partenza da San Feliciano da marzo a ottobre, si ammirano il monastero dei monaci olivetani con la chiesa di San Secondo, la chiesa di San Giuliano, il castello del XIII secolo e il Giardino delle Piante Acquatiche, nell'ex cava abbandonata.
L'isola Maggiore è l'unica ancora abitata, con il suo caratteristico villaggio di pescatori, le chiesette, la cappella che ricorda lo sbarco di San Francesco e l'originale Museo del Merletto. L'isola più piccola, chiamata Minore, è di proprietà privata e purtroppo non visitabile.

INFO

Ufficio del Turismo di Castiglione del Lago • Piazza Mazzini 10, Castiglione del Lago • 0759 652484 • www.comune.castiglione-del-lago.pg.it

Palazzo della Corgna • Piazza Gramsci 1, Castiglione del Lago • 0759 51099 • Aperto dal venerdì al lunedì 10-17, da aprile a ottobre tutti i giorni 9.30-19 • Costi: 4/5 €

Isola Polvese • 347 8489578 • www.polvese.it • Aperto da marzo a ottobre • Costi: battello 5,70 € a/r

Giardino delle Piante Acquatiche • Isola Polvese, Castiglione del Lago • 347 8489578 • www.polvese.it • Aperto da aprile a giugno dal venerdì alla domenica, da luglio a settembre tutti i giorni 10-13 e 15-18 • Costi: 2,50/3,50 €

Umbria

Zoom

Dove nascono i Baci Perugina

A San Sisto, frazione di Perugia, negli anni Venti sono nati i famosi Baci Perugina. La storia di uno dei cioccolatini più noti al mondo viene raccontata dal Museo della Perugina, annesso allo stabilimento costruito agli inizi del secolo scorso. Una visita guidata spiega i differenti passaggi necessari per trasformare il cacao e le fasi di lavorazione dei prodotti dell'azienda, per concludersi con una degustazione e un giro nella fabbrica.

Museo Storico della Perugina • Viale San Sisto 207/c, località San Sisto, Perugia • 800 800 907 • www.perugina.it • Aperto dal lunedì al venerdì 9-13 e 14-17.30, sabato 10-16 • Costi: 4/9 €

Dove dormire

PERUGIA

L'OSTELLO SEMPLICE E BELLO

Semplice e spartano ostello ospitato in un palazzo del XVIII secolo con soffitti affrescati, a pochi passi da piazza IV Novembre. Si alloggia in camere da quattro a sei letti con servizi comuni, uso cucina, sala tv e una biblioteca. Su richiesta, si possono prenotare camere per famiglie. Chiuso dal 15 dicembre al 25 gennaio.

INFO
Ostello di Perugia • Via Bontempi 13, Perugia • 075 5722880 • www.ostello.perugia.it • Costi: posto letto 17 €

DORMIRE IN UNA EX CHIESA

In quella che anticamente era una chiesa, oggi c'è un ostello, al cui interno si possono ancora ammirare elementi architettonici d'epoca e affreschi originali. Si trova a un centinaio di metri dal duomo, offre una colazione light e mette a disposizione degli ospiti un bar. Stanze private a due o più letti e camerate.

INFO
Little Italy Hostel • Via della Nespola 1, Perugia • 075 9661997 • www.littleitalyhostel.it • Costi: camera doppia 40/60 €, posto letto in camerata 18/20 €

I DETTAGLI D'EPOCA DEL MORLACCHI

In ogni camera c'è un dettaglio che fa la differenza: una poltrona damascata, il soffitto affrescato, un comò d'epoca. Questo hotel ha solo due stelle, ma è gestito da anni dalla famiglia Morlacchi con sobrietà e dedizione. In un palazzo del Seicento, diciotto camere con servizi, un bar e una stanza con camino. Possibilità di accedere al centro storico in auto e di parcheggiare nelle immediate vicinanze.

INFO

Hotel Morlacchi • Via Leopoldo Tiberi 2, Perugia • 075 5720319 • www.hotelmorlacchi.it • Costi: camera singola 40/60 €, doppia 60/80 €

L'HOTEL EUROPA IN STILE LIBERTY

Nelle vie del centro, un edificio in stile liberty di inizio Novecento ospita un grazioso hotel con balconcini, ampie finestre e vetrate colorate. Tredici luminose camere con servizi privati, arredate con mobili antichi. Parcheggio privato a pagamento per le auto (8 euro al giorno), gratuito per le moto. Vantaggiosi pacchetti in occasione del festival Eurochocolate.

INFO

Hotel Europa • Via Pompeo Pellini 19, Perugia • 075 5726883 • www.hoteleuropapg.com • Costi: camera singola 40/60 €, doppia 55/90 € (prima colazione inclusa)

CASTIGLIONE DEL LAGO

UN ALBERGO CON RISTORANTE E NEGOZIO

Otto camere arredate con mobili d'epoca a Palazzo Aganoor, situato nel centro storico di Castiglione e risalente al Settecento. Le stanze guardano il lago o il centro storico e l'albergo dispone di un terrazzo panoramico con vista sul Trasimeno. Ristorante e punto vendita di prodotti tipici umbri interni alla struttura.

INFO

Hotel Aganoor • Via Vittorio Emanuele 91, Castiglione del Lago • 075 953837 • www.hotelaganoor.it • Costi: camera singola 45/55 €, doppia 70/80 € (prima colazione inclusa)

LA COLAZIONE INSOLITA DEL TORRIONE

Nei pressi delle antiche mura difensive di Castiglione del Lago, Il Torrione è un accogliente b&b con camere dotate di servizi privati. Si fa colazione in un locale ricavato in una torre del Cinquecento e ci si può rilassare nel bellissimo giardino della struttura, leggendo un libro o sorseggiando un buon tè.

INFO

B&B Il Torrione • Via delle Mura 4, Castiglione del Lago • 075 953236 • www.iltorrionetrasimeno.com • Costi: camera singola 50/55 €, doppia 70/80 € (prima colazione inclusa)

Dove mangiare e bere

PERUGIA

IL MEDIOEVO IN TAVOLA

Nei sotterranei di un edificio del centro storico, preparatevi a tornare indietro nel tempo. In una location medievale, si servono l'antipasto Settimo Sigillo (patate duchessa, sfizi di verdure, tortino-salsiccia, formaggio grigliato, crostini, capocollo e torta al testo), pasta fresca all'etrusca, bistecche e brasati, anche di torello e cinghiale.

INFO
Il Settimo Sigillo • Via Ulisse Rocchi 11, Perugia • 075 5724306 • www.ilsettimo-sigillo.it • Chiuso lunedì • Costi: 18/22 €, bevande escluse

LA CUCINA NAPOLETANA A PERUGIA
La famiglia Scisciola viene da Pompei, dove ha imparato a cucinare le specialità campane, in particolare la pizza, croccante e alta, anche al metro. In tavola insalata di polpo, frittura di alici, zuppa di cozze, linguine alle vongole veraci, maccheroncelli al golfo di Salerno, spiedini di pesce alla griglia e pesce spada alla griglia. Pastiera napoletana come dolce.

INFO
Pizzeria Pompei • Borgo XX Giugno 14, Perugia • 075 5727931 • pizzeriapompei.it • Chiuso lunedì • Costi: 15/20 €, bevande escluse

CASTIGLIONE DEL LAGO

ANTICHI SAPORI DEL TRASIMENO ALLA MERCANZIA
In un casolare rinascimentale, La Mercanzia prepara piatti della tradizione umbra, ma anche qualche specialità romanesca e fiorentina. Nel menu pici conditi in diverse maniere, gnocchi con uova di carpa, pesci di lago dorati e fritti, porchetta e cacciagione. Buona la cantina di vini umbri e non solo.

INFO
Locanda della Mercanzia • Via Doria 50/e, località Pucciarelli, Castiglione del Lago • 075 9659552 • www.locandamercanzia.it • Chiuso lunedì • Costi: 22/28 €, bevande escluse

I PESCI DI LAGO E DI MARE DEL MONNA LISA
Il ristorante Monna Lisa propone soprattutto piatti a base di pesce di mare e di lago, preparati con cura e passione. Da provare la zuppa di pesce di lago, la calamarata al pesto di rucola, i pici tirati a mano con pesto e frutti di mare, i tagliolini al persico, l'orata alla provenzale e gli ottimi dolci fatti in casa. Buona la scelta dei vini.

INFO
Ristorante Monna Lisa • Via del Forte 2, Castiglione del Lago • 075 951071 • Chiuso mercoledì • Costi: 15/25 €, bevande escluse

Trasporti e collegamenti

IN AEREO
Gli aeroporti più vicini sono quelli di Roma Ciampino e Fiumicino.
Aeroporto di Ciampino • Via Appia, Ciampino • 06 65951 • www.adr.it
Aeroporto di Fiumicino • Via dell'Aeroporto di Fiumicino, Fiumicino • 06 65951 • www.adr.it

IN TRENO
A Perugia ci sono due stazioni ferroviarie: Fontivegge, la più importante, e Ponte San Giovanni, situata in periferia.
Per i treni locali ce n'è una terza, Sant'Anna, vicino alla stazione degli autobus.

IN AUTO

Autostrada A1 del Sole, uscita Orte, poi raccordo Orte-Terni, uscita per Perugia, oppure uscita di Valdichiana e raccordo per Perugia costeggiando il Lago Trasimeno.

IN AUTOBUS

Perugia è collegata a Roma dalle autolinee Sulga e agli altri centri abitati dell'Umbria dai bus di Umbria Mobilità.

Sulga • 075 5009641 • www.sulga.it
Umbria Mobilità • 075 9637637 • www.umbriamobilita.it

IN BATTELLO

I battelli di Umbria Mobilità collegano le isole del Lago Trasimeno a San Feliciano, Passignano sul Trasimeno, Tuoro Navaccia e Castiglione del Lago • 075 9637637 • www.umbriamobilita.it • Corse diurne • Costi: 5,70/7,70 € a/r

L'Umbria sotterranea

Il lato nascosto del cuore verde d'Italia

L'Umbria ha due facce: una verde e rigogliosa e una nascosta nelle viscere della terra, purtroppo ancora poco nota, anche se ugualmente interessante.
In provincia di Terni, potrete calarvi nelle grotte scure e tenebrose di Narni, passeggiare tra le imponenti cisterne di origine romana di Amelia ed entrare nelle cantine storiche di Orvieto, per cercare i pozzi da cui si attingeva l'acqua.

6
Narni

Narni

Narni, in latino Narnia, le cui radici risalgono all'epoca preromana e romana, ha forti connotazioni medievali. Nel suo sottosuolo è custodito un insolito tesoro archeologico, da scoprire con un suggestivo itinerario underground. La visita guidata parte dal convento romanico di San Domenico, da cui si scende in una chiesa sotterranea del XII secolo, scoperta solo una trentina di anni fa, che conserva alcuni tra gli affreschi più antichi del borgo. Si prosegue entrando in un ampio locale con una cisterna romana perfettamente conservata dove, grazie a degli effetti speciali, si può esplorare virtualmente l'acquedotto della Formina, che portava l'acqua potabile in città (chi vuole può ovviamente percorrere a piedi la lunga galleria, l'importante è avere l'abbigliamento adatto).
Un corridoio conduce quindi alla grande sala che ha ospitato gli

interrogatori del Tribunale dell'Inquisizione, dove sono ancora visibili i segni lasciati dagli strumenti di tortura sulla muratura e si può entrare in una piccola cella, con disegnati alcuni simboli alchemici dal significato ignoto. Il tour nella Narni sotterranea termina all'interno del Lacus, la cisterna medievale che si trova sotto la fontana di piazza Garibaldi.
Una volta risaliti in superficie vale la pena dedicare un po' di tempo alla cattedrale romanica, al duecentesco Palazzo Comunale o del Podestà e a quello dei Priori, con la loggia e il pulpito dal quale si leggevano i bandi. Da vedere anche la Rocca Albornoz, una fortezza nella zona di Mezule, che ospita un museo interattivo dedicato al mondo medievale e una locanda.

INFO

Narni Turismo • Piazza dei Priori 3, Narni • 0744 715362 • www.turismonarni.it

Narni Sotterranea • Ingresso da via San Bernardo 12, Narni • 339 1041645 • www.narnisotterranea.it • Aperto solo per visite guidate sabato, domenica e festivi; nei mesi estivi anche dal lunedì al venerdì • Costi: 3/6 €

Rocca Albornoz • Località Mezule, Narni • 342 6157875 • www.roccadinarni.it • Aperto sabato 10.30-12.30, domenica e festivi 10.30-17.30 • Costi: 5/8 €

Amelia

7
Amelia

Anche ad Amelia si possono visitare alcuni interessanti spazi sotterranei, in particolare dieci imponenti cisterne di origine romana costruite per raccogliere e conservare l'acqua piovana. L'ingresso a queste meraviglie nascoste è in piazza Matteotti. Il deposito, capace di immagazzinare ben 4400 metri cubici di acqua, è stato utilizzato sino al 1945 ed è oggi visitabile con tour guidati organizzati.
Terminata la visita, quel che ci vuole è una passeggiata nel centro storico, con il Museo Archeologico – dove sono esposti importanti reperti, tra i quali la statua bronzea di Germanico –, la cattedrale, edificata nell'872 nel punto più alto della città e poi ricostruita in forme barocche, e il Palazzo Petrignani, con le sue splendide sale decorate. Da vedere anche le possenti Mura Poligonali, la più grandiosa testimonianza della civiltà italica, definite ciclopiche per le dimensioni dei blocchi e perché la fantasia popolare ha immaginato che fossero state edificate dai Ciclopi.

INFO

IAT di Amelia • Piazza Augusto Vero, Amelia • 0744 981453 • www.turismoamelia.it

Cisterna romana • Ingresso da piazza Matteotti, Amelia • 0744 978436 • Per gli orari consultare il sito • Costi: 2/3 €, 5/7 € biglietto cumulativo Museo Archeologico e Palazzo Petrignani

Museo Archeologico • Piazza Vera 10, Amelia • 0744 978120 • Aperto sabato, domenica e festivi 10.30-13.30 e 15-17; da giugno a settembre aperto tutti i giorno, tranne lunedì • Costi: 4/5 €, 5/7 € biglietto cumulativo Cisterna e Palazzo Petrignani

Palazzo Petrignani • Via del Duomo 3, Amelia • 0744 978120 • Aperto sabato, domenica e festivi 13.30-15.30; chiuso in gennaio e febbraio • Costi: 1/2 €, 5/7 € biglietto cumulativo Museo Archeologico e Cisterna

8 Orvieto

Orvieto

Oltre a Narni e Amelia, anche la spettacolare e fragile rupe su cui sorge Orvieto ospita numerose cavità artificiali, che danno vita a un labirinto di cunicoli e gallerie. Un percorso guidato di circa un'ora, con partenza da piazza Duomo, consente di andare alla scoperta di questo mondo, con i suoi colombari, le cave di pozzolana, i frantoi di origine etrusca e le cantine dove venivano conservati gli alimenti e il celebre vino che prende il nome dalla cittadina. Durante la passeggiata si osservano cisterne e sepolture di quando Orvieto era una delle capitali della dodecapoli etrusca; laboratori, stalle e chiese di quando la città poteva vantare più abitanti di Parigi; opifici e decine e decine di cantine, ancora oggi utilizzate.

Nel centro storico, che si raggiunge con la funicolare in partenza dalla stazione ferroviaria, si ammirano la splendida facciata trecentesca del duomo, con i suoi sontuosi mosaici, il Palazzo Papale, sede del Museo Archeologico Nazionale, uno dei più ricchi dell'Umbria, e il Museo Faina, con interessanti reperti etruschi e un percorso interattivo per ragazzi. Da visitare anche il Museo dell'Opera del Duomo, che espone documenti e materiali relativi alle diverse fasi di costruzione e progettazione della maestosa cattedrale. Ultima tappa l'antica Fortezza Albornoz, che oggi ospita i principali giardini pubblici della città ed è liberamente accessibile da Piazza Cahen.

INFO

Ufficio Informazioni Turistiche di Orvieto • Piazza Duomo 24, Orvieto • 0763 341772 • www.inorvieto.it

Orvieto Underground • Partenza da piazza Duomo 23, Orvieto • 0763 344891 • www.orvietounderground.it • Visite guidate tutti i giorni ogni ora, nei periodi di maggiore affluenza turistica ogni 15 minuti • Costi: 5/6 €

Museo Archeologico Nazionale • Palazzo Papale, piazza Duomo, Orvieto • 0763 341039 • Aperto tutti i giorni 8.30-19.30 • Costi: 1,50/3 €

Museo Faina • Piazza Duomo 29, Orvieto • 0763 341216 • www.museofaina.it • Aperto tutti i giorni 10-17; chiuso lunedì da novembre a marzo • Costi: 3/4,50 €

Museo dell'Opera del Duomo • Palazzo Soliano, piazza Duomo, Orvieto • 0763 343592 • www.museomodo.it • Aperto da novembre a febbraio dal mercoledì al lunedì 10-13 e 14-17, in ottobre e in marzo 10-17, da aprile a settembre tutti i giorni 9.30-19 • Costi: 3/5 €

Fortezza Albornoz • Piazza Cahen, Orvieto • Giardini pubblici aperti dalle 8 al tramonto • Costi: ingresso gratuito

Zoom

Il pozzo di San Patrizio

Il pozzo di San Patrizio, una delle attrazioni più conosciute e visitate di Orvieto, è stato costruito tra il 1527 e il 1537 per volere di papa Clemente VII, sopravvissuto al sacco di Roma, deciso a garantirsi una cospicua riserva di acqua in caso di assedio della città. Fu inizialmente chiamato Pozzo della Rocca, per la vicinanza alla Rocca di Albornoz, e poi Purgatorio di San Patrizio, per la somiglianza alla grotta in cui il santo irlandese si ritirava a pregare. Profondo circa 62 metri, con un diametro di 13, è stato scavato direttamente nel tufo e attinge alle acque delle fonti di San Zeno.

Pozzo di San Patrizio • Viale Sangallo, Orvieto • 0763 343768 • Aperto tutti i giorni 10-16.45, nei mesi estivi fino alle 19.45 • Costi: 3,50/5 €

Dove dormire

NARNI

UN POSTO LETTO IN UN CONVENTO DEL QUATTROCENTO

In un antico edificio del Quattrocento che ospitava un convento di monaci, l'Ostello Sant'Anna dispone di camere doppie e quadruple, con o senza servizi privati. Parcheggio, ampio giardino, area relax, lavanderia, ristorante con pranzo a prezzo fisso di 12 euro e, dulcis in fundo, una cappella.

INFO

Ostello Sant'Anna • Via Gattamelata 74, Narni • 0744 715217 • www.ostellocentrosperanza.it • Costi: camera doppia 44/48 €, quadrupla 76/82 €, posto letto 22/24 € a persona (prima colazione inclusa)

IL PIACERE DI SVEGLIARSI IN UNA TORRE MEDIEVALE

A seconda delle preferenze, alla Loggia dei Priori si può scegliere fra quattordici camere, due suite e due stanze con una location d'eccezione: situate nella torre medievale dell'edificio, offrono una vista unica sulla città e sulla Valle del Nera. L'albergo è dotato di un buon ristorante interno e mette a disposizione un pass gratuito per parcheggiare nei posti riservati ai residenti.

INFO

Loggia dei Priori • Vicolo del Comune 4, Narni • 0744 726843 • www.loggiadei-priori.it • Costi: camera singola 45/65 €, doppia 65/80 €

AMELIA

IL PALAZZO NOBILIARE DELL'OSTELLO GIUSTINIANI

In un antico palazzo nobiliare nel centro storico di Amelia, un accogliente ostello con stanze e camerate di diverse tipologie, dotate di servizi in comune. Gestione cordiale e possibilità di chiedere consigli per visitare i monumenti, fare trekking in campagna o acquistare i prodotti tipici umbri.

INFO

Ostello Giustiniani • Piazza Mazzini 9, Amelia • 0744 981718 • www.ostello-giustiniani.com • Costi: camera doppia 48 €, posto letto 17/20 €

LA COLAZIONE SU MISURA DELL'AMERIA

Le camere del b&b Ameria sono solo due, ma entrambe spaziose, pulite e con bagno privato. La prima colazione è abbondante (anche personalizzata, facendo sapere le proprie preferenze ai gestori), e si fa in una sala con vista sulle colline che circondano la cittadina. Servizio cortese e posizione comoda per raggiungere i principali monumenti.

INFO

Ameria B&B • Viale Europa 74, Amelia • 338 1176015 • www.ameriabedandbreakfast.it • Costi: camera singola 40/50 €, doppia 60/70 € (prima colazione inclusa)

ORVIETO

RELAX A DUE PASSI DALLA CITTÀ

Nonostante sia situato nei pressi della stazione ferroviaria e della funicolare, l'Hotel Picchio è un'oasi di pace e tranquillità. A due passi dalla struttura si dirama un sentiero panoramico che in soli dieci minuti raggiunge la città. Le camere sono una ventina, tutte con servizi privati. Parcheggio, bar, veranda, terrazza e dépendance adibita a b&b.

INFO

Hotel Picchio • Via Salvatori 17, località Orvieto Scalo, Orvieto • 0763 301144 • www.hotelpicchio.it • Costi: camera singola 42/55 €, doppia 62/85 € (prima colazione inclusa)

SENTIRSI A CASA DA PIÙ DI DUE SECOLI

Questo hotel ha tutte le carte in regola per garantire un soggiorno piacevole e rilassante. Il palazzo che lo ospita è un albergo fin dal 1800, ha un bellissimo giardino con piante secolari e si trova nel cuore del centro storico di Orvieto. Le camere sono arredate con mobili in stile, alcune con bagno privato, altre con servizi al piano.

INFO

Hotel Posta • Via Signorelli 18, Orvieto • 0763 341909 • www.hotelpostaorvieto.it • Costi: camera singola 45/55 €, doppia 59/70 € (prima colazione inclusa)

Dove mangiare e bere

NARNI

LA CUCINA UMBRA DI SARA

A Moricone di Narni, in mezzo alle dolci colline che circondano la cittadina, un'osteria fondata agli inizi del secolo scorso propone piatti con ingredienti in gran parte di produzione propria. Nel menu antipasti di verdure e legumi, pasta fatta in casa con ortaggi di stagione o tartufo nero, conigli e piccione allo spiedo, oltre alla saporita coratella d'agnello.

INFO

Trattoria Da Sara • Strada Calvese 55/57, località Moricone, Narni • 0744 796138 • www.trattoriadasara.it • Chiuso mercoledì • Costi: 20/25 €, bevande escluse

TUTTO È NATO DA UN BAR...

Nel 1955 Ida ha aperto il bar, due anni dopo è nata la trattoria, che oggi, grazie alla buona volontà della famiglia Pistoni, è diventata un ristorante a tutti gli effetti. I sapori sono ancora quelli di una volta e i piatti abbondanti. Il menu è specializzato in carne e cacciagione, ma sono ottimi anche i primi e gli antipasti, con funghi e tartufo nero in stagione. Sei camere in cui dormire.

INFO

Trattoria Tiberina • Via Tiberina 380, località Taizzano, Narni • 0744 735153 • www.trattoriatiberina.it • Chiuso lunedì • Costi: 18/22 €, bevande escluse

AMELIA

LA MIGLIORE COTTURA ALLA BRACE DELLA CITTÀ

Scordatevi ristoranti stellati e osterie iper chic: al Ristoro del Falco l'ambiente è semplice e il servizio informale, ma i piatti non hanno niente da invidiare alla concorrenza. Specializzata nella cottura alla brace di carne e pesce, questa graziosa trattoria propone pasta fatta in casa, anche di kamut, e ottime pizze al metro cotte nel forno a legna.

INFO

Ristoro del Falco • Via Roma 66, Amelia • 0744 983516 • www.ristorodelfalco.it • Chiuso martedì • Costi: 18/23 €, bevande escluse

ORVIETO

LA PIETRA MILIARE DELL'ENOGASTRONOMIA ORVIETANA

La Palomba è una sicurezza nel panorama gastronomico di Orvieto. I suoi invitanti aromi attirano ogni giorno decine e decine di clienti. Il locale è piccolo, intimo, e propone antipasti saporiti, come i crostini al salmì, e piatti tipici della tradizione umbra, tra cui l'immancabile trippa. Ottimi la carne, anche all'ortica, e i vini da abbinare.

INFO

Trattoria La Palomba • Via Cipriano Menente 16, Orvieto • 0763 343395 • Chiuso mercoledì • Costi: 20/22 €, bevande escluse

AL POZZO ETRUSCO DI GIOVANNI

Esiste solo dal 2013, ma è già un'istituzione nella zona. Giovanni e i genitori Anna e Mauro hanno fatto in poco tempo del Pozzo Etrusco un locale molto gettonato, famoso per i salumi caserecci della strada di Sagrantino, i pecorini accompagnati con gustose marmellate di peperoni rossi, cipolle, fichi o pere e cannella, la pasta fatta in casa e la carne chianina. In stagione scende in campo anche il tartufo nero.

INFO

Al Pozzo Etrusco • Piazza Ranieri 1/a, Orvieto • 0763 341050 • www.alpozzoetruscodagiovanni.it • Chiuso martedì • Costi: 20/25 €, bevande escluse

Trasporti e collegamenti

IN AEREO

Gli aeroporti più vicini sono quelli di Roma Fiumicino e Ciampino.
Aeroporto di Roma Fiumicino • Fiumicino • 06 65951 • www.adr.it
Aeroporto di Roma Ciampino • Ciampino • 06 65951 • www.adr.it

IN TRENO

La stazione FS di Narni-Amelia si trova sulla linea Roma-Ancona, quella di Orvieto sulla linea Firenze-Roma.

IN AUTO

Autostrada A1 del Sole, uscita Orte per raggiungere Narni e Amelia, oppure uscita Orvieto.

IN AUTOBUS

Narni, Amelia e Orvieto sono collegate agli altri centri abitati dell'Umbria dai bus di Umbria Mobilità • 075 9637637 • www.umbriamobilita.it

11.

Marche

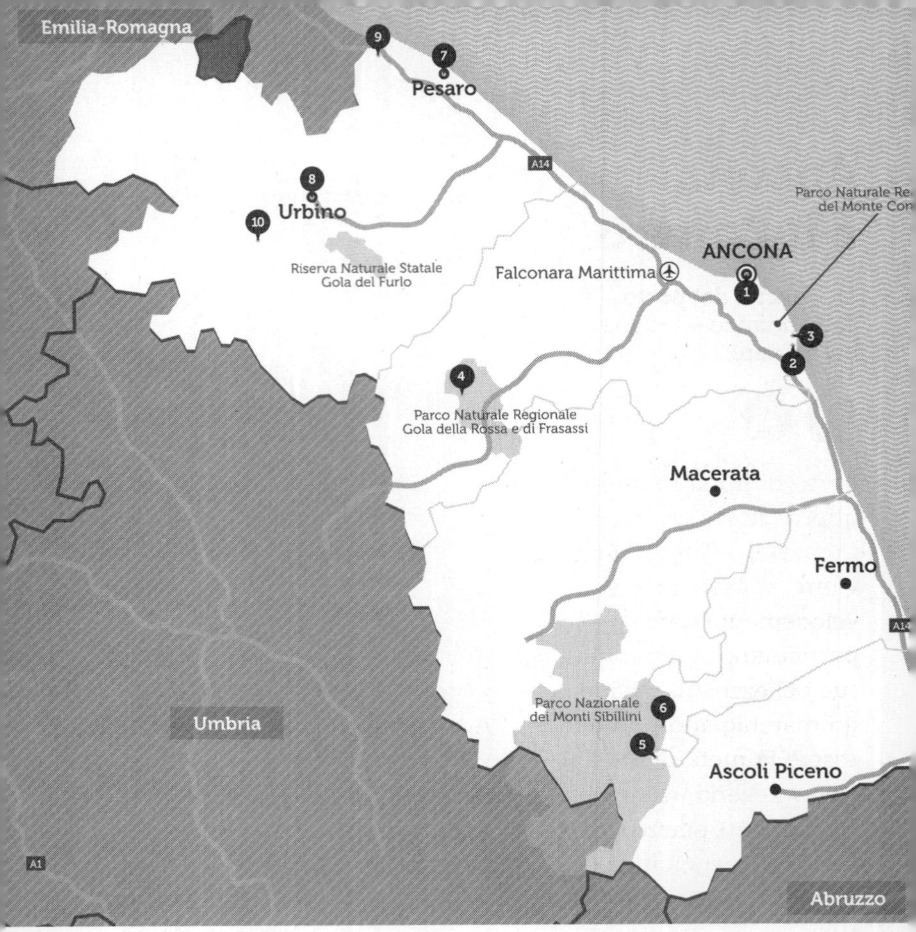

Marche

1. Ancona
2. Numana (AN)
3. Sirolo (AN)
4. Genga (AN)
5. Montemonaco (AP)
6. Montefortino (FM)
7. Pesaro
8. Urbino
9. Gradara (PU)
10. Urbania (PU)

Ancona e il Conero

La vivacità del porto sull'Adriatico e i silenzi del Conero

Porto di imbarco per i traghetti diretti in Grecia, in Croazia e a Trieste, Ancona viene spesso attraversata velocemente senza prestare particolare attenzione alle sue bellezze, ma il capoluogo marchigiano può anche essere la meta di un piacevole weekend tra suggestivi monumenti, piazze e musei. Splendidi i panorami sul Mare Adriatico e i paesi situati sul vicino Monte Conero, il polmone verde-azzurro di Ancona, in gran parte dichiarato area naturale protetta.

Ancona

1 Ancona

Celebre fin dall'antichità per la fertilità delle sue terre e per il porto, uno dei più ampi dell'Adriatico centrale, Ancona sorge su un promontorio a forma di gomito piegato.
Il suo salotto buono è piazza del Plebiscito, detta piazza del Papa per la presenza della statua di papa Clemente XII. Nata da un intervento urbanistico del XV secolo e da successivi rimaneggiamenti, la piazza è un piccolo gioiello sul quale si affaccia la settecentesca chiesa di San Domenico, al cui interno si conservano una *Crocifissione* del Tiziano e un'*Annunciazione* del Guercino. Anche il cinquecentesco Palazzo Mengoni Ferretti, sede della Biblioteca Comunale, in cui è racchiuso un tratto di mura duecentesche, dà sulla piazza, così come il rinascimentale Palazzo del Governo, con la vicina torre civica di origine medievale.

Ad abbellire la piazza, due fontane: l'ottocentesca fontana di Pio VII e quella, ben più antica, dei Decapitati, che secondo la tradizione raffigura le teste dei giovani nobili anconetani trucidati nel 1534 dalle truppe pontificie.

L'ex ospedale di San Tommaso di Canterbury, edificato nel 1394, e la pescheria pubblica, risalente al 1817, ospitano il Museo della Città, dedicato alla storia di Ancona e del territorio circostante, dal 2000 a.C. fino ai giorni nostri.

Ma per vedere uno degli edifici più suggestivi di Ancona bisogna abbandonare la piazza e raggiungere l'antico lazzaretto a forma pentagonale, nei pressi del vivace porto mercantile. Costruita a partire dal 1733 dal celebre architetto Luigi Vanvitelli come struttura militare a difesa dello scalo navale e come luogo di quarantena per chi giungeva da Paesi lontani, la cosiddetta Mole Vanvitelliana custodisce nel cortile l'elegante tempietto dorico di San Rocco.

Collegato alla terraferma da un ponticello, il lazzaretto, in cui si dice sia stato ricoverato il Casanova, che persino qui pare abbia corteggiato qualche bella anconetana, fu poi utilizzato come ospedale, caserma, magazzino doganale, raffineria di zucchero e deposito di tabacco. Oggi è uno spazio culturale in cui vengono organizzati mostre ed eventi.

Poco lontano dalla Mole Vanvitelliana, lungo la litoranea, si incontra Porta Pia, costruita tra il 1787 e il 1789 per volere di papa Pio VI. L'imponente opera in pietra bianca istriana dalle forme barocche rappresentava la porta d'accesso alla città ed era collegata alle mura che scendevano dalla sovrastante cittadella.

Se siete stanchi di palazzi e musei, potete fare il bagno o sdraiarvi a prendere il sole in una delle spiagge della città. La più centrale è quella del Passetto, con grandi scogli bianchi, tra i quali la Seggiola del Papa e lo scoglio del Quadrato. Belle anche le spiagge di Portonovo, ai piedi del Monte Conero, la selvaggia spiaggia di Mezzavalle e quella più affollata di Palombina Nuova, particolarmente adatta ai bambini grazie al basso fondale.

INFO

IAT di Ancona • Via della Loggia 50, Ancona • 071 358991 • www.comune.ancona.it/turismo/it

Museo della Città • Piazza del Plebiscito, Ancona • 071 2225037 • www.musan.it • Chiuso lunedì • Costi: intero 3/4 €

Mole Vanvitelliana • Banchina di Chio 2, Ancona • 071 2225039 • Aperto in occasione di mostre temporanee e festival • Costi: variabili a seconda dell'evento organizzato

La riviera del Conero

Il Parco Naturale Regionale del Monte Conero si affaccia sul mare con una costa scoscesa, dalle pareti ripide, in cui si nascondono anguste calette, spesso raggiungibili solo tramite sentieri stretti o via mare. La parte accessibile più facilmente è la Riviera del Conero, con i suoi due gioielli: Sirolo e Numana. Quest'ultima, situata alle falde del monte, è conosciuta come la signora del Conero.

Dopo essere stata per secoli uno dei principali porti commerciali dell'Adriatico, fu parzialmente distrutta nel 558 d.C. da un forte terremoto, che segnò l'inizio della sua decadenza.

A testimonianza di quell'epoca d'oro rimangono l'Antiquarium Statale e la fonte romana, nei pressi del santuario del Crocifisso. Risale invece ai tempi dei Piceni la necropoli che si visita nell'Area Archeologica I Pini, poco lontano dalla cittadina, in direzione di Sirolo.

Nel centro storico di Numana si deve assolutamente percorrere la Costarella, una via interamente costituita da scalini, utilizzata un tempo dai pescatori per recarsi al porto.

Da vedere anche la torre, in realtà un arco, l'unica testimonianza medievale del paese, della quale non è ancora chiara la destinazione: monumento o fortino difensivo, campanile o addirittura sagrestia di una chiesa. Sul versante sud del Monte Conero, a picco sul mare, si incontra la cittadina medievale di Sirolo, detta la «perla dell'Adriatico».

Tra i vicoli del suo centro storico, ancora protetto da mura, il Teatro Cortesi, la settecentesca chiesa di San Nicola da Bari, la chiesa barocca dedicata al Santo Rosario e l'Arco Gotico, in corrispondenza dell'in-

Zoom

Le Grotte di Frasassi

Scoperte nel 1971 da un gruppo di giovani speleologi di Jesi, le Grotte di Frasassi sono uno dei complessi sotterranei più affascinanti del pianeta. La visita dura circa settantacinque minuti e segue un facile itinerario che tocca però una piccolissima parte dei 30 chilometri di estensione delle grotte. Nel silenzio, rotto solo dal rumore dell'acqua che gocciola dalle pareti, si cammina tra stalattiti e stalagmiti, fino a raggiungere le grandi sale, il cuore delle grotte: l'Abisso Ancona (alto 200 metri), la Sala 200, il Grand Canyon, la Sala Candeline, la Sala Bianca, la Sala dell'Orsa e quella dell'Infinito.

Grotte di Frasassi • Accesso da viale Giovanni Marinelli, San Vittore delle Chiuse, Genga • 800 166 250 • www.frasassi.com • Chiuso dal 10 al 30 gennaio (per gli orari consultare il sito) • Costi: 13,50/15,50 €

2 Numana

3 Sirolo

4 Genga

gresso meridionale del paese. Fuori dal centro abitato, il Teatro alle Cave, una cava abbandonata del Monte Conero che da giugno a settembre si trasforma in spazio teatrale.

Da Sirolo partono inoltre alcuni sentieri che conducono a belle spiagge e baiette, tra le quali i Sassi Neri e la spiaggia Urbani, con l'omonima grotta.

La vicina spiaggia delle Due Sorelle prende il nome dai due scogli gemelli che emergono dal mare, raggiungibile via mare o tramite un sentiero piuttosto impegnativo.

INFO

Parco Naturale del Conero • 071 9331879 • www.parcodelconero.com

IAT di Numana • Via Flaminia, angolo via Avellaneda, Numana • 071 9330612 • www.turismonumana.it

IAT di Sirolo • Piazza Vittorio Veneto 6, Sirolo • 071 9330611 • www.turismosirolo.it

Antiquarium Statale • Via La Fenice 4, Numana • 071 9331162 • Aperto tutti i giorni 8.15-19.15 • Costi: 1/2 €

Area Archeologica I Pini • Località I Pini, Sirolo • Aperto su prenotazione contattando l'Antiquarium Statale • Costi: ingresso gratuito

Teatro Cortesi • Piazza Franco Henriquez, Sirolo • 071 9330952 • Aperto durante gli spettacoli

Dove dormire

ANCONA

L'OSTELLO PER LA GIOVENTÙ

Che sia in famiglia o con amici, l'Ostello per la Gioventù di Ancona garantisce relax e divertimento. Si trova nelle vicinanze della stazione FS, a due passi dal centro cittadino. A disposizione degli ospiti un solarium, la cucina, una sala in cui mangiare e un soggiorno.

INFO

Ostello per la Gioventù • Via Lamaticci 7, Ancona • 071 42257 • www.ostelloancona.it • Costi: 16 € a persona

VILLA NGIOLÒ: B&B DAL 1970

Fin dal 1970, la famiglia Jesari accoglie gli ospiti in tre luminose camere a pochi passi dal mare, in una zona tranquilla, non molto distante dal centro della città. Il b&b si chiama Ngiolò, come il peschereccio sul quale navigava il proprietario prima di dedicarsi al turismo. A colazione dolci e marmellate fatte in casa.

INFO

B&B Villa Ngiolò • Via Marecchia 9, Ancona • 339 5090901 • www.villangiolo.com • Costi: camera singola 40/55 €, doppia 60/70 € (prima colazione inclusa)

LA GESTIONE SECOLARE DELL'HOTEL FORTUNA

Un secolo fa, accanto all'edificio che ospitava la distilleria di liquori Caffè Borghetti, Vincenzo Giampieri aprì una trattoria, che nel tempo divenne una locanda e poi un albergo. Oggi l'Hotel Fortuna è un tre stelle dai prezzi più che ragionevoli, gestito ancora dalla famiglia Giampieri. Camere singole, doppie, triple e quadruple con servizi. Colazione a buffet, su richiesta con prodotti gluten free.

INFO

Hotel Fortuna • Piazza Rosselli 15, Ancona • 071 42663 • hotelfortuna.it • Costi: camera singola 43/49 €, doppia 60/80 € (prima colazione inclusa)

PARCO DEL CONERO

LA COLAZIONE BIO DI ZARATÀN

Nel dedalo di vicoli del suggestivo centro storico di Sirolo, un b&b in cui pernottare a pochi passi dalla piazza, con una terrazza panoramica sul mare e sul promontorio del Conero. Nella bella stagione si fa colazione all'aperto, con prodotti locali, in gran parte biologici o fatti in casa. Il sentiero che porta alle spiagge dista poche centinaia di metri.

INFO

B&B Zaratàn • Via Cavour 43, Sirolo • 071 7360432 • www.zaratan.it • Costi: camera doppia 60/90 € (prima colazione inclusa)

Dove mangiare e bere

ANCONA

LA TRATTORIA BRUTTA FUORI E BELLA DENTRO

Dall'esterno è tutt'altro che invitante, praticamente priva di insegne e dall'aspetto trascurato, ma la sua cucina non ha rivali. Con una quindicina di euro, alla Trattoria Elvira si gustano i piatti tipici anconetani, soprattutto di pesce. La specialità della casa è lo stoccafisso cotto nel vino bianco. Meglio prenotare.

INFO

Trattoria Elvira • Via Macerata 42, Ancona • 339 4303966 • Chiuso sabato • Costi: 15/18 €, bevande escluse

APERITIVO E CENA DA IRMA

Da Irma mangiavano i lavoratori del porto, poi anche i turisti hanno scoperto i piaceri della cucina della trattoria, situata accanto all'arco di Traiano e alla medievale Casa del Capitano. Si preparano piatti semplici, secondo la tradizione, accompagnati da un onesto vino della casa. Il giovedì stoccafisso all'anconetana e per l'aperitivo bianchino spruzzato con assaggi di pesce.

INFO

Trattoria Da Irma • Piazza San Primiano, Molo Nord, Ancona • 071 53110 • Chiuso martedì • Costi: 15/20 €, bevande escluse

PARCO DEL CONERO

L'ANGOLO DELLE DELIZIE DI NUMANA

I menu appesi al gazebo esterno lo fanno sembrare la classica trappola per turisti, ma non fermatevi alle apparenze. L'Angolo delle Delizie è un ristorante-gastronomia in cui si possono acquistare, o gustare comodamente seduti al tavolo, i migliori prodotti tipici marchigiani. Ottime le birre artigianali. Degustazioni da maggio a ottobre.

INFO

L'Angolo delle Delizie • Via Matteotti 5/7, Numana • 071 7360328 • www.angolodelledelizienumana.it • Chiuso lunedì nei mesi invernali • Costi: 10/15 €, bevande escluse

Trasporti e collegamenti

IN AEREO

L'aeroporto delle Marche è a una ventina di chilometri da Ancona ed è collegato a Roma da voli Alitalia. Servizio di bus navetta da/per Ancona. Aeroporto delle Marche Aerdorica • Falconara Marittima • 071 28271 • www.marcheairport.com

IN TRENO

La stazione FS di Ancona si trova lungo la linea Adriatica, con molti treni per le principali città italiane, anche di Italo.

IN AUTO

Autostrada A14 Bologna-Bari fino all'uscita di Ancona.

IN AUTOBUS

I principali centri del Conero sono collegati ad Ancona dagli autobus delle autolinee Reni • 071 8046430 • www.anconarenibus.it

I Monti Sibillini

Il fascino della natura selvaggia, tra grotte e antiche case di pietra

Per secoli si è ritenuto che questi aspri e poco accessibili monti tra Marche e Umbria fossero abitati da fate, demoni, stregoni, negromanti e altri personaggi magici. Luoghi avvolti dal mistero, che oggi sono diventati un meraviglioso parco nazionale dove, tra aspri rilievi e grotte, tra antiche leggende e profondi silenzi, si incontrano borghi di grande fascino, come Montemonaco e Montefortino, con i loro palazzi, i musei, le tradizioni vecchie di secoli e gli animali, veri padroni del territorio: il lupo, il gatto selvatico, l'istrice, il cervo e il camoscio appenninico.

Grotte e laghi sul Monte della Sibilla

5 Montemonaco

Il Monte della Sibilla, una vetta appenninica posta in prossimità del confine tra Marche e Umbria, dà il nome all'intera catena montuosa e all'area protetta del Parco Nazionale dei Monti Sibillini. Un'antica leggenda narra di una grotta situata proprio sulla nuda vetta della cima, protetta da due enormi porte di metallo che sbattevano minacciose. Erano le invalicabili porte del regno della Sibilla, che conducevano a un luogo meraviglioso fatto di palazzi e giardini dove alloggiava la sacerdotessa o, secondo altri viaggiatori, a un mondo abitato da esseri demoniaci. Le porte non sono ovviamente mai state trovate,

anche se molti le hanno cercate e recenti scoperte hanno riscontrato l'esistenza di una vasta rete di cunicoli e anfratti.
Per approfondire storie e leggende antiche si può raggiungere Montemonaco, in particolare la splendida villa Curi, sede del Museo della Grotta Sibilla, che raccoglie testimonianze artistiche, storiche e culturali dell'intero comune, prestando particolare attenzione a miti e credenze popolari della zona. Tra queste anche quella legata al Lago di Pilato, situato a 1941 metri d'altezza, sul Monte Vettore, che in alcune stagioni si tinge di rosso, si dice a causa del sangue del famoso procuratore romano Ponzio Pilato, il cui cadavere fu trascinato qui da alcuni bufali. Gli scienziati sostengono invece che il colore è legato alla presenza di un microscopico crostaceo, chiamato chirocefalo Marchesoni dal nome dello studioso che lo identificò negli anni Cinquanta.
Nel centro storico di Montemonaco, borgo fondato nell'VIII secolo da una comunità di monaci benedettini, si ammirano il Palazzo Comunale con la torre civica, le chiese di San Biagio e San Benedetto Abate e i resti delle fortificazioni.

INFO

Parco Nazionale dei Monti Sibillini • 0737 972711 • www.sibillini.net • Aperto tutti i giorni • Costi: ingresso gratuito

Pro Loco di Montemonaco • Piazza Risorgimento, Montemonaco • 0736 856411 • www.montemonaco.com

Museo della Grotta Sibilla • Villa Curi, via Roma, Montemonaco • 0736 856462 • Aperto in luglio e agosto 10-12.30 e 16.30-19, chiuso lunedì • Costi: ingresso gratuito

6 Montefortino

Montefortino

Il paese, con le sue case di pietra e cotto che fiancheggiano vie strette e tortuose, conserva ancora intatto il fascino rustico di un antico borgo di montagna. Regala al visitatore splendidi panorami ed è il punto di partenza per facili escursioni sulle montagne circostanti.
Nel centro storico, al quale si accede attraversando la Porta di Santa Lucia, si ammirano la chiesa di San Francesco, la duecentesca chiesa di Sant'Agostino, caratterizzata dall'antico portale e da finestre con archi a sesto acuto, e la pieve di San Michele Arcangelo, edificata fra il 1860 e il 1870 in stile neoclassico.
Palazzo Leopardi, costruito nel Cinquecento, è la sede della Pinacoteca Civica Fortunato Duranti, definita il piccolo Louvre dei Monti Sibillini.
Al suo interno sono esposte opere che vanno dal gotico al neoclassico, tra le quali una d'ispirazione botticelliana di Francesco Botticini, dipinti di fine Quattrocento del

Perugino, oltre a quadri e disegni di Fortunato Duranti e alla *Sacra Famiglia*, copia del capolavoro di Annibale Carracci. Nel palazzo hanno sede anche il Museo di Arte Sacra e il Museo Faunistico, con una vasta raccolta di mammiferi imbalsamati.
Accanto al palazzo, la neoclassica Casa delle Colonne o Tempietto dell'Orologio e, poco distante, il Palazzo Comunale e le case-torri, cinquecentesche strutture *extra moenia*, cioè appena fuori dalle mura di cinta.

INFO

Ufficio Turistico di Montefortino • Via Romani 21, Montefortino • 0736 859101

Pinacoteca Civica Fortunato Duranti, Museo di Arte Sacra e Museo Faunistico • Palazzo Leopardi, via Roma, Montefortino • 0736 859491 • www.pinacotecafortunatoduranti.it • Aperto tutti i giorni in luglio e agosto 10-13 e 16-19, solo il weekend in settembre • Costi: 3,50/5 € (il biglietto è valido per tutti e tre i musei)

Zoom

La piccola Lourdes dei Sibillini

Il santuario della Madonna dell'Ambro, costruito nel secolo scorso incorporando una precedente chiesa del Seicento, è conosciuto come la piccola Lourdes dei Sibillini. Eretto tra ripide pareti rocciose e pendici boscose, è il più antico santuario delle Marche e, dopo Loreto, il più visitato. Ricorda l'apparizione della Madonna a una bambina sordomuta di nome Santina. In cambio delle preghiere e dei fiori che la ragazza era solita portare presso un'immagine della Madonna posta nella cavità di un faggio, la Vergine le dette il dono della parola.

Santuario della Madonna dell'Ambro • Località Ambro, Montefortino • 0736 859115 • www.madonnadellambro.it • Aperto tutti i giorni 8-18

Dove dormire e mangiare

I Monti Sibillini sono ancora poco frequentati dal turismo di massa e non dispongono di molti luoghi dove alloggiare. Conviene quindi trovare una struttura, un rifugio o un piccolo albergo in cui dormire e cenare. Per il pranzo ci si può organizzare con un picnic o un panino in uno dei tanti bar della zona.

MONTEMONACO

LA TAVERNA DELLA MONTAGNA

Quando si cercano natura, relax e buona cucina, la parola d'ordine è Taverna della Montagna. In un rifugio in stile alpino, a una decina di chilometri da Montemonaco, nel cuore del Parco Nazionale dei Monti Sibillini, si dormono sonni tranquilli nelle stanze da uno, due e tre letti o in camerate da quattro o cinque posti. Il ristorante serve saporiti piatti tipici della zona, con materie prime provenienti da aziende agricole locali. Ottima la carne di agnello e il castrato alla brace.

INFO

Rifugio Taverna della Montagna • Località Foce, Montemonaco • 0736 856327 • www.tavernadellamontagna.net • Ristorante aperto tutti i giorni • Costi albergo: camera singola 35 €, doppia 55 € (prima colazione inclusa); costi ristorante: 15/20 €, bevande escluse

UNA FINESTRA SUI MONTI SIBILLINI

Le camere sono una ventina, tutte con servizi privati, dalla terrazza panoramica si gode una splendida vista dei Monti Sibillini e nel punto vendita interno alla struttura si acquistano tartufi, funghi, salumi e formaggi locali. Il ristorante serve pasta fatta in casa, maccheroncini al ragù di agnello, zuppa di porcini e castagne, olive all'ascolana e grigliata mista dei Sibillini.

INFO

Hotel Monti Azzurri • Via Roma 18, Montemonaco • 0736 856127 • www.hotelmontiazzurri.com • Ristorante aperto tutti i giorni • Costi albergo: camera singola 30/50 €, doppia 60/70 € (prima colazione inclusa); costi ristorante: 18/22 €, bevande escluse

MONTEFORTINO

TRA NATURA E SAPORE

A pochi passi dal Santuario della Madonna dell'Ambro, un tranquillo albergo che guarda le vette dei Sibillini, i boschi e il fiume. Si alloggia in undici comode camere appena ristrutturate, tutte dotate di servizi privati. Nel ristorante, piatti tipici locali preparati con ingredienti del territorio, tra cui le tagliatelle ai funghi, gli gnocchetti con gli spinaci spontanei (detti anche gorbini) e le grigliate miste di agnello, castrato e maiale.

INFO

Hotel Ambro • Località Ambro, Montefortino • 0736 859168 • www.hotelambro.it • In inverno il ristorante è aperto solo nei fine settimana • Costi albergo: camera singola 30/40 €, doppia 50/60 € (prima colazione inclusa); costi ristorante: 15/20 €, bevande escluse

Trasporti e collegamenti

IN AEREO

L'aeroporto più vicino è quello delle Marche Aerdorica • Falconara Marittima • 071 28271 • www.marcheairport.com

IN TRENO

Le stazioni ferroviarie più vicine sono quelle di Ascoli Piceno e San Benedetto del Tronto.

IN AUTO

Autostrada A14 Bologna-Bari, oppure autostrada A1 del Sole.

IN AUTOBUS

Montefortino è collegata ad Ascoli Piceno e alle principali città delle Marche dagli autobus delle autolinee Start • 800 443 040 • www.startspa.it

Pesaro, Urbino e Gradara

L'eredità di Gioacchino Rossini e il fascino della città ideale

Una sul mare, l'altra nell'entroterra marchigiano, Pesaro e Urbino non potrebbero essere più diverse tra loro. La prima, paese natale di Gioacchino Rossini, è una vivace località balneare, con lunghe spiagge e un bel centro storico, che dopo l'estate riacquista la sua tranquilla veste di città di provincia. L'affascinante Urbino, dove nacque Raffaello, è invece considerata uno dei centri più importanti del Rinascimento italiano. Ultima tappa la Rocca di Gradara, una delle strutture medievali più imponenti d'Italia.

Pesaro

7
Pesaro

Famosa località balneare dell'Adriatico e interessante città d'arte, Pesaro offre svaghi per tutti i gusti: dagli amanti dei bagni in mare e delle lunghe spiagge sabbiose, agli sfegatati fan della movida, agli appassionati di musei e chiese, nessuno rimarrà deluso. Pesaro è questo e tanto altro: grazie alla sua poliedricità, è sempre frequentata dai turisti, sia d'inverno sia d'estate. Sono molte le attrazioni e le manifestazioni culturali offerte dalla città, a cominciare dall'annuale Rossini Opera Festival, una rassegna lirica internazionale interamente dedicata all'illustre compositore nato a Pesaro nel 1792. Nel centro storico, a poche centinaia di metri dal lungomare, si trova la sua casa natale, che oggi ospita un piccolo museo con una raccolta di stampe, incisioni e litografie incentrate su vita e opere.

Il cuore di Pesaro è l'ampia piazza del Popolo, sede dell'antico foro romano, sulla quale si affacciano quattro imponenti palazzi edificati in epoche diverse: il Palazzo Ducale, il Palazzo Comunale, il Palazzo Baviera e il Palazzo delle Poste. Assolutamente da visitare i Musei Civici, a Palazzo Mosca, con la Pinacoteca che conserva l'*Incoronazione della Vergine*, capolavoro di Giovanni Bellini, conosciuto anche come Pala Pesaro.

Nel piazzale della Libertà, affacciato sul mare, si ammira invece la copia di uno dei baluardi dell'arte contemporanea: la famosa *Sfera Grande* di Arnaldo Pomodoro, diventata il simbolo della città.

Da non perdere la cattedrale, con un ampio mosaico pavimentale che copre tutta la superficie della chiesa, la Rocca Costanza, splendido esempio di architettura militare quattrocentesca, il Museo della Marineria di villa Molaroni e Palazzo Almerici, sede del Museo Oliveriano, con materiale archeologico e numismatico piceno, etrusco e romano. La visita può concludersi con una sosta agli Orti Giuli – esempio di giardino ottocentesco in stile neoclassico, uno dei primi parchi pubblici italiani –, e al Teatro Rossini, inaugurato nel 1637 con il nome di Teatro del Sole e ricostruito nel 1818, la cui prima rappresentazione fu *La gazza ladra* di Rossini.

Se al tour culturale preferite invece una giornata di relax al mare, prendete un telo e stendetevi in una delle spiagge della città, tutte facilmente accessibili dagli alberghi e dai locali situati sul lungomare.

INFO

IAT di Pesaro • Piazzale della Libertà, Pesaro • 0721 69341 • www.turismopesaro.com

Palazzo Ducale • Piazza del Popolo, Pesaro • 338 2629372 • Aperto alcune domeniche del mese per visite guidate da prenotare • Costi: 6 €

Musei Civici e Pinacoteca • Palazzo Mosca, piazza Vincenzo Toschi 29, Pesaro • 0721 387541 • www.pesaromusei.it • Per gli orari consultare il sito • Costi: 7,50/9 € (il biglietto comprende i Musei Civici, Casa Rossini e le mostre temporanee delle due strutture)

Rocca Costanza • Piazzale Matteotti, Pesaro • 0721 359501 • Aperto in occasione di mostre ed eventi • Costi: variabili in base all'evento organizzato

Museo della Marineria • Via Pola 9, Pesaro • 0721 35588 • www.museomarineriapesaro.it • Aperto martedì, mercoledì e giovedì 9.30-12.30; venerdì 16-19 • Costi: ingresso gratuito

Museo Archeologico Oliveriano • Via Mazza 97, Pesaro • 0721 33344 • Aperto 9.20-12.30, chiuso sabato e domenica • Costi: ingresso gratuito

Orti Giuli • Via Belvedere, Pesaro • 0721 31990 • Aperto tutti i giorni 7.30-20 • Costi: ingresso gratuito

Teatro Rossini • Piazzale Lazzarini, Pesaro • 0721 387620 • Aperto durante gli spettacoli

Urbino

Urbino, una delle meraviglie del Rinascimento italiano, chiamata da Macchiavelli la città ideale, ha dato i natali al pittore Raffaello Sanzio, del quale si possono visitare la casa e la bottega in cui imparò a dipingere.

La magnificenza di questo antico borgo si deve agli interventi commissionati da Federico da Montefeltro, che trasformò la sua bella dimora medievale in una città-palazzo, successivamente abbellita fino a diventare l'attuale capolavoro del Palazzo Ducale.

Una splendida corte rinascimentale e residenza fortificata, alla quale si accede attraverso una rampa elicoidale ideata da Francesco di Giorgio Martini per consentire l'ingresso diretto dalle stalle. Francesco di Giorgio Martini rimase al servizio dei Montefeltro per circa un decennio: a lui si deve infatti la struttura attuale del palazzo, frutto di vari rimaneggiamenti.

All'interno è possibile visitare la Galleria Nazionale delle Marche, che ospita interessanti esempi di pittura gotica marchigiana, accanto a capolavori di Raffaello, Piero della Francesca, Tiziano e del noto pittore urbinate Federico Barocci, oltre alla famosa *Città Ideale*.

Nel centro storico, raggiungibile anche in ascensore dal parcheggio sotterraneo, spiccano la cattedrale, la chiesa medievale di San Francesco con il bel campanile gotico, l'oratorio di San Giuseppe con il presepe di Brandani e l'oratorio di San Giovanni, con il ciclo di affreschi in stile tardo gotico dei fratelli Salimbeni. Sul Pian del Monte, la Fortezza Albornoz domina la città, regalando una bellissima visuale sulle colline circostanti.

INFO

IAT di Urbino • Piazza Rinascimento 1, Urbino • 0722 2631 • www.urbinoculturaturismo.it

Casa Natale di Raffaello • Via Raffaello 57, Urbino • 0722 320105 • www.accademiaraffaello.it • Aperto nei giorni feriali 9-14, nei giorni festivi 10-13 • Costi: 3,50 €

Palazzo Ducale • Piazza Rinascimento 13, Urbino • 0722 2760 • www.palazzoducaleurbino.it • Aperto lunedì 8.30-14, dal martedì alla domenica 8.30-19.15 • Costi: 2,50/5 €, 8 € con il biglietto cumulativo che comprende oratorio di San Giovanni e San Giuseppe, casa di Raffaello, Fortezza Albornoz

Oratorio di San Giuseppe • Via Barocci 1, Urbino • 0722 2613 • Aperto 10-12.30 e 15-17.30, festivi 10-12.30 • Costi: 1,50/2 €

Oratorio di San Giovanni • Via Barocci 31, Urbino • 0722 320936 • Aperto 10-13 e 15-18, domenica 10-12.30 • Costi: 2,50 €

Fortezza Albornoz • Parco della Resistenza, Urbino • 0721 638271 • Aperto sabato, domenica e festivi 10-13 e 15.30-18.30 • Costi: 2/3 €

9 Gradara

Gradara

A pochi chilometri da Pesaro, quasi al confine con la Romagna, ecco la Rocca di Gradara, protetta da ben due cinte murarie. Considerata, insieme al borgo, una delle strutture medievali meglio conservate e più imponenti d'Italia, ha accolto ospiti illustri, come Lucrezia Borgia e Francesca di Rimini, protagonista, con Paolo, di una delle storie d'amore più note, narrata da Dante nella *Divina Commedia*. La visita guidata alla rocca include anche i camminamenti di ronda lungo un tratto di cinta muraria che circonda il borgo, da cui si gode una bella veduta panoramica.

Il vicino Museo Storico conserva antiche testimonianze della storia di Gradara, tra le quali armi medievali, modellini di catapulte, oggetti della civiltà contadina e alcuni strumenti di tortura. Dal museo si accede alle grotte medievali del castello, risalenti al IV-V secolo d.C., parte di un fitto reticolo presente nel misterioso sottosuolo di Gradara, che tuttora non si sa a cosa servissero.

INFO

Pro Loco di Gradara • Piazza 5 novembre 1, Gradara • 0541 964115 • www.gradara.org

Rocca di Gradara • Piazza Alberta Porta Natale 1, Gradara • 0541 964697 • www.castellodigradara.it • Aperto lunedì 8.30-13, dal martedì alla domenica 8.30-18.30 • Costi: 2/4 €

Museo Storico • Piazza 5 Novembre 8, Gradara • 0541 969586 • www.museostoricogradara.com • Aperto festivi e prefestivi 10.30-13 e 14.30-18, tutti i giorni da marzo a settembre • Costi: 4€

10 Urbania

Zoom

Le ceramiche di Urbania

Dalle botteghe di questa città nell'entroterra di Pesaro-Urbino uscirono alcune tra le più belle maioliche del Rinascimento italiano e ancora oggi una decina di negozi artigiani produce vasi e piatti colorati apprezzati per la loro eleganza. Per vedere come vengono realizzati si può visitare il Barco Ducale, un tempo tenuta di caccia dei duchi di Urbino e luogo di villeggiatura di poeti e umanisti. Oggi ospita i laboratori di ceramica del Museo Civico, che ha sede a Palazzo Ducale, nelle cui sale sono esposti dipinti, ceramiche e terrecotte, incisioni e disegni di noti artisti, oltre ai due mappamondi creati nel 1541 e nel 1551 dal matematico e cartografo fiammingo Gerhard Kremer, detto Mercatore, inventore delle moderne carte nautiche.

Museo Civico • Palazzo Ducale, via Vittorio Emanuele II 23, Urbania • 0722 313151 • Aperto 10-12 e 15-18, chiuso lunedì • Costi: 2/4 €

Dove dormire

PESARO

UN TRE STELLE VISTA MARE

Accogliente e confortevole albergo a tre stelle con giardino a cinquanta metri dal mare, aperto tutto l'anno e situato in posizione tranquilla e centrale.
Quaranta camere completamente rinnovate, alcune con vista mare. Possibilità di parcheggiare di fronte all'hotel, biciclette a disposizione degli ospiti, bar, cene tipiche e musica dal vivo. Offerte e sconti in vari periodi dell'anno.

INFO

Hotel Mediterraneo • Viale Trieste 199, Pesaro • 0721 31556 • www.hmed.it • Costi: 36/50 € a persona (prima colazione inclusa)

ALL'AMBASSADOR, SUL LUNGOMARE ADRIATICO

Per un fine settimana sul litorale di Pesaro, l'Hotel Ambassador è la scelta più azzeccata.
Un albergo moderno e luminoso, dotato di terrazze panoramiche, proprio a ridosso del lungomare adriatico.
Ampie camere arredate in stile mediterraneo e un discreto ristorante. Sono disponibili biciclette da utilizzare sulle lunghe piste ciclabili della città.

INFO

Hotel Ambassador • Viale Trieste 291, Pesaro • 0721 31195 • Pagina Facebook: Hotel Ambassador Pesaro • Costi: camera singola 48/60 €, doppia 60/70 € (prima colazione inclusa)

URBINO

UN TUFFO NELLA STORIA AL CORTEGIANO

Nel centro storico di Urbino i b&b non mancano, ma quelli in cui il rapporto qualità-prezzo non delude sono davvero pochi. Il Cortegiano è uno di questi: a partire dalla location (un edificio d'epoca a pochi passi da piazza Duca Federico), per finire con le camere, silenziose e affacciate sul duomo. Sconti del 10% nel ristorante al piano inferiore per tutti i clienti.

INFO

Il Cortegiano • Viale Veterani 1, Urbino • 340 8441181 • www.ilcortegiano.it • Costi: camera singola 30/45 €, doppia 60/90 € (prima colazione inclusa)

IL PREZZO LO SCEGLIE IL CLIENTE

Si sa che a volte per risparmiare bisogna uscire dai centri storici, ed è quello che dovrete fare con l'Hotel Meridiana, ma non preoccupatevi: non ve ne pentirete. L'albergo si trova infatti a soli cinque minuti di auto dal parcheggio di Urbino, nella cornice naturale delle colline del Montefeltro. Piscina e ottimo ristorante con specialità locali. Tariffe agevolate per studenti e gruppi numerosi e possibilità di proporre il prezzo che ritenete adeguato. Lo staff vi comunicherà se l'offerta è andata a buon fine!

INFO

Hotel Meridiana • Via Urbinate 43, Urbino

• 0722 320169 • www.hotelmeridianaurbino.com • Costi: camera singola 30/60 €, doppia 55/90 € (prima colazione inclusa)

MEDITAZIONE E YOGA AL B&B SASSO FIORITO

Un b&b ad appena un chilometro dal centro storico, immerso nel verde delle colline di Urbino. Nel bellissimo giardino potete sedervi a leggere o ad ammirare il paesaggio. Gli amanti delle passeggiate possono raggiungere Urbino a piedi, gli altri in autobus o in bicicletta. Un'esperta naturopata fornisce, a pagamento, consigli e dimostrazioni pratiche di cucina vegetariana, yoga, esercizi di Do-in (tecnica di automassaggio), rilassamento e meditazione.

INFO

B&B Sasso Fiorito • Via Monte Pallotta 12, Urbino • 377 1717707 • www.sassofiorito.it • Costi: camera singola 40 €, doppia 60 € (prima colazione inclusa)

GRADARA

A POCHI PASSI DALLA ROCCA

Tre camere ristrutturate con gusto ed eleganza situate a pochi passi dalla rocca, che prendono il nome dai Malatesta, dagli Sforza e dai Della Rovere, le famiglie nobiliari che hanno regnato a Gradara. È disponibile anche un appartamento/mansarda con angolo cottura e balcone con vista panoramica sul castello e sulla Riviera Adriatica.

INFO

Affittacamere Al Borgo • Via Mancini 36, Gradara • 0541969586 • www.affittacameregradara.com • Costi: camera doppia 60/80 €, appartamento 30/45 € a persona

Dove mangiare e bere

PESARO

LA CANTINA CON MOSAICO DELLA QUERCIA

Una volta entrati, non vorrete più andarvene. In questa osteria, vecchia di più di cent'anni, con un mosaico romano ritrovato nelle antiche cantine, l'atmosfera non ha rivali. I piatti sono quelli della cucina tradizionale: tagliatelle con ragù di verdure, maltagliati con ceci e vongole, stinco di maiale e formaggio fuso con rucola, il tutto accompagnato dall'ottimo vino locale. Da provare la polenta con salsicce e costine.

INFO

Osteria La Quercia • Via Baviera 33, Pesaro • 0721 33463 • www.osterialaquercia.it • Chiuso lunedì • Costi: 18/20 €, bevande escluse

I CINQUE PIATTI DI MARIA

Nel 1972, Maria aprì Il Pergolato, una trattoria sui colli che guardano verso Pesaro, nel mezzo della campagna. Aiutata dalla sorella e dalla figlia Antonella, si è guadagnata la stima dei buongustai della zona, che adorano le sue ricette. La pasta è tirata a mano ogni mattina e il menu prevede solo cinque piatti a scelta. Tra questi le tagliatelle con fagioli o ragù, l'arrosto misto di carne e il coniglio in porchetta.

INFO

Il Pergolato dalla Maria • Piazzale Cadorna, Novilara • 0721 287210 • www.trattoriailpergolato.com • Chiuso martedì • Costi: 20/25 €, bevande escluse

URBINO

VINO E TARTUFO ALLE ANTICHE BONTÀ

Più che un ristorante, è un'enoteca per aperitivi o cene veloci ma gustose, a base di crostini al tartufo, salumi e formaggi marchigiani, accompagnati dal buon vino locale. Ottima la casciotta di Urbino, servita con il miele alla fragola. I tavoli sono pochi, in una saletta dal soffitto a volta e mattoni a vista, quindi rassegnatevi a dover aspettare un po'.

INFO

Tartufi Antiche Bontà • Via Raffaello 35, Urbino • 0722 328362 • Chiuso lunedì • Costi: 10/18 €, bevande escluse

UNA CRESCIA IN COMPAGNIA DA GERÒ

Tavoli da quattro posti, panche e tovaglie di carta. Alla Taverna Gerò tutto è all'insegna della semplicità, dall'arredamento al menu. La cucina non è certo elaborata come quelle di alcuni eleganti ristoranti, ma propone ottime specialità della zona: crescia (tipico street food urbinate), piadine, formaggi e salumi. Ottimo rapporto qualità-prezzo.

INFO

Taverna Gerò • Via Mazzini 65, Urbino • 328 4113209 • Pagina Facebook: Gerò Urbino • Chiuso lunedì • Costi: 20/25 €, bevande escluse

GRADARA

L'OSTERIA SOTTO IL CASTELLO

Al Melograno si mangia all'ombra del castello di Granarola, location ideale per pranzi e cene romantiche. Il locale propone piatti della cucina tipica: tagliatelle ai funghi, tagliatelle del diavolo e saporite e abbondanti grigliate di carne. Vini locali a prezzi più che onesti. E, per concludere, dolcetti della casa.

INFO

Osteria Il Melograno • Via Granarola 39, Gradara • 0541 969052 • Chiuso lunedì • Costi: 20/25 €, bevande escluse

Trasporti e collegamenti

IN AEREO

L'aeroporto più vicino è quello delle Marche Aerdorica • Falconara Marittima • 071 28271 • www.marcheairport.com

IN TRENO

La stazione FS di Pesaro si trova lungo la linea Adriatica.

IN AUTO

Autostrada A14 Bologna-Bari fino all'uscita Pesaro-Urbino, poi proseguire sulle strade statali.

IN AUTOBUS

Pesaro e Urbino sono servite dalle autolinee Adriabus • 800 664 332 • www.adriabus.eu

12.

Lazio

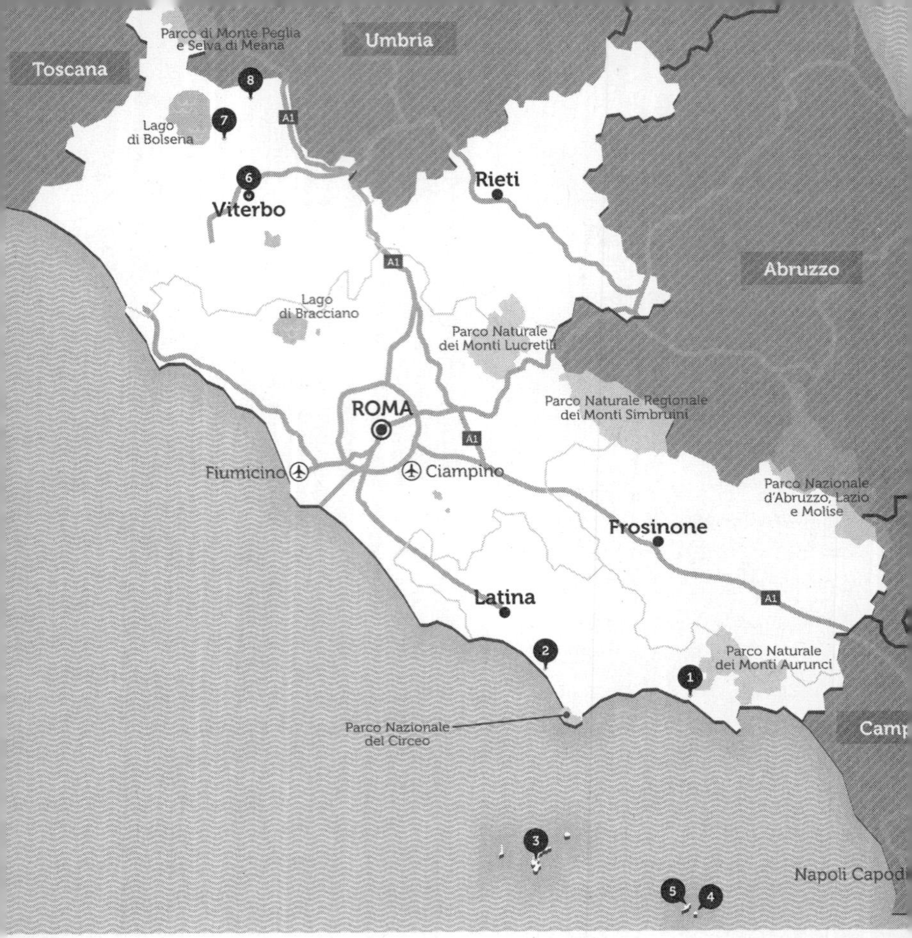

Lazio

1. Sperlonga (LT)
2. Terracina (LT)
3. Isola di Ponza (LT)
4. Isola di Ventotene (LT)
5. Isola di Santo Stefano (LT)
6. Viterbo
7. Montefiascone (VT)
8. Civita di Bagnoregio (VT)

Sperlonga e Terracina

Tra mare e archeologia

Uno dei mari più puliti del Lazio è quello tra Terracina, vivace cittadina balneare, e Sperlonga, affascinante borgo marinaro, con le case bianche che si affacciano su vicoli e piazzette, dove è possibile muoversi solo a piedi. Questo tratto di costa custodisce alcuni gioielli dell'archeologia italiana, come la villa di Tiberio, con la sua grotta e l'allevamento di murene, o lo spettacolare e panoramico Tempio di Giove Anxur. E per chi ama il mistero, la leggenda di Amyclae, la colonia greca scomparsa improvvisamente nel II secolo a.C., della quale fino a oggi non si è trovata traccia.

Sperlonga

1 Sperlonga

Le origini di Sperlonga si perdono nel mito. Per alcuni studiosi questo caratteristico borgo arroccato sul Monte Magno, a strapiombo sul mare, sarebbe in qualche modo collegato al mistero di Amyclae, la colonia greca scomparsa nel II secolo a.C. Secondo la leggenda, la città sarebbe stata distrutta da un attacco nemico, dato che i suoi abitanti, appartenenti a una setta pitagorica votata al silenzio, non avrebbero dato l'allarme all'arrivo degli invasori. Di Amyclae non si sono per ora trovate tracce certe. Il paese si raccoglie intorno alla piazzetta, da cui si diramano vicoli e scalinate che scendono al mare. L'edificio più importante di Sperlonga è l'antica chiesa di Sanctae Mariae de Sperlonche, attualmente utilizzata come auditorium. Le fonti ne attestano l'esistenza fin dai primi anni del XII secolo e la descrivono come uno dei luoghi liturgici più importanti della zona.

Per godersi le bellezze della cittadina è sufficiente passeggiare tra le bianche case del borgo antico, sul quale vigilano alcune torri di avvistamento costruite nel Cinquecento per proteggere gli abitanti dalle incursioni saracene. Tra queste la Torre Centrale, di cui sono sopravvissuti solo i resti in via Giosa, e la Torre Truglia, costruita nel 1532 sulla punta del promontorio di Sperlonga e più volte devastata dai pirati.

Nei pressi dell'attuale centro abitato i nobili romani e lo stesso imperatore Tiberio fecero edificare delle ville, per approfittare della posizione favorevole e del clima mite. A testimonianza di quel periodo rimane il complesso archeologico della villa di Tiberio, a circa un chilometro dal paese. Abbandonata nel 26 d.C., probabilmente a causa di una frana che minacciò di travolgerla, l'antica residenza imperiale è oggi aperta al pubblico, che può ammirare i resti dell'edificio principale, le antiche terme, le piscine utilizzate per l'itticoltura, la pescheria per le murene e una grande grotta, al centro della quale si trovava una *cenatio*, una sala da banchetti estiva. Il Museo Archeologico Nazionale annesso alla villa conserva splendide sculture e altri oggetti rinvenuti nell'area.

INFO

Ufficio del Turismo di Sperlonga • Corso San Leone 23, Sperlonga • 0771 557000 • www.comune.sperlonga.lt.it

Museo Archeologico Nazionale e villa Tiberio • Via Flacca, Sperlonga • 0771 548028 • Aperto dal martedì alla domenica 8.30-19.30, chiuso lunedì • Costi: 2,50/5 € (il biglietto è valido sia per il museo sia per la villa)

2 Terracina

Terracina

Non si è ancora aggiudicata la Bandiera Blu d'Europa, assegnata invece alla vicina Sperlonga, ma Terracina, con la sua lunga spiaggia di sabbia dorata, può comunque vantare un bel mare, racchiuso tra i promontori del Circeo e di Gaeta.

La cittadina si divide in un centro storico alto, dove si trovava l'antica acropoli, sviluppatasi ulteriormente in epoca medievale, e in un centro storico basso, lungo la strada verso il porto, frutto della bonifica delle paludi pontine. Il centro storico alto si raccoglie intorno al Foro Emiliano, in piazza del Municipio, dove si riconoscono i resti della Via Appia, del teatro romano e del capitolium. La vicina Torre Frumentaria, costru-

ita fra il XII e il XIII secolo, ospita il Museo Civico Archeologico Pio Capponi, che conserva importanti reperti del passato.
I più interessanti provengono dal Tempio di Giove Anxur, un monumentale santuario posto sul Monte Sant'Angelo. Dal tempio si gode una splendida vista sul golfo e sulle isole pontine che, nelle giornate limpide, abbraccia Ischia e Capri.
Terracina bassa si sviluppa invece intorno al porto, di origine romana, ed è, oltre che una vivace località balneare, un importante approdo per le barche da pesca.

INFO
Ufficio del Turismo di Terracina • Viale Europa 204, Terracina • 0773 707702 • www.comune.terracina.lt.it

Museo Civico Archeologico Pio Capponi • Piazza Municipio 1, Terracina • 0773 707313 • Aperto lunedì 9-14, dal martedì al sabato 9-20, domenica 9-13 e 15-18 (per gli orari estivi consultare il sito) • Costi: 3 €

Tempio di Giove Anxur • Piazzale Loffredo, Terracina • 06 88522480 • www.tempiodigioveanxur.it • Aperto tutti i giorni dalla mattina al tramonto da ottobre a maggio, fino alle 24 nei mesi estivi • Costi: 4/7 €

Zoom

Il Parco Nazionale del Circeo

Nato nel 1934, il Parco Nazionale del Circeo tutela ciò che resta dell'antica Selva di Terracina, i laghi costieri di Sabaudia, Fogliano, Monaci e Caprolace, una ventina di chilometri di Duna Litoranea e il promontorio del Circeo, oltre all'incontaminata isola Zannone. La zona conosciuta come Selva di Circe, uno dei più estesi esempi di foresta di pianura esistente in Italia, è il regno dei cinghiali, ma capita di incontrare pure tassi, volpi, lepri, ricci e daini.
Il principale centro visite si trova a Sabaudia, ma anche a San Felice Circeo è possibile chiedere informazioni su sentieri, visite guidate e altre opportunità per conoscere le bellezze naturali e storico-archeologiche dell'area protetta, come i reperti di opere idrauliche romane e le grotte preistoriche.

Parco Nazionale del Circeo • 0773 511385 • www.parcocirceo.it

Dove dormire

SPERLONGA

L'HOTEL ECONOMICO A SPERLONGA

Quasi tutti gli alberghi di Sperlonga sono decisamente cari, ma ce n'è uno che applica ancora prezzi ragionevoli. I dieci minuti di auto necessari per raggiungere Le Torri saranno quindi l'ultimo dei vostri problemi, se pensate che in cambio potrete dormire praticamente in riva al mare, in una casa rustica con giardino, stanze con tv e angolo cottura.

INFO

Le Torri • Via Fianca 54, Sperlonga • 338 5747792 • Costi: 20/35 € a persona

LA STELLA DEL TIRRENO TRA MARE E LAGO

L'Hotel Stella del Tirreno accontenta tutti: amanti del mare e del lago, qui li troverete entrambi. Situato direttamente sulla spiaggia, a ridosso della duna, tra il mare e il Lago Lungo, dispone di ventinove camere con servizi e spiaggia privata (ombrellone, sdraio e lettino compresi nel prezzo). Parcheggio gratuito e campi da tennis.

INFO

Hotel Stella del Tirreno • Via Lago Lungo 10, Sperlonga • 0771 549071 (inverno) | 0771 548667 (estate) • www.hotelstelladeltirreno.it • Costi: 62/100 € a persona (prima colazione inclusa)

TERRACINA

YVORIO, CASA DOLCE CASA

L'Hotel Casa Yvorio, situato nella zona residenziale di Terracina, non fa mancare niente ai suoi ospiti. La famiglia Tammetta mette a disposizione dei clienti camere classiche o comfort plus con servizi privati e aria condizionata, ampi spazi comuni, particolarmente adatti ai bambini, un buon ristorante e degustazioni di agrumi, vino e altri prodotti locali. Aperto da Pasqua a fine ottobre.

INFO

Casa Yvorio • Via Bad Homburg 3, Terracina • 0773 730249 • www.hotelcasayvorio.com • Costi: 50/79 a persona (prima colazione inclusa)

CENTOSEDICI COMFORT MODERNI

Quindici camere sul lungomare di Terracina, con vista panoramica sul Tirreno. L'albergo, accogliente e arredato in stile moderno, fa da corredo al buon ristorante al piano terra, conosciuto soprattutto per le specialità di pesce, dove i clienti hanno lo sconto del 10%. Le stanze superior – decisamente più care – sono dotate di vasca idromassaggio e terrazzo.

INFO

Hotel ristorante Centosedici • Lungomare Circe 116, Terracina • 0773 731501 • www.centosedici.it • Costi: camera singola 50/70 €, doppia 70/110 € (prima colazione inclusa)

Dove mangiare e bere

SPERLONGA

GLI ANTIPASTI E I PRIMI DI PESCE DI ULISSE

Al vostro arrivo, il cameriere vi chiederà se preferite mangiare in una delle due sale interne o nella piazzetta che si affaccia sul mare. Ovviamente d'estate... D'inverno ci si deve adeguare a cenare dentro. La Taverna di Ulisse, vicina al porto e alla Torre Truglia, serve piatti legati alla cucina regionale: si può iniziare con l'antipasto di Ulisse o con un bel piatto di spaghetti alle vongole. Buone le pizze cotte nel formo a legna e ottimi i dolci della casa.

INFO

Taverna di Ulisse • Via Cristoforo Colombo 11, Sperlonga • 0771 548511 • Pagina Facebook: Taverna di Ulisse • Chiuso lunedì e martedì • Costi: 15/25 €, bevande escluse

IL PESCE TRASPARENTE, DAL MARE ALLA TAVOLA

Fritture di pesce, catalana di polpo verace, tagliere di pesce raviolo pontino, tonno selvaggio, tortino di melanzane e panini a piacere sono solo alcune delle portate di questo locale – che ha un gemello a Terracina – aperto da primavera agli inizi di novembre. Aderisce al progetto Pesce Trasparente del ministero delle Politiche Agricole e Forestali, quindi fornisce informazioni dettagliate sui prodotti ittici serviti (se sono freschi o congelati, se di cattura o di acquacoltura, e il luogo di provenienza).

INFO

Altrò • Via Cristoforo Colombo 58, Sperlonga • 0771 549621 • www.altrosperlonga.it • Aperto tutti i giorni • Costi: 15/23 €, bevande escluse

TERRACINA

L'ENOTECA FINTO IRLANDESE

Non fatevi suggestionare dal nome: il St. Patrick non è una birreria irlandese, ma un'enoteca, chiamata così in onore di un caro amico dei proprietari. In questa suggestiva cantina della medievale Casa Risoldi, potete sorseggiare del buon vino e mangiare taglieri di salumi e formaggi o altri piatti legati ai prodotti di stagione. Tra questi le zuppe di legumi e patate o cicerchie e indivia, le lasagne al ragù bianco e il brasato al vino.
Si organizzano anche concerti, mostre fotografiche e pittoriche, presentazioni di libri e prelibate degustazioni.

INFO

St. Patrick • Corso Anita Garibaldi 56, Terracina • 0773 703170 • www.st-patrick.it • Chiuso martedì • Costi: 25/28 €, bevande escluse

LA BRUSCHETTA DEI CAMPIONI DEL SECONDO TEMPO ♥

Si inizia con un ricco antipasto a base di bruschetta pachino e basilico, verdure grigliate, pezzetti di caciocavallo, prosciutto di Guarcino, salsiccia secca terracinese, involtini di melanzane provola e prosciutto e, in stagione, fiori di zucca fritti. Si prosegue con la pasta fatta in casa e si finisce con le scaloppine. Menu anche per i vegetariani.

INFO

Il Secondo Tempo Da Picchiofranco • Via Fontana Vecchia 12, Terracina • 348 8818632 • Pagina Facebook: Il Secondo Tempo Picchiofranco • Chiuso martedì • Costi: 15/20 €, bevande escluse

Trasporti e collegamenti

IN AEREO

Gli aeroporti più vicini sono quelli di Roma e Napoli.

Aeroporto di Roma Ciampino • Via Appia, Ciampino • 06 65951 • www.adr.it

Aeroporto di Roma Fiumicino • Via dell'Aeroporto di Fiumicino, Fiumicino • 06 65951 • www.adr.it

Aeroporto di Napoli Capodichino • Viale Ruffo di Calabria, Napoli • 081 7896111 • www.gesac.it

IN TRENO

La stazione FS più vicina è quella di Fondi, sulla linea Roma-Napoli. Di qui parte il servizio di trasporto pubblico Cotral a ogni arrivo dei treni • 800 174 471 • www.cotralspa.it

IN AUTO

Sperlonga e Terracina sono raggiungibili da Roma con la Strada Statale Pontina.

IN AUTOBUS

Sperlonga, Terracina e le altre località della zona sono servite dagli autobus della Cotral • 800 174 471 • www.cotralspa.it

Ponza e Ventotene

Le isole Pontine: spiagge e antiche vestigia romane

Una fuga dalla terraferma, circondati dal Mar Tirreno, avvolti da quello struggente silenzio che solo le isole sono capaci di regalare. La prima tappa è Ponza, mondana e vivace, con le sue belle spiagge e le baiette, da raggiungere in barca o in canoa. Ventotene, meno frequentata, praticamente priva di spiagge sabbiose, incanta gli amanti della natura selvaggia, dei promontori sferzati dal vento e dell'archeologia, grazie ai resti dell'antico porto romano e di una villa di epoca augustea. Poco lontano, il tenebroso carcere borbonico dell'isola di Santo Stefano.

Ponza

3 Ponza

Ponza è la maggiore dell'arcipelago delle isole Pontine, dette anche Ponziane, bagnate dal Mare del Lazio, a metà strada fra Roma e Napoli. Di origine vulcanica, Ponza presenta una quarantina di chilometri di coste frastagliate intervallate da belle spiagge sia di sabbia sia di scoglio, facilmente raggiungibili via terra o in barca. Tra le più suggestive Cala Feola, con le Piscine Naturali, Chiaia di Luna, Cala Fonte e la spiaggia di Frontone. Le altre insenature sono visitabili solo in barca, partecipando a una delle tante gite organizzate che partono ogni giorno, anche alla volta delle piccole isole di Palmarola e Zannone. I più sportivi possono invece noleggiare una canoa per avventurarsi lungo la costa remando, per raggiungere le spiagge e le grotte non accessibili con le barche a motore.

Ponza è inoltre un paradiso per i sub, grazie ai suoi fondali ricchi di pesci, alle caverne sottomarine, alle pareti a strapiombo e ai relitti arenati sul fondo del mare. L'immersione è facilitata dalla trasparenza dei fondali e dall'acqua cristallina.

Il principale centro abitato dell'isola è il porto, con le sue caratteristiche casette in stile mediterraneo e le vicine Grotte di Pilato, complesso archeologico fatto di grotte, vasche e cunicoli sottomarini di epoca romana che testimonia la presenza di un allevamento di murene, le cui vasche erano collegate a una villa appartenuta all'imperatore Ottaviano Augusto. Il loro nome si dice sia legato alla presenza sull'isola di Ponza di Ponzio Pilato, qui inviato in gioventù per sedare una rivolta.

Ponza è attraversata da un'antica strada asfaltata che conduce dal porto fino alle Forna. Bella anche la frazione di Santa Maria, con i resti del porto romano e la grotta-cisterna, chiamata del serpente perché una volta abitata da una colonia di bisce. In una grotta nella località di Cala Frontone esiste un piccolo ma interessante Museo Etnografico, dedicato alle tradizioni degli abitanti dell'isola, in cui sono esposti oggetti e utensili e in cui si possono degustare i prodotti tipici.

In estate l'isola è abbastanza affollata, quindi i periodi migliori per un weekend di relax sono la primavera o l'autunno, senza comunque scartare l'inverno, stagione in cui il clima è temperato, grazie alle correnti calde dell'arcipelago.

INFO

Pro Loco dell'isola di Ponza • Molo Musco, Ponza • 0771 85257 • www.prolocodiponza.it

Villa di Ottaviano Augusto • Promontorio Punta Madonna, Ponza • Aperto tutti i giorni • Costi: ingresso gratuito

Museo Etnografico • Via Frontone, località Cala Frontone, isola di Ponza • 0771 80009 • www.assocalafrontone.it • Aperto nei mesi estivi (per gli orari consultare il sito) • Costi: ingresso gratuito

4 Ventotene

Ventotene

Ventotene risuona di note antiche, favolose leggende e racconti popolari. È l'isola delle sirene cantata da Omero, ma anche luogo di confino, da quando era una colonia romana e vi venivano esiliati i membri della famiglia imperiale, fino al fascismo, quando Sandro Pertini, e insieme a lui molte altre vittime politiche, fu condannato a trascorrere cinque anni sull'isola. Oggi è una località di mare molto visitata, ma la memoria storica, così come il suo ricco patrimonio di miti, non l'ha abbandonata.

L'isola appartiene all'arcipelago delle Pontine o Ponziane, insieme a Ponza, Palmarola, Zannone, Gavi e Santo Stefano, e ha la forma di una balena addormentata. Lunga circa 3 chilometri e larga circa 800 metri, è

attraversata da sentieri e stradine di campagna che raggiungono baiette isolate, spettacolari promontori, piccoli orti dove si coltivano saporite lenticchie, minuscoli frutteti e antiche ville romane.
L'escursione più lunga conduce, in un paio di ore, al panoramico Semaforo, una vecchia postazione antiaerea della Seconda guerra mondiale dalla quale ammirare l'intera isola. Qui si trova il Museo della Migrazione con un osservatorio ornitologico, diorami e altri materiali dedicati all'avifauna e al fenomeno della migrazione degli uccelli. Merita una visita anche il piccolo centro abitato, dove arrivano i traghetti provenienti dal continente e da Ponza, completamente ricostruito ai tempi dei Borboni, con la chiesa di Santa Candida e il castello, sede del Museo Storico-Archeologico. Le sue collezioni comprendono reperti provenienti dagli scavi locali e dal recupero di parte del carico di tre relitti di epoca romana presenti nelle acque che bagnano l'isola.
Nei pressi del borgo si incontra l'antico porto scavato nel tufo, con i resti di una peschiera romana destinata all'allevamento delle murene e di altri pesci. Ma il monumento più bello di Ventotene è la villa imperiale di Punta Eolo, detta comunemente di Giulia, dal nome della figlia di Augusto, qui esiliata per aver infranto le leggi sulla morale pubblica. Si riconoscono, pur se in precario stato di conservazione e ad accesso libero, i resti della domus, delle cisterne e dell'acquedotto che alimentava l'isola.

INFO
Pro Loco di Ventotene • Via Roma 2, Ventotene • 0771 85257 • www.ventoteneturismo.it

Museo della Migrazione • Località Il Semaforo, Ventotene • 0771 85275 • Aperto in estate 10-12 e 18-20, in inverno su richiesta • Costi: 2,50 €

Museo Storico-Archeologico • Piazza Castello, Ventotene • 0771 85345 • Aperto dal martedì alla domenica 11-12.30, sabato anche 17-19 • Costi: 2,50/4 €

Villa di Punta Eolo • Località Punta Eolo, Ventotene • 0771 85345 • Aperto tutti i giorni • Costi: ingresso gratuito

Zoom

Il carcere dell'isola di Santo Stefano

Un braccio di mare di circa 2 chilometri separa Ventotene dall'isola di Santo Stefano, emblema della presenza borbonica nell'arcipelago Pontino. Qui si trova un carcere a forma di ferro di cavallo, costruito nel 1795, dove sono stati rinchiusi i rivoluzionari della Repubblica Napoletana del 1799, l'anarchico Gaetano Bresci e numerosi antifascisti, tra i quali Sandro Pertini. Per visitare il carcere bisogna prenotare un'escursione da Ventotene oppure chiedere ai pescatori del porto.

Carcere Borbonico • Isola di Santo Stefano • 0771 85345 • Visite guidate organizzate nei mesi estivi dal Museo Storico-Archeologico di Ventotene • Costi: 4/6 €

5 Isola di Santo Stefano

Dove dormire

Nel mese di agosto, Ponza e Ventotene diventano molto care. È quindi consigliabile trascorrere un weekend nelle due isole in primavera o autunno.

PONZA

DORMIRE DAL CAPITANO

Stretto fra due case, l'Hotel del Capitano, un piccolo albergo a gestione famigliare, vicino agli imbarchi dei traghetti e alla piazzetta principale dell'isola, ha camere accoglienti e ben arredate. Quelle con vista mare costano circa 10 euro in più a notte. Aperto da inizio giugno a fine settembre. Offerte last minute sul sito.

INFO

Hotel del Capitano • Via Scarpellini 11, Ponza • 0771 80208 • www.hoteldelcapitano.it • Costi: camera singola 75/85 €, doppia 125/135 € (prima colazione inclusa)

IL PICCOLO PARADISO DA SILVIA

Nella baia di Santa Maria, la Pensione Silvia dispone di camere silenziose con vista panoramica sul porticciolo. L'ambiente informale e il buon ristorante rendono il soggiorno in questo angolo di Ponza particolarmente rilassante. Noleggio di barche per visitare le spiagge dell'isola. Offerte in bassa stagione, per prenotazioni da giovedì a domenica compresa, solo per via telefonica.

INFO

Pensione Silvia • Località Santa Maria, Ponza • 0771 80075 • www.pensionesilvia.it • Costi: camera singola 50/100 €, doppia 70/140 € (prima colazione inclusa)

VENTOTENE

LA TORRE-ALBERGO PIÙ FAMOSA DI VENTOTENE

Abbarbicato su uno scoglio a picco sul mare, l'Hotel Mezzatorre domina il paesaggio circostante dall'alto di un'antica torre di guardia, adibita nell'Ottocento ad abitazione privata, e oggi trasformata in uno degli alberghi più quotati dell'isola.
Le camere non sono particolarmente grandi, ma tutte vista mare, con bagno privato e aria condizionata. Il ristorante Mimì, situato nella terrazza principale, cucina piatti tipici con ingredienti locali.

INFO

Hotel Mezzatorre • Piazza Castello 5/6, Ventotene • 0771 85294 • www.mezzatorreventotene.com • Costi: camera singola 50/120 €, doppia 70/140 € (prima colazione inclusa)

LA BOTTEGA DEL CALZOLAIO

Fu tutto merito di Candida, che tanti anni fa acquistò la palazzina, ex bottega di un calzolaio. Poi vennero il terzogenito Osvaldo, cuoco geniale ed estroso, e, dal 2010, il figlio Alessio.
Le camere sono sei, con bagno privato, cassetta di sicurezza e ventilatore.
Al pianterreno l'Art Café, conosciuto soprattutto per gli yogurt gelato e la musica dal vivo, serve i clienti del b&b con uno sconto del 10%.

Tariffe vantaggiose per gruppi con più di sei persone.
L'hotel è aperto da inizio aprile a fine settembre.

INFO
Da Osvaldo • Via Muraglione 6, Ventotene • 0771 85342 • www.osvaldobebventotene.com • Costi: 30/65 € a persona (prima colazione inclusa)

Dove mangiare e bere

PONZA

ANNA E I SUOI RAGAZZI

In località Le Forna, uno dei ristoranti più economici e buoni di Ponza, gestito dalla signora Anna e dai suoi ragazzi. Tra i piatti migliori gli spaghetti con le alici o al granchio, i paccheri con lo scorfano, i fritti misti e le grigliate, a seconda del pescato.

INFO
Osteria Punta Incenso • Via Calacaparra, località Le Forna, Ponza • 0771 808517 • Chiuso martedì • Costi: 22/25 €, bevande escluse

UNA PIZZA NEL FORTINO BORBONICO

Bellissimo di giorno, la sera Il Faro ha un fascino davvero unico. Rischiarato dalle luci del porto, il fortino borbonico in cui Imma e Pasquale hanno aperto il loro bar-pizzeria attira ogni giorno decine di turisti. Si servono vere pizze napoletane ma anche frittatine di spaghetti, crocchette di patate, arancini e supplì di riso, scugnizzielli con pomodorini e rucola e altre golosità partenopee. Buone le sfogliatelle dolci.

INFO
Il Faro • Via Molo Musco, Ponza • 0771 809688 • www.ilfarocafe.com • Chiuso lunedì • Costi: 15/20 €, bevande escluse

VENTOTENE

IL DEHORS SULLA PIAZZETTA

Nella piazzetta principale di Ventotene, un piacevole ristorante, con tavoli nella sala interna o all'aperto. Cucina prevalentemente marinara: pasta con alici e capperi o pesce spada, zuppette con la saporita lenticchia coltivata sull'isola, calamari ripieni e pesce al forno o alla griglia. Sfiziosi aperitivi e cocktail.

INFO
Ristorante bar Verde • Piazza Castello 19, Ventotene • 0771 85235 • Chiuso lunedì • Costi: 18/22 €, bevande escluse

LENTICCHIE DA FAVOLA

Per una brioche, un caffè, un panino, un succulento piatto di carne o del pesce fresco di giornata, la risposta è Vento di Mare, un bar-ristorante nel centro di Ventotene. Il suo punto forte sono gli ingredienti, freschi e di prima qualità. Assolutamente da provare la zuppa di lenticchie locali preparata come da tradizione dell'isola.

INFO
Vento di Mare • Piazzetta Europa 1, Ventotene • 345 6165571 • Pagina Facebook: Vento di Mare • Chiuso martedì • Costi: 15/20 €, bevande escluse

Trasporti e collegamenti

IN AEREO

Gli aeroporti più vicini sono quelli di Roma e Napoli, da cui proseguire in treno o taxi fino al porto di imbarco di Formia o Anzio.

Aeroporto di Roma Ciampino • Via Appia, Ciampino • 06 65951 • www.adr.it

Aeroporto di Roma Fiumicino • Via dell'Aeroporto di Fiumicino, Fiumicino • 06 65951 • www.adr.it

Aeroporto di Napoli Capodichino • Viale Ruffo di Calabria, Napoli • 081 7896111 • www.gesac.it

IN TRENO

I punti di imbarco per le isole sono Formia e Anzio, entrambi sulla linea Roma-Napoli.

IN AUTO

I porti di imbarco per le isole sono raggiungibili con la Strada Statale Pontina da Roma e la Domiziana da Napoli, o con l'autostrada A1, uscita di Frosinone.

IN AUTOBUS

Formia e Anzio sono servite dagli autobus della Cotral • 800 174 471 • www.cotralspa.it

IN TRAGHETTO

Ponza e Ventotene sono raggiungibili con i traghetti e gli aliscafi in partenza dai porti di Formia e Anzio. D'estate ci sono aliscafi in partenza anche da Napoli. Il servizio è fornito dalle compagnie Vetor e Laziomar.

Vetor • 06 9845083 • www.vetor.it • Corse diurne • Costi: 20/48 € a/r

Laziomar • 0771 700710 • www.laziomar.it • Corse diurne • Costi: 9,60/17,90 €

Viterbo e la Tuscia

Nella Tuscia dei Papi, da Viterbo a Montefiascone

Un viaggio nella Tuscia dei papi, alla scoperta di incantevoli centri storici, antiche rocche, laghi vulcanici, fantastici vini e città decadenti. Si parte da Viterbo, la capitale della Tuscia, meta affascinante, ma poco conosciuta, che vanta uno dei centri medievali più vasti e meglio conservati d'Europa. Si prosegue poi per Montefiascone, con la spettacolare rocca che domina il Lago di Bolsena e le cantine dove nasce il vino Est! Est!! Est!!!, per poi raggiungere Civita di Bagnoregio, un borgo in lenta agonia a causa dello sgretolamento della rupe di tufo sulla quale è stato edificato.

Viterbo

6 Viterbo

Visitare Viterbo è come fare un viaggio nel tempo. La capitale della Tuscia, territorio corrispondente in parte all'antica Etruria, custodisce uno dei centri storici medievali più ampi e meglio conservati d'Europa, dove è piacevole gironzolare senza meta, tra locali caratteristici e botteghe artigiane. Il cuore della città è il duecentesco Palazzo dei Papi, sede del Museo Colle del Duomo. La sala del Conclave venne scoperchiata dal popolo esasperato dalla lentezza con la quale i cardinali, riuniti in conclave da oltre due anni, procedevano all'elezione del nuovo papa, dopo la morte di Clemente IV. Il palazzo, in stile gotico con diversi affreschi sulle pareti interne, guarda verso la spaziosa piazza San Loren-

zo, sul quale si affacciano diversi palazzi nobiliari e la cattedrale di San Lorenzo, costruita sul colle ritenuto il più antico nucleo abitato della città, risalente al tempo degli Etruschi. Qui sono stati incoronati ben sette Papi.
Una breve passeggiata conduce alla piazza della Morte, così chiamata perché pare che vi si riunisse la Confraternita dell'Orazione e della Morte e, durante la peste, vi venissero raccolti i cadaveri dei malati. Qui si trova l'accesso alla Viterbo Sotterranea, un reticolo di gallerie e passaggi segreti scavati nel tufo, sotto il centro storico.
Si prosegue poi verso il quartiere di San Pellegrino, dove quasi tutto è rimasto intatto da secoli. Si cammina tra eleganti palazzi nobiliari, case, torri, cortili, loggiati, balconi e profferli (scale esterne caratteristiche dell'architettura viterbese), su strade con curve e anse, utili alla difesa in caso di invasione nemica. In piazza San Pellegrino si ammirano una piccola chiesa e lo splendido Palazzo degli Alessandri (purtroppo non visitabile), mentre il vicino Museo del Sodalizio di Santa Rosa espone i modellini in scala delle varie macchine di Santa Rosa, gigantesche torri votive illuminate da fiaccole e luci elettriche, trasportate a mano da centinaia di persone, dette «facchini di Santa Rosa», durante le celebrazioni religiose del 3 settembre, tutelate dall'Unesco come Patrimonio orale e immateriale dell'umanità.
L'ultimo museo da visitare è quello Nazionale Etrusco, nella Rocca Albornoz, che espone reperti provenienti da tutta la Tuscia, relativi alla vita quotidiana degli etruschi.

INFO

Ufficio del Turismo di Viterbo • Via Ascenzi 4, Viterbo • 0761 325992 • www.aptviterbo.it

Museo Colle del Duomo • Palazzo dei Papi, piazza San Lorenzo 8/a, Viterbo • 320 7911328 • Aperto tutti i giorni nei mesi invernali 10-13 e 15-18, nei mesi estivi 10-13 e 15-19 • Costi: 5/7 €

Viterbo Sotterranea • Accesso da piazza della Morte 1, Viterbo • 0761 220851 • Aperto tutti i giorni 10-19 • Costi: 3/4 €

Museo del Sodalizio di Santa Rosa • Via San Pellegrino 60, Viterbo • 0761 345157 • www.facchinidisantarosa.it • Aperto da ottobre a marzo venerdì, sabato e domenica 15-17.30, da aprile a settembre dal mercoledì alla domenica 10-13 e 16-19 • Costi: ingresso gratuito

Museo Nazionale Etrusco • Rocca Albornoz, piazza della Rocca 21, Viterbo • 0761 325929 • Aperto dal martedì alla domenica 8.30-19.30, chiuso lunedì • Costi: 3/6 €

7 Montefiascone

Montefiascone

È il comune della provincia di Viterbo situato all'altitudine più elevata, domina il Lago di Bolsena, il più grande bacino di origine vulcanica

europeo, e rappresenta un gioiello del Medioevo, con la splendida Rocca dei Papi, recentemente restaurata e aperta al pubblico, torre panoramica inclusa. Centro politico del papato nel periodo dell'esilio Avignonese, la rocca fu ristrutturata dal celebre architetto Antonio da Sangallo.
Passeggiando per Montefiascone si ammirano la cattedrale di Santa Margherita, con una delle cupole più grandi d'Italia, la chiesa di Sant'Andrea, uno degli edifici religiosi più antichi della penisola, in stile longobardo-romanico, e la basilica di San Flaviano, formata da due chiese sovrapposte, una inferiore e una superiore.
Nei dintorni della cittadina si coltivano le vigne dalle quali nasce il famoso vino bianco Est! Est!! Est!!!. La leggenda vuole che il suo nome sia legato al viaggio che nel 1111 Enrico V di Germania fece verso Roma per essere incoronato imperatore dal papa. Faceva parte del suo seguito il vescovo Johannes Defuk, intenditore di vini che, durante il tragitto, inviava in avanscoperta il suo coppiere per capire quali fossero i vini più buoni da bere. Se ne avesse trovato uno buono avrebbe dovuto scrivere «est» (c'è) vicino alla porta della locanda e, in caso di vini particolarmente pregiati, avrebbe dovuto ripeterlo due volte, «est est». Arrivato a Montefiascone, il coppiere assaggiò un vino celestiale, dal sapore unico, così decise di creare un nuovo codice: Est! Est!! Est!!! Da allora, il vino di Montefiascone reca sull'etichetta questa singolare dicitura.

INFO
Ufficio del Turismo di Montefiascone • Piazza Vittorio Emanuele, Montefiascone • 0761 832060 • montefiascone.artecitta.it

Rocca dei Papi e Museo dell'Architettura di Antonio da Sangallo il Giovane • Via alla Rocca, Montefiascone • 0761 820177 • Aperto dal martedì alla domenica 10-13 e 16-19, chiuso lunedì • Costi: ingresso gratuito

Zoom

Civita di Bagnoregio

8 Civita di Bagnoregio

Civita di Bagnoregio, detta anche «la città che muore» perché la rupe di tufo sulla quale è stata edificata si sta lentamente sgretolando, è un suggestivo piccolo borgo medievale quasi disabitato. Si raggiunge solo a piedi attraversando un anacronistico ponte moderno che termina in corrispondenza della Porta Santa Maria, o della Cava, sulla quale vigila una coppia di leoni che artigliano due teste umane, simbolo dei tiranni sconfitti dagli abitanti. Una passeggiata tra vicoli e minuscole piazze porta alla chiesa romanica di San Donato, con un crocifisso in legno della scuola di Donatello e un affresco della scuola del Perugino, e ai palazzi rinascimentali dei Colesanti, dei Bocca e degli Alemanni-Mazzocchi.

Infopoint di Bagnoregio • Località Mercatello, Bagnoregio • 324 8660940 • Pagina Facebook: Civita di Bagnoregio Infopoint

Dove dormire

VITERBO

UN VIAGGIO DI CHARME
NEL SEICENTO

Oltrepassata la volta alberata, si staglia villa Farinella, una dimora seicentesca immersa nel verde rigoglioso della Tuscia. Il salone ha soffitto a cassettoni, pianoforte e camino e le camere prendono il nome dai fiori disegnati sulla carta da parati che ricopre le pareti. Per i più esigenti, una suite con mobili d'epoca o la Casa del Fattore, un appartamento con camera, cucina e bagno, prenotabile però solo per soggiorni lunghi. Parcheggio privato, piscina estiva e tanta tranquillità.

INFO
Villa Farinella • Via Capodistria 14, Viterbo • 339 3655617 • www.villafarinella.it • Costi: camera singola 70 €, doppia 80/100 € (prima colazione inclusa)

VITERBO DALL'ALTO
AL TUSCIA HOTEL

Un tre stelle a due passi dal centro storico. Riservati agli ospiti, una quarantina di camere con servizi privati (alcune dotate di balcone) terrazzo sul tetto da cui ammirare dall'alto la città e fare colazione in primavera e d'estate, ampi spazi comuni e una piccola biblioteca con testi sulla civiltà etrusca. Consultate il sito per approfittare delle offerte!

INFO
Tuscia Hotel • Via Cairoli 41, Viterbo • 0761 344400 • www.tusciahotel.com • Costi: camera singola 40/56 €, doppia 62/82 € (prima colazione inclusa)

MONTEFIASCONE

DORMIRE NEL PALAZZO ABITATO
DAI PAPI

In uno dei palazzi più antichi di Montefiascone, dove si dice abbiano alloggiato anche alcuni papi, un bell'hotel tre stelle superior con una splendida terrazza. Situato in pieno centro storico, accoglie gli ospiti in ventidue ampie camere arredate con mobili d'epoca. Degustazione di vini in una cantina della zona e assaggi di olio in un frantoio per gruppi di almeno dieci persone.

INFO
Hotel Urbano V • Corso Cavour 107, Montefiascone • 0761 831094 • www.hotelurbano-v.it • Costi: camera singola 56/70 €, doppia 68/85 € (prima colazione inclusa)

UNA VISTA MOZZAFIATO SUL LAGO
DI BOLSENA

I quattro piani di un palazzo ottocentesco del centro storico ospitano le quattordici camere dell'albergo Dante, con vista sulla vallata e sul Lago di Bolsena, e il ristorante con terrazza panoramica, che serve le specialità della zona. Per un weekend tra storia e sapori genuini, non si può chiedere di meglio.

INFO
Ristorante Albergo Dante • Viale Nazionale 2, Montefiascone • 0761 826015 • www.ristorantealbergodante.it • Costi: camera singola 35/40 €, doppia 50/60 € (prima colazione inclusa)

CIVITA DI BAGNOREGIO

NEL SILENZIO DELLA NOTTE A BAGNOREGIO

Un modo originale per vivere pienamente l'esperienza di una visita a Civita di Bagnoregio, immersi nel silenzio della notte, senza il clacson delle auto o la musica a tutto volume delle discoteche. In un palazzo del Quattrocento che si affaccia sulla piazza principale del «paese che muore», un accogliente b&b con un buon ristorante. Camere con e senza servizi privati.

INFO

Civita B&B • Via della Fraticella, Civita di Bagnoregio • 0761 760016 • www.civitadibagnoregio.it • Costi: camera singola 50/55 €, doppia 70/75 € (prima colazione inclusa)

Dove mangiare e bere

VITERBO

IL MEDIOEVO IN HOSTARIA

Il Medioevo rivive nelle pareti in pietra e nelle travi a vista di questa piccola osteria dove mangiare, tra le specialità della casa, dell'ottima carne, cotta a piacere. Servizio cortese e attento, ambiente raccolto, saporite bruschette tra gli antipasti, paccheri cacio e pepe e umbrichelli (un tipo di pasta fresca) all'amatriciana tra i primi.

INFO

Hostaria Lo Spito • Via San Leonardo 63, Viterbo • 0761 227257 • Pagina Facebook: HOSTARIA LO SPITO • Chiuso lunedì • Costi: 20/25 €, bevande escluse

SETTANT'ANNI DI SAPORI ROMANI E VITERBESI

Zì Titta è una vera e propria istituzione. Da oltre settant'anni propone la vera cucina tipica casereccia laziale, accostando i sapori romani a quelli viterbesi. Alle pareti, tra i salumi appesi, le foto e le firme dei personaggi dello spettacolo e della cultura che hanno mangiato nella trattoria. Su richiesta, menu per gruppi.

INFO

Zì Titta • Via Cassia 700, Capranica • 0761 669140 | 335 5897929 • www.ristorante-zititta.it • Chiuso giovedì • Costi: 20/25 €, bevande escluse

MONTEFIASCONE

IL PESCE CREATIVO DELLO STUZZICO

Non aspettatevi la cucina tipica della Tuscia. Qui lo chef ama preparare, in modo creativo e decisamente piacevole, piatti a base di pesce, con coraggiose rivisitazioni. Da provare, per esempio, il polipo con i fagioli bianchi e salsa di uova di ricci di mare, accompagnato dai vini laziali, tra cui, ovviamente l'Est!, Est!!, Est!!!.

INFO

Ristorante Stuzzico • Via Oreste Borghesi 20, Montefiascone • 0761 826558 • www.stuzzicorestaurant.it • Chiuso domenica • Costi: 18/25 €, bevande escluse

LA CARBONARA SELVAGGIA DI MAMMA PAPPA

Grandi tubi che serpeggiano tra i soffitti, tavoli di betulla, ma soprattutto, vino, vino e ancora vino. Al Mamma Pappa, piccola osteria, focacceria ed enoteca nel centro del paese, vengono portati in tavola tanti prodotti bio, focacce etrusche fatte con la farina di farro, salsicce sgrassate e piatti curiosi, come la carbonara selvaggia con salsiccia nostrana cotta al vino rosso, parmigiano, uova e pepe nero.

INFO

Mamma Pappa • Largo del Plebiscito 4, Montefiascone • 0761 826759 • Pagina Facebook: Mamma Pappa • Chiuso lunedì • Costi: 15/20 €, bevande escluse

CIVITA DI BAGNOREGIO

UNO SPUNTINO IN PIAZZETTA

Appena attraversata la porta principale di accesso al borgo, si incontra il bar-enoteca La Piazzetta, dove si possono acquistare i prodotti tipici della zona e consumare dei gustosi spuntini nel dehors o nella saletta interna. Tra i piatti più gettonati, zuppe di legumi, farro e fagioli del purgatorio, cicerchia al finocchietto selvatico e bruschette all'olio extravergine d'oliva.

INFO

La Piazzetta • Via Porta Santa Maria, Civita di Bagnoregio • 0761 780893 • Chiuso lunedì • Costi: 12/15 €, bevande escluse

Trasporti e collegamenti

IN AEREO

Gli aeroporti più vicini sono quelli di Roma Fiumicino e Ciampino.

Aeroporto di Roma Fiumicino • Via dell'Aeroporto di Fiumicino, Fiumicino • 06 65951 • www.adr.it

Aeroporto di Roma Ciampino • Via Appia, Ciampino • 06 65951 • www.adr.it/ciampino

IN TRENO

La stazione FS di Viterbo si trova sulla linea Roma Ostiense-Viterbo e Orte-Montefiascone-Viterbo.

IN AUTO

Strada Statale Cassia bis fino a Viterbo, oppure autostrada A1 del Sole, uscita Orte, e poi raccordo fino a Viterbo.

IN AUTOBUS

Viterbo e Montefiascone sono servite dagli autobus della Cotral • 800 174 471 • www.cotralspa.it

13.

Abruzzo

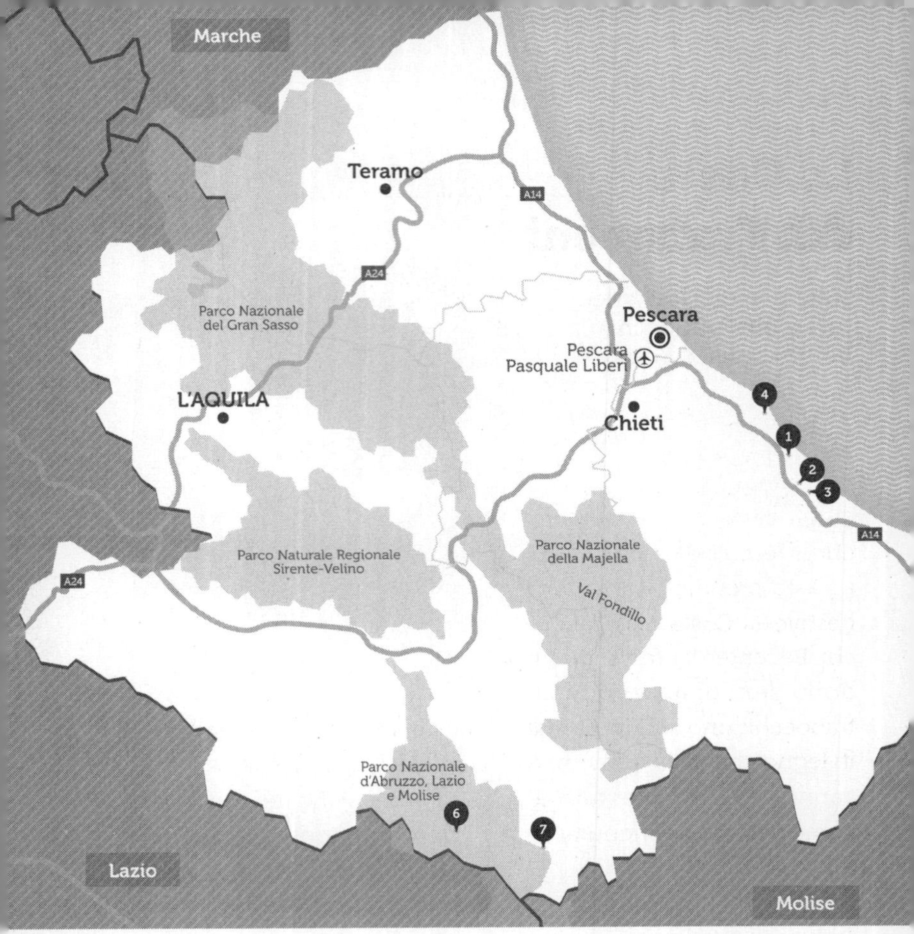

Abruzzo

1. San Vito Chietino (CH)
2. Rocca San Giovanni (CH)
3. Fossacesia (CH)
4. Ortona (CH)
5. Vasto (CH)
6. Opi (AQ)
7. Barrea (AQ)

La Costa dei Trabocchi

Sulle rive dell'Adriatico, tra insoliti trabocchi, borghi, musei e castelli

Quel versante di litorale abruzzese che va da Ortona a Vasto prende il nome suggestivo di Costa dei Trabocchi. Recentemente riscoperti dopo anni di abbandono, i trabocchi sono antichi pontili in legno che dalla terraferma vanno verso il mare, tutelati come patrimonio monumentale dal Parco Nazionale del Gargano. Alcuni sono stati restaurati e ospitano caratteristiche trattorie, purtroppo aperte solo saltuariamente. Lungo la costa alcune belle cittadine fortificate, semplici borghi marinari, spiagge sabbiose e vecchie abbazie accolgono i visitatori curiosi di scoprire questo angolo di Abruzzo.

I trabocchi: bizzarre macchine da pesca

1 San Vito Chietino

2 Rocca San Giovanni

3 Fossacesia

Nel tratto di mare che va da Ortona a Vasto si ammirano delle strane e traballanti macchine da pesca, costruite su palafitte in legno e avvolte da una matassa di cavi che servono a calare le reti. L'origine dei trabocchi è ancora incerta, ma la tesi più accreditata vuole che risalgano al Seicento, quando un gruppo di falegnami e funai ebrei cacciati dalla Spagna raggiunse la costa abruzzese. Gente di terra che non sapeva andare per mare e che quindi, per poter pescare, si inventò queste bizzarre macchine. Dopo anni di abbandono, alcuni dei tra-

bocchi sono stati restaurati e sono diventati interessanti monumenti della cultura marinara o strutture in cui, in alcuni periodi dell'anno, si può mangiare il pesce fresco.
Per ora, i trabocchi accessibili, anche se non regolarmente, sono sei. Il Trabocco Punta Turchino, che D'Annunzio definì «la grande macchina pescatoria, simile allo scheletro colossale di un anfibio antidiluviano», si trova a Portelle, nei pressi di San Vito Chietino, su una piccola sporgenza della costa. Poco più a sud si incontrano il Trabocco Valle Grotte, trasformato in elegante ristorante di pesce, e il Trabocco Punta Tufano, a Rocca San Giovanni, aperto anche per visite guidate, dove si vendono marmellate di agrumi, olio extravergine di oliva e prodotti tipici locali. Il Trabocco Punta Cavalluccio, in contrada Piane Favaro, è un buon ristorante, dai prezzi purtroppo non particolarmente low cost, gestito dal figlio di Masino Verì, il vecchio proprietario, e dal nipote.
Il Trabocco Pesce Palombo, nel territorio di Fossacesia, in località Fuggitella, è stato ricostruito una decina di anni fa, dopo che nel 1979 una forte mareggiata lo aveva distrutto. Oggi è un raffinato ristorante di mare.
Il vicino Trabocco Punta Rocciosa ha più di cent'anni di vita e vi si tengono degustazioni di prodotti e piatti locali.

INFO

Centro Informazioni Turistiche San Vito Chietino • Via Frentana 1, San Vito Chietino • 0872 618203 nei mesi estivi | 0872 619146 nei mesi invernali

Costa dei Trabocchi • www.costadeitrabocchi.net

Trabocco Punta Turchino • Località Portelle, San Vito Chietino • 0872 618203

Trabocco Valle Grotte • Località Fosso Canale 1, San Vito Chietino • 348 5479587 • www.traboccovallegrotte.it

Trabocco Punta Tufano • Contrada Vallevò, Rocca San Giovanni • 333 4436831 • www.puntatufano.costadeitrabocchi.info

Trabocco Punta Cavalluccio • Strada Nazionale 16, Rocca San Giovanni • 338 5980985 • www.traboccopuntacavalluccio.it

Trabocco Pesce Palombo • Località Fuggitella, Fossacesia • 333 3055300 • www.traboccopescepalombo.it

Trabocco Punta Rocciosa • Via Lungomare, Fossacesia • 339 2174435 • Pagina Facebook: Trabocco Punta Rocciosa

4 Ortona

5 Vasto

Da Ortona a Vasto

Mano a mano che ci si avvicina alla Costa dei Trabocchi, l'Abruzzo cambia volto: i ciottoli si sostituiscono alla sabbia, le spiagge si diradano, il paesaggio si fa più silenzioso e selvaggio, in uno straordinario mix

di colori e profumi che conduce alla scoperta di questo angolo di Abruzzo.
Si parte da Ortona, Bandiera Blu d'Europa dal 2010 al 2013, situata su un promontorio a picco sul mare. Profondamente danneggiata dai bombardamenti aerei della Seconda guerra mondiale, durante la quale si distinse per il coraggio e lo spirito di solidarietà umana, tanto da aggiudicarsi la medaglia d'oro al valor civile, oggi è stata in gran parte ricostruita.
Tra i monumenti usciti parzialmente indenni dagli scontri, il quattrocentesco Castello Aragonese, la cattedrale di San Tommaso, in cui riposano le spoglie del santo, e il cinquecentesco Palazzo Farnese, oggi sede della Pinacoteca Cascella. Palazzo Corvo ospita l'Enoteca Regionale d'Abruzzo, dove assaggiare e acquistare i migliori vini della regione. Al piano terra si possono visitare le sale che espongono oltre centocinquanta etichette di vini abruzzesi e, nel wine bar, degustare ottimi calici, consigliati da sommelier esperti. Su una collina rocciosa, una quindicina di chilometri più a sud, si incontra San Vito Chietino, definito da D'Annunzio «il paese delle ginestre». Qui, in località Portelle, si trova l'Eremo Dannunziano, una casa-museo rurale che deve il suo nome al soggiorno di D'Annunzio e Barbara Leoni nell'estate del 1899.
Il viaggio prosegue quindi lungo il tratto più incontaminato del litorale, toccando il borgo marinaro di Vallevò, frazione del comune di Rocca San Giovanni, fino all'antica abbazia di San Giovanni in Venere, un monastero edificato su un preesistente tempio dedicato alla dea Venere Conciliatrice. Spingendoci ancora verso sud si arriva alla Riserva Naturale Regionale Lecceta di Torino di Sangro, uno dei pochi boschi litoranei italiani in cui vive e si riproduce la testuggine terrestre e dove è in fase di recupero il Trabocco delle Morge.
La Costa dei Trabocchi termina a Vasto, chiamata per la sua bellezza «Atene degli Abruzzi». Nel centro storico affacciato sul mare, vi suggerisco di ritagliarvi una giornata per la chiesa di Santa Maria Maggiore, dove è conservata la Sacra Spina, un pezzo della corona di spine che cinse la testa di Gesù Cristo, il Castello Caldoresco e il cinquecentesco Palazzo D'Avalos, con il bellissimo giardino alla napoletana, sede dei Musei Civici (Museo Archeologico, Museo del Costume, Pinacoteca e Galleria d'Arte Contemporanea). Se avete ancora un'ora a disposizione, visitate il vicino Parco Archeologico delle Terme Romane, in cui si ammirano gli interessanti mosaici del Nettuno, con scene marine.

INFO

IAT di Ortona • Piazza della Repubblica 9, Ortona • 085 9063841 • www.abruzzoturismo.it

IAT di Vasto • Piazza del Popolo 18, Vasto • 0873 367312 • www.turismovasto.it

Castello Aragonese • Largo castello, Ortona • 085 9063764 • Aperto da ottobre a maggio tutti i giorni 9.30-13.30 e 15-17, nei mesi estivi dal lunedì al sabato 18-23 • Costi: ingresso gratuito

Pinacoteca Cascella • Palazzo Farnese, passeggiata Orientale 3, Ortona • 085 9066202 • Aperto nei mesi estivi 10.30-12.30 e 17.30-23, nei mesi invernali fino alle 19.30; chiuso mercoledì mattina • Costi: ingresso gratuito

Enoteca Regionale d'Abruzzo • Palazzo Corvo, corso Matteotti, Ortona • 085 9068302 • Aperto dal martedì alla domenica da aprile a ottobre 16.30-24, da novembre a marzo 15.30-23 • Costi: ingresso gratuito

Eremo Dannunziano • Località Portelle 10, San Vito Chietino • 0872 618203 • Per le visite contattare la famiglia che abita la casa • Costi: ingresso gratuito

Riserva Naturale Regionale Lecceta di Torino di Sangro • Località Saletti, Torino di Sangro • 339 1040613 • www.leccetatorinodisangro.it

Castello Caldoresco • Piazza Barbacani, Vasto • 0873 367312 • Aperto su prenotazione • Costi: ingresso gratuito

Musei Civici • Palazzo D'Avalos, piazza Lucio Valerio Pudente 5, Vasto • 0873 367773 • www.museipalazzodavalos.it • Per gli orari consultare il sito • Costi: Museo Archeologico 1,50/3 €, Pinacoteca 2/4 € (incluso anche il Museo del Costume), Galleria d'Arte Contemporanea 1,50/3 €

Parco Archeologico delle Terme Romane • Via Adriatica, Vasto • 327 8764598 • Aperto sabato, domenica e festivi 10-12 e 16-18 • Costi: ingresso gratuito

Zoom

L'olio agrumato di Cala Lenta

Lungo la Costa dei Trabocchi, tra San Vito, Rocca San Giovanni e Fossacesia, si produce un olio extravergine di oliva agrumato, ottenuto macinando le olive insieme ad arance, mandarini o limoni biologici coltivati in zona. Da questo mix si ricava una miscela dal gusto raro e unico nel Mediterraneo, usata prevalentemente per condire i piatti di pesce e sponsorizzata dalla manifestazione estiva Cala Lenta, organizzata da Slow Food. A partire dal 2004, lungo la Costa dei Trabocchi, nel mese di luglio si tengono cene, mercatini, gite sulle barche dei pescatori, si riscoprono i cibi di strada abruzzesi e si partecipa a visite guidate e laboratori del gusto.

www.calalenta.com

Dove dormire

COSTA DEI TRABOCCHI

ALLE PALME, NEL CUORE DELLA MACCHIA MEDITERRANEA

Alle Palme, una bella villa immersa nel verde della macchia mediterranea, gestita da Emilia e Francesco, ci si rilassa nella pineta su comodi lettini o si prende il sole nella spiaggia di Punta Cavalluccio, raggiungibile a piedi. Si alloggia in ampie camere matrimoniali, anche a uso singola, e si ha a disposizione un parcheggio privato.

INFO
Le Palme • Località Cavalluccio 265, Rocca San Giovanni • 327 2392433 • Costi: camera singola 30/45 €, 60/90 € (prima colazione inclusa)

TRA MUSICA E STORIA ALL'HOTEL IDEALE
Oltre a essere il più antico albergo di Ortona, l'Hotel Ideale è legato a un aneddoto curioso: il suo nome viene infatti da una romanza di Francesco Paolo Tosti, di cui il fondatore era un fervido appassionato. Ci sono ventiquattro camere, non troppo grandi ma funzionali, bar, sala tv e un garage interno a pagamento.

INFO
Hotel Ideale • Corso Garibaldi 65, Ortona • 085 9063735 • www.hotel-ideale.it • Costi: camera singola 58/70 €, doppia 85/90 € (prima colazione inclusa)

IL PIÙ ANTICO B&B DI VASTO
All'Angrella, nata nel 2002, quando a Vasto non c'erano ancora b&b, la colazione si fa con la frutta biologica coltivata direttamente dal proprietario. In giardino ci si può sedere a leggere un libro e a mangiare le grigliate di carne o pesce preparate con il barbecue. Le camere sono quattro, arredate in maniera semplice, ma si può alloggiare anche in tre appartamenti con angolo cottura.

INFO
L'Angrella • Via Anghella 4/b, Vasto • 0873 364775 • www.bebangrella.it • Costi: camere 25/35 € a persona, appartamenti 30/100 € a persona (prima colazione inclusa)

COMFORT E MODERNITÀ ALL'HOTEL SAN MARCO
Diciotto stanze in stile moderno in una struttura dotata di ogni comfort. Il personale è gentile, saprà darvi consigli utili sulla zona e soddisferà ogni vostra richiesta. Si può posteggiare l'auto in un vicino parcheggio multipiano convenzionato e raggiungere la spiaggia a piedi o con l'autobus.

INFO
Hotel San Marco • Via Madonna dell'Asilo 4, Vasto • 0873 60537 • www.hotelsanmarcovasto.com • Costi: camera singola 43/58 €, doppia 67/95 € (prima colazione inclusa)

Dove mangiare e bere

COSTA DEI TRABOCCHI

NOVE VARIETÀ DI BRODETTO
Sul lungomare di San Vito Chetino, il Ristorante Esperia, aperto da marzo a fine ottobre, serve ottimi piatti di pesce fresco, fra cui il brodetto in almeno nove varietà, da gustare in fumanti recipienti di terracotta. Non abbiate paura di sporcarvi: i camerieri vi porteranno dei pratici bavaglini... Pizze o focacce per chi vuole qualcosa di meno impegnativo.

INFO

Ristorante Esperia • Via Lungomare di Gualdo 38, San Vito Chetino • 0872 618206 • www.lidoesperia.com • Aperto tutti i giorni da marzo a ottobre • Costi: 20/25 €, bevande escluse

LA CUCINA ABRUZZESE DI TERRA

Dedicata a chi ha voglia di provare le specialità di terra abruzzesi, questa piccola trattoria familiare, nell'entroterra della Costa dei Trabocchi, propone piatti contadini come le pallotte cacio e ovo, lo spaghettone con il ragù di carne, il coniglio cucinato sotto al coppo.

INFO

La Valletta • Largo Colle della Fonte 30, Sant'Apollinare Chitenino • 0872 58587 • www.ristorantelavalletta.com • Chiuso martedì • Costi: 18/23 €, bevande escluse

I VENTICINQUE COPERTI DI PEPPE

Ci sono solo venticinque coperti, quindi è sempre consigliabile prenotare. In tavola una serie di antipasti rigorosamente preparati da Peppe nel corso della giornata e tanta carne alla brace. Il menu è fisso e varia a seconda della stagione e della disponibilità di materie prime. Ambiente decisamente informale e familiare.

INFO

Da Peppe • Via Lancetti 16, Vasto • 0873 362169 • Chiuso martedì • Costi: menu fisso 25 €

CARNE, PESCE E PIZZA ALL'OSTERIA DI BACCO

Ristorantino raccolto e intimo in una piazzetta vicino al lungomare, dove gustare abbondanti antipasti di mare, saporiti tagliolini allo scoglio, tagliate di tonno al pistacchio, ma anche carne cotta con il vino, cinghiale al sugo e ottimi contorni. Pizze e calzoni per cene e pranzi meno impegnativi. Ottimo rapporto qualità-prezzo.

INFO

Osteria Di Bacco • Via Alfonso Marchesani 34, Vasto Marina • 0873 803078 • Chiuso lunedì • Costi: 15/20 €, bevande escluse

Trasporti e collegamenti

IN AEREO

L'aeroporto più vicino è quello di Pescara Pasquale Liberi • Via Tiburtina, Pescara • 085 4324201 • www.abruzzoairport.com

IN TRENO

La stazione FS più vicina è quella di Vasto, sulla linea Milano-Bari-Lecce.

IN AUTO

Autostrada A14 Bologna-Bari, uscite di Ortona, Lanciano, Val di Sangro (per Fossacesia), Vasto Nord e Vasto Sud.

IN AUTOBUS

La Costa dei Trabocchi è servita dalle Autolinee Regionali Pubbliche Abruzzesi-Arpa • 800 762 622 • www.arpaonline.it

Il Parco Nazionale d'Abruzzo, Lazio e Molise

Opi e i borghi abruzzesi del parco

La prima area protetta italiana ha visto la luce a Opi, uno dei borghi più suggestivi del Parco Nazionale d'Abruzzo, Lazio e Molise. Risale al 1921 ed è stata creata su iniziativa della Federazione Pro Montibus et Silvis di Bologna, guidata da un illustre zoologo e da un botanico, che ha affittato dal comune 500 ettari della Costa Camosciara, nell'alta Val Fondillo, oggi una delle mete più gettonate dai turisti. La zona protetta è salita a 52.000 ettari con la nascita, nel 1922, del Parco Nazionale per la salvaguardia dell'orso bruno marsicano, del camoscio d'Abruzzo, del lupo appenninico e di altri animali. Oggi il parco comprende 49.680 ettari, si estende in ben tre Regioni e il suo fascino è rimasto immutato.

Opi

6
Opi

Opi, suggestivo borgo montano situato in un anfiteatro naturale circondato da boschi, ha visto nascere l'embrione di quello che oggi è diventato il Parco Nazionale d'Abruzzo, Lazio e Molise. Posto a 1250 metri d'altezza, conserva ancora l'antica struttura urbana, con le abitazioni costruite sul ciglio della roccia, in una sorta di cinta muraria che protegge il paese.
Per godervi l'atmosfera della cittadi-

na, passeggiate per i vicoli del centro storico, con un elegante palazzo seicentesco, sede del municipio, la cappella settecentesca di San Giovanni Battista e la chiesa parrocchiale di Santa Maria Assunta, edificata nel XII secolo e ricostruita nel XVII secolo. Della struttura originaria resta solo la maestosa torre campanaria, poiché la chiesa è stata danneggiata da sismi che hanno colpito più volte il paese.
Da Opi e dintorni partono numerosi sentieri che conducono all'interno dell'area protetta e in particolare in Val Fondillo, uno dei luoghi più affascinanti del Parco. A un'altitudine compresa tra i 1084 e i 1960 metri, è caratterizzata da grotte – tra le quali quella chiamata delle Fate –, sorgenti e fresche radure dove rilassarsi, e conserva ancora i resti di un'antica necropoli. Nel piccolo Museo del Centro Visita del Camoscio, pannelli informativi e diorami illustrano vita e abitudini di questo simpatico mammifero, che con un po' di fortuna è anche possibile incontrare. D'inverno si può praticare lo sci di fondo, neve permettendo. Tra le iniziative organizzate dal parco escursioni a piedi o a cavallo, trekking, degustazioni enogastronomiche e laboratori.

INFO

Pro Loco di Opi • Via San Giovanni, Opi • 0863 910622 • www.opionline.it

Parco Nazionale d'Abruzzo, Lazio e Molise • 0863 91131 • www.parcoabruzzo.it

Museo del Centro Visita del Camoscio • Parco Nazionale d'Abruzzo, Lazio e Molise • 0863 910715 • Aperto sabato, domenica e festivi 10-13 e 15-19, nei mesi estivi tutti i giorni • Costi: ingresso gratuito

7 Barrea

Barrea

Poco più di 15 chilometri separano Opi da Barrea, un'altra delle porte per il Parco Nazionale d'Abruzzo, Lazio e Molise. Affacciato sulle acque di un lago artificiale, questo borgo arroccato su uno sperone roccioso a circa 1060 metri d'altezza, si raccoglie attorno allo Studio Benedettino, raro esempio di convento-fortezza edificato verso l'anno Mille da una comunità di monaci benedettini.
Purtroppo l'edificio è di proprietà privata e chiuso al pubblico, ma è comunque interessante guardarlo dall'esterno, circondato dalle tipiche case di pietra e dagli stretti vicoli in salita.
Nel centro storico si incontrano l'antico castello, costruito nell'XI secolo, che della struttura originaria conserva una torre a pianta quadrata e una a pianta circolare, e la chiesa di San Tommaso Apostolo, con le sue decorazioni barocche e il portale in stile rinascimentale. Dalla vicina necropoli di Colleciglio, risalente al VI-VII secolo a.C., provengono i reperti conservati dall'Antiquarium della Civiltà Safina, museo

unico nel panorama archeologico italiano, dedicato quasi interamente a sepolture infantili. Da Barrea si diramano inoltre numerosi sentieri naturalistici che portano alla scoperta di luoghi incantevoli del parco, come il Lago Vivo e la Grotta dello Schievo.

INFO
Pro Loco di Barrea • Via Roma, Barrea • 0864 88227 • Pagina Facebook: Pro Loco Barrea

Antiquarium della Civiltà Safina • Via Castello, Barrea • 0864 88227 • Aperto tutti i giorni 10-13 e 15-19 • Costi: ingresso gratuito

Dove dormire

OPI

SVEGLIARSI GUARDANDO LE MONTAGNE DI OPI

Un tre stelle con dodici confortevoli camere in stile montano dotate di servizi privati. Dalle finestre si gode un bel panorama sulle montagne che circondano Opi. L'hotel dispone di un ottimo ristorante, dove si mangiano piatti tipici abruzzesi di carne e pesce, e offre sconti per chi prenota in anticipo. Interessanti promozioni in alcuni periodi dell'anno.

INFO
Le Pieja • Via Salita la Croce, Opi • 0863 910772 • www.lapieja.it • Costi: camera singola 45/65 €, doppia 70/110 € (prima colazione inclusa)

UN B&B TUTTO SOSTANZA

Passando rischiate di non riconoscerlo, se non fosse per la piccola insegna a pochi metri dall'ingresso. I proprietari non hanno bisogno di grande pubblicità: basta infatti il passaparola ad attirare clienti da tutt'Italia in questo piccolo b&b, dove la prima colazione è a base di dolci e marmellate fatte in casa, per iniziare bene la giornata. Prezzi decisamente contenuti e offerte last minute.

INFO
La Sosta • Via Marsicana, Opi • 0863 916057 • Pagina Facebook: B&B La Sosta di Opi • Costi: camera singola 25/40 €, doppia 40/70 € (prima colazione inclusa)

BARREA

UNA CASA HOTEL DA SOGNO

A una decina di minuti di auto da Barrea, Casa Hotel è un albergo di recente costruzione a gestione familiare. Le camere sono dodici, con balconcino, servizi privati e vista panoramica sul paese, punto di partenza per alcune tra le più belle e interessanti escursioni lungo i sentieri del parco. Giardino, facilità di parcheggio, cortesia e sconti per gruppi o per lunghi soggiorni.

INFO
Casa Hotel • Via Della Vittoria 4, Civitella Alfedena • 0864 890103 • www.casahotelcivitella.com • Costi: camera singola 35/50 €, doppia 55/70 € (prima colazione inclusa)

SULLA SCALA DELLA SCARPETTA DI VENERE

Per un weekend a contatto con la

natura, La Scarpetta di Venere è l'albergo che fa al caso vostro. Si affaccia sul lago e ha un giardino con gazebo, in cui sedersi a prendere il sole d'estate. Buona la colazione, con i dolci fatti in casa dalla proprietaria, che dispensa con gioia informazioni utili sul parco. Attenzione però: la struttura è raggiungibile solo tramite una scalinata di 50 metri!

INFO
La Scarpetta di Venere • Via Fontana Nuova 17, Barrea • 0864 880005 • www.lascarpettadivenere.eu • Costi: camera singola 40/45 €, doppia 60/80 € (prima colazione inclusa)

Zoom

La Camosciara

L'anfiteatro naturale della Camosciara, nei pressi di Civitella Alfedena, è uno dei luoghi più famosi e conosciuti del Parco Nazionale d'Abruzzo, Lazio e Molise. Nato verso la fine dell'Ottocento come riserva reale di caccia, è oggi visitabile lasciando l'auto nel parcheggio del Piazzale Basso, da cui proseguire a piedi lungo la vecchia strada provinciale, con la carrozza o il trenino della Cooperativa Camosciara, che noleggia anche mountain bike. Tra le tante escursioni possibili le più interessanti sono il percorso botanico, il sentiero che conduce al piccolo Rifugio della Liscia o quello, decisamente meno impegnativo, che attraversa una faggeta e arriva alle Cascate delle Ninfe e delle Tre Cannelle.

La Camosciara • Parco Nazionale d'Abruzzo, Lazio e Molise • 0864 890135 • www.camosciara.com • Costi: ingresso gratuito

Dove mangiare e bere

OPI

I SAPORI FORTI DELLA VECCHIA LOCANDA

L'ambiente non ha nulla di particolare, anzi, è piuttosto anonimo, ma la cucina è davvero squisita. Da non perdere l'antipasto di montagna con salumi, formaggi, mozzarelline, sottoli e sottaceti fatti in casa. Chi ama i sapori forti e decisi può provare la coratella all'abruzzese, a base di fegato, polmoni e cuore d'agnello.

INFO
La Vecchia Locanda • SS Marsicana, Opi • 0863 1840005 • Pagina Facebook: Ristorante "La Vecchia Locanda" • Chiuso giovedì • Costi: 18/22 €, bevande escluse

IL RISTORANTE DEL CAMPEGGIO

A detta degli abitanti, il miglior ristorante di Opi si trova nel campeggio Le Foci, situato appena fuori dal centro abitato. Quel che è sicuro è che la cucina del locale è genuina e saporita. Si mangia all'aperto nella bella stagione, la pasta è fatta in casa dalla mamma del titolare Vincenzo e la carne alla brace è di ottima qualità. Vini a buon prezzo.

INFO

Le Foci • Via Foce dei Cementi, Opi • 0863 9122233 • www.lefoci.it • Aperto tutti i giorni • Costi: 15/20 €, bevande escluse

BARREA

LA TRADIZIONE INNOVATIVA DI ANTONIO E MICHELA

In un vecchio casolare contadino che guarda il Lago di Barrea, Antonio e Michela preparano piatti indimenticabili e li servono in una sala molto chic, con camino e luci soffuse. Da non perdere i ravioli con gli orapi, una specie di spinacio selvatico che cresce nei pascoli delle montagne della zona. Buoni gli antipasti di salumi e formaggi locali e le zuppe.

INFO

La Poiana • Località Masseria, Barrea • 0864 88106 • www.albergolapoiana.it • Aperto tutti i giorni • Costi: 20/25 €

PER I VICOLI DI BARREA

La carne è il pezzo forte di questa graziosa trattoria. Ad annunciarlo, la testa di un cervo che guarda i clienti appesa alla parete. Si cucinano solo prodotti di stagione, ma di solito nel menu trovate sempre gnocchetti agli orapi, carne alla brace, formaggi locali, pasta, dolci fatti in casa e pizze cotte nel forno a legna. Ottimi i vini abruzzesi.

INFO

Per i Vicoli • Via Leonardi di Loreto 6, Barrea • 0864 88282 • Chiuso lunedì • Costi: 15/20 €, bevande escluse

Trasporti e collegamenti

IN AEREO

L'aeroporto più vicino è quello di Pescara Pasquale Liberi • Via Tiburtina, Pescara • 085 4324201 • www.abruzzoairport.com

IN TRENO

Le stazioni FS più vicine sono quelle di Avezzano, sulla linea Roma-Pescara, e Castel di Sangro, sulla Napoli-Pescara.

IN AUTO

Autostrada A24 Roma-L'Aquila-Pescara, uscita Pratola. Autostrada A1 del Sole, uscita Caianello. Autostrada A14 Bari-Bologna, uscita Val di Sangro.

IN AUTOBUS

Utilizzare i bus Satam, scendendo a Castel di Sangro, da cui partono le coincidenze Arpa.

Satam • 0871 344976 • www.gruppolapanoramica.it

Arpa • 800 762 622 • www.arpaonline.it

14.

Campania

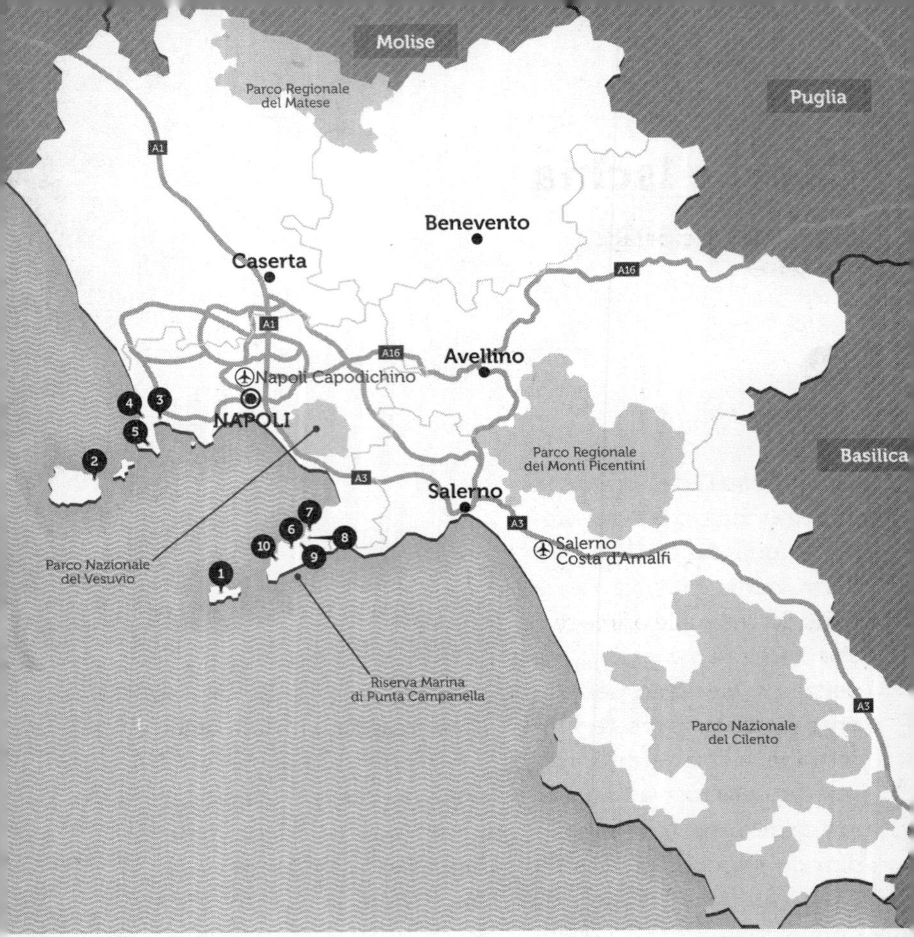

Campania

1. Isola di Capri (NA)
2. Isola di Ischia (NA)
3. Pozzuoli (NA)
4. Cuma (NA)
5. Bacoli (NA)
6. Sorrento (NA)
7. Meta (NA)
8. Piano di Sorrento (NA)
9. Sant'Agnello (NA)
10. Massa Lubrense (NA)

Capri e Ischia

I tesori dell'arcipelago campano

Dalle acque del golfo di Napoli emergono cinque isole che guardano il Vesuvio: Capri, Ischia, Procida, Vivara e Nisida, ma è alle prime due che dedichiamo gran parte del nostro weekend, per scoprire piazzette e grotte, ville romane e strade pedonali scavate nella roccia, faraglioni e calde acque termali, giardini da sogno e imponenti castelli aragonesi. Luoghi da sempre frequentati da artisti, poeti, scrittori e intellettuali, affascinati dai profumi della rigogliosa macchia mediterranea, dai colori del mare, dal buon cibo e dai silenzi degli angoli più appartati, dove gli unici suoni sono il fruscio del vento e il cinguettio degli uccelli.

Capri

1 Capri

Per chi è convinto che Capri sia soltanto l'isola dei vip, dei ristoranti in cui si viene spennati per una semplice bottiglia d'acqua, degli alberghi a cinque stelle, la soluzione c'è, l'importante è avere qualche accortezza. Per prima cosa evitate i ponti, le festività e i mesi di luglio e agosto, quando i prezzi salgono di molto, vista la limitata disponibilità di posti letto... In tutti gli altri periodi dell'anno, alloggiare in questo piccolo angolo di paradiso senza dilapidare i risparmi è possibile, basta sapere dove andare! Il weekend a Capri inizia ovviamente dalla celebre piazza Umberto I, conosciuta in tutto il mondo come piazzetta, raggiungibile dal porto di Marina Grande, punto d'approdo dei turisti, con la suggestiva funicolare. Questo è il vero cuore dell'isola, dove fermarsi per ammirare il panorama e poi bere un caffè o sorseggiare un aperitivo (non è affatto un caso che la piazzetta venga chiamata anche chiazza dei locali e sia spesso paragonata a piazza San Marco a Venezia).

Una scalinata conduce al municipio mentre, scendendo per via Vittorio Emanuele e proseguendo in via Camerelle, ci si immerge nel mondo dello shopping di lusso, con i negozi dei maggiori brand. Ma Capri non è solo questo. Per comprenderla meglio, vale la pena visitare il Centro Caprense Ignazio Cerio, che si trova proprio dietro alla piazzetta, nelle sale dell'elegante Palazzo Cerio.

A questa bellissima isola bisognerebbe dedicare ben più di un weekend ma, dovendo scegliere cosa non perdere, dopo una passeggiata nel vecchio borgo recatevi alla Grotta Azzurra, la più bella e famosa cavità naturale della costa, visitabile effettuando un'escursione in barca dal porto di Marina Grande al costo di 13 euro (9 per il trasporto e 4 per l'ingresso). Da vedere anche la Grotta Rossa, così chiamata per il colore scuro delle acque dovuto alle alghe, la Grotta Verde, dai curiosi effetti cromatici che ricordano lo smeraldo, e la Grotta dell'Arsenale, tempio e ninfeo romano poi utilizzato a scopi militari. Capri fu infatti particolarmente amata da imperatori e nobili romani, che qui costruirono le loro ville. Alcune sono aperte al pubblico, come la spettacolare villa Jovis, sulla vetta del Monte Tiberio, abitata per dieci anni dall'imperatore omonimo, o la villa di Damecuta, nella parte nord-occidentale di Capri, di età giulio-claudia. Villa Lysis, edificata all'inizio del Novecento, poco distante dalle rovine di villa Jovis, è un edificio singolare, in cui convivono elementi della cultura architettonica europea moderna e classica. Al periodo medievale risale la Certosa di San Giacomo, situata in un angolo particolarmente suggestivo dell'isola, della quale si visitano la chiesa, il refettorio, le celle dei monaci, gli ambienti riservati al priore, i magazzini e le stanze di servizio. Via Krupp, splendida strada pedonale scavata nella roccia, costruita nel 1902 dal magnate tedesco dell'acciaio, porta dalla zona della Certosa alla Marina Piccola, tra stretti tornanti e panorami mozzafiato. È consigliabile farla in discesa, dato che è particolarmente ripida. Da percorrere, prima di lasciare l'isola, anche la strada pedonale Tragara, che conduce all'omonimo belvedere e ai sottostanti faraglioni.

INFO

Ufficio del Turismo di Capri • Piazza Umberto I, Capri • 081 8370686 • www.capritourism.com

Centro Caprense Ignazio Cerio • Palazzo Cerio, piazza Cerio 5, Capri • 081 8376681 • www.centrocaprense.org • Aperto lunedì 10-13, dal martedì al sabato 10-16; chiuso domenica e festivi • Costi: 1/2,50 €

Villa Jovis • Via Tiberio, Capri • 081 8374549 • Aperto 9-13, chiuso martedì nella prima metà del mese e domenica nella seconda metà • Costi: 2 €

Villa di Damecuta • Viale Amedeo Maiuri, Anacapri • 081 8374549 • Aperto dal martedì alla domenica 10-13 e 15-19, chiuso lunedì • Costi: ingresso gratuito

Villa Lysis • Via Lo Capo, Capri • 081 8386111 • Aperto dal martedì alla domenica 10-18, chiuso lunedì • Costi: ingresso gratuito

Certosa di San Giacomo • Via Certosa, Capri • 081 8376218 • Aperto dal martedì alla domenica 9-14 e 17-20, chiuso lunedì • Costi: 2/4 €

Ischia

Le sue acque termali sono famose in tutto il mondo.
Già nell'antichità, i greci e i romani ne avevano scoperto le proprietà corroboranti e i poteri terapeutici, che vennero sfruttati nel corso dei secoli anche da personaggi illustri, quali Garibaldi, Cavour e Toscanini.
Il turismo a Ischia deve molto ad Angelo Rizzoli che, negli anni Cinquanta del secolo scorso, affascinato dal luogo, si stabilì a villa Arbusto e finanziò i lavori di ammodernamento delle terme di Lacco Ameno. Oggi l'isola, il più grande centro termale d'Europa anche grazie alla sua opera, vanta moltissimi stabilimenti dove curare alcune malattie, ma anche solo rilassarsi o godere dei piaceri delle acque calde e dei fanghi. Tra i luoghi più frequentati Lacco Ameno, Casamicciola Terme e Forio, meta gettonata per bagni e trattamenti che leniscono l'artrosi e le affezioni croniche delle vie respiratorie.
Oltre che per le terme, ci sono tanti altri motivi per visitare l'isola. Come il Castello Aragonese, spettacolare città-fortezza quattrocentesca costruita su un isolotto collegato a Ischia da un ponte, il Museo del Mare, ospitato nel settecentesco Palazzo dell'Orologio, o il Museo Archeologico di Pithecusae di villa Arbusto, con reperti e materiali sulla storia antica di Ischia. La villa Colombaia, a strapiombo sul mare e circondata da un bel giardino, è stata la residenza di Luchino Visconti, al quale è dedicato un piccolo museo.
Inoltre, anche su quest'isola, come a Capri, ci sono delle grotte meravigliose, che meritano una sosta. La più curiosa è la Grotta del Mago, che si incontra lungo la costa sud-orientale, nel tratto di mare compreso tra Punta del Lume e Punta Parata. Chiamata anche Grotta d'Argento per i riflessi creati dal riverbero della luce, si raggiunge in barca partendo da Ischia Porto.

INFO

Ufficio del Turismo di Ischia • Via Sogliuzzo 72, Ischia • 081 5074231 • www.infoischiaprocida.it

Castello Aragonese • Ischia Ponte • 081 992834 • www.castelloaragoneseischia.com • Aperto tutti i giorni dalle 9 al tramonto • Costi: 6/10 €

Museo del Mare • Palazzo dell'Orologio, Ischia Ponte • 081 981124 • www.museodelmareischia.it • Aperto tutti i giorni 10.30-12.30 e 15-19, in luglio e agosto apertura pomeridiana 18.30-22; chiuso in febbraio • Costi: 2/3 €

Museo Archeologico di Pithecusae • Villa Arbusto, corso Angelo Rizzoli, Lacco Ameno, Ischia • 081 996103 • www.pithecusae.it • Aperto dal martedì alla domenica 9.30-13 e 15-18.30 nei mesi invernali, 9.30-13 e 16-19.30 nei mesi estivi • Costi: 4/5 €

Museo Luchino Visconti • Villa Colombaia, via Francesco Calise 130, Forio d'Ischia • 081 1987115 • Aperto dal martedì alla domenica 10-13 e 16-20 • Costi: 4/5 €

Campania

Zoom

I giardini La Mortella

I Giardini La Mortella sono un piccolo capolavoro nato nel 1956 grazie alla passione di Susana Walton, la moglie argentina di uno dei più importanti compositori inglesi del Novecento, sir William Walton. Progettati con l'aiuto di Russell Page, insigne architetto paesaggista, sono aperti al pubblico e ospitano più di tremila specie di piante provenienti da tutto il mondo. Passeggiando per i sentieri che li attraversano si ammirano, tra gli altri, papiri, ninfee tropicali, orchidee, bambù, aceri giapponesi, aloe, ginkgo biloba e grandi Liriodendron tulipifera, alberi alti venti metri con fiori gialli simili a tulipani. Particolarmente suggestivi il Tempio del Sole, il Teatro Greco, che ospita concerti di musica sinfonica all'aperto, e la Roccia di William, in cui riposano le ceneri del compositore.

Giardini La Mortella • Via Calise 30, Forio d'Ischia • 081 986220 • www.lamortella.org • Aperto da aprile a ottobre martedì, giovedì, sabato e domenica 9-19 • Costi: 10/12 €

Dove dormire

CAPRI

GLI OSPITI DELLA GUEST HOUSE DI GIANLUCA

Una via di mezzo tra un albergo e un b&b dove, secondo Gianluca, che gestisce la struttura, non esistono clienti ma ospiti. La casetta si trova in posizione tranquilla, a qualche centinaio di metri dal centro di Anacapri. Le camere sono molto graziose, arredate in tipico stile caprese, con pavimenti in maiolica. Nella bella stagione si fa colazione sul terrazzo che guarda il limoneto.

INFO

Guest house Mediterraneo • Via Caposcuro 12, Anacapri • 081 8372907 • www.

mediterraneo-capri.com • Costi: camera singola 66/126 €, doppia 71/140 € (prima colazione inclusa)

UNO DEGLI ALBERGHI PIÙ ANTICHI DI CAPRI

All'Hotel 4 Stagioni, uno dei più antichi dell'isola, costruito nel 1927, le camere sono molto semplici e non particolarmente grandi, tutte dotate di servizi privati e aria condizionata. Giardino e varie terrazze in cui rilassarsi. La posizione è centralissima: l'albergo si trova a dieci minuti di cammino dalla famosa piazzetta e dalla spiaggia di Marina Piccola.

INFO

Hotel 4 Stagioni • Via Marina Piccola 1, Capri • 081 8370041 • www.hotel4stagionicapri.com • Costi: camera singola 40/60 €, doppia 60/135 €

ISCHIA

NELL'ANTICO MONASTERO FRANCESCANO

Questo ostello soddisfa tutti: gruppi di amici, coppie e famiglie. In un antico monastero francescano del Seicento, viene offerta un'ospitalità a prezzi decisamente low cost. I clienti hanno a disposizione grandi spazi comuni, terrazze, giardino, spiaggia e possono alloggiare in camere singole e doppie con o senza servizi privati, oltre che in camerate a più letti. Varie offerte sul sito.

INFO

Ring Hostel • Via Gaetano Morgera 72, Ischia • 081 987546 • it.ringhostel.com • Costi: camera singola 30/50 €, doppia 45/60 €, posto letto in camerata 16/23 € (prima colazione inclusa)

UNA FUGA DI BENESSERE ALL'IMPERAMARE

Dalla terrazza panoramica, la vista sul mare è una delle più belle dell'isola. Se a questo aggiungete una piscina con idromassaggio, il solarium, la sauna, il giardino, il bar, la biblioteca e un'area giochi per bambini, c'è davvero l'imbarazzo della scelta. Pranzi a soli 16 euro e cene a 20 euro nel ristorante dell'hotel. Pacchetti scontati in vari periodi dell'anno, escluse le festività e l'alta stagione.

INFO

Hotel Imperamare • Baia di Citara, Forio d'Ischia • 081 908181 • www.hotel-imperamare.com • Costi: camera doppia 40/85 € (prima colazione inclusa)

Dove mangiare e bere

CAPRI

I MIGLIORI RAVIOLI CAPRESI DELL'ISOLA

Per i suoi ravioli capresi gli isolani sono disposti anche a fare una lunga fila. La gastronomia da Roberto, come viene chiamata dai clienti affezionati, cucina le specialità partenopee a base di prodotti di stagione. Tanti primi riccamente conditi e poi polpette al vino bianco, pesce, ravioli fritti, focacce, parmigiane e ottimi dolci. Con un unico limite: i piatti sono solo da asporto, ma con la bella stagione si possono mangiare in spiaggia.

Chiuso nei mesi di gennaio e febbraio.

INFO
Capri Pasta • Via Parroco Roberto Canale 12, Capri • 081 8370147 • www.capripasta.com • Aperto tutti i giorni • Costi: 10/15 €, bevande escluse

UNA SCORPACCIATA DI PESCE AL VERGINIELLO
Una certezza, per di più low cost, nel panorama culinario locale. A pochi passi dalla piazzetta, con le finestre affacciate sul Vesuvio e sul golfo di Napoli, si mangiano scialatielli ai frutti di mare, ravioli, totani con patate e l'immancabile torta caprese. La specialità dello chef sono gli antipasti e i primi con il pesce. Buone le pizze, veloce e cortese il servizio.

INFO
Ristorante pizzeria Verginiello • Via Lo Palazzo 25, Capri • 081 8370944 • www.ristorantepizzeriaverginiellocapri.it • Chiuso lunedì • Costi: 17/22 €, bevande escluse

ISCHIA

TRENT'ANNI DI PIZZE AL FORNO E FRITTE
Da trent'anni Gaetano sforna e frigge pizze squisite, croccanti e gustosissime. Il locale è semplice, il servizio informale e le pizze possono essere accompagnate da sfiziose crocchette, arancini e montanare (pizzette fritte). La sala non è grande, quindi vi conviene prenotare. Anche take away.

INFO
Pizzeria rosticceria Da Gaetano • Via delle Ginestre 27/28, Ischia • 081 18958442 • www.pizzadagaetano.it • Chiuso mercoledì • Costi: 15/18 €, bevande escluse

UN'ESPLOSIONE DI SAPORI ALL'AGLIO, OLIO E POMODORO
Nel centro di Ischia Ponte, vicino all'ingresso del Castello Aragonese, un buon ristorantino dove mangiare soprattutto piatti di pesce. Spaghetti ai frutti di mare, risotti alla pescatora, zuppa di gamberi o cozze, fiori di zucca fritti, pesce alla griglia e anche pizze, il tutto accompagnato da un'ottima selezione di vini campani. E per finire la tradizionale pastiera napoletana.

INFO
Aglio, Olio e Pomodoro • Via Luigi Mazzella 84, Ischia Ponte • 081 906408 • www.aglioolioepomodoro.com • Chiuso lunedì • Costi: 20/25 €, bevande escluse

Trasporti e collegamenti

IN AEREO
L'aeroporto più vicino è quello di Napoli • Viale Ruffo di Calabria, Napoli • 081 7896111 • www.gesac.it

IN TRENO
La stazione FS più vicina è quella di Napoli, sulla linea Alta Velocità Torino-Milano-Roma-Salerno.

IN AUTO

Il capoluogo campano è raggiungibile con le autostrade A1, A3 Salerno-Reggio Calabria e A16.

IN AUTOBUS

A Capri ci si sposta con i bus Unico Capri-ATC e Staiano Autotrasporti. A Ischia con le autolinee Sepsa e Pegaso.

ATC • 081 8376302 • www.atcbus.it

Staiano Autotrasporti • 081 8372422 • www.staianotourcapri.com

Sepsa • 081 991808 • www.eavsrl.it

Pegaso • 081 908581

IN BATTELLO

Capri e Ischia si raggiungono con gli aliscafi e i traghetti delle linee Caremar, Alilauro e Snav in partenza da Napoli e Sorrento.

Il servizio è diurno e le tariffe variano in base alla tratta (11,20/17,10 € Napoli-Ischia/Capri; 9/12,30 Napoli-Sorrento; 11,80/21,20 Sorrento-Ischia)

Caremar • 081 5513882 • www.caremar.it

Alilauro • 081 4972238 • www.alilauro.it

Snav • 081 4285555 • www.snav.it

Pozzuoli e i Campi Flegrei

Vulcani e siti archeologici

I Campi Flegrei affascinarono moltissimo Goethe che, a proposito del suo viaggio in Italia, disse: «È qui che si resta sbalorditi fra gli avvenimenti della storia e della natura». Un mondo magico e inquietante composto da un vasto e complesso insieme di crateri sopiti, da sempre temuti e ammirati dagli antichi abitanti della zona e da chi arrivava dal mare. Di alcuni, come il vulcano Solfatara, si registra ancora una parziale attività, anche se l'ultima eruzione è, secondo le ipotesi più accreditate, del 1538. Ma questa terra così instabile è anche ricca di resti archeologici, risalenti a quello che in epoca romana era il secondo sistema urbano-territoriale del mondo.

3 Pozzuoli

Pozzuoli

Pozzuoli, antica cittadina marinara affacciata sul golfo di Napoli, tra Posillipo e Miseno, fu fondata da un gruppo di esiliati dall'isola greca di Samo, che nel 531 a.C. sbarcarono sulle coste flegree e diedero vita a un piccolo insediamento, chiamato Dicearchia (giusto governo). Tra le principali testimonianze del suo antico splendore ci sono l'Anfiteatro Flavio, con i sotterranei dove scoprire il funzionamento dell'elaborato sistema di sollevamento delle gabbie delle belve, e il vicino *macellum*, ovvero il mercato pubblico, detto Tempio di Serapide per il ritrovamento di una statua del dio egiziano Serapis. Una passeggiata di circa un quarto d'ora conduce al suggestivo Rione Terra, il primo nucleo urbano di Pozzuoli, evacuato nel 1970 a causa di fenomeni di bradisismo e nel 1980 per il terremoto dell'Irpinia. Dopo anni di abbandono è in parte visitabile grazie a un percorso archeologico sotterraneo che inizia da largo Sedile di Porta e risale sul decumano di via Duomo. Purtroppo il Parco Archeologico viene spesso chiuso a causa di problemi di sicurezza, quindi informatevi in anticipo sulla situazione. Da vedere anche il Tempio di Augusto, recentemente riportato alla luce.

A una decina di chilometri dal centro abitato c'è la Solfatara, l'unico vulcano dei Campi Flegrei ancora attivo, con fumarole e getti di fango bollente. Il cratere ellittico risale a quattromila anni fa, l'ultima eruzione, storicamente però non accertata, è del 1538 e l'accesso del pubblico all'area è possibile solo lungo itinerari obbligati, per salvaguardare l'incolumità dei visitatori. Poco fuori Pozzuoli, in direzione opposta rispetto alla Solfatara, si può ammirare il Lago d'Averno, di origine vulcanica, dove secondo gli antichi era situato l'ingresso all'Ade. Sulla sponda orientale il Tempio di Apollo, di età imperiale, una «sala» termale coperta da una cupola grande quasi come quella del Pantheon a Roma. L'ultima attrazione degna di nota è il Monte Nuovo, il vulcano più giovane d'Europa.

INFO

Ufficio Turistico di Pozzuoli • Largo Matteotti 1, Pozzuoli • 081 5266639 • www.infocampiflegrei.it

Anfiteatro Flavio • Via Terracciano 75, Pozzuoli • 081 5266007 • Aperto dal mercoledì al lunedì 9-14, chiuso martedì • Costi: 2/4 € (biglietto cumulativo valido due giorni anche per gli Scavi di Cuma, il Parco Archeologico di Baia, il Museo Archeologico dei Campi Flegrei e il Castello di Baia)

Tempio di Serapide • Via Roma, Pozzuoli • Aperto tutti i giorni dalle 9 al tramonto, tranne martedì • Costi: ingresso gratuito

Parco Archeologico Rione Terra • Accesso in largo Sedile di Porta, Pozzuoli • 848 800 288 • Aperto sabato e domenica 9-19 (verificare sempre l'apertura) • Costi: 2/3 €

Vulcano Solfatara • Pozzuoli • 081 5262341 • www.solfatara.it • Aperto tutti i giorni 8.30-19 da aprile a ottobre, 8.30-16.30 da novembre a marzo • Costi: 6/7 €

Il sito archeologico di Cuma

4 Cuma

A circa 7 chilometri da Pozzuoli si trova l'area archeologica di Cuma, città che si ritiene essere stata fondata intorno all'VIII secolo a.C. Per visitare quello è che ritenuto uno dei luoghi più interessanti dei Campi Flegrei, si deve attraversare il monumentale Arco Felice Vec-

chio, l'antico ingresso della città romana, costruito nel 95 d.C. Tra le attrazioni più significative, i resti del Tempio di Apollo, che si narra eretto da Dedalo giunto in volo da Creta, il Tempio di Giove, situato in uno dei punti più alti dell'antica acropoli, la Via Sacra, l'anfiteatro e i templi italici del foro. Ma la vera star di Cuma è l'Antro della Sibilla, un monumento misterioso scavato nel tufo. Volendo credere alla descrizione fatta da Virgilio nell'*Eneide*, questa grotta artificiale, illuminata da grandi fenditure che danno vita a spettacolari giochi di luce, sarebbe il luogo dove la leggendaria sacerdotessa di Apollo trascriveva le sue predizioni su foglie di palma, mischiate dai venti provenienti dalle aperture dell'antro, rendendole «sibilline». Un'ipotesi affascinante, anche se c'è chi pensa che l'antro potrebbe essere un raro esempio di architettura funeraria di ispirazione cretese-micenea o un cunicolo di età sannitica, costruito a difesa delle mura occidentali.
A circa 5 chilometri dalla zona archeologica, il Lago del Fusaro, uno dei siti di caccia prediletti da Ferdinando IV di Borbone, che qui fece costruire il caratteristico Casino Reale, realizzato nel 1782 su progetto dell'architetto Carlo Vanvitelli e purtroppo raramente aperto al pubblico.

INFO
Ufficio Turistico Comunale di Bacoli • Villa Cerillo, via Cerillo, Bacoli • 081 8553617 • www.comune.bacoli.na.it

Parco Archeologico di Cuma • Accesso da via Monte di Cuma 3, Cuma • 081 8543060 • Aperto tutti i giorni dalle 9 a un'ora prima del tramonto • Costi: 2/4 € (biglietto cumulativo valido due giorni anche per l'Anfiteatro Flavio, il Parco Archeologico di Baia, il Museo Archeologico dei Campi Flegrei e il Castello di Baia)

Casino Reale • Piazza Rossini, Bacoli • 081 8687080 • Aperto per eventi e iniziative • Costi: ingresso gratuito

Zoom

Il Castello aragonese di Baia

L'imponente Castello aragonese di Baia a Bacoli domina il golfo di Pozzuoli ed è la sede del Museo Archeologico dei Campi Flegrei, inaugurato nel 1993, dove sono custoditi i reperti rinvenuti nel sacello degli augustali a Miseno, con la ricostruzione del frontone, una statua equestre di bronzo di Domiziano-Nerva, alcuni calchi in gesso di sculture greche e il ninfeo sommerso di Punta Epitaffio. In un'altra ala del castello si trovano le opere provenienti dagli scavi, tuttora in corso, del Rione Terra a Pozzuoli, un viaggio alla scoperta delle antiche radici dei Campi Flegrei e dei popoli che li abitarono.

Museo Archeologico dei Campi Flegrei • Castello di Baia, Via Castello 39, Bacoli • 081 5233797 • Aperto dal martedì alla domenica 9-14.30, chiuso lunedì • Costi: 2/4 € (biglietto cumulativo valido due giorni anche per l'Anfiteatro Flavio, gli Scavi di Cuma e il Parco Archeologico di Baia)

Dove dormire

POZZUOLI

MODERNITÀ E FUNZIONALITÀ ALL'HOTEL SANTA MARTA

Meta ideale sia di chi intende fare una capatina a Napoli sia di chi vuole visitare solo il Parco Regionale dei Campi Flegrei, l'Hotel Santa Marta, moderno e funzionale, offre tutti i tipi di comfort. Parcheggio interno gratuito, ristorante con menu fisso a 15 euro, terrazza panoramica e sala conferenze. Consultate il sito per approfittare delle offerte.

INFO

Hotel Santa Marta • Via Licola Patria 28, Pozzuoli • 081 8042404 • www.santamartahotel.it • Costi: camera singola 30/55 €, doppia 44/65 € (prima colazione inclusa)

UN NIDO CON VISTA SUL GOLFO DI NAPOLI

A seconda delle preferenze, una camera, adatta sia a una persona sia a una coppia, e due appartamenti indipendenti con angolo cottura in una casa del centro storico, con vista sul golfo e sul Rione Terra. Arredamento semplice, aria condizionata, terrazza, solarium. Su richiesta, ogni mattina vi verrà consegnato il vostro quotidiano preferito.

INFO

B&B Il Nido della Quaglia • Via Cosenza 14, Pozzuoli • 081 5264962 • www.ilnidodellaquaglia.it • Costi: camera singola 35/45 €, doppia 25/60 €; appartamento per due persone 35/80 €, appartamenti a più letti 28/33,50 a persona (prima colazione inclusa)

BACOLI

RAFFINATEZZA IN STILE LIBERTY

Nei pressi del Lago Miseno, il soggiorno perfetto è in villa Oteri, un elegante palazzo in stile liberty, a soli 100 metri dal mare. Qui il lusso regna incontrastato, per di più a prezzi decisamente convenienti. Le stanze più economiche, comunque raffinate, sono le Oro Classic, mentre la più cara camera Platino ha una terrazza affacciata sul lago, con vista sul Vesuvio e sull'isola di Capri. Parcheggio gratuito e sconti nel centro termale Le Stufe di Nerone. Convenienti pacchetti per pernottamenti di più giorni e ristorante di cucina partenopea e mediterranea.

INFO

Villa Oteri • Via Miliscola 18, Bacoli • 081 5234985 • www.villaoteri.it • Costi: camera singola 70/80 €, doppia 75/85 € (prima colazione inclusa)

GUARDANDO I DUE LITORALI

A Capo Miseno, un albergo con quindici camere dotate di servizi privati, dalle quali è possibile accedere direttamente alla terrazza panoramica che dà sul mare. La gestione più che cortese, la posizione, la sala in cui fare colazione o bere un aperitivo fanno di questo albergo un buon punto di partenza per visitare la zona.

INFO

Hotel Villa del mare • Via Sacello di Miseno 67/69, località Capo Miseno, Bacoli • 081 5231496 • www.hotelvilladelmare.it • Costi: camera singola 60 €, doppia 80 € (prima colazione inclusa)

Dove mangiare e bere

POZZUOLI

ANTIPASTI E PRIMI NON STOP

Il buon cibo e i prezzi non vi faranno rimpiangere il breve viaggio nella campagna di Pozzuoli, alla ricerca di questa fattoria isolata. Qui si assaggiano i piatti della cucina locale, dal tortino di riso e zucchine alle crêpe con besciamella e salsiccia, dai bucatini con purea di zucca e porri al misto di carne alla brace. Ogni giovedì, serata di antipasti e primi non stop a soli 20 euro a persona.

INFO

Fattoria Cigliano • Via Cigliano 25, Pozzuoli • 081 5263526 • www.fattoriaciglianopozzuoli.it • Chiuso martedì • Costi: 17/22 €, bevande escluse; menu a prezzo fisso giovedì 20 €

TRADIZIONE CAPRESE E PESCE FRESCO

L'ambiente è raffinato, soprattutto la sera, quando le luci della città rischiarano la sala. Parquet, pareti bianche, travi a vista e qualche tavolo su un soppalco all'ingresso rendono il locale intimo e suggestivo. Al Putipù si mangiano i piatti della tradizione, ma anche pesce fresco con accostamenti originali. Particolarmente buoni i dolci fatti in casa e gli antipasti.

INFO

Putipù • Via Pergolesi 31/b, Pozzuoli • 081 19369628 • Pagina Facebook: Ristorante Putipù LC • Aperto tutti i giorni • Costi: 20/24 €, bevande escluse

BACOLI

CENE ROMANTICHE SUL TERRAZZINO DEL PORTICO

Piccolo ristorante affacciato su piazza Marconi, nel centro di Bacoli, in cui vengono proposti i piatti tipici della cucina partenopea, da degustare anche su un romantico terrazzino. Il menu a prezzo fisso (20 euro) include sei antipasti misti, una buona frittura di pesce con contorno, macedonia di frutta e acqua. Vino e bibite esclusi.

INFO

Il Portico • Via Roma 174, Bacoli • 081 5234688 • ilportico.jimdo.com • Chiuso lunedì e domenica a cena • Costi: pranzo a prezzo fisso 20 €, bevande escluse

CUCINA INNOVATIVA, ANCHE NEI PREZZI

Uno dei locali più caratteristici della zona, con vecchie casse piene di libri, chitarre e marionette appese alle pareti, botti e tavoli di legno un po' rétro, apparecchiati sempre in modo impeccabile. Lo chef coniuga le ricette della tradizione con fantasiose e azzeccatissime incursioni nella cucina innovativa. Tra i piatti un tortino di zucchine con cozze, involtini di melanzane con funghi porcini, filetto di pesce bandiera con verza e crema di zucca, gamberi arrotolati nella pancetta con crema di cicerchie e insalatina di baccalà in sfoglia. Buona anche la carta dei vini.

INFO

Capo Blu • Via Miseno 122, località Capo Miseno, Bacoli • 081 5236122 • Chiuso lunedì • Costi: 20/25 €, bevande escluse

Trasporti e collegamenti

IN AEREO
L'aeroporto più vicino è quello di Napoli Capodichino • Viale Ruffo di Calabria, Napoli • 081 7896111 • www.gesac.it

IN TRENO
Pozzuoli è collegata a Napoli con i treni della ferrovia suburbana Cumana gestita dalla Sepsa. Per Bacoli invece si devono prendere i bus, sempre della Sepsa, da Pozzuoli • 800 211 388 • www.eavsrl.it

IN AUTO
Autostrada A1 del Sole in direzione Napoli, poi immettersi nella tangenziale in direzione Pozzuoli.

IN AUTOBUS
Pozzuoli e le altre località dei Campi Flegrei sono collegate a Napoli dalle corse extraurbane degli autobus dell'Azienda Napoletana Mobilità e della Società Eav.
Azienda Napoletana Mobilità • 800 639 525 • www.anm.it
Eav • 800 211 388 • www.eavsrl.it

Sorrento e la penisola sorrentina

La dolce terra delle Sirene

La penisola sorrentina è conosciuta anche come la terra delle Sirene. La leggenda narra infatti che gli isolotti al largo della penisola, chiamati non a caso le Sirenuse, fossero abitati da queste creature magiche e bellissime il cui canto ammaliava i marinai facendoli naufragare contro gli scogli. Sorrento, con i suoi antichi agrumeti, i palazzi, gli alberghi d'epoca e le famose terrazze sul mare, è la città più bella e importante della penisola, ma anche gli altri borghi valgono una visita.

6 Sorrento

Sorrento

Della storia antica di Sorrento si sa poco. Gli stessi studiosi sono divisi tra coloro che ipotizzano un'origine greca e chi pensa, basandosi su alcuni frammenti, a un insediamento etrusco. Quel che è certo è che la cittadina ha dato il nome alla penisola che divide il golfo di Napoli da quello di Salerno e che qui nacque Torquato Tasso, l'11 marzo 1544. Con il suo centro storico costruito su uno sperone di tufo a picco sul mare, è stata particolarmente amata da artisti e intellettuali, che l'hanno scoperta all'epoca del Grand Tour. Basti citare Friedrich Nietzsche, Richard Wagner, che a Sorrento completò il *Parsifal*, Maksim Gor'kij e Henrik Ibsen, che da questi panorami, fra il profumo delle zagare in fiore e della buona cucina di pesce, hanno tratto ispirazione.

Passeggiando per la città, tra alberghi di charme circondati da giardini e agrumeti, si ammirano: la cattedrale del XVI secolo, al cui interno sono conservate tele di artisti della scuola napoletana; il chiostro e la chiesa di San Francesco, la cui origine risale al XIV secolo; la chiesa della Congregazione dei Servi di Maria, con una statua in legno del Cristo morto, portata in processione durante il Venerdì Santo da uomini incappucciati vestiti di nero. Sul lato destro della strada che porta da piazza Gargiulo a piazza Vittoria si incontra la casa dove è nato Torquato Tasso, oggi occupata da un albergo, mentre lungo via San Cesareo, tra negozi e botteghe, si erge lo splendido Sedil Dominova, recentemente restaurato. Costruito nel XIV secolo, rappresenta l'unica testimonianza visibile in Campania di sedile nobiliare, luogo di incontro delle famiglie aristocratiche dell'epoca. Conserva affreschi settecenteschi e una cupola dell'Ottocento. Lungo via Santa Maria della Pietà si susseguono Palazzo Veniero, costruito fra il XII e il XIII secolo, con motivi architettonici di gusto bizantino e arabo, l'elegante Palazzo Correale, che risale al XIV secolo, e la Loggia di Vico Galantario, esempio di architettura di età aragonese, influenzata dei maestri toscani presenti a Napoli nella seconda metà del XV secolo. Prima di fare un tuffo nelle due marine chiamate Grande e Piccola, vale la pena visitare il Museo Correale di Terranova, con la sua preziosa raccolta di dipinti e reperti provenienti da scavi archeologici, e il Museo Bottega della Tarsia Lignea, che espone una ricca collezione di mobili e oggetti realizzati dai maestri intarsiatori sorrentini nell'Ottocento.

INFO

Ufficio del Turismo di Sorrento • Via Luigi De Maio 35, Sorrento • 081 8074033 • www.sorrentotourism.com

Museo Correale di Terranova • Via Correale 50, Sorrento • 081 8781846 • www.museocorreale.it • Aperto domenica e festivi 9.30-13.30; dal martedì al sabato 9.30-18.30 nei mesi estivi, fino alle 13.30 nei mesi invernali • Costi: 3/8 €

Museo Bottega della Tarsia Lignea • Via San Nicola 28, Sorrento • 081 8771942 • www.museomuta.it • Aperto tutti i giorni 10-17 da novembre a marzo, 10-18.30 da aprile a ottobre • Costi: 5/8 €

La penisola sorrentina

La penisola Sorrentina non si esaurisce certo con Sorrento. Arrivando da Napoli, il primo centro abitato che si incontra è Meta, rilassante località balneare con un bellissimo centro storico. Palazzi dai cortili settecenteschi si affacciano su un dedalo di vicoli che conducono alla spiaggia più ampia della zona, la Marina di Alimuri. Da vedere, alla fine di una suggestiva scalinata, la cinquecentesca basilica della

7 Meta

8 Piano di Sorrento

9 Sant'Agnello

10 Massa Lubrense

Campania

Madonna del Lauro, al cui interno campeggia una statua della Madonna, realizzata tra la fine dell'VIII e l'inizio del IX secolo, quando la penisola era sotto il dominio di Bisanzio.
La vicina Piano di Sorrento è una vivace cittadina commerciale in cui visitare la neoclassica villa Fondi De Sangro, sede del Museo Archeologico, intitolato a Georges Vallet, dove sono esposti reperti trovati nella penisola sorrentina, risalenti al periodo che va dalla Preistoria all'età romana.
A Sant'Agnello, costruito su un costone tufaceo a picco sul mare, si trovano Il Pizzo, una tenuta storica con uno degli agrumeti più vecchi della penisola, e l'Hotel Cocumella, uno dei più antichi della zona, realizzato in un convento di padri gesuiti risalente al XVI secolo. A questo punto raggiungete i Colli di Fontanelle, frazione di Sant'Agnello, così chiamati per le numerose sorgenti d'acqua, e ammirate il paesaggio spettacolare che si gode dalla loro cima.
Per finire recatevi a Massa Lubrense, l'ultimo comune della penisola, che attira molti turisti grazie alla vista su Capri e il golfo, il porto di Marina della Lobra e la Riserva Marina di Punta Campanella, meta di passeggiate e nuotate adatte ai più sportivi.

INFO

Pro Loco di Meta • Via Flavio Gioia 1, Meta • 081 5322707 • www.proloco-meta.com

Pro Loco di Piano di Sorrento • 338 7302438 • Pagina Facebook: Associazione Turistica Pro Loco Città di Piano di Sorrento

Pro Loco di Sant'Agnello • Pagina Facebook: Pro Loco Sant'Agnello

Pro Loco di Massa Lubrense • Via Filangeri 11, Massa Lubrense • 081 5339021 • www.massalubrenseturismo.it

Museo Archeologico della Penisola Sorrentina • Villa Fondi De Sangro, via Ripa di cassano, Piano di Sorrento • 081 8087078 • Aperto dal martedì alla domenica 9-19, chiuso lunedì • Costi: ingresso gratuito

Riserva Marina di Punta Campanella • 081 8089877 • www.puntacampanella.org

Zoom

La Baia di Ieranto

La Baia di Ieranto, nel territorio di Massa Lubrense, all'interno della Riserva Marina di Punta Campanella, è patrimonio del FAI. Affacciata sul golfo di Napoli, proprio davanti a Capri, pare sia stata abitata sin dal Neolitico e la leggenda vuole che qui vivessero le sirene, tanto che uno dei due templi eretti nella baia, secondo Strabone per volere di Ulisse, era proprio dedicato a queste creature. Alla baia si accede solo a piedi, con una passeggiata di una quarantina di minuti, partendo dalla frazione di Nerano. Il sentiero passa davanti alla villa Rosa, dove soggiornò lo scrittore inglese Norman Douglas.

Baia di Ieranto • Massa Lubrense • www.visitfai.it/dimore/baiadiieranto

Dove dormire

SORRENTO

A METÀ TRA UN ALBERGO E UN OSTELLO

L'Ulisse Deluxe offre i comfort di un albergo e l'atmosfera familiare di un ostello. Per viziare i clienti, non si bada a spese. Oltre alle luminose stanze doppie, triple e con più letti, potrete rilassarvi nell'area wellness con piscina e sauna, nella spa e nel centro fitness, dove praticare yoga, aerobica e spinning. Per mangiare c'è il ristorante dell'hotel oppure il bar per uno spuntino veloce.

INFO

Ulisse Deluxe Hostel • Via del Mare 22, Sorrento • 081 8774753 • www.ulissedeluxe.com • Costi: camera doppia 55/70 €, camere con più letti 19/25 € a persona

NEL CENTRO STORICO DI SORRENTO

Piccolo hotel a tre stelle a conduzione familiare nel centro di Sorrento, vicino a piazza Tasso, aperto tutto l'anno. Si alloggia in sedici camere doppie, triple e quadruple, arredate in maniera semplice, con servizi privati e aria condizionata. Alcune dispongono anche di balcone o terrazzino. Parcheggio auto convenzionato.

INFO

Hotel Savoia • Via Fuorimura 46, Sorrento • 081 8782511 • www.savoia-hotel.com • Costi: camera singola 47/70 €, doppia 60/100 €

PENISOLA SORRENTINA

STANZE DI TUTTI I TIPI AL SEVEN HOSTEL

Dalla ristrutturazione di un edificio ottocentesco è stato ricavato il Seven Hostel che, con le sue stanze matrimoniali private e le camerate, miste o solo femminili, da sei a dodici posti letto, offre soluzioni per tutte le esigenze. La struttura è dotata di un ristorante, dal menu semplice ma genuino, e di un giovanile lounge bar.

INFO

Seven Hostel • Via Iommella Grande 99, Sant'Agnello • 081 5342182 • www.sevenhostel.com • Costi: camera doppia 50/70 €, posto letto in camerata 15/22 € a persona (prima colazione inclusa)

A CASA DELL'ARTISTA

È alla creatività del gestore, un artista amante degli oggetti di artigianato, che si deve l'originalità dell'arredamento di questo b&b. I pregi della casa sono le luminose terrazze che guardano il mare, la calorosa accoglienza, il parcheggio privato e l'ampio giardino con fiori e ulivi. Il proprietario illustra volentieri le bellezze della sua terra ai clienti.

INFO

Casa Mazzola • Via Nastro d'Argento 35, Sant'Agnello • 081 8073772 • www.casamazzola.it • Costi: camera singola 50/60 €, doppia 50/80 € (prima colazione inclusa)

Dove mangiare e bere

SORRENTO

CINQUANTA SFUMATURE DI PIZZA

Locale storico situato nella centralissima piazza Tasso, proprio nel cuore di Sorrento, generalmente affollatissimo, con ottime pizze alla napoletana, in cinquanta versioni diverse, qualche buon piatto della cucina partenopea e dolci della tradizione, come il babà o le delizie al limone. Nella bella stagione si mangia nell'ampia terrazza esterna, negli altri periodi nella rustica sala interna.

INFO

Pizzeria Aurora • Piazza Tasso 10/11, Sorrento • 081 8781248 • www.pizzeriaaurora.com • Chiuso martedì • Costi: 15/18 €, bevande escluse

TOVAGLIE A QUADRI
E ZITI ALLA GENOVESE

Le tovaglie a quadri sono ormai un classico di questa trattoria nel centro di Sorrento. La specialità della casa sono gli ziti alla genovese, una pasta lunga, spezzata a metà e condita con un sugo bianco di carne di manzo e cipolle. Tra gli altri piatti la pasta e fagioli, il baccalà in casseruola, le polpette al sugo e gli gnocchi bicolore. Pranzi economici con primi a 4 euro e secondi a 5.

INFO

Trattoria Chantecler's • Via Santa Maria della Pietà 38, Sorrento • 081 8075868 • www.chanteclers.com • Chiuso lunedì • Costi: 20/25 €, bevande escluse

PENISOLA SORRENTINA

IL CROCCHÈ GIGANTE DI NINUCCIO

Da Ninuccio si va per mangiare la pizza lievitata, i fiori di zucca fritti, i supplì, la mozzarella in carrozza, ma soprattutto il crocchè gigante. Si tratta di una lunghissima crocchetta di patate impanata, con mozzarella e prosciutto. Una vera leccornia che da sola vale un pranzo o una cena in questa trattoria casalinga.

INFO

Ristorante pizzeria Ninuccio • Via Casa Iaccarino 31, Meta • 081 5321436 • Chiuso mercoledì • Costi: 15/18 €, bevande escluse

LA TRATTORIA-GASTRONOMIA
DI NELLO

Un'osteria come quelle di una volta, con annessa gastronomia dove acquistare il meglio tra i formaggi e i salumi campani, con l'oste Nello che accoglie i clienti e illustra il ricco menu del giorno. Tra i piatti pasta e piselli, il totanetto farcito con verdure, la parmigiana, il polpettone con i broccoli, la pizza di scarola, gli imperdibili arancini e i fiori di zucca ripieni e fritti. Il tutto accompagnato da buon vino.

INFO

Salumeria/Gastronomia A Puteca e Masaniello • Corso Italia 296, Sant'Agnello • 081 8788321 • Pagina Facebook: Salumeria/Gastronomia "Masaniello" • Chiuso domenica • Costi: 15/20 €, bevande escluse

Trasporti e collegamenti

IN AEREO
L'aeroporto più vicino è quello di Napoli, collegato a Sorrento dai bus delle autolinee Curreri.
Aeroporto di Napoli Capodichino • Viale Ruffo di Calabria, Napoli • 081 7896111 • www.gesac.it
Curreri • 081 8015420 • www.curreriviaggi.it

IN TRENO
Sorrento è collegata a Napoli dai treni della Circumvesuviana • 800 211 388 • www.eavsrl.it

IN AUTO
Autostrada A3 Napoli-Reggio Calabria, uscita Castellammare di Stabia, e seguire le indicazioni per Sorrento.

IN AUTOBUS
Le diverse località della penisola sono collegate a Napoli dai bus degli Autoservizi Universal • 081 8714100 • www.autoserviziuniversal.it

15.

Molise

Molise

1. Termoli (CB)
2. Marina di Petacciato (CB)
3. Campomarino (CB)
4. Pietrabbondante (IS)
5. Venafro (IS)
6. Scapoli (IS)

Termoli e la costa molisana

Spiagge dimenticate ed entroterra verdi

Tante le sorprese che riserva la costa del Molise, affacciata sul Mare Adriatico: soli 35 chilometri di spiagge comprese tra la foce del fiume Trigno e quella del torrente Saccione, che più volte si sono aggiudicate la Bandiera Blu. Il centro abitato più importante della riviera è Termoli, cittadina dalle origini incerte, con il suo antico e suggestivo Borgo Vecchio, situato su un promontorio roccioso. Le altre due località da visitare sono Marina di Petacciano e Campomarino, in gran parte area protetta dell'Oasi faunistica del Bosco di Ramitello.

Termoli

1 Termoli

Risalire alle origini di Termoli non è affatto semplice. C'è chi pensa sia stata fondata nel 412 d.C. da popolazioni in fuga dai goti e chi invece smentisce questa teoria. Nel corso dei secoli la città subì le angherie di vari dominatori: fu conquistata dai longobardi e poi dai normanni, depredata dai crociati e successivamente dai veneziani, divenne dominio degli aragonesi e, infine, dei borboni.
A distanza di secoli, Termoli, il centro abitato più importante della costa molisana, offre al visitatore, oltre alle sue belle spiagge, alcuni interessanti monumenti appartenenti a un passato in cui rivivono memorie e suggestioni antiche. Per accorgersene, è sufficiente fare un

giro nel Borgo Antico, un'incantevole cittadella fortificata arroccata su un promontorio roccioso che da tempo immemore protegge le case dei termolesi, autorizzati solo nel 1847 a costruire le loro abitazioni anche fuori dalle mura.
L'Antico Borgo è attraversato da un labirinto di stradine tortuose e vicoli – tra i quali vico II Castello, una delle vie cittadine più strette d'Europa –, e da un fitto reticolo di passaggi segreti e tunnel, in passato utilizzati come via di fuga dagli attacchi nemici e come deposito per alimenti e oggetti preziosi. Oggi questi cunicoli sono impraticabili, ma se ne rinvengono le tracce in occasione di lavori di manutenzione a strade o cantine di abitazioni.
L'Antico Borgo si stringe, quasi a volerla ancora proteggere dai pirati, intorno all'imponente cattedrale di San Basso, costruita fra il XII e il XIII secolo sulle rovine di una chiesa, e famosa per i suoi mosaici pavimentali con animali reali e fantastici.
Il castello della città, con la sua elegante torretta, è chiamato Svevo, in quanto fu ristrutturato per volere di Federico II di Svevia nel 1247. Oggi è aperto al pubblico in occasione di mostre ed eventi culturali o anche per semplici visite, da prenotare direttamente in comune. Il tour può concludersi con una sosta davanti alla Rosa dei Venti, collocata in una rotonda sulla via di accesso al centro della città, a indicare l'incrocio fra il 42° parallelo Nord e il 15° meridiano Est. Quest'ultimo è il meridiano centrale del fuso orario di Berlino, Parigi e Roma, chiamato infatti l'ora di Termoli.
Non dimenticate però che Termoli ha anche un bel mare, da vivere nelle spiagge di Sant'Antonio e Rio Vivo, con i loro stabilimenti balneari.

INFO

Ufficio Informazioni di Termoli • Piazza Melchiorre Bega 42, Termoli • 0875 703913 • www.termoli.net

Castello Svevo • Via Montecastello, Borgo Antico, Termoli • 0875 7121 • Aperto su prenotazione o in occasione di mostre temporanee • Costi: ingresso gratuito

Molise

2 Marina di Petacciato

3 Campomarino

La costa molisana

Un weekend alla scoperta della costa molisana non significa solo mare e spiagge, ma anche chiese, torri e palazzi, perché coniugare natura e cultura si può, e il litorale molisano ne è un esempio.
Si parte da Marina di Petacciato, a nord di Termoli, conosciuta anche come la «terrazza sul mare» per la sua bella posizione panoramica. Sulla costa si ergono ancora alcune antiche torri di avvistamento edificate per proteggere i centri abitati dai pirati, alle cui spalle si intravedono dune e una pineta di grande interesse naturalistico. Nel centro di Petacciato si visita la chiesa di origine romanica di San Rocco, con

relativa cripta, e si ammira l'eleganza del rinascimentale Palazzo Battiloro, chiuso al pubblico.

Nella dolce campagna collinare che circonda il paese si trovano una suggestiva torre di avvistamento del Cinquecento e la Fattoria di Vaira, la più grande azienda biodinamica di tutta l'Italia meridionale.

La seconda tappa è Campomarino, cittadina adagiata sulla foce del fiume Biferno e bagnata da un mare insolitamente cristallino. La bella spiaggia di sabbia finissima è dotata di numerose strutture turistiche e oltre un terzo del territorio comunale fa parte dell'Oasi faunistica del Bosco di Ramitello, area protetta ad accesso libero e senza centri visita. La maggiore attrazione della città è la chiesa di Santa Maria a Mare, costruita tra il XII e il XIII secolo in stile romanico e restaurata nel 1710.

Per le informazioni turistiche dovrete rivolgervi all'Ufficio Informazioni di Termoli o all'Ente di Promozione Turistica del Molise, perché lungo la costa non ci sono IAT locali.

INFO

Ente di Promozione Turistica del Molise • Via Filangieri 18, Frosolone • 0874 314806 • www.moliseturismo.eu

Oasi Faunistica del Bosco di Ramitello • Località Ramitello, Campomarino • 0875 538114

Zoom

Le oasi dell'entroterra

L'entroterra di Termoli vanta due importanti aree naturali protette. La prima è l'Oasi di Guardiaregia, con un sentiero che conduce a spettacolari fenomeni carsici, come il Canyon del torrente Quirino, la cascata di San Nicola, le Grotte di Pozzo della Neve e al Cul di Bove, fra i più profondi abissi d'Europa. La seconda è l'Oasi Lipu di Casacalenda, nata nel 1993. Si trova alle pendici dei Monti Frentani, tra il massiccio del Matese e la costa adriatica, ed è conosciuta anche come l'oasi delle farfalle. I suoi boschi, le pozze naturali abitate dagli anfibi e le numerose specie di farfalle che popolano l'area fanno di quest'oasi un angolo di pace e tranquillità senza eguali.

Oasi di Guardiaregia • Guardiaregia • 338 3673035 • www.oasiguardiaregiacampochiaro.it

Oasi Lipu di Casacalenda • Casacalenda • 347 6255345 • www.lipu.it/oasi-casacalenda-campobasso • Aperto per visite guidate dal giovedì alla domenica alle 10 e alle 15 • Costi: 1,50/3 €

Dove dormire

TERMOLI

L'ALBERGO DIFFUSO
IN CENTRO STORICO

In piazza Duomo c'è un albergo diffuso molto suggestivo: ogni stanza ha un particolare che la distingue dalle altre, una decorazione sulla parete, il colore delle mattonelle, un comò d'epoca. Alcune camere sono vista mare e dotate di solarium, tutte prediligono la cura del dettaglio e dispongono di servizi privati. Nella bella stagione si fa colazione in terrazza.

INFO
Residenza Sveva • Piazza Duomo 11, Termoli • 0875 706803 • www.residenzasveva.com • Costi: camera singola 45/70 €, doppia 79/90 € (prima colazione inclusa)

AL MARE CON GLI AMICI
A QUATTRO ZAMPE

In una villetta nella zona moderna di Termoli, un b&b con quattro camere in due appartamenti con servizi privati, aria condizionata e cucina. Posteggio per l'auto, veranda e terrazza sul mare. L'arredamento è semplice, ma c'è tutto ciò che serve, e gli animali sono i benvenuti!

INFO
Ibisco B&B • Via Rio Fondo 6, Termoli • 0875 710112 • Costi: camera singola 35/40 €, doppia 40/70 € (prima colazione inclusa)

MARINA DI PETACCIATO

LA FATTORIA BIODINAMICA
DI VAIRA

Ecosostenibilità e biologico sono il motto della Fattoria di Vaira, che all'ambiente ci tiene davvero, e lo dimostra in tutti i modi. Nel più grande agriturismo biodinamico del Sud Italia si può pernottare in camere con servizi privati e usufruire della cucina, della sala comune e della grande terrazza da cui osservare il mare. Nell'azienda si allevano mucche da latte e si producono e vendono formaggio, frutta, verdura, vino e miele. Su richiesta, si cena vegetariano insieme ai gestori, che hanno scelto di bandire la carne dalla loro tavola. Si ospitano scolaresche e gruppi fino a quaranta persone e si può sostare con il proprio camper nelle piazzole attrezzate.

INFO
Fattoria di Vaira • Contrada Collecalcioni 1, Marina di Petacciato • 345 4657520 • www.fattoriadivaira.it • Costi: camera singola 35/40 €, doppia 60/65 € (prima colazione inclusa)

CAMPOMARINO

UN COLORE E UN VENTO
PER OGNI STANZA

Nel centro storico di Campomarino, tre simpatiche camere – una quadrupla –, ciascuna con un tema cromatico diverso e con il nome di un vento di mare. La colazione è abbondante e l'accoglienza calorosa. In terrazza, tavolini e ombrelloni per fare colazione o godersi un momento di relax. Posizione comoda per raggiungere le principali spiagge della zona.

INFO

La Casa del Nonno • Via Municipio 1, Campomarino • 347 7154717 • www.lacasadelnonno.com • Costi: camera singola 40/60 €, doppia 65/100 € (prima colazione inclusa)

Dove mangiare e bere

TERMOLI

PESCE PER TUTTI I GUSTI

Il fritto misto è il piatto che va per la maggiore, ma non vanno sottovalutati nemmeno gli ottimi antipasti o le tagliatelle al nero di seppia e vongole. La clientela è variegata: dalle compagnie di amici alle allegre combriccole di pensionati, dalle coppie in cerca di una cena romantica alle feste per gli addii al nubilato, la cucina del Grottino accontenta tutti i palati.

INFO

Il Grottino • Via Roma 25, Termoli • 0875 703287 • Pagina Facebook: Il grottino di Termoli • Chiuso lunedì • Costi: 20/25 €, bevande escluse

UNA CURIOSA PARENTESI
NELLA CUCINA TRADIZIONALE

Vegani e vegetariani saranno contenti: la pecora è allegra perché bruca libera nei prati e non sta in tavola a farsi affettare da avventori affamati. La sala è un'altra chicca del locale: tutto è giocato sui toni dell'arancio e del marrone, i soffitti sono a volta e dall'alto penzolano simpatiche gabbiette e antiche bilance. Nel menu cecina, pasticcio di legumi, hummus, funghi, curry e patate.

INFO

Pecorallegra • Via Aubry 5, Termoli • 377 1121476 • Pagina Facebook: Pecorallegra • Chiuso lunedì • Costi: 18/22 €, bevande escluse

MARINA DI PETACCIATO

FRITTURA E FRUTTI DI MARE
AL MEDITERRANEO SEA

Nei pressi della bella e incontaminata spiaggia di Petacciato Marina, un ristorante di mare, moderno e luminoso, che dispone di molti coperti. In tavola prodotti di stagione, leggeri fritti di pesce, pasta fatta in casa ai frutti di mare e tanti altri piatti presentati in modo raffinato ed elegante. Buona la carta dei vini della zona.

INFO

Mediterraneo Sea • Contrada Marinelle, Marina di Petacciato • 0875 678694 • www.ristorantemediterraneosea.it • Chiuso martedì • Costi: 15/22 €, bevande escluse

CAMPOMARINO

IL RISTORANTE DI CARNE
IN RIVA AL MARE

Da Nonna Rosa c'è poco spazio per il pesce, pur essendo in riva al mare. In questa piccola trattoria, dove è praticamente d'obbligo prenotare, si mangiano soprattutto ottime grigliate con carne selezionata direttamente dal cuoco. Buoni la purea di fave con cicoria, piatto della cucina pugliese, i salumi nostrani e i vini locali. Cortese il servizio.

INFO
Trattoria da Nonna Rosa • Via Biferno 41, Campomarino • 0875 539948 • Chiuso martedì • Costi: 23/28 €, bevande escluse

Trasporti e collegamenti

IN AEREO
L'aeroporto più vicino a Termoli e alla costa molisana è quello di Pescara Pasquale Liberi • Via Tiburtina, Pescara • 085 4324201• www.abruzzoairport.com

IN TRENO
La stazione FS di Termoli si trova sulla linea Bologna-Bari.

IN AUTO
Autostrada A14 Bologna-Bari, uscita Termoli.

IN AUTOBUS
Le diverse località del Molise sono collegate dai bus degli Autoservizi Cerella e dell'Azienda Trasporti Molisana.
Autoservizi Cerella • 0873 391168 • www.autoservizicerella.it
Azienda Trasporti Molisana • 800 001 525 • www.atm-molise.it

Pietrabbondante e Venafro

Tra i segni lasciati dagli antichi popoli del Molise

Il Molise non è solo natura e spiagge, ma anche terra di importanti testimonianze storiche. I popoli che nei secoli lo hanno abitato hanno lasciato molte tracce del loro passaggio, dai sanniti, ai romani, ad Annibale, che nel 217 a.C. distrusse parte del santuario di Pietrabbondante, poi ricostruito, fino ai longobardi e ai normanni. Il weekend «archeologico» in questa regione ha due destinazioni significative: Pietrabbondante, con il suo teatro di origine sannita, e Venafro, con la sua domus affrescata di rara bellezza. Un suggestivo e insolito viaggio nella storia, alla scoperta dell'archeologia cosiddetta minore, perché non contemplata dalle tradizionali mete turistiche.

Pietrabbondante

4
Pietrabbondante

Pietrabbondante è un piccolo comune della provincia di Isernia, il cui nome deriva dall'ingente quantità di sassi e pietre presenti nel suo territorio. Occupata dai guerrieri sanniti nel VI secolo a.C. e probabilmente abitata sin dalla preistoria, è situata alle falde del Monte Caraceno, sulle cui pendici pare siano state trovate tracce di una necropoli.

Il suo sito archeologico, aperto al pubblico, conserva i resti di un importante centro religioso e amministrativo sannita, costituito da due templi, una terrazza porticata sulla quale si aprivano le botteghe, un teatro per duemilacinquecento spettatori ancora in buone condizioni, una terrazza porticata e una domus pubblica, che si suppone fosse la sede del meddís túvtíks, sommo magistrato dei sanniti. La città fu successivamente abitata dai romani, che le diedero il nome di Bovianum Vetus, intervenendo spesso sugli edifici preesistenti con ristrutturazioni e rimaneggiamenti.

Oltre al sito archeologico, l'attuale centro abitato di Pietrabbondante offre al visitatore la chiesa di Santa Maria in Cielo, dal sontuoso portale in stile barocco, dalla quale si gode uno spettacolare panorama su monti, boschi, paesi e vallate. Poco lontano si incontra il tratturello Castel Del Giudice-Sprondasino-Pescolanciano, lungo 40 chilometri e largo 18,5 metri, anticamente utilizzato per la transumanza del bestiame dal Molise alla Puglia.

INFO

Pro Loco di Pietrabbondante • Piazza Vittorio Veneto, Pietrabbondante • 0865 76694 • www.pietrabbondante.com

Santuario di Pietrabbondante • Località Calcatello, Pietrabbondante • 0865 76129 • Aperto dal martedì alla domenica 8.30-19.30 • Costi: ingresso gratuito

5 Venafro

Venafro

Anche Venafro, a una cinquantina di chilometri da Pietrabbondante, è un'antica città sannitica. La struttura urbanistica che vediamo oggi risale però all'epoca romana. Il monumento più significativo è il teatro edificato dai romani sulle pendici del Monte Santa Croce, probabilmente abbandonato dopo il gravissimo terremoto che colpì la Campania e il Sannio nel 346 d.C. Intorno al V secolo alcune parti del monumento ancora agibili vennero utilizzate come ricoveri e abitazioni private. Interessanti reperti provenienti dagli scavi in zona e nei dintorni sono conservati nel Museo Archeologico di Venafro, che ha sede all'interno del monastero seicentesco di Santa Chiara. Tra gli oggetti più importanti il frontone di un monumento funerario che raffigura una Gorgone, due statue maschili provenienti dalle Terme di Sant'Aniello, una lastra con l'editto augusteo relativo alle regole d'uso dell'acquedotto, una bella statua di Venere e l'affresco di Dionisio e Arianna proveniente da una domus romana.

Passeggiando nel centro storico, di impianto medievale, si incontrano numerose chiese, tra le quali quella dell'Annunziata, considerata tra le chiese barocche più belle del Molise.

Da visitare anche il Castello Pandone, costruito su un'originaria muratura sannita, poi sostituita da una fortificazione romana. Diventato residenza signorile agli inizi del Cinquecento, attualmente ospita il Museo Nazionale del Molise, con affreschi, sculture, tele, disegni e stampe dal Medioevo al Barocco.

INFO

Pro Loco di Venafro • 348 5764514 • Pagina Facebook: Proloco Venafro

Teatro romano • Mura Ciclopiche • 0865 900742 • Per la visita, solo su appuntamento, rivolgersi al Museo Archeologico

Museo Archeologico • Via Garibaldi 8, Venafro • 0865 900742 • Aperto dal martedì al sabato 8.30-19.30, domenica e festivi 8.30-19.30 • Costi: 2 €

Museo Nazionale del Molise • Castello Pandone, via Tre Cappelle, Venafro • 0865 904698 • www.castellopandone.beniculturali.it • Aperto dal martedì al sabato 9-13, domenica e festivi 8-19 • Costi: ingresso gratuito

Zoom

Scapoli, città della zampogna

6 Scapoli

Scapoli, la città della zampogna, ha dedicato a questo antico strumento musicale un museo unico al mondo, che ha sede nell'elegante Palazzo Mancini. Qui sono esposte zampogne provenienti da tutto il mondo e registrazioni di concerti di zampogne. Verso la fine di luglio Scapoli ospita anche il Festival della Zampogna, in onore delle centinaia di zampognari partiti da Scapoli per portare in Italia e all'estero le musiche tradizionali.

Museo della Zampogna • Palazzo Mancini, Vico Santa Maria, Scapoli • 0865 954270 • Aperto dal lunedì alla domenica 10-12 e 16-18 • Costi: offerta libera

Dove dormire

PIETRABBONDANTE

NEL VERDE DI PIETRABBONDANTE

Cinque camere con servizi privati e pavimenti in ceramica in un b&b immerso nel verde, a 3 chilometri dal centro del paese. È aperto da giugno a fine settembre e offre ai clienti una buona trattoria dove assaggiare la cucina contadina del Molise. Prima colazione abbondante a base di prodotti locali e marmellate fatte in casa.

INFO

B&B Panorama • Contrada Andolfi 9, Pietrabbondante • 347 6072517 • Costi: camera singola 25/35 €, doppia 50/60 € (prima colazione inclusa)

UN APERITIVO NEL CORTILE DEL PALAZZO DELLA CITTÀ

B&b a parte, Pietrabbondante non è certo la patria degli alberghi. Per un buon hotel conviene fare una ventina di chilometri e arrivare ad Agnone dove, in un bell'edificio del XV secolo nel cuore del centro storico, si alloggia in dieci camere con arredi d'epoca e gradevoli affacci sui vicoli del borgo antico. L'albergo ha un suggestivo cortile interno in cui vengono organizzati aperitivi, concerti e presentazioni, un ristorante e una sala bar. Sconti per lunghi pernottamenti e per gruppi di almeno dieci persone.

INFO
Palazzo della Città • Via Alfieri 1, Agnone • 0865 78118 • www.palazzodellacitta.it • Costi: camera singola 35 €, doppia 70 € (prima colazione inclusa)

VENAFRO

ATMOSFERE DA VILLAGGIO MEDIEVALE

Le Sette Querce non si sono accontentate di qualche stanza in cui accogliere i loro ospiti, ma si sono stabilite in un intero villaggio, ristrutturato in stile medievale. Si alloggia in comode camere immerse nel verde, con mobili moderni, in alcuni casi dotate di camino. L'agriturismo dispone anche di un buon ristorante.

INFO
Le Sette Querce • Via Colle 10, Sesto Campano • 0865 928430 • villageinitaly.com • Costi: camera singola 35/50 €, doppia 70/80 € (prima colazione inclusa)

IL CASALE-CASCINA LE NOCI

Nel Parco Regionale degli Ulivi, in un borgo agricolo a 5 chilometri dal centro di Venafro, un vecchio casale di montagna è stato ristrutturato e ora ospita tre luminosi mini appartamenti completi di camere, bagno e angolo cottura. Dalle abitazioni, ben arredate, si gode un bel panorama sulla verde piana di Venafro e sulle montagne circostanti. Si può magiare nel ristorante della cascina, d'estate anche in giardino o in terrazzo.

INFO
Cascina Le Noci • Località Le Noci, Venafro • 331 7959838 • www.cascinalenoci.it • Costi: camera doppia 60/70 €

Dove mangiare e bere

PIETRABBONDANTE

SOLO PRODOTTI LOCALI ALLA TAVERNA DEI SANNITI

Che sia nella sala interna o in veranda, alla Taverna dei Sanniti si scoprono i piatti tradizionali molisani. In tavola soprattutto cibi locali, come la ricotta e il caciocavallo di Carovilli, la salsiccia e il prosciutto di Pietrabbondante, il pecorino di Capracotta, la carne di vitello e agnello direttamente dai pascoli di Pietrabbondante e la selvaggina della zona. Pasta fatta in casa e verdure di produzione propria.

INFO
La Taverna dei Sanniti • Contrada Sant'Andrea, Pietrabbondante • 0865 769007 • www.tavernadeisanniti.it • Chiuso lunedì • Costi: 18/20 €, bevande escluse

VENAFRO

UNA PIACEVOLE SORPRESA...

Dall'esterno non è particolarmente invitante, e anche all'interno la sala lascia un po' a desiderare, ma i prezzi sono contenuti e la cucina è genuina e saporita. Oltre alla pizza si mangiano pennette al tartufo, penne all'arrabbiata, provola alla piastra, salsicce nostrane, arrosti misti e anche qualche piatto di pesce.

INFO

Antico Borgo • Viale Vittorio Emanuele, Venafro • 0865 900797 • Chiuso lunedì • Costi: 15/20 €, bevande escluse

PIZZE E CUCINA CREATIVA

Ristorante con piatti creativi ma soprattutto ottime pizze, anche senza glutine, da gustare in tutta tranquillità. Prezzi contenuti e servizio cortese. Il menu, con spaghetti allo scoglio, pesce fresco e un pizzico di fantasia in cucina, è molto curato nella presentazione, senza nulla togliere al gusto.

INFO

Al Ghiottone • Via Acluzio Gallo 3/a, Venafro • 0865 909556 • Chiuso martedì • Costi: 15/22 €, bevande escluse

SCAPOLI

ALLA ZAMPOGNA NON SI COMANDA

A Scapoli non poteva certo mancare un ristorante che si chiamasse come lo strumento tanto amato dagli abitanti, la zampogna. Da provare i piatti della cucina contadina delle montagne molisane: salumi di cinghiale, ricottine di pecora, pappardelle al capriolo, gnocchi al sugo di capra, cinghiale in umido e altri piatti rustici. Buoni i vini e la pizza cotta nel forno a legna. Camere in cui pernottare adatte a ogni esigenza.

INFO

La Zampogna • Località Vicenne, Scapoli • 0865 952134 • www.ristorantelazampogna.it • Chiuso martedì • Costi ristorante: 15/20 €, bevande escluse; costi albergo: camera singola 30/45 €, doppia 50/70 € (prima colazione inclusa)

Trasporti e collegamenti

IN AEREO

L'aeroporto più vicino a Termoli e alla costa molisana è l'Aeroporto di Pescara Pasquale Liberi • Via Tiburtina, Pescara • 085 4324201 • www.abruzzoairport.com

IN TRENO

La stazione FS più vicina è quella di Isernia, collegata alla linea Roma-Napoli.

IN AUTO

Autostrada A1 del Sole, uscita San Vittore, poi proseguire per Venafro e Pietrabbondante.

IN AUTOBUS

Pietrabbondante e Venafro sono raggiungibili con i bus dell'Azienda Trasporti Molisana • 800 001 525 • www.atm-molise.it

16.

Puglia

Puglia

1. Polignano a Mare (BA)
2. Castellana Grotte (BA)
3. Alberobello (BA)
4. Andria
5. Trani
6. Barletta
7. Lecce
8. Acaya (LE)
9. Otranto (LE)

Alberobello

Grotte di mare e di terra, città sospese sulla scogliera e bianchi trulli

Un weekend come si deve in provincia di Bari non può che prevedere tre tappe. Si inizia da Polignano a Mare, città natale di Domenico Modugno e incantevole centro medievale sul ciglio di una scogliera. Si prosegue visitando le Grotte di Castellana, tra le più belle d'Italia, lasciandosi sedurre dalle tante caverne di questa impressionante voragine carsica. Risaliti in superficie, si raggiungono i bianchi trulli di Alberobello, dichiarati dall'Unesco Patrimonio mondiale dell'umanità. Luoghi con colori, odori e paesaggi decisamente diversi tra loro, in una terra meravigliosa dal fascino esotico.

Polignano a Mare

1 Polignano a Mare

Tanti i motivi per visitare Polignano, Bandiera Blu per il suo fantastico mare, città natale di Domenico Modugno, come ricordano la targa e il bassorilievo commemorativo, e borgo medievale dal caratteristico centro storico. Affacciata sull'Adriatico dal ciglio di un'alta scogliera, dove pare una volta sorgesse un'antica polis greca, regala al visitatore panorami mozzafiato, che non si dimenticano facilmente. Passeggiando, si incontrano la chiesa Matrice, consacrata nel 1295 e più volte rimaneggiata, con il coro ligneo realizzato tra il Seicento e il Settecento, i palazzi del Governatore, del Feudatario e dell'Orologio, e il Museo Pino Pascali, l'unico permanente di arte contemporanea di tutta la Puglia. A circa tre chilometri dal centro abitato, nel suggestivo porto naturale di San Vito, si visita la bella abbazia omonima, dall'inconfondibile struttura romanica. Come se non bastasse, un intrico di grotte, alcune visitabili, attira ogni giorno frotte di turisti, curiosi di scoprire il mondo sotterraneo di Polignano. La più bella è la Grotta Palazzese, accessibile gratuitamente dall'elegante e costoso hotel omonimo, attraverso una stretta scala scavata nella roccia. Composta da due caverne principali bagnate dal mare, incanta il visitatore con i suoi spettacolari colori. Altre grotte, come quelle dei Colombi, delle Rondinelle, Ardito e della Foca sono raggiungibili solo via mare, con le imbarcazioni dei pescatori, condizioni climatiche permettendo.

INFO

Informazioni Turistiche Polignano a Mare • Via Martiri di Dogali 2, Polignano a Mare • 080 4252336 • www.polignanoamare.eu

Museo Pino Pascali • Via Parco del Lauro 119, Polignano a Mare • 080 4249534 • www.museopinopascali.it • Aperto 11-13 e 17-21, chiuso lunedì • Costi: 2 €

2 Castellana Grotte

Le Grotte di Castellana

Scoperte nel 1938, le Grotte di Castellana sono uno dei complessi speleologici più affascinanti e spettacolari del nostro Paese. Ancora in gran parte inesplorate, offrono al turista la possibilità di percorrere circa 3 chilometri di vie sotterranee, grazie a una visita guidata che dura circa due ore a una temperatura costante, in tutte le stagioni, di 15 gradi.

Dopo una rapida discesa in ascensore si raggiunge una grande caverna carsica, con il suolo ricoperto da stalagmiti che, colpite dai raggi del sole provenienti dall'alto, creano suggestivi giochi cromatici. Si prosegue quindi verso la Caverna Nera, ricoperta da un fungo di questo colore, per poi entrare nel Cavernone dei Monumenti, alto ben 40 metri, nella Caverna dell'Altare, le cui esili colonne ricordano i ceri usati in chiesa, nella Sala delle Grandi Cortine o Sala Rossa, così chiamata per l'alabastro colorato di rosso dalla presenza di ossido ferrico, e nella Grotta Bianca, definita, per il suo candore, la cavità più splendente del mondo.

In numerose occasioni (estate, Halloween, festività invernali...), nelle grotte vengono organizzate visite tematiche con animazione, spettacoli teatrali, osservazioni della volta celeste con telescopi, rassegne enogastronomiche e altre interessanti iniziative.

INFO

Ufficio Informazioni e Accoglienza Turistica di Castellana Grotte • Via Marconi 9, Castellana Grotte • 080 4900236 • www.comune.castellanagrotte.ba.it

Grotte di Castellana • Accesso da piazza Anelli, Castellana Grotte • 080 4998221 • www.grottedicastellana.it • Aperto da marzo a fine ottobre, da novembre a febbraio solo su prenotazione (per gli orari consultare il sito) • Costi: 10/15 € itinerario completo, 5/10 € itinerario breve

I trulli di Alberobello

3
Alberobello

Tutti sanno come sono fatti i trulli, quelle casette bianche di pietra con il tetto appuntito, di solito a pianta circolare, con un solo piano abitabile, divenuti ormai il simbolo della Puglia, in particolare della Valle dell'Itria, dove se ne incontrano molti, spesso in precarie condizioni di manutenzione. Solo ad Alberobello, però, se ne possono ammirare almeno un migliaio, disposti a gruppi lungo le impervie vie dei rioni Monti e Aia Piccola. Queste antiche abitazioni rurali, dichiarate dall'Unesco Patrimonio mondiale dell'umanità, sono in parte ancora utilizzate dai loro abitanti o impiegate per ospitare alloggi turistici.

Tra i più affascinanti il Settimio, ex stalla del XV secolo, il Sovrano, in piazza Sacramento, dietro alla basilica dei Santi Medici Cosma e Damiano, l'unico con piano sopraelevato, anticamente utilizzato come dimora dalla famiglia del sacerdote Cataldo Perta, mentre nei trulli circostanti abitavano i dipendenti. Belli anche i trulli Siamesi, edificati su una roccia, privi di finestre e con due ingressi che si affacciano su strade diverse.

Per chi volesse approfondire la storia e le tecniche costruttive di queste originali costruzioni, il Museo del Territorio Casa Pezzolla, che ha sede in un vasto complesso di trulli di differenti periodi storici, è una tappa obbligata, insieme al Museo dell'Olio e a quello del Vino, che offrono una panoramica interessante su usi e costumi della popolazione locale.

INFO

Pro Loco di Alberobello • Via Monte Nero 1, Alberobello • 080 4322822 • www.prolocoalberobello.it

Museo del Territorio Casa Pezzolla • Piazza XXVII Maggio, Alberobello • 380 411123 • www.alberobellocultura.it • Aperto dal martedì alla domenica 10-13 e 15.30-19 • Costi: 4 €

Museo dell'Olio • Via Verdi 7, Alberobello • 380 4111273 • Aperto 10-13 e 15-19, chiuso lunedì • Costi: 2 €

Museo del Vino • Cantina Albea, via Due Macelli 8, Alberobello • 080 4304002 • Aperto 10-16 e 13-19 • Costi: ingresso gratuito

Zoom

I trulli

Le origini dei trulli risalgono alla notte dei tempi. Queste costruzioni in pietra, generalmente a pianta circolare, con un'unica stanza all'interno, sono nate per ospitare il cozzaro, ovvero il contadino che lavorava per conto di un padrone. Sulla cupola si trova sempre un pinnacolo con disegni misteriosi, dei quali non ci sono ancora interpretazioni certe.
In molti casi i trulli sono affiancati, in modo da creare un complesso più accogliente per le famiglie. In altre zona della Puglia si incontrano costruzioni simili, ma a forma di cono e decisamente più semplici. Sono le pajare, utilizzate come abitazioni dai contadini e come magazzini in cui conservare la paglia – da seccare sul tetto, raggiungibile con una scaletta in pietra –, fichi, legumi e altri prodotti agricoli.

Dove dormire

POLIGNANO A MARE

L'OSTELLO FOR YOUNG AND FOR FAMILIES

Stanze doppie e singole e camerate da quattro, sei o otto posti letto, a soli 5 chilometri dal centro storico di Polignano. Questo e molto altro all'Ostello for Young che, con il bel giardino, la terrazza panoramica, il parcheggio interno e la possibilità di noleggiare auto e bici è il luogo adatto a giovani e famiglie in cerca di relax e divertimento.

INFO
Ostello for Young • Contrada Casello Cavuzzi, Polignano a Mare • 348 7450190 • www.ostellopolignanoamare.com • Costi: camera doppia 46/60 €, posto letto 23/29 €

CASTELLANA GROTTE

UN SOGGIORNO DI CHARME A DUE PASSI DALLE GROTTE

Un edificio bianco, con finestre ad arco e tetto a terrazza, circondato da palme rigogliose, ospita un b&b di charme, con quattro camere e un appartamento, dove alloggiare a due passi dall'ingresso delle famose grotte, raggiungibili a piedi. Colazione nella graziosa sala, che all'occorrenza funge anche da cucina, con le specialità della zona.

INFO
Rifugio delle Grotte • Via Vito Matarrese 84, Castellana Grotte • 329 1957233 • www.rifugiodellegrotte.it • Costi: camere 50/120 €, appartamento 90/150 € (prima colazione inclusa)

ALBEROBELLO

LE STANZE ARTISTICHE DEL JOYFUL PEOPLE

Cinque temi diversi per cinque stanze, ognuna con un'originale installazione artistica. Un estroso b&b nel cuore della Valle dell'Itria, dove fare colazione, rigorosamente a km 0, nella tavernetta dalle pareti arancioni, e dove rilassarsi, nella bella stagione, nel giardino «attrezzato», con tanto di barbecue. Book crossing per chi ama leggere.

INFO

Joyful People • Viale Apulia 10, Alberobello • 339 3077178 • www.joyful-people-alberobello.it • Costi: camera singola 40/70 €, doppia 50/100 € (prima colazione inclusa)

Dove mangiare e bere

POLIGNANO A MARE

FOCACCIA, PIZZA E NON SOLO

Pan per Focaccia non è un vero e proprio ristorante, ma una sfiziosa focacceria che serve street food e semplici piatti della cucina pugliese, da mangiare su tavoli e sedie di plastica. Ottime le pizze, i panzerotti ripieni e ovviamente le focacce con pomodori, cipolla, melanzane, olive e altre verdure.

INFO

Pan per Focaccia • Via Lepore 37, Polignano a Mare • 080 4248523 • Pagina Facebook: Pan Per Focaccia • Aperto tutti i giorni • Costi: 10/12 €, bevande escluse

IL PARADISO DELLA CARNE BIOLOGICA

In questa braceria si utilizzano solo carni provenienti da allevamenti locali e biologici. D'altronde, da una famiglia che ha alle spalle generazioni e generazioni di macellai, non ci si potevano certo aspettare carni scadenti. Gustosi gli antipasti, buoni i salumi e le braciole, vendute a peso, a seconda dell'appetito. Ottima scelta di vini e birre artigianali.

INFO

Leo's Braceria • Piazza Caduti di Via Fani 4, Polignano a Mare • 080 9675655 • www.leosbraceria.it • Aperto tutti i giorni • Costi: 18/22 €, bevande escluse

CASTELLANA GROTTE

CENA PUGLIESE A RITMO DI JAZZ

Un jazz club molto in voga fra gli amanti della buona musica, che propone i piatti della cucina pugliese, con i celebri antipasti a base di verdure cotte e sottolio, la pasta fatta in casa, il pesce fresco di giornata, focacce e salsicce contadine. Senza dimenticare l'appetitoso aperitivo con cocktail cubani e stuzzichini.

INFO

Taverna degli Amici • Via Vito Matarrese 21, Castellana Grotte • 080 4961946 • Pagina Facebook: Taverna degli Amici • Chiuso martedì • Costi: 15/22 €, bevande escluse

ALBEROBELLO

CANTINA DI NOME E DI FATTO

Nella cantina di un vecchio palazzo ottocentesco, in pieno centro, un'osteria con cucina a vista dove provare sapori antichi ma mai passati di moda, come le fave con verdure, le orecchiette al ragù, i cavatelli integrali con cime di rapa, le polpette o gli involtini al sugo di vitello. Ottima la selezione di vini pugliesi.

INFO
La Cantina • Vico Lippolis 8, angolo Corso Vittorio Emanuele, Alberobello • 080 4323473 • www.ilristorantelacantina.it • Chiuso martedì • Costi: 18/25 €, bevande escluse

DIRETTAMENTE DAL PRODUTTORE AL CONSUMATORE

È un'antica tradizione pugliese, quella di far cucinare la carne direttamente sui fornelli dei macellai, e Zio Peppe non è certo da meno. La sua macelleria, rifornita da un'azienda agricola che alleva bovini, suini e ovini, serve ottimi tagli di carne e saporitissimi salumi, oltre che un'oculata selezione di piatti tradizionali pugliesi.

INFO
Macelleria Braceria da Zio Peppe • Via Vecchia Castella 10, Alberobello • 080 4322039 • www.macelleriaziopeppe.it • Chiuso lunedì • Costi: 16/25 €, bevande escluse

Trasporti e collegamenti

IN AEREO
L'aeroporto più vicino è quello di Bari Palese • Viale Enzo Ferrari, Bari • 080 5800200 • www.aeroportidipuglia.it

IN TRENO
Più corse giornaliere delle Ferrovie del Sud Est collegano la stazione di Bari con Polignano a Mare, Castellana Grotte e Alberobello.
Ferrovie del Sud Est • 800 079 090 • www.fseonline.it

IN AUTO
Percorrere l'autostrada A14 fino a Bari, poi proseguire sulla SS 16.

IN AUTOBUS
Alberobello, Polignano e Castellana sono raggiungibili con i bus delle autolinee Ferrovie del Sud Est • 800 079 090 • www.fseonline.it

La provincia di Barletta-Andria-Trani

I castelli di Federico II e la cattedrale romanica

Un tour emozionante tra i misteri e i gioielli della provincia di Barletta-Andria-Trani, sulle orme di Federico II, partendo dal castello di Andria, capolavoro dell'arte medievale. Fatto edificare verso il 1240 dall'imperatore svevo, la sua struttura riflette la poliedrica personalità del committente, sovrano illuminato, cultore di poesia, filosofia, matematica e astronomia, passione che gli valse l'appellativo di «stupor mundi». Poco lontana, affacciata sul Mare Adriatico, Trani, un'elegante città dalla splendida cattedrale, uno dei capolavori del romanico pugliese, e dal suggestivo centro storico protetto dall'imponente castello.

Castel del Monte ad Andria

4
Andria

Tanti hanno visto almeno in foto questo splendido castello, costruito in cima a una collina, secondo la maggior parte delle fonti intorno al 1240, in un luogo isolato senza alcuna importanza militare, ma fino a oggi nessuno è riuscito a spiegarne il significato. Una delle ultime ardite ipotesi lo vuole edificato come luogo di ritiro spirituale e per la cura del corpo, sul modello degli hammam arabi. Lo confermerebbero l'esistenza di numerosi e ingegnosi sistemi di canalizzazione e raccolta dell'acqua, il numero di cisterne e camini, non giustificato dalla quantità di persone che risiedevano nella zona, e la particolare conformazione dell'edificio, con un percorso interno obbligato simile a quello degli hammam. Quello che invece è certo è che la fortezza fatta costruire da Federico II, ma da lui probabilmente mai abitata, si trova in un punto simbolico, su un colle posto proprio a metà strada tra la cattedrale gotica di Notre-Dame de Chartres, una delle chiese più importanti del mondo, e la piramide di Cheope.

Il castello, a pianta ottagonale, è circondato da otto torri, anch'esse ottagonali, con otto sale al piano inferiore, otto in quello superiore e un cortile interno ottagonale, al centro del quale c'era una vasca ottagonale. Il disegno del portale di ingresso e di molte parti del castello è strettamente legato al numero aureo 1,618, conosciuto come numero divino, sempre presente nei monumenti antichi che dovevano assolvere a una funzione sacra o comunque misterica. Qui, forse, aveva lo scopo di simboleggiare l'unione delle tre religioni monoteiste (cristiana, ebraica e musulmana) o delle tre leggi dell'universo: astronomia, matematica e geometria.

Castel del Monte è aperto al pubblico e visitabile tutto l'anno, utilizzando le navette che lo collegano ai parcheggi ai piedi della collina.

Prima di lasciare la cittadina, fate una passeggiata nell'intricato centro storico, alla scoperta di eleganti palazzi e chiese impreziosite da ricche decorazioni, come la bella cattedrale del XII secolo, con il campanile eretto sui resti di una precedente torre longobarda. Da vedere anche il Museo del Confetto, ospitato in una gradevole palazzina liberty dalle volte in pietra, un tempo sede di una fabbrica di confetti, che raccoglie, in quattro sezioni, documenti, utensili, apparecchiature, stampini per la produzione di confetti, caramelle e cioccolato.

INFO

Pro Loco di Andria • Via Vespucci 114, Andria • 0883 592283 • www.proloco.andria.ba.it

Castel del Monte • Località Castel del Monte, Andria • 0883 569997 • www.casteldelmonte.beniculturali.it • Aperto tutti giorni 9-18.30 da ottobre a marzo, 10.15-19.30 da aprile a settembre • Costi: 7,50/10 €

Museo del Confetto • Via Gammarrota 12, Andria • 0883 591871 • www.confettimucci.it/it/museo-del-confetto • Aperto dal lunedì al sabato 9-13 e 17-20 • Costi: 1/2 €

5

Trani

La cattedrale e il castello di Trani

Dire che è bella è poco, aggiungere che è bellissima ancora non le rende giustizia, forse solo definirla splendida si avvicina alla realtà. La chiesa dedicata a San Nicola Pellegrino, un martire greco nato a Stiri e morto giovanissimo a Trani nel 1094, è la regina delle cattedrali pugliesi. Costruita a partire dal 1099, è maestosa e leggera nello stesso tempo e si distingue soprattutto per il caratteristico arco a sesto acuto situato sotto il campanile, abbastanza raro nell'architettura romanica. La facciata di pietra calcarea riflette la luce solare creando un meraviglioso gioco di sfumature e si offre allo sguardo con il mare sullo sfondo. Al suo interno si visitano le cripte dedicate a San Nicola e a Santa Maria e l'ipogeo di San Leucio.

Poco lontano dalla cattedrale si ammira il castello svevo, che emerge dal mare, con le sue alte torri costruite per sorvegliare l'ingresso del porto e le vie di accesso al centro abitato. Eretto per volere di Federico II a partire dal 1233, nel XIII secolo era una delle fortezze più moderne d'Europa e ancora oggi svetta maestoso e imponente. Una passeggiata tra i vicoli del borgo antico conduce, infine, alla chiesa di Santa Maria de Russis, meglio conosciuta come chiesa di San Giacomo, dove la leggenda vuole sia stato inizialmente sepolto San Nicola. Sulla facciata si possono ancora notare numerose sculture che ritraggono figure umane, animali e mostruose. Più in basso, invece, sono rappresentati i mesi dell'anno attraverso i mestieri agricoli durante le quattro stagioni, un vero e proprio calendario di pietra che serviva a ricordare ai contadini analfabeti i lavori da svolgere nei diversi periodi dell'anno. Per qualche misterioso motivo, però, le statue sono state spostate e non sono più in ordine. Fortunatamente è facile riconoscerle: marzo è il cavaspina, ovvero colui che si cura i piedi, giugno il mietitore, agosto il vendemmiatore e ottobre i buoi con l'aratro.

INFO

IAT di Trani • Palazzo Palmieri, piazza Trieste 10, Trani • 0883 588830 • turismo.comune.trani.bt.it

Castello di Trani • Piazza Manfredi Re 16, Trani • 0883 500117 • www.castelloditrani.beniculturali.it • Aperto tutti i giorni 8.30-19.30 • Costi: 1,50/3 €

Zoom

Barletta

6 Barletta

Resa celebre dalla famosa giostra tra cavalieri italiani e francesi del 1503, Barletta è una gradevole cittadina con alcuni pregevoli edifici, come il Palazzo della Marra, uno dei più interessanti esempi di architettura rinascimentale in Puglia, sede della Pinacoteca Giuseppe De Nittis, la cattedrale e il bel Castello Svevo. Passeggiando nel centro storico si incontra l'Osteria di Veleno, più nota come la «cantina della disfida», dove, secondo la tradizione, il francese La Motte offese l'onore dei soldati italiani, causando così la disfida.

Azienda di Promozione Turistica di Barletta • Corso Garibaldi 208, Barletta • 0883 531555

Dove dormire

ANDRIA

L'ANTICA MASSERIA BIOLOGICA SEI CARRI

Qui la tradizione non è certo da sottovalutare. La masseria esiste fin dal 1850 e dal 1980 il signor Tarricone la gestisce con passione, grazie all'eredità trasmessagli dal padre e dal nonno. L'agriturismo, in cui vengono coltivati cereali biologici e si producono buonissimi formaggi, oltre che vino e olio, propone anche economiche escursioni a cavallo. Interessanti i primi e i secondi del ristorante, con un menu turistico a 18 euro.

INFO

Azienda Agrituristica Sei Carri • Contrada Finizio, Castel del Monte • 0883 569836 • www.agriturismoseicarri.com • Costi: camera doppia 70 € (prima colazione inclusa)

TRANI

GLI APPARTAMENTI ROMANTICI DEI CARRETTIERI

Tre romantici appartamentini indipendenti e un rilassante cortiletto con patio dove, tempo permettendo, fare colazione. Alcune stanze hanno i muri di pietra antica e il soffitto a volta. Il centro storico con i principali monumenti e la stazione ferroviaria sono raggiungibili a piedi. Per un weekend di relax a Trani, questa è una delle scelte migliori.

INFO

Ai Carrettieri • Via Carrettieri 28, Trani • 347 0929027 • Costi: camera singola 30/40 €, doppia 50/70 € (prima colazione inclusa)

PIAZZA DELLA REPUBBLICA VISTA DALLA DOMUS ANGELA

In pieno centro storico, a pochi passi dal porto e dalla città vecchia, un b&b situato al primo piano di un palazzo di inizio Novecento, in cui le stanze sono solo due, ma ampie e luminose, con vari balconi da cui si gode una bellissima vista su piazza della Repubblica. Possibilità di noleggio biciclette.

INFO

Domus Angela • Piazza della Repubblica 27, Trani • 0883 489839 • www.domusangela.it • Costi: camera doppia 60/70 € (prima colazione inclusa)

Dove mangiare e bere

ANDRIA

BRUTTI MOBILI, BUONA CUCINA

Purtroppo, nei pressi del castello si trovano solo i classici ristoranti turistici dai prezzi elevati. Per mangiare low cost, sempre però con un occhio alla genuinità degli ingredienti, vale la pena spostarsi di qualche chilometro e raggiungere il ristorante Il Picchio, dove provare la cucina tradizionale pugliese, con buoni piatti a base di pesce freschissimo. L'arredamento non è niente di che, ma il menu lo compensa pienamente.

INFO

Ristorante Il Picchio • Via Trani 38, Andria • 0883 556176 • Chiuso domenica a cena e lunedì • Costi: 18/25 €, bevande escluse

TRANI

NON FATEVI INGANNARE DAL NOME

Il nome fa pensare a piatti esotici, ma da El Cohiba non si serve niente di tutto ciò. Le pareti rosse, i tavoli di legno con panche e sgabelli e le pubblicità della birra alle pareti lo rendono un locale informale, in cui si mangiano ottime pizze, sfiziosi antipasti, fritture di pesce e dolci fatti in casa. Il pesce varia a seconda del pescato del giorno.

INFO

El Cohiba • Piazza Cesare Battisti 5, Trani • 329 9719087 • Aperto tutti i giorni • Costi: 15/20 €, bevande escluse

IL MENU LOW COST DEL REGINA, BRACERIA & PIZZA

Pizze, carne alla brace e qualche buon piatto di pesce. È questo il menu di Regina, braceria & pizza, un piacevole locale a Trani dove è ancora possibile mangiare low cost. Prima di ordinare, ricordate che in Puglia si usa spesso la carne di cavallo, quindi chiedete ai camerieri. Molto caratteristico il dehors estivo.

INFO

Regina, braceria & pizza • Vico Statuti Marittimi 8, Trani • 0883 487993 • Pagina Facebook: Regina - braceria & pizza • Chiuso lunedì • Costi: 17/22 €, bevande escluse

Trasporti e collegamenti

IN AEREO

L'aeroporto più vicino è quello di Bari Palese • Viale Enzo Ferrari, Bari • 080 5800200 • www.aeroportidipuglia.it

IN TRENO

Varie corse giornaliere collegano la stazione di Bari con Trani.
Per raggiungere Castel del Monte prendere il treno delle Ferrovie Nord Barese fino ad Andria e poi l'autobus.

Ferrovie Nord Barese • 080 5299111 • www.ferrovienordbarese.it

IN AUTO

Autostrada A14, uscita Andria-Barletta per Andria e Castel del Monte, uscita Trani per la località omonima.

IN AUTOBUS

Trani e Andria sono collegate a Bari dalle autolinee Società Trasporti Provinciali STP • 080 5058280 • www.stpspa.it

Lecce e Otranto

Il cuore del Salento

Nel cuore del Salento, a Lecce, l'indiscussa capitale di questa terra magica, il viaggio non può che iniziare dallo splendido centro storico della città del barocco, con le sue spettacolari chiese, i sontuosi palazzi, le vestigia romane e le stradine in gran parte chiuse al traffico automobilistico. Si può poi proseguire in direzione di Otranto, tra castelli, splendide masserie, ulivi secolari e spiagge immacolate, dove fare il bagno da maggio a novembre, tempo permettendo.
Lungo la strada si incrocia il borgo di Acaya, con il castello rinascimentale che protegge il suggestivo centro abitato fortificato.

7 Lecce

Lecce

Tante le cose da vedere nella capitale del Salento, dichiarata città d'arte per la maestosità dei suoi monumenti, a partire da piazza Duomo, una delle più belle d'Europa, vero e proprio gioiello urbanistico del barocco leccese, su cui si affacciano il duomo, il Palazzo Vescovile, con uno dei primi orologi pubblici della città, e il Palazzo del Seminario, sede del Museo Diocesano di Arte Sacra. La piazza è particolarmente suggestiva la sera, quando un ingegnoso sistema di faretti illumina dal basso gli edifici che ne delimitano il perimetro, creando degli affascinanti giochi di luci e ombre.

Poco lontano, percorrendo la centrale via Vittorio Emanuele II, fiancheggiata da numerose chiese e diversi palazzi signorili, si giunge a piazza Sant'Oronzo, il cuore pulsante della città. Dominata dal curioso Sedile, l'antica sede comunale dalle ampie vetrate, e dalla chiesetta di San Marco, costruita nel 1543 dai mercanti veneziani, la piazza conserva ancora i resti dell'Anfiteatro romano, risalente al II secolo d.C. In mezzo svetta la colonna di Sant'Oronzo, patrono e protettore della città, adorato per aver salvato il Salento dalla peste del 1656.

Tra le altre attrazioni, da scoprire passeggiando nel centro storico, la basilica di Santa Croce, capolavoro del barocco leccese, conosciuta soprattutto per il rosone della facciata, e il vicino convento dei Celestini, oggi sede di Provincia e Prefettura. Da vedere anche la chiesa di San Matteo, dalla struttura piuttosto singolare, il piccolo teatro romano con l'annesso museo, e il possente Castello Carlo V, edificato tra il 1539 e il 1549, oggi sede di interessanti mostre temporanee.

Percorrendo via Palmieri, sulla quale si affaccia il grazioso Teatro Paisiello, inaugurato nel 1758, si arriva alla spettacolare Porta Napoli, eretta in onore di Carlo V nel 1548. Nel centro storico vale la pena di visitare anche il curioso Museo Archeologico Faggiano, nato quasi per caso. Il proprietario dell'edificio privato che lo ospita nel 2001 fece fare dei lavori per sostituire delle tubature e fu così che vennero alla luce testimonianze storico-archeologiche di notevole interesse. L'ultimo museo da visitare, il più antico della Puglia, poco fuori dal centro storico, in viale Gallipoli, è il Museo Provinciale Sigismondo Castromediano, i cui reperti archeologici raccontano la storia dei popoli che hanno abitato il Salento e la cui Pinacoteca, suddivisa in due sale, medievale e barocca, conserva molti dipinti degni di nota.

INFO

APT di Lecce • Via Monte San Michele 20, Lecce • 0832 314117 • www.leccenelsalento.it

Museo Diocesano di Arte Sacra • Piazza Duomo 11, Lecce • 0832 244764 • Aperto 9.30-12.30 e 16-19, chiuso domenica e lunedì • Costi: 2/4 €

Teatro Romano e Museo • Via degli Ammirati, Lecce • 0832 279196 • Aperto 9.30-13, chiuso domenica • Costi 3/5 €

Castello Carlo V • Viale XXV Luglio, Lecce • 0832 246517 • Aperto tutti i giorni 9-13 e 16.30-20.30 • Costi: 2/3 €

Teatro Paisiello • Via Giuseppe Palmieri, Lecce • 0832 246517 • Aperto in occasione degli spettacoli

Museo Archeologico Faggiano • Via Ascanio Grandi 56, Lecce • 0832 300528 • www.museofaggiano.it • Aperto tutti i giorni 9.30-13 e 16-20 • Costi: 3 €

Museo Provinciale Sigismondo Castromediano • Via Gallipoli 28, Lecce • 0832 683503 • Aperto 9-13.30 e 14.30-19.30, chiuso domenica pomeriggio • Costi: ingresso gratuito

8

Acaya

Il castello di Acaya

Acaya, una frazione del comune di Vernole, situata a una quindicina di chilometri da Lecce, è la più importante testimonianza del Rinascimento nel Sud Italia. Nel 1536, in questo angolo del Salento, l'architetto militare Gian Giacomo dell'Acaya, uomo di fiducia dell'imperatore Carlo V, creò la sua piccola città ideale: un centro abitato fortificato protetto da un castello. Dopo anni di abbandono, il paese è oggetto di un'importante azione di recupero storico, artistico e culturale, che ha portato alla riapertura al pubblico del castello. Circondato da un ampio fossato, ospita spesso mostre temporanee. Visitandolo, si ammirano alcuni preziosi affreschi bizantini, gli antichi depositi sotterranei di grano e olio, le segrete e gli alloggi dei soldati.

Una passeggiata per le vie del borgo, al quale si accede attraverso una porta sormontata dalla statua di sant'Oronzo, permette inoltre di apprezzare le architetture rinascimentali che lo connotano, mantenute quasi intatte sino ai giorni nostri.

INFO

Pro Loco di Vernole • Via Chiesa 10, Vernole • 0832 891545 • www.prolocovernole.it

Castello di Acaya • Piazza Castello, Acaya • 0832 683585 • www.castelloacaya.it • Aperto dal martedì alla domenica 10-12.30 e 15.30-18.30 • Costi: 3/5 €

9

Otranto

Otranto

Chiamata anche Porta d'Oriente, in quanto è la città più a est d'Italia, Otranto si affaccia sul breve tratto di Adriatico che separa la costa pugliese dall'Albania. L'acqua che bagna le sue spiagge è una delle più cristalline del litorale: la Baia dei Turchi, con la sua lingua di sabbia bianchissima, è un vero paradiso in terra, circondata da alte scogliere e da una rigogliosa vegetazione mediterranea.

Il suggestivo borgo antico, completamente racchiuso all'interno delle mura, va scoperto passeggiando lungo le stradine del centro storico, sulle quali si affacciano botteghe artigiane e accoglienti locali.

Tra gli edifici religiosi spiccano la cattedrale, edificata nel punto più alto della cittadina, con il bellissimo mosaico pavimentale che raffigura scene tratte dall'Antico Testamento, dai cicli cavallereschi e dai bestiari medievali, e la minuscola basilica di San Pietro, pregevole esempio di arte bizantina in Puglia.

Il Bastione dei Pelasgi regala suggestivi scorci del porto e del mare, mentre il possente Castello Aragonese, restaurato e aperto al pubblico, testimonia l'antica importanza strategica della città, che fu assalita e conquistata da una flotta di ben centocinquanta navi turche nel 1480. A una ventina di chilometri da Otranto, percorrendo la litoranea, vale la pena fermarsi a visitare le emozionanti rovine di Roca Vecchia, con la torre costiera cinquecentesca e gli scavi della città, già abitata nel IV secolo a.C. Poco lontano si trova la Grotta della Poesia, una della più belle cavità naturali del pianeta, dove fare il bagno e godersi qualche ora di sole.

INFO

IAT di Otranto • Piazza Castello 8, Otranto • 0836 801436 • www.comune.otranto.le.it

Castello di Otranto • Piazza Castello, Otranto • 0836 806101 • Aperto 9-13 e 16-20, chiuso lunedì • Costi: 3,50/6€

Zoom

Il pasticciotto

Non si può lasciare il Salento senza aver assaggiato il pasticciotto, una delizia low cost (di solito costa più o meno un euro) nata, secondo la tradizione, nel 1745 nella pasticceria Ascalone di Galatina, unendo in un piccolo tegame di rame un impasto di frolla e della crema pasticcera avanzati dalla preparazione di altri dolci, da cui il nome di pasticcio. Oggi lo trovate in tutti i bar e le pasticcerie di Lecce e provincia, anche in varianti più o meno fantasiose, con crema al pistacchio, al cioccolato, con mele o ciliegie. Va gustato tiepido e fresco di giornata. Tra i tanti locali di Lecce che lo propongono, il migliore è la pasticceria Capilungo di piazza Sant'Oronzo.

Dove dormire

LECCE

L'HOTEL DI DESIGN DEL SALENTO

Nel 2008, in occasione del contest di design Viaggio nel Salento, venne costruito l'Eos Hotel, frutto del lavoro di architetti giovani e intraprendenti, che hanno dato vita a un albergo innovativo, dallo stile moderno, con trenta camere raffinate ed eleganti, tutte diverse tra loro e ispirate ai paesaggi tipici del territorio. Non è proprio in centro, ma si raggiunge con una passeggiata di dieci minuti. Sconti e promozioni sul sito.

INFO

Eos Hotel • Viale Alfieri 11, Lecce • 0832 230030 • www.eoshotel.it • Costi: camera singola 40/70 €, doppia 50/100 € (prima colazione inclusa)

IL B&B NEL CUORE DEL BAROCCO

La location è davvero unica: in un palazzo storico nel centro di Lecce, un b&b affacciato sul campanile del duomo con appartamenti di diverse dimensioni, in alcuni casi con camere affrescate. Nel cortile interno, abbellito da una vite rampicante, è anche possibile parcheggiare l'auto. Dalla terrazza la vista spazia su numerosi edifici della città barocca, per una pausa di rara bellezza.

INFO

Palazzo Rollo • Via Vittorio Emanuele II 14, Lecce • 0832 307152 | 328 9540585 • www.palazzorollo.it • Costi: camera singola 60/70 €, doppia 85/95 € (prima colazione inclusa)

DA MAMMA SISI

Che siate da soli, in coppia, con la famiglia o con un gruppo di amici, al b&b Mamma Sisi non mancano certo le soluzioni che fanno per voi. Camere singole, matrimoniali, triple e quadruple, tutte arredate con gusto: pareti rosse o verdi, letti in legno, divani in tinta con i copriletti. Per colazione, cornetti appena sfornati e altre dolci golosità.

INFO

B&B Mamma Sisi • Via Richel Rubichi 3, Lecce • 0832 1810425 • beb-mammasisi.com • Costi: camera singola 35/55 €, doppia 50/80 € (prima colazione inclusa)

ACAYA

AL VISTAMAREBLU, NEL BORGO DI PESCATORI

A metà strada tra Lecce e Otranto, a pochi chilometri da Acaya, c'è l'antico borgo di pescatori di San Foca, con un b&b aperto tutto l'anno, a pochi passi dal mare. Le camere sono semplici e funzionali, il servizio efficiente e cordiale. Ricca prima colazione, con cornetti, marmellate, caffè e ottime spremute.

INFO

Vistamareblu • Via Gioberti 4, San Foca • 368 7356051 • www.vistamareblu.it • Costi: 23/55 € a persona (prima colazione inclusa)

OTRANTO

LA BELLA STAGIONE AL GABBIANO

Otranto purtroppo non è una località economica. Per fortuna, sapendo cercare, ci sono degli hotel low cost, tra cui Il Gabbiano. A due passi dal centro, accoglie gli ospiti in camere con servizi privati, alcune con vista mare.

Nella bella stagione, che qui dura molti mesi, si fa colazione in giardino.

INFO

Hotel Il Gabbiano • Via Porto Craulo 13, Otranto • 0836 801952 • www.hotelmeublegabbiano.it • Costi: camera singola 35/40 €, doppia 60/90 € (prima colazione inclusa)

Dove mangiare e bere

LECCE

LA VERA TRATTORIA SALENTINA

Una locanda verace, senza tanti fronzoli, dove la sostanza è ciò che conta. Poco fuori dal centro storico, Mamma Rita propone abbondanti piatti della cucina tipica salentina, a prezzi decisamente economici.

Da non perdere le melanzane alla parmigiana (attenzione però, la porzione è gigantesca), e i ricchi antipasti con i frittini. È sempre consigliabile prenotare.

INFO
Locanda Mamma Rita • Via Taranto 124, Lecce • 0832 308132 • Pagina Facebook: Locanda Mamma Rita • Chiuso lunedì • Costi: 15/18 €, bevande escluse

LA CARNE DI CAVALLO DI ANGIULINO

Angiulino è un'osteria storica a conduzione familiare, situata proprio nel centro di Lecce. Recentemente scoperta dai turisti, che ogni giorno la prendono d'assalto, propone soprattutto saporiti primi piatti e carne, specie di cavallo, particolarmente apprezzato nel Salento. Da non perdere le polpette di cavolo fritte, la pitta di patate con la cipolla e il cavolo al sugo. La prenotazione è caldamente consigliata.

INFO
Trattoria Da Angiulino • Via Principi di Savoia 24, Lecce • 0832 245146 • www.trattoriadangiulino.com • Chiuso domenica • Costi: 13/18 €, bevande escluse

ACAYA

PESCE FRESCO SENZA SORPRESE

Il leitmotiv di questo ristorante a San Foca è il pesce, cucinato in tutti i modi: al forno, alla griglia, fritto, in umido, a seconda dei gusti dei clienti. In stagione, le linguine ai ricci vanno per la maggiore, ma non sottovalutate gli altri piatti, tra cui i calamari, i frutti di mare, il salmone e gli scampi. Ottima e leggera la frittura adriatica, specie se accompagnata da un amabile vino bianco pugliese.

INFO
Ristorante Bar Gallo da Pino e Maria delle Bionde • Via San Foca 5, San Foca • 0832 881300 • Pagina Facebook: Ristorante Bar Gallo "da Pino e Maria delle Bionde" • Aperto tutti i giorni • Costi: 20/25 €, bevande escluse

L'AGRITURISMO CHE PENSA AI SUOI CLIENTI

Mangiare i prodotti genuini di un'azienda agrituristica attenta all'ambiente e alla salute dei suoi clienti non ha prezzo. Dagli ortaggi agli agrumi, tutto ciò che arriva in tavola è fresco e di primissima qualità. In bassa stagione, il ristorante apre solo durante il weekend. Ottimi le orecchiette alle cime di rapa, i pezzetti di cavallo al sugo e i dolci, tra cui gli imperdibili cannoli al limoncello. Buone anche le pizze cotte nel forno a legna.

INFO
Agriturismo Carleo • Strada provinciale Melendugno, San Foca • 349 4641517 • www.agriturismocarleo.it • In bassa stagione aperto solo venerdì, sabato e domenica • Costi: 15/20 €, bevande escluse

OTRANTO

PIZZE SOTTO I BASTIONI

Proprio ai piedi delle mura, La Bella Idrusa, semplice, economica, solitamente affollata, è nota per i saporiti antipasti e soprattutto per le pizze particolarmente grandi. Nel menu c'è anche qualche buon piatto di pesce, per non parlare degli ottimi dolci. Meglio prenotare, soprattutto d'estate, quando i tavolini all'esterno sono occupati dai numerosi turisti.

INFO
La Bella Idrusa • Via Lungomare degli Eroi, Otranto • 0836 801475 • www.labellaidrusa.it • Aperto tutti i giorni • Costi: 12/20 €, bevande escluse

Trasporti e collegamenti

IN AEREO
Lecce dista una cinquantina di chilometri dall'aeroporto di Brindisi Casale • Contrada Baroncino, Brindisi • 0831 5800200 • www.aeroportidipuglia.it

IN TRENO
Più corse giornaliere della Freccia Argento collegano Lecce a Roma, mentre la Freccia Bianca arriva ad Ancona, Bologna e Milano (quest'ultima servita anche dalla Freccia Rossa). Prenotando in anticipo il viaggio si possono acquistare biglietti supereconomy o economy.

IN AUTO
Autostrada A14 fino a Bari e poi strada statale fino a Lecce.

IN AUOBUS
Da metà giugno agli inizi di settembre il servizio turistico Salento in Bus collega le principali località turistiche della provincia di Lecce.
Salento in Bus • 345 0101095 • www.salentoinbus.provincia.le.it

17.

Basilicata

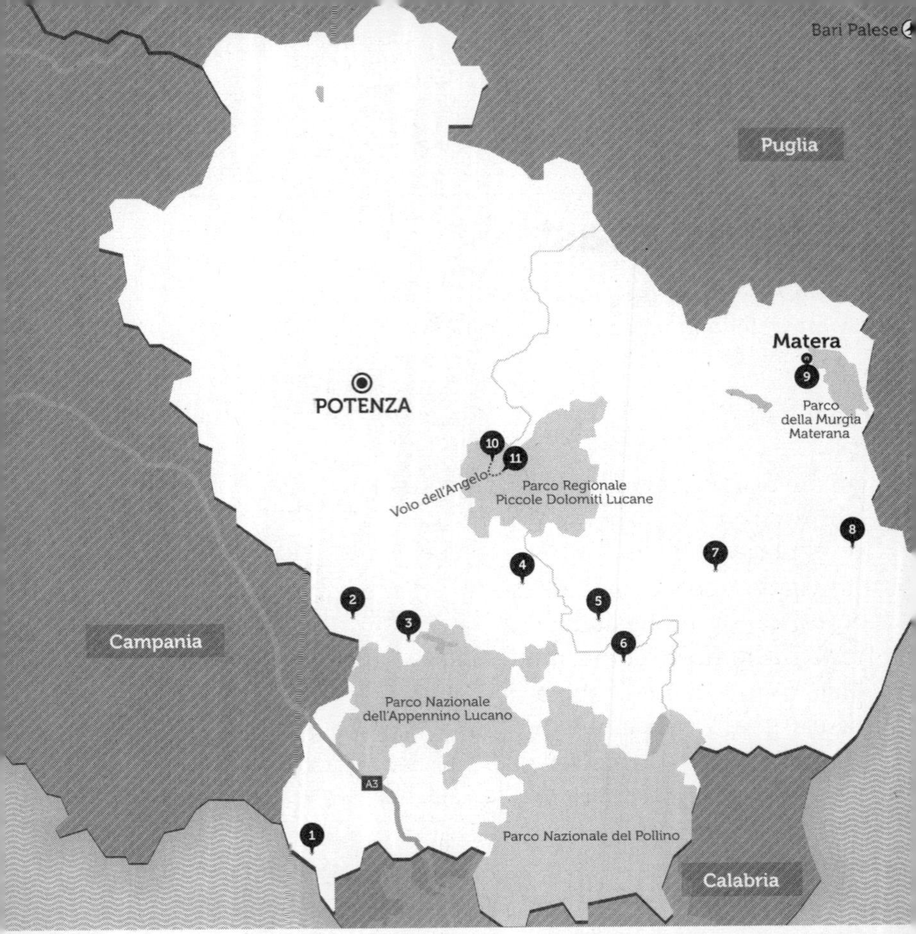

Basilicata

1. Maratea (PZ)
2. Tramutola (PZ)
3. Grumento Nova (PZ)
4. Guardia Perticara (PZ)
5. Aliano (MT)
6. Sant'Arcangelo (PZ)
7. Craco (MT)
8. Bernalda (MT)
9. Matera
10. Castelmezzano (PZ)
11. Pietrapertosa (PZ)

Basilicata coast to coast

In viaggio da un versante all'altro della Basilicata

Anche nel Sud Italia si può partire all'avventura, provando l'ebbrezza di lanciarsi in un viaggio coast to coast. Nonostante la Basilicata non sia famosa come gli Stati Uniti – benché abbia avuto il suo momento di gloria nel 2010 con il divertente film *Basilicata coast to coast* di Rocco Papaleo –, in un tranquillo weekend la si può attraversare senza fatica, da ovest a est, dalla costa tirrenica a quella ionica. Si parte dalla bella città balneare di Maratea per arrivare a Scanzano Jonico, dopo aver toccato villaggi, abbazie, teatri romani, borghi fantasma e splendidi paesaggi naturali. Un fine settimana on the road, alla scoperta di uno degli angoli meno conosciuti del Paese.

Maratea

1 Maratea

Maratea, affacciata sul golfo di Policastro, è l'unico lembo di Basilicata sul Mar Tirreno, ed è proprio da questa cittadina, con i suoi 30 chilometri di costa, dove alle spiaggette e alle piccole baie si alternano insenature selvagge, che parte il nostro weekend coast to coast. Il centro storico è ricco di edifici e monumenti, tra cui molte delle quarantaquattro chiese presenti sul territorio comunale. Tra le più interessanti quella di San Vito, costruita tra il X e l'XI secolo d.C.

sulla rupe di Monte San Biagio, un grande masso un tempo utilizzato per i riti pagani, e ritenuta la più antica della zona. La chiesa dell'Annunziata risale invece al XVI secolo e si riconosce per la cupola rivestita di maioliche verdi e gialle. Davanti all'ingresso, al centro della via principale dedicata a San Pietro, svetta la colonna di San Biagio, che la leggenda vuole sia stata trovata in mare, sormontata da una statua settecentesca in marmo di scuola napoletana. Uno dei luoghi più caratteristici del centro storico è la piazza Buraglia, con le sue botteghe dove acquistare prodotti artigianali ed enogastronomici della Basilicata, le stradine strette che pullulano di localini tipici e le numerose iniziative culturali estive.

Ai piedi del Monte San Biagio, riconoscibile per una grande statua del Redentore alta più di 20 metri (seconda solo a quella del Corcovado di Rio de Janeiro) e diventata il simbolo di Maratea, si trova forse la zona più interessante della cittadina: il vecchio borgo con le sue suggestive rovine e la vista panoramica sul mare e sul centro storico. Sulla cima del monte, oltre alla spettacolare statua, un belvedere e una basilica, costruita a partire dal VI-VII sec. d.C. sui resti di un preesistente tempio pagano dedicato alla dea Minerva. La costa di Maratea è un susseguirsi di spiaggette, come quelle di sabbia scura del Macarro e di Cala Jannita, sulle quali vigilano i resti di sei torri di avvistamento edificate dagli spagnoli nel VI secolo per difendere la zona dagli attacchi dei saraceni.

INFO

Ufficio del Turismo di Maratea • Piazza del Gesù 32, Maratea • 0973 876908 • www-maratea.info

2 Tramutola

3 Grumento Nova

4 Guardia Perticara

5 Aliano

6 Sant'Arcangelo

7 Craco

Da una costa all'altra

Se da Maratea ci si dirige verso l'entroterra della Basilicata passando per Lagonegro si arriva, dopo circa 70 chilometri, a Tramutola, un borgo ricco di sorgenti e fontane. Qui si ammirano l'antica Badia benedettina di San Pietro, oggi conosciuta come casa Fiatamone, alcuni eleganti palazzi gentilizi e la chiesa del Rosario, al cui interno è custodito un maestoso altare ligneo seicentesco raffigurante i quindici misteri del rosario. Assolutamente da vedere il seicentesco lavatoio comunale in località Capo d'Acqua, dove le donne lavavano i panni, con una bella fontana in pietra e un antico mulino.

Il viaggio prosegue quindi verso l'antica città romana di Grumento Nova, i cui primi insediamenti risalgono al 290-280 a.C. Qui si visitano l'interessante Parco Archeologico di Grumentum, ritenuto il più importante insediamento romano della Basilicata, con l'annesso museo, e i resti dell'imponente castello.

Da qui ci si sposta a Guardia Perticara, uno dei borghi più belli d'Italia, dove sono state girate scene di film come *Cristo si è fermato a Eboli* e il più recente *Basilicata coast to coast*. Ricostruito dopo il terremoto del 1980 utilizzando la famosa pietra di Gorgoglione, il centro conserva ancora la sua anima medievale.

Altri 20 chilometri e si arriva ad Aliano, dove venne esiliato Carlo Levi. Lo scrittore, al quale è dedicato un museo in cui sono conservati dipinti e fotografie relative al periodo del confino, decise di farsi seppellire proprio ad Aliano, tra i contadini del posto, ai quali aveva promesso che sarebbe tornato. Il Parco Letterario Carlo Levi organizza visite guidate alla casa e alla tomba di Levi, alla Pinacoteca, che espone molti dei suoi quadri, e al Museo della Civiltà Contadina. È poi la volta di Sant'Arcangelo, con il monastero di fine Quattrocento di Santa Maria dell'Orsoleo, nella cui cappella sono conservate le mascelle e una testa triangolare munita di corna e denti aguzzi, che si narra appartenessero a un drago che abitava in una grotta vicino al fiume.

Ultima tappa prima di giungere a destinazione, sulla spiaggia di Scanzano Jonico, con le sue torri aragonesi, il paese «fantasma» di Craco, uno dei luoghi più suggestivi di questo weekend on the road. Il borgo, set cinematografico di molti film, tra cui *The Passion of the Christ* di Mel Gibson, è attualmente disabitato a causa dei frequenti terremoti. Nel 2011 il comune ha però predisposto delle visite guidate lungo un itinerario messo in sicurezza.

INFO

www.valdagriturismo.com

Pro Loco di Tramutola • Via Vincenzo Ferroni 4, Tramutola • 327 0910322 • www.prolocotramutola.it

Pro Loco di Grumento Nova • 338 4277877 • Pagina Facebook: Grumento Nova

Pro Loco di Guardia Perticara • Via Principe Umberto, Guardia Perticara • 0971 964030 • Pagina Facebook: PRO LOCO GUARDIA PERTICARA

Pro Loco di Aliano • Via Stella 65, Aliano • 0835 568074 • www.aliano.it

Pro Loco di Sant'Arcangelo • Via Sinisgalli 6, Sant'Arcangelo • 0973 619150 • www.prolocosantarcangelo.com

Pro Loco di Craco • Via De Gasperi 4, località Peschiera, Craco • 0835 462314 • www.prolococraco.it

Parco Archeologico di Grumentum e Museo Archeologico Nazionale dell'Alta Val d'Agri • Località Spineta, Grumento Nova • 0975 65074 • www.museoarcheologicogrumento.beniculturali.it • Aperto dalle 9 a un'ora prima del tramonto, chiuso lunedì • Costi: 1,25/2,50 €

Museo Storico Carlo Levi • Via Cisterna, Aliano • 0835 568074 • Aperto 11.30-16.30, chiuso lunedì • Costi: biglietto cumulativo 3 € (compresi la casa di Carlo Levi, la Pinacoteca e il Museo della Civiltà Contadina)

Parco Letterario Carlo Levi • Via Martiri d'Ungheria 1, Aliano • 0835 568529 • www.parcolevi.it • Per gli orari delle visite guidate organizzate dal Parco consultare il sito • Costi: partecipazione gratuita

Casa di Carlo Levi, Pinacoteca e Museo della Civiltà Contadina • Piazza Garibaldi, Aliano • 0835 568181 • Aperto 10-12.30 e 16-18.30, chiuso mercoledì • Costi: biglietto cumulativo 3 € (compreso il Museo Storico Carlo Levi)

8 Bernalda

Zoom

L'area archeologica di Metaponto

A una ventina di chilometri da Scanzano Jonico si incontra l'area archeologica di Metaponto, la più importante della Basilicata, dove si ammirano le Tavole Palatine, ovvero i resti del tempio in stile dorico dedicato a Hera e realizzato nel VI secolo a.C., il tempio di Atena, il tempio di Apollo, il tempio ionico dedicato ad Afrodite, edificato intorno al 470 a.C., parte dell'agorà, il teatro, la necropoli e il quartiere artigianale per la produzione delle ceramiche. Nell'annesso museo sono conservati reperti dalla Preistoria in poi.

Parco Archeologico e Museo di Metaponto • Località Metaponto Borgo, Bernalda • 0835 745327 • Aperto dalle 9 a un'ora prima del tramonto, chiuso lunedì • Costi: 1,25/2,50 €

Dove dormire

MARATEA

UN TRE STELLE CHE NE VALE QUATTRO

C'è da chiedersi come possa avere solo tre stelle. Fontane circondate da prati verdi, piscina, terrazze con sedie sdraio e ombrelloni, sauna, bagno turco, area fitness, solarium, parco giochi per bambini e ristorante, oltre ovviamente alle bellissime camere. Sulla costa sud di Maratea, non lontano dal mare, la vostra vacanza al Borgo La Tana sarà indimenticabile. Varie offerte sul sito.

INFO

Hotel Borgo La Tana • Contrada Castrocucco, Maratea • 0973 871720 • www.latanahotelmaratea.it • Costi: camera singola 57/100 €, doppia 68/164 € (prima colazione inclusa)

LA TORRETTA DELLA FAMIGLIA NICOLAO

Un rilassante b&b in una villetta in località Cersuta, di proprietà della famiglia Nicolao. Le camere, con servizi privati, cassaforte e terrazzino vista mare, si affacciano su un bel cortile fiorito, dove d'estate ci si può rilassare leggendo un libro o prendendo il sole. La colazione, inclusa nel prezzo, è a base di prodotti locali e caserecci. Parcheggio privato gratuito.

INFO

B&B La Torretta • Via Torretta 61, località Cersuta, Maratea • 329 7919552 • www.beblatorretta.it • Costi: camera singola 40/60 €, doppia 50/100 € (prima colazione inclusa)

COAST TO COAST

NELLA RAFFINATA CASINA ROSSA

In un casolare di campagna dell'Ottocento, due luminose camere matrimoniali con servizi privati in cui trascorrere un weekend di vero relax. Arredamento rustico, elegante sala con divano, poltrone e camino e, per finire, ristorante dove gustare sfiziosi aperitivi e i piatti tipici lucani. L'atmosfera è raffinata e casalinga allo stesso tempo, una via di mezzo per soddisfare ogni esigenza.

INFO

La Casina Rossa • Largo dei Fiori 7, Tramutola • 0975 353979 • Pagina Facebook: Quelli de "La Casina Rossa" – Tramutola • Costi: camera singola 30 €, doppia 50 € (prima colazione inclusa)

LE CALDE ATMOSFERE DELL'HOTEL GRUMENTUM

A pochi chilometri dal Parco Archeologico di Grumentum, nel centro storico della cittadina, un hotel semplice e piacevole a gestione familiare, da non confondere con il più caro e lussuoso Hotel Park Grumentum. Camere ampie e luminose, con servizi privati e balconi, colazione in sala o sul terrazzo panoramico e grande cortesia da parte dei proprietari.

INFO

Hotel Grumentum • Corso Vittorio Emanuele 69, Grumento Nova • 0975 65029 • Costi: camera singola 30/40 €, doppia 60/70 € (prima colazione inclusa)

Dove mangiare e bere

MARATEA

LA PASTA AL FINOCCHIETTO DEL GIARDINO DI EPICURO

Un buon ristorante dal nome decisamente promettente, dove assaggiare i piatti della cucina lucana. Ambiente rustico, solo una quarantina di coperti e ottimi e abbondanti antipasti a base di pregiati salumi, salsiccia e formaggi locali. Buonissima la pasta al finocchietto, tenera la carne, piacevoli i dolci e i digestivi fatti in casa.

INFO

Il Giardino di Epicuro • Via Massa Piano, Maratea • 0973 870130 • Aperto tutti i giorni • Costi: 20/25 €, bevande escluse

IL BREAK GUSTOSO DEL PICCOLO RANCH

Se avete appena fatto una gita sul Monte San Biagio, mentre tornate verso Maratea fermatevi a mangiare al Piccolo Ranch, una rustica taverna con travi a vista. Oltre allo splendido panorama, si apprezzano i buoni piatti di pesce, la pasta fresca fatta in casa e le pizze cotte nel forno a legna. Azzeccatissima la scelta di vini lucani. Aperto solo la sera.

INFO

Piccolo Ranch • Località Santa Caterina, Maratea • 0973 870237 • Chiuso lunedì • Costi: 20/25 €, bevande escluse

COAST TO COAST

LA CALAMARATA DI ANITA

La cuoca Anita ama spiegare i suoi piatti, illustrando dettagliatamente gli ingredienti e la preparazione. Qui il cliente non viene lasciato solo nemmeno un secondo, dall'antipasto al digestivo. Si servono, oltre a ottime pizze, anche piatti di pesce e la saporita calamarata, ovvero mezze maniche con pomodoro e basilico, calamari e polipetti freschissimi.

INFO

Da Luca • Via Aldo Moro 40, località Matinelle, Tramutola • 333 1467629 • Pagina Facebook: Ristorante Pizzeria Da Luca • Chiuso lunedì • Costi: 15/20 €, bevande escluse

ALLE PORTE C'È SEMPRE UN POSTO A TAVOLA

Alle Porte i coperti non sono certo un problema: centotrenta all'interno e centocinquanta all'esterno, quindi potete anche non prenotare... In questa caratteristica trattoria si mangiano i piatti della cucina lucana come i cavatelli alle cime di rapa, i fusilli con mollica di pane, la carne alla brace, gli involtini di pesce spada e le fritture, per chi non vuole rinunciare al pesce. Buone le pizze, anche con farina integrale.

INFO

Alle Porte • Via Redi 1, Bernalda • 338 1043231 • www.ristorantealleporte.it • Chiuso lunedì • Costi: 15/20 €, bevande escluse

Trasporti e collegamenti

IN AEREO

L'aeroporto più vicino è quello di Bari Palese • Viale Enzo Ferrari, Bari • 080 5800200 • www.aeroportidipuglia.it

IN TRENO

La stazione FS di Maratea si trova sulla linea ferroviaria Roma-Napoli-Reggio Calabria.

IN AUTO

Autostrada A3 Salerno-Reggio Calabria, uscita Lagonegro Nord-Maratea.

IN AUTOBUS

I principali centri abitati della Basilicata sono raggiungibili con i bus della Sita Sud • 0971 506811 • www.sitasudtrasporti.it

Matera

La seconda vita dei Sassi

Capitale europea della cultura per il 2019 e Patrimonio mondiale dell'Unesco dal 1993, Matera sta vivendo una vera e propria rinascita. Da città dimenticata e quasi abbandonata nel cuore dell'Italia meridionale è diventata un centro di notevole pregio, più volte scelto come location di film per la suggestiva cornice naturale, e si sta affermando come una delle più interessanti e vivaci mete turistiche europee. Un buon motivo per dedicarle, insieme ai suoi Sassi, un weekend, tra storia, archeologia ma anche scultura contemporanea e, perché no, buona cucina. Senza dimenticare il vicino Parco delle Chiese Rupestri del Materano.

Matera

9 Matera

L'Europa ha scoperto e iniziato a valorizzare la sua struggente bellezza solo nel 2014, quando ha dichiarato Matera Capitale europea della cultura per il 2019, anche se già l'Unesco, nel 1993, l'aveva inserita fra i luoghi Patrimonio mondiale dell'umanità, introducendo per la prima volta nelle motivazioni il concetto di paesaggio culturale. Matera, città antichissima – forse una delle più antiche del mondo –, le cui origini si perdono nella Preistoria, è conosciuta soprattutto per i suoi Sassi, scelti come set cinematografico da registi come Pier Paolo Pasolini, che qui ha ambientato il *Vangelo secondo Matteo*, e Mel Gibson, che a Matera ha girato alcune scene di *The Passion of the Christ*.

Oggi vi si respira un'atmosfera magica, ma non è sempre stato così. Un tempo i suoi abitanti vivevano in condizioni malsane, almeno fino al 1952, quando una legge decretò lo sgombero dei Sassi e la costruzione di nuovi quartieri residenziali. I Sassi sono rimasti per decenni in uno stato di totale abbandono, per essere poi riscoperti come risorsa turistica e in parte trasformati in musei, piccoli alberghi e insoliti bed and breakfast.

La visita al labirinto di vicoli e stradine dei Sassi, da fare rigorosamente a piedi, può iniziare dalla villa Comunale e continuare nel Sasso Barisano e nel Sasso Caveoso, toccando case-grotta e costruzioni signorili, ampie terrazze e chiese rupestri. Tra quelle da non perdere la chiesa della Madonna delle Virtù, San Nicola dei Greci, San Pietro Barisano con il suggestivo complesso rupestre del Convicinio di Sant'Antonio, composto da ben quattro chiese che si sviluppano nello stesso cortile. Per capire invece come vivessero gli abitanti dei Sassi si può visitare una casa-grotta, la tipica abitazione scavata nella roccia. Tra quelle aperte al pubblico vi consiglio quella di vico Solitario, nel cuore del Sasso Caveoso, abitata fino alla metà degli anni Cinquanta del secolo scorso da una famiglia con tanto di galline e asino, in condizioni igieniche pessime.

Tra le mete da non perdere anche il Musma, Museo della Scultura Contemporanea, l'unico museo al mondo situato in una grotta, con centinaia di opere donate da artisti di fama internazionale (tra cui Emilio Greco, Giò Pomodoro e il lucano Luigi Guerricchio), raccolte all'interno di Palazzo Pomarici, chiamato delle cento stanze per la sua mole imponente. Gli ultimi due musei da vedere sono il Museo Nazionale d'Arte Medievale e Moderna e il Museo Archeologico Nazionale Domenico Ridola.

Per uscire dai soliti itinerari, potete vagare senza meta tra i Sassi, scoprendo minuscole chiesette e terrazze dalle quali godere splendidi panorami (per esempio quella della piazzetta Pascoli o il belvedere Guerricchio), in particolare la sera, quando il centro storico di Matera si trasforma in un piccolo presepe.

INFO

Pro Loco di Matera • Via Don Minzoni 11, Matera • 0835 334413 • www.comune.matera.it/turismo

Casa-grotta • Vico Solitario 11, Matera • 0835 310118 • www.casagrotta.it • Aperto tutti i giorni dalle 9.30 a sera • Costi: 2 €

Musma • Palazzo Pomarici, via San Giacomo, Matera • 0835 330582 • www.musma.it • Aperto dal martedì alla domenica da ottobre a marzo 10-14, da aprile a settembre anche 16-20 • Costi: 3,50/5 €

Museo Nazionale d'Arte Medievale e Moderna • Palazzo Lanfranchi, piazza Pascoli 1, Matera • 0835 256262 •

Aperto lunedì e martedì e dal giovedì alla domenica 9-20, chiuso mercoledì • Costi: 1/2 €

Museo Archeologico Nazionale Domenico Ridola • Via Ridola 24, Matera • 0835 310058 • Aperto tutti i giorni 14-20 • Costi: 1,25/2,50 €

Il Parco della Murgia Materana

A pochi chilometri da Matera si incontra il Parco Regionale Archeologico, Storico, Naturale delle Chiese Rupestri del Materano, più semplicemente detto Parco della Murgia Materana, che tutela uno dei più spettacolari paesaggi rupestri d'Italia. Un antico ovile in località Murgia Timone ospita uno dei Centri Visite del Parco, che fornisce informazioni turistiche e organizza, su richiesta, visite guidate alle gravine e alle chiese rupestri. Nell'area del parco ce ne sono infatti decine e decine, tra le quali la splendida cripta del Peccato Originale, conosciuta anche come la Cappella Sistina dell'arte rupestre. Si tratta di una chiesa-grotta in una delle gravine (fenomeno naturale simile ai canyon) che attraversano il parco, magistralmente affrescata nel IX secolo d.C. da un pittore ignoto con scene dell'Antico e del Nuovo Testamento, tra cui una che raffigura appunto il peccato originale. Dopo anni di abbandono è stata recentemente riaperta al pubblico ed è accessibile solo con visite guidate, previa prenotazione. Tra le altre chiese rupestri, da non perdere la medievale chiesa di San Falcione, il santuario della Madonna delle Tre Porte e la chiesa della Madonna delle Croci.

INFO
Parco Regionale Archeologico, Storico, Naturale delle Chiese Rupestri del Materano • 0835 332262 • www.parcomurgia.it • Costi: ingresso alle chiese rupestri 1,50/2,50 €, cripta del Peccato Originale 8 €

Zoom

Il Volo dell'Angelo

Dedicato a chi ama le emozioni forti. Tra i borghi di Castelmezzano e Pietrapertosa, a un'ottantina di chilometri da Matera, c'è un cavo d'acciaio sospeso nel vuoto lungo il quale è possibile fare il Volo dell'Angelo. I temerari che desiderano vivere quest'esperienza vengono adeguatamente imbracati, devono indossare un casco protettivo e sono saldamente agganciati a un cavo, grazie al quale possono provare per qualche minuto l'ebbrezza del volo, toccando velocità che superano anche i 100 chilometri all'ora. Il biglietto dà diritto a un viaggio andata e ritorno tra i due borghi.

Volo dell'Angelo • Partenza da piazza Rivelli 1, Castelmezzano • 331 9340456 • www.volodellangelo.com • Voli dalle 9.30 alle 18.30, da maggio a ottobre • Costi: volo singolo 40 €, coppia 72 €

10 Castelmezzano

11 Pietrapertosa

Dove dormire

MATERA

L'OSTELLO-HOTEL LE MONACELLE

Nello stesso edificio, l'antico Conservatorio di Santa Maria della Pietà, costruito nel 1594 e ristrutturato nel 2000, un ostello e un albergo accontentano sia chi cerca le camerate con più letti sia chi preferisce l'intimità delle stanze singole, doppie o triple. D'estate si fa colazione (inclusa nel prezzo nell'hotel, a 1,80 euro nell'ostello) in una delle varie terrazze. A disposizione degli ospiti, bar, giardino e solarium.

INFO

Le Monacelle • Via Riscatto 9, Matera • Ostello 0835 344097 | Hotel 029 1483658 • www.aighostels.it | www.lemonacellehotelmatera.com • Costi ostello: posto letto in camerata 19 €; costi hotel: camera singola 60/80 €, doppia 70/90 € (prima colazione inclusa)

NEL CUORE DELLA CITTÀ VECCHIA

All'inizio del Settecento, nel Sasso Barisano, venne costruito un ampio complesso, oggi adibito a hotel. Si alloggia in semplici e austere camere con servizi privati, alcune scavate direttamente nella roccia, talvolta con balcone panoramico. Servizio cortese e parcheggio auto convenzionato. Ideale per chi vuole rivivere le atmosfere della città vecchia.

INFO

Albergo Sassi • Via San Giovanni Vecchio 89, Matera • 0835 331009 • www.hotelsassi.it • Costi: camera singola 70 €, doppia 90 € (prima colazione inclusa)

CASTELMEZZANO

IL BALCONE SUL VOLO DELL'ANGELO

Per gli spericolati che desiderano provare il Volo dell'Angelo, il Balcone delle Dolomiti è l'alloggio ideale: dal b&b si vede infatti la partenza degli intrepidi avventurieri, perciò potrete farvi facilmente un'idea di ciò che vi aspetta. Le camere sono attrezzatissime, dotate di camino, servizi privati, idromassaggio e angolo cucina. La colazione è a base di prodotti biologici.

INFO

Al Balcone delle Dolomiti • Via Regina Margherita 73, Castelmezzano • 346 6409890 • www.bedandbreakfastcastelmezzano.it • Costi: camera singola 30/35 €, doppia 60 € (prima colazione inclusa)

Dove mangiare e bere

MATERA

LA CREATIVITÀ CHE NON DIMENTICA LA TRADIZIONE

Nell'antico Palazzo Sedile, un tempo sede del tribunale, un wine bar-ristorante frequentato da una clientela giovane, in cui la cucina è creativa, ma sempre con un occhio alle tradizioni locali. Tra i piatti i paccheri con ragù di baccalà e peperone crusco di Senise Igp, la minestra di fave e cicoria, il risotto all'Aglianico e la carne degli allevamenti della zona.

INFO

La Gatta Buia • Via Margherita 92, Matera • 0835 256510 | 349 5715825 • Pagina Facebook: La Gatta Buia • Chiuso martedì • Costi: 20/22 €, bevande escluse

ATTENTI AI FANTASMI

La leggenda vuole che in queste stanze si aggiri il fantasma di un uomo morto durante una serata di bagordi. Che sia vero o no oggi, al Casino del Diavolo, alla periferia del centro storico di Matera, si trova un buon ristorante dove, nella bella stagione, si cena all'aperto tra gli ulivi secolari, con una suggestiva vista sui Sassi. Possibilità di scegliere fra tre ottimi menu turistici a base di prodotti locali.

INFO

Il Casino del Diavolo • Via La Martella 48, Matera • 0835 261986 • Chiuso lunedì • Costi: menu turistico 18/22 €, bevande incluse

LE FETTUCCINE ALLA MEL GIBSON DELLA TRATTORIA LUCANA

Questa trattoria a gestione familiare ha oltre un secolo. La sua longevità si deve agli ottimi piatti della cucina tradizionale e alle coraggiose nuove ricette, come le fettuccine alla Mel Gibson con funghi cardoncelli, fave secche e pomodorini, o la ricetta della pace, a base di riso, patate e carciofi. Buoni i vini della casa.

INFO

Antica Trattoria Lucana • Via Lucana 47, Matera • 0835 336117 • www.trattorialucana.it • Chiuso domenica • Costi: 20/25 €, bevande escluse

CASTELMEZZANO

I MENU FISSI DEL VECCHIO SCARPONE

Piccola trattoria familiare, situata sopra un bar nel centro del borgo antico, dove assaggiare i piatti della vera cucina lucana. Sono proposti due menu a prezzo fisso, il più economico con un abbondante antipasto e un primo piatto, l'altro include anche un secondo a base di carne o salsicce. Ottimi i dolci della casa, non inclusi nel prezzo.

INFO

Al Vecchio Scarpone • Corso Vittorio Emanuele 3, Castelmezzano • 333 7325640 • Chiuso martedì • Costi: menu fisso 16/25 €

Trasporti e collegamenti

IN AEREO

L'aeroporto più vicino è quello di Bari Palese • Viale Enzo Ferrari, Bari • 080 5800200 • www.aeroportidipuglia.it

IN TRENO

Matera è raggiungibile con i treni delle Ferrovie Appulo Lucane in partenza da Bari. La stazione FS più vicina è quella di Ferrandina.

Ferrovie Appulo Lucane • 199 811 811 • ferrovieappulolucane.it

IN AUTO

Autostrada A3 Salerno-Reggio Calabria, fino allo svincolo per Matera, oppure autostrada A14 Bologna-Taranto, uscita Bari Nord, e proseguire per Altamura-Matera.

IN AUTOBUS

Matera è raggiungibile con i bus delle compagnie Marozzi, Liscio e Marino.

Autolinee Marozzi • 080 5790111 • www.marozzivt.it

Autolinee Liscio • 0971 54673 • www.autolineeliscio.it

Marino Autolinee • 080 3112335 • www.marinobus.it

18.

Calabria

Calabria

1. Reggio Calabria
2. Scilla (RC)
3. Crotone
4. Isola di Capo Rizzuto (KR)
5. Santa Severina (KR)

Reggio Calabria e lo Stretto

Dagli splendidi Bronzi di Riace alle magie di Scilla

Quando si parla di Reggio Calabria, vengono immediatamente in mente i Bronzi di Riace, ma questa meravigliosa città fondata, secondo la leggenda, su indicazione dell'oracolo di Delfi, è anche molto altro. I pesanti danni subiti durante il terremoto di inizio Novecento l'hanno indebolita, ma non ne hanno cancellato il prezioso patrimonio storico e archeologico. Poco più in là Scilla, un mostro marino nella mitologia greca, con l'imponente castello affacciato sul mare e il borgo di Chianalea, la piccola Venezia del Sud.

Reggio Calabria

1 Reggio Calabria

Fondata verso la metà dell'VIII secolo a.C., Reggio Calabria è una delle città più antiche d'Europa (di certo la più antica colonia greca dell'Italia meridionale). Affacciata sullo stretto braccio di mare che separa la Calabria dalla Sicilia, vanta bellissime spiagge e un patrimonio archeologico tutto da scoprire.

Per cominciare a esplorarla, partite dalla centralissima piazza De Nava e visitate il Museo Archeologico Nazionale di Reggio Calabria, uno dei più importanti musei archeologici d'Italia. Qui, in una sala speciale a loro dedicata, si ammirano i celebri Bronzi di Riace, ritrovati casualmente nelle acque di Riace

Marina, a qualche centinaio di metri dalla costa e a una profondità di soli 8 metri, il 16 agosto 1972.

Le due spettacolari sculture in bronzo, alte una 1,97 e l'altra 1,98 metri, ritraggono due imponenti guerrieri e si ipotizza risalgano al V secolo a.C., anche se non è chiaro quale fosse la loro collocazione originaria. Quel che è certo è che rappresentano uno dei capolavori più significativi dell'arte greca.

Tra gli altri reperti archeologici della Magna Grecia esposti nel museo, e in particolare nella ricca sezione di archeologia subacquea, ci sono gli oggetti rinvenuti nel relitto di una nave ritrovata al largo di Porticello, nello Stretto di Messina, tra i quali la famosa testa in bronzo, con la barba lunga e l'espressione assorta, denominata Testa del Filosofo di Porticello, e la Testa di Basilea, così chiamata per essere stata acquisita dal museo di Basilea, ma restituita negli anni Novanta al governo italiano perché trafugata illegalmente da ignoti al momento della scoperta.

Per avere una panoramica completa dei maggiori siti archeologici della città, l'associazione SosBeniCulturali organizza visite guidate alla Reggio antica e in particolare all'ipogeo di piazza Italia, alle mura greche, alle terme romane sul lungomare Falcomatà e all'Odeon, altrimenti non aperti al pubblico.

Il tour può quindi proseguire con una rilassante passeggiata sul lungomare e una sosta alla cattedrale, dedicata a Maria Santissima Assunta. La chiesa sembra essere in qualche modo legata a San Paolo, che si fermò a Reggio durante il viaggio in catene alla volta di Roma nel 56 d.C., ma che, a causa dei continui rimaneggiamenti nel corso dei secoli, fu completamente ricostruita in uno stile in cui si mescolano motivi neoromanici e neogotici e nuovamente consacrata nel 1928.

Può essere interessante visitare anche la Pinacoteca Civica, in cui sono esposte opere, provenienti in gran parte da collezioni private, che propongono un viaggio immaginario nell'arte pittorica meridionale: da Antonello da Messina a Luca Giordano, fino a Renato Guttuso. Ultima tappa, il Museo del Bergamotto, un'esposizione di strumenti che racconta più di trecento anni di cultura, storia e tradizioni legati a questo raro agrume, in particolare tramite una serie di macchine da estrazione che vanno dall'inizio del Settecento al Novecento.

INFO

IAT di Reggio Calabria • Corso Garibaldi 329, Reggio Calabria • 0965 89212 • turismo.reggiocal.it

Museo Archeologico Nazionale di Reggio Calabria • Piazza De Nava 26, Reggio Calabria • 0965 898272 • www.archeocalabria.beniculturali.it • Aperto tutti i giorni 9-20 • Costi: 3/5 €

SosBeniCulturali • SS 18 I tratto 177, Reggio Calabria • 0965 813805 • www.sosbeniculturali.it • Aperto martedì e giovedì 10-12 e 17-19, visite guidate su prenotazione • Costi: 2/4 €

Pinacoteca Civica • Teatro Comunale, corso Garibaldi, angolo via Ossana, Reggio Calabria • 0965 324822 • Aperto dal lunedì al giovedì 9-13.30 e 14.30-18, venerdì solo la mattina • Costi: 2/4 €

Museo del Bergamotto • Via Vittorio Veneto 52, Reggio Calabria • 0965 890986 • www.museumcenter.eu • Aperto dal martedì alla domenica 10-13 e 17-20, chiuso lunedì • Costi: ingresso gratuito

Scilla

Scilla, splendida località balneare a una ventina di chilometri da Reggio Calabria, città dal nome epico, legato a un mostro marino descritto anche da Omero nell'*Odissea*, è famosa per il mare cristallino, che ogni estate attira centinaia di turisti, e per il Castello Ruffo, che sorge su un promontorio naturale, proteso sullo Stretto a formare due magnifiche insenature naturali sulle quali si affacciano i quartieri di Marina Grande e Chianalea. Le origini del maniero risalgono probabilmente al IX secolo d.C., anche se lo strategico sperone roccioso fu fortificato fin dal V secolo a.C. Imponente e ben conservato, il castello affascina per la bellezza della scala e dell'ingresso, per le intricate segrete e per i panorami sullo Stretto.

La zona più interessante dal punto di vista turistico è il borgo di Chianalea, conosciuto anche come la piccola Venezia del Sud, dove le semplici case dei pescatori sono state costruite sugli scogli e sono separate tra loro da strettissimi vicoli che scendono direttamente nel Mar Tirreno.

INFO

IAT di Scilla • Via Panoramica, Scilla • 0965 754003 • www.consorzioturisticoscilla.com

Castello Ruffo • Via Castello, Scilla • 0965 704207 • Aperto tutti i giorni 8.30-19.30 • Costi: 1,50 €

Zoom

La Costa Viola

La Costa Viola, attraversata dall'Ecostrada del vino e dei sapori, è quel lungo tratto di costa calabrese che da Villa San Giovanni porta a Palmi. Il nome deriva dal colore che assume l'acqua del mare in particolari ore del giorno. Tra i centri più interessanti Villa San Giovanni, con le antiche filande e il Castello di Altafiumara, Bagnara Calabra, con la Torre Rocchi (detta anche Torre Ruggiero) che svetta sul porticciolo del quartiere di pescatori Marinella, Seminara, famosa per le sue ceramiche artistiche, Palmi, con lo scoglio, sulla cui cima è spuntato un alberello d'ulivo e con l'interessante Museo di Etnologia e Folclore Calabrese.

Museo di Etnologia e Folclore Calabrese • Casa della Cultura, via Felice Battaglia, Palmi • 0966 262250 • Aperto 8-14, giovedì anche 15-18; chiuso sabato e domenica • Costi: 1,55 €

Dove dormire

REGGIO CALABRIA

RIVIVERE GLI ANNI VENTI AL B&B DELFINA

All'interno, i proprietari hanno cercato di mantenere lo stile originario del palazzo, risalente agli anni Venti. All'esterno, sulla terrazza panoramica, è allestita una piacevole area relax, con tavolini e sedie sdraio. Le camere sono quattro (con o senza bagno privato), arredate con gusto e dotate di aria condizionata. Parcheggio gratuito davanti al b&b e bus navetta dalla stazione ferroviaria.

INFO

B&B Delfina • Via Crocifisso 58, Reggio Calabria • 334 1613905 • www.bb-delfina.com • Costi: camera singola 40/45 €, doppia 70/80 € (prima colazione inclusa)

LA DIMORA DI CHARME DI NOME E DI FATTO

Una Dimora di Charme di nome e di fatto, nel centro storico di Reggio Calabria, a due passi dai maggiori monumenti. Le camere sono accoglienti, ma se proprio volete viziarvi, prenotate la junior suite, dove avrete a disposizione una veranda e una vasca idromassaggio. Parcheggio gratuito per un numero limitato di auto e transfer da e per la stazione ferroviaria.

INFO

Una Dimora di Charme • Via Generale Paolo Tommasini 3, Reggio Calabria • 0965 312443 • www.unadimoradicharme.it • Costi: camera singola 40/60 €, doppia 65/90 € (prima colazione inclusa)

TRANQUILLITÀ FA RIMA CON SEMPLICITÀ

Al b&b Spanò le camere non sono semplici camere, ma mini appartamenti con bagno e angolo cottura. Non aspettatevi però troppi fronzoli, lo stile scelto dai proprietari è piuttosto spartano: i mobili sono in stile arte povera, senza concessioni al superfluo. L'accoglienza, poi, è uno dei punti forti della struttura: qui avrete sempre tutta la tranquillità e il comfort che cercate!

INFO

B&B Spanò • Via Santa Lucia 37/a, Reggio Calabria • 0965 818527 • www.ostello-spano.it • Costi: 30/35 € a persona (prima colazione inclusa)

SCILLA

DORMIRE CULLATI DAL CANTO DELLE SIRENE

Che preferiate una camera o un appartamento, l'Hotel Le Sirene non faticherà ad accontentarvi. Le stanze sono ampie, curate, alcune con vista mare, tutte dotate di servizi privati; gli appartamenti, con cucina attrezzata, sono perfetti per famiglie o gruppi di amici. Convenzioni con ristoranti e stabilimenti balneari.

INFO

Hotel Le Sirene • Via Nazionale 57, Scilla • 0965 754019 • www.hotellesirenescilla.com • Costi: camera singola 40/60 €, doppia 60/80 € (prima colazione inclusa)

LE PICCOLE GROTTE DI CHIANALEA

In una casa ottocentesca nel borgo

di pescatori di Chianalea, un accogliente b&b arredato e decorato con cura, utilizzando legno, ceramiche di Seminara, ferro battuto e prodotti dall'artigianato locale. Splendida vista mare dalle terrazze, disponibilità, cortesia e informazioni utili per organizzare escursioni nella zona. A richiesta, massaggi e trattamenti estetici.

INFO

Le Piccole Grotte • Via Grotte 10, località Chianalea, Scilla • 338 2096727 • www.lepiccolegrotte.it • Costi: camera singola 40/60 €, doppia 60/90 € (prima colazione inclusa)

Dove mangiare e bere

REGGIO CALABRIA

DOVE LA RICOTTA INCONTRA LA LIQUIRIZIA

Senza ombra di dubbio, uno dei ristoranti più interessanti di Reggio Calabria, anche per i prezzi. Si servono soprattutto piatti tipici della cucina calabrese, preparati con amore, senza però rinunciare a qualche interessante sperimentazione, come la ricottina cosparsa di riso tostato alla liquirizia di Calabria. Buone le grigliate miste e più che accettabile il vino della casa.

INFO

La Tavernetta • Via Condera Pietrastorta 45, Reggio Calabria • 0965 318051 • www.ristolatavernetta.it • Chiuso martedì • Costi: 22/25 €, bevande escluse

MENU VEGETARIANO/GLUTEN FREE E PESCE FRESCO

Al Baylik, il pesce è il protagonista incontrastato. Tra i piatti più interessanti l'originale carbonara di pesce spada, l'insalata di grano all'agro e la grigliata di pesce alla brace. Per celiaci e vegetariani c'è la possibilità di richiedere un menu apposito, però solo su prenotazione. Ottimi i vini, a un buon rapporto qualità-prezzo.

INFO

Baylik • Vico Leone 1, Reggio Calabria • 0965 48624 • www.ristorantebaylik.it • Aperto tutti i giorni • Costi: 23/28 €, bevande escluse

SCILLA

L'OSTERIA APERTA SOLO NELLA BELLA STAGIONE

Attenzione a non andarci verso la fine dell'autunno e d'inverno, perché la troverete chiusa, a meno che non siate un gruppo di almeno dieci persone. Gli altri mesi dell'anno, però, all'Osteria del Centro potrete gustare una cucina prevalentemente di mare, dove il pesce spada, preparato in tutte le maniere, è la carta vincente del menu. Locale intimo e tranquillo.

INFO

Osteria del Centro • Via Orto Monaci 6, Scilla • 0965 754072 • Pagina Facebook: Osteria Del Centro • Chiuso da novembre a marzo, negli altri mesi aperto tutti i giorni • Costi: 20/25 €, bevande escluse

GAMBERI ROSSI E FRITTURE DI CALAMARI ALLA PESCATORA

Affacciato sul mare dello Stretto,

questo ristorante propone piatti di pesce e frutti di mare di tutti i tipi, a seconda della stagione. Tra le specialità le tagliatelle al gambero rosso, gli involtini di pesce spada, le fritture di calamari e la torta di pasta sfoglia con ripieno di ricotta e crema di pistacchio. Da maggio a ottobre si mangia anche all'aperto.

INFO
Alla Pescatora • Via Cristoforo Colombo 32, Scilla • 0965 754147 • Pagina Facebook: Alla Pescatora • Chiuso mercoledì • Costi: 18/22 €, bevande escluse

Calabria

Trasporti e collegamenti

IN AEREO
L'aeroporto di Reggio Calabria è collegato con voli diretti a Milano, Bergamo-Orio al Serio, Venezia e Roma.
Aeroporto di Reggio Calabria Tito Minniti • Via Ravagnese, Reggio Calabria • 0965 640517 • www.aeroportodellostretto.it

IN TRENO
La stazione FS di Reggio Calabria si trova sulla linea ferroviaria Milano-Roma-Napoli-Reggio Calabria.

IN AUTO
Autostrada A3 Salerno-Reggio Calabria, uscita Reggio Calabria.

IN AUTOBUS
Scilla e la Costa Viola sono servite dall'autolinea Costa Viola Bus • 0965 021994 • www.costaviolabus.it

Crotone e Le Castella

Dalla città fondata da Ercole al castello di Brancaleone

Sia che l'abbia fondata Ercole sia che, com'è più probabile, le sue origini siano legate a un gruppo di coloni achei, Crotone fu per secoli una città ricca e famosa, grazie al suo clima salubre, ma soprattutto grazie a Pitagora e alla sua scuola. I segni dell'antico splendore si ritrovano nei reperti esposti al Museo Archeologico e nel vicino Parco Archeologico di Capo Colonna, una delle meraviglie della Magna Grecia. Poco lontano, in località Le Castella, c'è il bel castello aragonese costruito su un isolotto a un centinaio di metri dalla riva, reso famoso dal film *Brancaleone alle crociate*.

Crotone

La leggenda narrata da Ovidio dice che fu fondata da Ercole il quale, di ritorno da una delle sue mitiche fatiche, uccise per sbaglio il suo amico Crotone, al quale volle dedicare una nuova città. Le cronache dicono invece che fu fondata nell'VIII secolo a.C. da coloni provenienti dalla regione dell'Acaia, che fu uno dei centri più importanti della Magna Grecia e che raggiunse l'apice della sua fama nel V secolo a.C., grazie alla scuola di scienza, matematica e musica qui creata da Pitagora. A qualunque delle ipotesi si decida di dar credito, resta il fatto che Crotone è una tranquilla e piacevole cittadina il cui centro storico, posto su un'altura a ridosso del mare, è attraversato da un labirinto di vicoli e viuzze sul quale vigila uno dei castelli più importanti dell'Italia del Sud. Ed è proprio nel cuore del centro storico che si visita il Museo Archeologico Nazionale, una delle attrazioni più interessanti di Crotone, dove sono raccolti alcuni dei reperti provenienti dal territorio crotonese e, in particolare, gli oggetti rinvenuti nel santuario di Hera Lacinia, situato in località Capo Colonna, a una decina di chilometri da Crotone. Tra questi il diadema di Hera, pezzo unico al mondo, insieme al Tesoro di Hera, composto da ben centottantanove gioielli. Il santuario di Hera era il più venerato della Magna Grecia e oggi è all'interno del Parco Archeologico di Capo Colonna, che include anche le fondamenta di edifici sacri, delle terme e di una villa romana, e la famosa colonna dorica (da cui il nome Capo Colonna). All'ingresso dell'area si trova il Museo di Capo Colonna con reperti provenienti dagli scavi o restituiti dal mare.

Passeggiando per Crotone si possono ammirare, purtroppo solo dall'esterno, alcuni eleganti palazzi nobiliari, tra i quali Palazzo Galluccio e Palazzo Morelli in via Risorgimento, in stile neoclassico romano, e il settecentesco Palazzo De Mayda, in via Suriano. Tra le numerose chiese vale la pena ritagliarsi un po' di tempo per il duomo, risalente al IX secolo, anche se più volte rimaneggiato, con il suo organo settecentesco, la chiesa dell'Immacolata, costruita nel XVI secolo (e ampliata nel 1738) dove prima c'era un tempietto cinquecentesco, la piccola chiesa di Santa Chiara, con i pavimenti in maiolica napoletana e la suggestiva chiesa di San Giuseppe, una volta frequentata solo dalle famiglie nobili.

Arrivati in corso Vittorio Emanuele, dedicate qualche minuto ai resti delle poderose mura bizantine che proteggevano la città e poi dirigetevi verso il castello aragonese, con le sue due torri, oggi sede della biblioteca comunale e di un piccolo Museo Civico, in cui sono conservati gli stemmi delle famiglie nobili della zona, reperti provenienti da alcuni casali in rovina, ceramiche antiche, armi e pezzi d'artiglieria.

INFO

IAT di Crotone • Via Torino 148, Crotone • 0962 952111 • www.crotoneturismo.it

Museo Archeologico Nazionale • Via Risorgimento 121, Crotone • 0962 905625 • Aperto 9-19, chiuso lunedì • Costi: 1/2 €

Museo e Parco Archeologico di Capo Colonna • Località Capo Colonna, Crotone • 0962 934814 • Aperto dalle 9 a un'ora prima del tramonto • Costi: ingresso gratuito

Museo Civico • Castello aragonese, piazza Castello, Crotone • 0962 902294 • Aperto 9-13 e 16-20, domenica solo al mattino; chiuso lunedì • Costi: ingresso gratuito

Le Castella

4
Isola di Capo Rizzuto

A Le Castella, una frazione di Isola di Capo Rizzuto a circa 30 chilometri da Crotone, sorge una spettacolare e insolita fortezza aragonese, famosa per essere stata il set cinematografico del film di Mario Monicelli *Brancaleone alle crociate*.

Il castello, costruito prima del 1521 sui resti di fortificazioni risalenti al 500 a.C., ancora in discrete condizioni, si trova su un isolotto a circa 120 metri dalla riva, alla quale è collegato da una sottile lingua di terra. Secondo alcune fonti, la torre fu eretta per volere di Annibale durante la Seconda guerra punica per respingere gli attacchi delle legioni romane. Oggi è possibile visitarla, insieme ai bastioni, ad alcune stanze e ai resti di una cappella.

Più volte al centro di combattimenti tra i vari eserciti di passaggio in Calabria, Le Castella ha dato i natali, nel 1519, a Giovanni Dionigi Galeni Occhiali, poi convertitosi all'islam con il nome di Uluç Alì – storpiato in italiano in Uccialì – e diventato uno tra i più prestigiosi ammiragli della flotta turca, oltre che un corsaro particolarmente attivo nelle acque liguri. A Uccialì, che partecipò anche alla battaglia di Lepanto come comandante di alcune navi della flotta ottomana, è dedicato un piccolo monumento nella piazza del borgo.

INFO

Pro Loco di Le Castella • Via Duomo 39, località Le Castella, Isola di Capo Rizzuto • 0962 795160 • www.prolocolecastella.it

Castello Aragonese • Località Le Castella, Isola di Capo Rizzuto • 0962 795160 • Aperto dal martedì alla domenica 10-12 e 15-17, nei mesi estivi fino a mezzanotte; chiuso lunedì • Costi: 3 €

Zoom

Santa Severina

5
Santa Severina

Due i monumenti assolutamente da vedere a Santa Severina, l'antica città greca di Siberene, gradevole borgo a una trentina di chilometri da Crotone. Il primo è lo splendido castello, costruito nell'XI secolo, all'epoca della dominazione normanna, su una preesistente fortificazione bizantina. Oggi è aperto al pubblico, che può visitare il Museo Civico e godere dello splendido panorama dalle mura. Il secondo è il Battistero, addossato al corpo della cattedrale, probabilmente il più antico monumento bizantino esistente in Calabria, con affreschi risalenti al X-XII secolo.

IAT di Santa Severina • Piazza Vittorio Emanuele III, Santa Severina • 0962 510625 • www.comune.santaseverina.kr.it

Dove dormire

CROTONE

NEL NOME DI PITAGORA

Al b&b Pitagora, a 300 metri dal lungomare, si alloggia in tre ampie e colorate camere arredate con gusto, dotate di aria condizionata e abbellite da opere d'arte contemporanea. La colazione si fa in cucina, il parcheggio è gratuito e i clienti possono usufruire di convenzioni con ristoranti e centri benessere. Servizio navetta dalla stazione FS e dall'aeroporto incluso nel prezzo.

INFO

B&B Pitagora • Viale Matteotti 28, Crotone • 389 9880339 • www.pitagoracrotone.it • Costi: camera singola 30/40 €, doppia 45/70 € (prima colazione inclusa)

IL DOLCE DORMIRE UN PO' PUNK E UN PO' REGGAE

Abat-jour verdi fosforescenti, copriletti a righe, quadri sgargianti dedicati a gruppi musicali famosi e bagni dalle piastrelle colorate rendono Aprile Dolce Dormire un b&b decisamente anticonvenzionale. L'atmosfera è informale e giovanile, quindi, se cercate uno stile più classico, non siete nel posto giusto. Una stanza è priva di finestre: se non la volete, chiaritelo al momento della prenotazione.

INFO

Aprile Dolce Dormire • Via Cavour 26, Crotone • 392 9061366 • Pagina Facebook: Aprile Dolce Dormire • Costi: camera singola 30/45 €, doppia 50/70 € (prima colazione inclusa)

LE CASTELLA

PREZZI DA DUE STELLE PER UN HOTEL DI LUSSO

Dai prezzi davvero economici non si direbbe mai che il Cavallino sia un quattro stelle, ma per i servizi che offre se le merita tutte: terrazzo-solarium con sedie, tavolini, ombrelloni e sdraio, spiaggia privata, bar-edicola, maneggio, bus navetta dall'aeroporto o dalla stazione ferroviaria. Offerte sul trattamento di mezza pensione in bassa stagione.

INFO

Hotel Il Cavallino • Località Capo Piccolo, Isola di Capo Rizzuto • 0962 792538 • www.hotelilcavallino.it • Costi: camera singola 60/70 €, doppia 80/100 € (prima colazione inclusa)

L'HOTEL SEMPRE APERTO A LE CASTELLA

Sono rari gli alberghi aperti tutto l'anno a Le Castella. Per fortuna tra questi c'è un piccolo hotel a conduzione familiare, con quindici camere, situato a pochi passi dal corso principale, dal mare e dal castello aragonese. Accogliente, con servizi privati, aria condizionata e cassaforte in ogni stanza, dispone anche di un buon ristorante.

INFO

Hotel La Calabrese • Via Duomo 86, località Le Castella, Isola di Capo Rizzuto • 0962 795606 • www.hotellacalabrese.it • Costi: camera singola 40/65 €, doppia 60/120 € (prima colazione inclusa)

Dove mangiare e bere

CROTONE

SESSANT'ANNI DI PIZZE ROSSE E BIANCHE

Da più di sessant'anni questo locale sforna ottime pizze rosse e bianche, di tutti i tipi e per tutti i gusti. Purtroppo, il servizio a volte è piuttosto frettoloso a causa dell'affollamento del locale, ma la qualità dei piatti è sempre alta. Da provare i golosi antipasti e gli stuzzichini fritti. Tante promozioni sui prezzi delle pizze, anche su quelle più care.

INFO

La Nuova Scarampola • Via Carrara 9, Crotone • 380 445757 • Pagina Facebook: La Nuova Scarampola • Chiuso domenica a pranzo • Costi: 8/10 €, bevande escluse

TRADIZIONE CREATIVA PER PALATI FINI

L'arredamento è ricercato, come la cucina, che riprende la tradizione calabrese rivisitandola con un tocco di creatività. Ne escono piatti interessanti e innovativi, che i palati più fini non potranno non apprezzare. Buoni gli antipasti, in gran parte a base di pesce, ottimi i primi ai frutti di mare e ben assortita la cantina (anche se non proprio economica).

INFO

La Figlia di Annibale • Via Emanuele Di Bartolo 20/22, Crotone • 0962 903082 • Pagina Facebook: La Figlia di Annibale • Chiuso lunedì • Costi: 25 € menu a prezzo fisso, bevande escluse

LE CASTELLA

I MENU FISSI DI PESCE DEL RISTORANTE ARAGONESE

Proprio davanti al castello aragonese, un buon ristorante di pesce, dove il menu varia a seconda del pescato del giorno. Tre i convenienti menu turistici proposti: il più economico con pasta al pomodoro, verdure e dolce; uno con spaghetti cozze e vongole, frittura di pesce, insalata mista e dolce della casa; il più caro con antipasto fantasia, maccheroni allo scoglio, filetto di spigola al gratin e seppie, insalata e dolce.

INFO

Ristorante Aragonese • Via Duomo 2, località Le Castella, Isola di Capo Rizzuto • 0962 795013 • www.ristorantearagonese.it • Chiuso lunedì • Costi: menu turistico 12, 22 e 30 €, bevande escluse

TRA FRITTI DI PARANZA E ANTIPASTI DI MARE

Cosa c'è di meglio di una trattoria con tavoli di legno, pareti in pietra e travi a vista per mangiare piatti di pesce saporiti, accompagnati da un buon calice di vino? Ottimi gli antipasti di mare, leggeri i fritti di paranza e le alici impanate, imperdibili i primi piatti con la pasta fresca e i dolci. Da provare i vini della casa o i rosati in bottiglia, anche biologici.

INFO

La Bussola • Via Annibale Barca, località Le Castella, Isola di Capo Rizzuto • 329 2769164 • la-bussola.webnode.it • Chiuso lunedì • Costi: 20/25 €, bevande escluse

Trasporti e collegamenti

IN AEREO

L'aeroporto di Crotone è collegato con voli diretti giornalieri a Bergamo-Orio al Serio, Torino, Verona, Pisa e Roma.

Aeroporto di Crotone Sant'Anna • Isola di Capo Rizzuto • 0962 794388 • www.aeroporto.kr.it

IN TRENO

La stazione FS di Crotone è collegata alle linee ferroviarie provenienti da Roma e Milano.

IN AUTO

Autostrada A3 Salerno-Reggio Calabria, uscita Sibari, e proseguire in direzione della SS 106 Jonica.

IN AUTOBUS

Crotone è raggiungibile con i bus delle autolinee Romano • 0962 21709 • www.autolineeromano.com

19.

Sicilia

Sicilia

1. Noto (SR)
2. Modica (RG)
3. Scicli (RG)
4. Palermo
5. Monreale (PA)
6. Cefalù (PA)
7. Trapani
8. Paceco (TP)
9. Erice (TP)

Il barocco siciliano

Un giardino di pietra, una città presepe e il borgo della cioccolata

Un weekend all'insegna del barocco siciliano, partendo da Noto, definita il giardino di pietra dorata, fino a Scicli, dove, oltre agli antichi monumenti, si incontrano i luoghi della fortunata serie televisiva dedicata al commissario Montalbano. Senza dimenticare Modica, la città delle cento chiese, ma anche dei laboratori artigianali dove i maestri cioccolatieri producono ancora il cioccolato azteco. Perché in Sicilia storia, archeologia, natura e sapori si intrecciano, rendendo davvero magica questa meravigliosa isola.

Noto

1 Noto

Noto, una delle capitali del barocco siciliano, città dei palazzi di pietra color miele, di chiese e capitelli, è una delle mete imperdibili della provincia siracusana. Dichiarata dall'Unesco Patrimonio dell'umanità, vanta dei gioielli architettonici senza pari, come la cattedrale, dedicata a San Nicolò, risalente al Settecento e ricostruita dopo il crollo del 1996. Si tratta di un edificio elegante e maestoso con due torri campanarie, al quale si accede tramite un'imponente scalinata a tre rampe.
Una passeggiata lungo corso Vittorio Emanuele – la strada principale di Noto – e le altre vie del centro storico conduce alla sala degli Specchi di Palazzo Ducezio, sede del municipio, con le sontuose specchiere di fine Ottocento, arricchite di ori e stucchi. O alla dimora nobiliare

settecentesca di Palazzo Nicolaci, del quale sono visitabili i nove saloni arredati del piano nobile, a cui si accede da un elegante scalone ottocentesco di gusto neoclassico. O, ancora, alla chiesa di Montevergini, alla chiesa del SS Salvatore, alla chiesa di Santa Chiara, e al Teatro Comunale.

A una decina di chilometri dalla città si incontrano le rovine di Noto antica, abbandonata dopo il terremoto del 1693, ad accesso libero, dove si possono ammirare le necropoli sicule del IX-VIII secolo a.C., la Grotta del Carciofo, la Grotta delle Cento Bocche, la Porta della Montagna e i resti dell'imponente cinta muraria e del Castello Reale. In direzione del mare, poco prima della Riserva Naturale di Vendicari, si può invece visitare la splendida villa romana del Tellaro, i cui mosaici pavimentali sono ritenuti tra i più belli d'Italia.

INFO

Azienda per l'incremento turistico di Noto • Piazza XXV Maggio, Noto • 0931 573779 • www.comune.noto.sr.it

Sala degli Specchi di Palazzo Ducezio • Piazza Municipio, Noto • 0931 896264 • Aperto tutti i giorni 9.30-13 e 15-16.30 • Costi: 2 €, 4 € biglietto cumulativo con il Teatro Comunale

Palazzo Nicolaci • Via Nicolaci 18, Noto • 338 7427022 • www.palazzonicolaci.com • Aperto tutti i giorni 10-13 e 15-17.30 • Costi: 2/4 €

Teatro Comunale • Piazza XVI Maggio, Noto • 0931 896655 • www.fondazioneteatrodinoto.it • Aperto in occasione degli spettacoli • Costi: 4 € biglietto cumulativo con la Sala degli Specchi

Villa romana del Tellaro • Località Caddeddi, Noto • 331 5771472 • www.villaromanadeltellaro.com • Aperto tutti i giorni 9-19 • Costi: 3/6 €

2 Modica

Modica

Modica è famosa per le sue splendide chiese, che sembrerebbero essere addirittura cento. Assolutamente da vedere il duomo di San Giorgio, con la sua imponente facciata e la scalinata di 164 gradini, ritenuto il monumento simbolo dello stile architettonico barocco siciliano, e il duomo di San Pietro, edificato a partire dal 1301, ma più volte ricostruito a causa delle frequenti scosse di terremoto. Nella parte alta della città si trova la chiesa di San Giovanni Evangelista, da cui partono i vicoli che conducono al belvedere, il cosiddetto Pizzo, da cui si gode un bel panorama di Modica. San Nicolò inferiore, con i suoi affreschi sulla nuda roccia, è invece un pregevole esempio di architettura rupestre, mentre l'ex monastero delle Benedettine è oggi sede del Museo Civico Archeologico, dove è esposta una rara statuetta bronzea dell'Eracle di Cafeo, risalente al III secolo a.C.

A Modica si può visitare anche la casa dove nacque il poeta Salvatore Quasimodo, ricordato da una lapide sulla parete esterna. Nella parte bassa della città è d'obbligo una sosta in una delle numerose botteghe dove si produce il famoso cioccolato artigianale, utilizzando l'antica ricetta azteca che lo rende granuloso e friabile.

INFO

Ufficio del Turismo di Modica • Corso Umberto I 141, Modica • 346 6558227

Museo Civico Archeologico • Corso Umberto I 149, Modica • 0932 759642 • Aperto 9.30-13 e 15.30-19.30, chiuso lunedì • Costi: 1,50/2€

Casa Natale di Salvatore Quasimodo • Via Posterla 84, Modica • 331 7403045 • Aperto 10-13, sabato anche 16-19; chiuso lunedì • Costi: 1,50/2 €

Zoom

Sulle tracce di Montalbano

Modica, Scicli e Punta Secca sono alcuni dei luoghi in cui è stata girata la serie televisiva dedicata al commissario Montalbano, personaggio creato da Andrea Camilleri e interpretato dall'attore Luca Zingaretti. Vigata, nome di fantasia del paese in cui lavora il poliziotto più famoso d'Italia, corrisponde al centro storico di Scicli, in particolare a via Francesco Mormino Penna, dove è sempre parcheggiata la Fiat Tipo del commissario. Altre scene della serie si svolgono a Modica, tra scalinate e chiese. La casa di Montalbano affacciata sul mare a Marinella si trova invece a Punta Secca, tra Marina di Ragusa e Santa Croce Camerina, ed è un accogliente b&b.

Scicli

Scicli è forse meno conosciuta di Noto e Modica, ma non per questo va trascurata. Anzi, forse il fatto che sia una meta meno turistica è un punto a suo favore, o almeno lo è per chi non ama sgomitare mentre visita un museo e odia essere accecato dai flash. Il suo splendido centro storico, ricostruito in seguito al terremoto del 1693 che rase al suolo l'intera città, è un piccolo gioiello incantato, che fa assomigliare questo affascinante borgo a un presepe, specialmente la sera, quando le sue luci illuminano l'intera vallata. Tra i numerosi monumenti si distingue Palazzo Beneventano, definito il palazzo barocco più bello della Sicilia, con i suoi caratteristici mascheroni che rappresentano delle teste di moro. Palazzo Fava stupisce con le originali mensole poste a sostegno del balcone che si affaccia su via San Bartolomeo, mentre Palazzo Spadaro incanta con la sua facciata, sulla quale spiccano gli otto balconi con ringhiere in ferro battuto.

Sono poi da vedere la statua marmorea del pittore del Cinquecento Pietro di Lorenzo, detto Busacca, circondata dal complesso della chiesa e del convento del Carmine, il convento di San Domenico e le architetture militari del Castiddazzu (torrione di uno scomparso mastio, probabilmente risalente al XV secolo) e del Castello dei Tre Cantoni. Scicli è anche un vivace centro di arte contemporanea italiana ed europea, dove opera una scuola di pittura e scultura, chiamata Gruppo di Scicli, i cui lavori sono in parte esposti a Palazzo Spadaro.

INFO

Ufficio del Turismo di Scicli • Palazzo Spadaro, via Mormino Penna 2, Scicli • 0932 839608 • www.comune.scicli.rg.it

Dove dormire

NOTO

NOTEBOOK E MACCHINETTA PER IL CAFFÈ AL PORTA REALE

Per godervi un weekend nel cuore della Noto barocca, dovete solo prenotare al Porta Reale rooms. Le stanze dispongono di servizi privati, balcone sul corso, aria condizionata, cassaforte, macchina del caffè e addirittura di un notebook sempre connesso a internet. La colazione non si fa all'interno della struttura, ma in un bar convenzionato.

INFO

Porta Reale rooms • Corso Vittorio Emanuele 165, Noto • 0931 839108 • www.portarealerooms.it • Costi: camera singola 65/90 €, doppia 65/90 €

L'ANTICA CASA CONTADINA DI LOREDANA E CORRADO

In un'antica e semplice casa contadina, i proprietari, Loredana e Corrado, accolgono calorosamente gli ospiti nelle loro cinque stanze con servizi privati e forniscono consigli utili per visitare la zona e scoprire le eccellenze enogastronomiche di questo angolo di Sicilia. A colazione marmellate bio di produzione propria.

INFO

La Suma Sumalia • Contrada San Giovanni, Noto • 0931 894292 • www.lasumasumalia.it • Costi: camera singola 40 €, doppia 55/70 € (prima colazione inclusa)

MODICA

IL GIOIELLO MODERNO DI MODICA

Al Modica Old Town Rooms, nella parte bassa di Modica, ogni stanza è un piccolo gioiello moderno: parquet, pareti bianche, appendiabiti a muro e bagni dotati di ogni lusso. Sono disponibili anche appartamenti con angolo cottura fino a quattro posti letto. In più, se trovate una tariffa migliore entro ventiquattro ore dalla prenotazione, avete diritto a uno sconto del 10%!

INFO

Modica Old Town Rooms • Via Santa 15, Modica • 327 8522377 • www.modicaoldtownrooms.it • Costi: camera singola 32/40 €, doppia 39/60 €, appartamento 64/74 €

SCICLI

L'OSPITALITÀ DIFFUSA DI SCICLI

Nel centro storico di Scicli e in altre località della zona, camere o piccoli appartamenti all'interno di abitazioni private. Le sistemazioni, generalmente economiche, variano a seconda della tipologia scelta, ma sono tutte di qualità e garantite dall'associazione che ha promosso questa interessante iniziativa. Sono disponibili anche altri servizi turistici, quali noleggio auto e bici, escursioni naturalistiche e benessere.

INFO

Scicli Ospitalità Diffusa • Via Penna 15, Scicli • 392 8207857 • www.scicliospitalitadiffusa.it • Costi: camera singola 30/40 €, doppia 40/80 €

Dove mangiare e bere

NOTO

CUCINA SICILIANA RIVISITATA

Alla Trattoria del Carmine, le ricette sono quelle della cucina tipica siciliana, con qualche piccola rivisitazione. Nel menu antipasti di pecorino e pomodori secchi, caponatina, ravioli con il sugo di maiale, penne con pesce fresco, agnello, capretto o spezzatino in umido, coniglio alla stimpirata, cannoli fatti in casa.

INFO

Trattoria del Carmine • Via Ducezio 1, Noto • 0931 838705 • www.trattoriadelcarmine.it • Chiuso lunedì • Costi:15/20 €, bevande escluse

MODICA

ARREDAMENTO E PORZIONI DA VERA TRATTORIA

L'aspetto è quello delle classiche trattorie – tovaglie a quadri, sedie e tavoli di legno –, e le porzioni sono abbondanti. Su una lavagna, troverete scritto il menu del giorno, sempre fedele alla cucina siciliana, con focacce ripiene di patate e cipolla o ricotta e salsiccia, cavatelli alla Norma, agnello al forno, spezzatino di patate, carne al sugo, bollito e, se disponibili, sarde panate e fritte.

INFO

La Rusticana • Viale Medaglie d'Oro 34, Modica • 0932 942950 • Chiuso domenica a cena • Costi: 20/25 €, bevande escluse

I MENU A TEMA DI MARIA FIDONE

La signora Maria sta in cucina, aiutata dai figli, a preparare le sue prelibate specialità: l'antipasto della casa, i ravioli di ricotta fatti a mano con il sugo di maiale, i cavatelli con il sugo di melanzane, la carne, le salsicce arrosto o al sugo e i peperoni ripieni. In settimana menu a tema (mercoledì legumi, venerdì trippa e sabato ricotta), tra i 12 e i 15 euro. Durante la settimana è aperto solo la sera, nei giorni festivi anche a pranzo.

INFO

Ristorante Maria Fidone • Via Gianforma 6, località Frigintini, Modica • 0932 901135 • www.mariafidone.com

• Chiuso lunedì • Costi: 18/20 €, bevande escluse

SCICLI

SOTTO GLI OCCHI DELLA MADONNA DELLE MILIZIE

Appena entrati, vi sembrerà di essere più in un ristorante di montagna che in una braceria siciliana, se non fosse per la Madonna delle Milizie, la protettrice di Scicli, raffigurata all'ingresso. Il locale è molto accogliente, con un menu a prezzo fisso di 20 euro che comprende antipasto, secondo, contorno e dolce. Ottimi la carne alla griglia, anche di cavallo, i vini locali e i cannoli fatti in casa.

INFO

Braceria delle Milizie • Piazza Matteotti 4, Scicli • 339 3571526 • www.braceriadellemilizie.it • Chiuso lunedì • Costi: 20/25 €, bevande escluse

Trasporti e collegamenti

IN AEREO

L'aeroporto più vicino è quello di Catania Fontanarossa • Via Fontanarossa, Catania • 095 7239111 • www.aeroporto.catania.it

IN TRENO

Noto, Modica e Scicli sono collegate da treni regionali a Siracusa, da cui si può proseguire per Catania.

IN AUTO

Noto, Modica e Scicli sono raggiungibili percorrendo le autostrade A18 Messina-Catania-Siracusa e A19 Palermo-Catania-Siracusa.

IN AUTOBUS

Noto, Modica e Scicli sono raggiungibili con i bus dell'AST, Azienda Siciliana Trasporti, e di Interbus.
AST • 0931 464820 • www.aziendasicilianatrasporti.it
Interbus • 0931 66710 • www.interbus.it

Palermo e Monreale

Palazzi, chiese e mercati

Difficile decidere da dove iniziare la visita di Palermo. Se immergersi subito negli splendori dell'imponente cattedrale e del vicino Palazzo dei Normanni o se andare alla scoperta di suoni, colori e sapori dell'anima più verace del capoluogo siciliano: i mercati. Simboli contrastanti dei due volti di Palermo, dove l'eleganza, a volte coperta da un velo di abbandono, convive con lo spirito più vero della Sicilia del popolo. Poco lontano un altro gioiello, il duomo di Monreale, con i suoi ricchi mosaici bizantini.

Palermo

4
Palermo

Tanti i luoghi simbolo di Palermo. Tra i più importanti, il Palazzo dei Normanni, con la Cappella Palatina, la splendida cattedrale, la chiesa di San Giovanni degli Eremiti con le sue cupole rosse e il chiostro, la Pinacoteca di Palazzo Abatellis e il Castello della Zisa, prezioso scrigno di opere d'arte islamica. Tra i mercati più popolari, invece, la Vucciria, Ballarò e il Capo.

Palazzo dei Normanni, conosciuto anche come Palazzo Reale, ospita l'Assemblea Regionale Siciliana. Costruito nel IX secolo dagli arabi e poi rimaneggiato dai normanni, oggi è in parte aperto al pubblico, che può visitare numerosi ambienti, come il cortile Maqueda e la sala di Ruggero, la Gialla, la Rossa, quella del duca Montalto, di Ercole e la sala Pompeiana, oltre agli appartamenti della regina e alla Torre dei Venti. All'interno del palazzo si trova la Cappella Palatina, voluta da Ruggero II nel 1130 e inaugurata nel 1143, con opere realizzate da maestranze e artisti di religioni diverse, inclusa quella musulmana. Splendidi il soffitto ligneo dipinto e i mosaici bizantini.

La vicina cattedrale, con le sue torri gugliate, risale al 1184, poi modificata nel Settecento, e conserva al suo interno le tombe di Enrico VI, Federico II, Ruggero II e Costanza D'Aragona, oltre alle reliquie di Santa Rosalia protettrice di Palermo.

La suggestiva chiesa di San Giovanni degli Eremiti, con le sue insolite cupole rosse, è uno dei monumenti più caratteristici della città. Fu prima un convento, poi una moschea e infine, nel 1136, venne consacrata come luogo di culto cattolico per volontà di Ruggero II. Di quello che una volta era un ampio monastero restano oggi, oltre alla chiesa che richiama lo stile islamico, il bel chiostro e pochi altri resti.

Palazzo Abatellis, edificato nel 1495 in stile tardo gotico catalano con soluzioni rinascimentali, ospita sculture e dipinti databili tra il XII e il XVI secolo, tra i quali il grande affresco del *Trionfo della Morte* e la celebre *Annunziata* di Antonello da Messina. Il Castello della Zisa, realizzato da maestranze arabe durante la dominazione normanna come residenza estiva per il riposo e lo svago del sovrano, è oggi sede del Museo di Arte Islamica. All'esterno, ciò che resta del parco reale di caccia del Genoard (paradiso della terra). Un biglietto d'ingresso cumulativo permette di visitare la chiesa di San Giovanni degli Eremiti, Palazzo Abatellis e il Castello della Zisa al prezzo scontato di 5/10 € per tutti e tre i monumenti.

Accanto alla Palermo sfarzosa e opulenta di chiese e palazzi, esiste anche una Palermo popolare, che si incontra nei mercati, dove i colori, i suoni e gli odori sono quelli dei suk arabi del X secolo. Il più grande si chiama Ballarò, si trova nel quartiere dell'Albergheria, nei pressi di via Maqueda, e deve il suo nome a Bahlara, un villaggio di Monreale da cui provenivano i venditori che anticamente lo frequentavano. Tra i banchetti, anche quelli in cui acquistare il celebre cibo di strada siciliano, come gli arancini di riso, le panelle di farina di ceci o i panini con la milza. La Vucciria, dipinta anche da Renato Guttuso, è in piazza Caracciolo, via dei Maccheronai e nelle strade adiacenti. Vi si vende soprattutto pesce, pur essendo nato come mercato della carne. Il Capo, nei pressi della trecentesca Porta Carini, è invece dedicato prevalentemente alle verdure e ai dolci.

INFO

IAT di Palermo • Piazza Castelnuovo 34, Palermo • 091 583847 • www.provincia.palermo.it/turismo

Palazzo dei Normanni e Cappella Palatina • Piazza Indipendenza, Palermo • 091 6262833 • www.federicosecondo.org • Aperto dal lunedì al sabato 8.15-17.45, domenica e festivi 8.15-13 • Costi: 5/8,50 €

Palazzo Abatellis • Via Alloro 4, Palermo • 091 6230047 • Aperto dal martedì al venerdì 9-19, sabato e domenica 9-13.30; chiuso lunedì • Costi: 4/8 €

Castello della Zisa e Museo d'Arte Islamica • Piazza Zisa, Palermo • 091 6520269 • Aperto dal lunedì alla domenica 9-18.30 • Costi: 2,50/4,50 €

Monreale

Monreale, a poco più di 10 chilometri da Palermo, è famosa per la sua splendida cattedrale, costruita da muratori e architetti arabi e mosaicisti bizantini tra il 1174 e il 1176 per volontà di Guglielmo II. Nei suoi desideri avrebbe dovuto eguagliare la bellezza della Cappella Palatina e di altre famose cattedrali dell'epoca. Oggi l'edificio, nonostante sia interessato da diversi interventi, mantiene il suo antico splendore. All'interno si resta affascinati dai mosaici su fondo dorato, realizzati da maestranze veneziane e siciliane. Nella chiesa si trovano le tombe di Guglielmo I e di Guglielmo II e in un altare è conservato il cuore di San Luigi, morto a Tunisi nel 1270.

Oltre al celebre duomo, a Monreale si possono ammirare le fontane artistiche situate lungo la settecentesca strada panoramica che porta a Rocca, l'ex monastero dei benedettini, sede della Galleria Civica Giuseppe Sciortino – con opere di artisti come Carrà, Sironi, De Chirico e Guttuso –, e l'antico quartiere del Carmine, che mantiene quasi intatto lo spirito del passato, quando era abitato prevalentemente da contadini.

Sulla cima del vicino Monte Caputo si possono osservare i resti del Castellaccio, unico esempio nella Sicilia occidentale di monastero-fortezza, probabilmente costruito nel XII secolo sui resti di un forte preesistente. È aperto solo il sabato e la domenica, si raggiunge a piedi e ospita un rifugio del CAI.

INFO

Informazioni Turistiche di Monreale • Piazza Guglielmo II, Monreale • 091 6564679 • www.comune.monreale.pa.it

Cattedrale • Piazza Guglielmo II, Monreale • 091 6404413 • www.monrealeduomo.it • Aperto dal lunedì al venerdì 8.30-12.30 e 15.30-17; sabato, domenica e festivi 8.30-10 e 15.30-17 • Costi: ingresso gratuito

Galleria Civica Giuseppe Sciortino • Piazza Guglielmo II, Monreale • 091 6405443 • Aperto 8-13; martedì, giovedì e sabato anche 15-18; festivi 9-13 • Costi: 3 €

6
Cefalù

Zoom

Cefalù

Cefalù, piacevole cittadina affacciata sul mare, ha un centro storico molto caratteristico, in gran parte pedonale, con le case raccolte attorno alla cattedrale voluta da Ruggero II. Tappa imperdibile è il lavatoio medievale, costruito proprio sulla foce del fiume sotterraneo Cefalino. Alle vasche si accede attraverso una scalinata detta a lumachella, che scende fino a uno spazio semicoperto da una volta bassa, dove sgorga l'acqua che raggiunge poi il mare. Da visitare anche il Museo Comunale Mandralisca, con la bella Pinacoteca che espone il *Ritratto d'ignoto marinaio* di Antonello da Messina, e il santuario di Gibilmanna, dedicato alla Madonna, il cui nome, di origine araba, si riferisce a «Gibel el Mann» – Monte della manna – o «Gibel el Iman» – Monte della fede.

Ufficio Informazioni di Cefalù • Corso Ruggero 77, Cefalù • 0921 21050 • www.comune.cefalu.pa.it

Dove dormire

PALERMO

CLIM & SLEEP ALL'HOTEL REGINA

Una sola stella in cambio di stanze ampie, accoglienti e con bagno privato al primo piano di un antico palazzo del centro storico. Bello il patio con divani su cui sedersi a leggere un libro o a godersi il sole palermitano. Solo su prenotazione, grandi e piccini possono usufruire del pacchetto Climb & Sleep, per provare l'esperienza dell'arrampicata con il supporto degli istruttori.

INFO
Hotel Regina • Corso Vittorio Emanuele 316, Palermo • 091 6114216 • hotelreginapalermo.wix.com/hotelreginapalermo • Costi: camera singola 19/30 €, doppia 30/40 €

UN SOGGIORNO CONFORTEVOLE AL VIANDANTE

I comfort di questo b&b sono davvero tanti: le camere sono luminose e spaziose, con o senza bagno privato, i principali luoghi turistici della città sono raggiungibili a piedi, così come le vie dello shopping, e la giornata inizia sempre nel migliore dei modi, grazie all'abbondante prima colazione servita in salotto.

INFO
Al viaNdante • Via Dante 54, Palermo • 338 5954576 • www.alviandante.com • Costi: camera singola 50 €, doppia 60/80 € (prima colazione inclusa)

MONREALE

UN PO' HOTEL, UN PO' B&B

Una via di mezzo tra un hotel e un b&b nel cuore di Monreale, a pochi passi dalla celebre cattedrale, dove si alloggia in camere con servizi privati, tutte dotate di balcone e aria condizionata. Pagando un po' di più si può prenotare una delle due bellissime suite o l'appartamento con cucina. Al piano terra, una pizzeria-ristorante dove pranzare e cenare.

INFO

Locanda Re Ruggero • Via Arcivescovado, Monreale • 348 5241341 • www.locandareruggero.it • Costi: camera singola 35/50 €, doppia 45/60 € (prima colazione inclusa)

LE SPA SUITE DI MONREALE

Se avete voglia di un tè, trovate il bollitore in camera, se volete godervi un'ora di puro relax, ci sono la jacuzzi e la sauna finlandese, però solo nelle suite, ovviamente più costose delle stanze standard. Per coccolarsi, questo è il luogo ideale: non c'è infatti capriccio che il personale non sia disposto a soddisfare. Informazioni turistiche e mappe gratuite su richiesta.

INFO

Palazzo Ducale Suites • Via Duca degli Abruzzi 8, Monreale • 091 6404298 • www.palazzoducalesuites.it • Costi: camera singola 35/60 €, doppia 45/70 €

CEFALÙ

LA TERRAZZA SUL MARE

Belle camere in stile liberty e un'ampia terrazza panoramica sul mare in un b&b situato al terzo piano nel centro di Cefalù. Ambiente familiare e accogliente, in una zona tranquilla, dove l'accesso delle auto private è limitato ad alcune ore del giorno.

INFO

B&B Casanova • Via Porpora 3, Cefalù • 0921 923065 • www.casanovabb.it • Costi: camera singola 40/70 €, doppia 55/100 € (prima colazione inclusa)

Dove mangiare e bere

PALERMO

IL VERO CIBO DI STRADA DAL 1834

Il locale è una vera e propria istituzione a Palermo, ma anche a Roma e a Milano. Dal 1834 propone il cibo di strada tradizionale della Sicilia. Si mangia su semplici tavoloni di legno o, nella bella stagione, nella vicina piazzetta. Tra le proposte gli arancini di riso, il cous cous con melanzane, zucchine, pomodori, verdure di stagione, i rigatoni alla Norma, gli involtini di melanzane o di sarde, le polpette di pesce spada e molte altre golosità.

INFO

Antica Focacceria San Francesco • Via Paternostro 58, Palermo • 091 320264 • www.anticafocacceria.it • Aperto tutti i giorni • Costi: 12/18 €, bevande escluse

A PRANZO NELLA TRADIZIONE

I tavoli sono solo sei ed è aperta solo a pranzo, ma proprio per questo, oltre che per il carattere un po' burbero del proprietario, l'Osteria Paradiso è così amata dai palermitani. Tra i piatti il pescato del giorno, le insalate di mare, le zuppette con legumi o verdure di stagione, gli spaghetti con acciughe, pomodoro e mollica abbrustolita e la bistecca panata alla palermitana.

INFO
Osteria Paradiso • Via Serradifalco 23, Palermo • 360 941155 • Chiuso a cena e domenica a pranzo • Costi: 18/22 €, bevande escluse

MONREALE

CINQUANT'ANNI DI PIZZE

Da oltre cinquant'anni questa pizzeria nascosta nell'intrico di vicoli del centro storico, alle spalle del duomo, propone le sue ottime pizze insieme a focacce, schiacciate e pasta di pane ripiena di caciocavallo, melanzane, pomodoro, rucola e mascarpone. Nella bella stagione si cena anche all'aperto.

INFO
Pizzeria da Totò • Via Ciro Menotti 6, Monreale • 091 6401221 • Chiuso mercoledì • Costi: 8/12 €, bevande escluse

CUCINA TRADIZIONALE IN TERRAZZA

In questo locale si va per provare i sapori intensi della cucina tipica siciliana, a volte piacevolmente rivisitati. Si cena nella veranda interna o, tempo permettendo, in terrazza, con un panorama decisamente notevole sulla Conca d'Oro. Antipasto a base di patatine, panelle di ceci, bruschette e crocchette; poi zuppa o pepata di cozze, tagliatelle al pesto siciliano, frittura o grigliata di pesce e dolci fatti in casa. Pizze per chi le preferisce alla cena tradizionale. Il sabato sera musica dal vivo.

INFO
Al Rustico 2 • Via Circonvallazione 34/a, Monreale • 091 6409506 • www.ristorantealrustico2.com • Chiuso martedì • Costi: 20/25 €, bevande escluse

CEFALÙ

SERVIZIO A MISURA DI BAMBINO

Buon ristorante-pizzeria situato sul lungomare di Cefalù. Ricca scelta di antipasti, ottimi primi piatti e l'immancabile pesce spada alla siciliana. Buone, croccanti e leggere anche le pizze. Servizio cortese e attento alle esigenze dei bambini.

INFO
Papagajo • Via Lungomare G. Giardina 163, Cefalù • 0921 421487 • www.ristorantepapagajocefalu.it • Chiuso lunedì • Costi: 15/23 €, bevande escluse

Trasporti e collegamenti

IN AEREO

La zona è servita dall'aeroporto di Palermo Punta Raisi • Località Punta Raisi, Cinisi • 091 7020273 • www.gesap.it

IN TRENO

La stazione FS di Palermo è collegata con treni diretti a Milano, Roma e Napoli. Nel biglietto è incluso l'attraversamento dello Stretto di Messina.

IN AUTO

Per arrivare a Palermo da Messina si deve percorrere l'autostrada A20.

IN AUTOBUS

A Palermo e dintorni circolano i bus dell'AST Azienda Siciliana Trasporti • 0931 464820 • www.aziendasicilianatrasporti.it

IN TRAGHETTO

Palermo è collegata a Civitavecchia, Napoli e a Genova dai traghetti di Grandi Navi Veloci. Tirrenia la collega a Cagliari, Grimaldi a Salerno.

Grandi Navi Veloci • 010 2094591 • www.gnv.it

Tirrenia • 892 123 • www.tirrenia.it

Grimaldi • 081 496 444 • www.grimaldi-lines.com

Trapani e le saline

Il fascino di Trapani e il bianco accecante delle sue saline

Ingiustamente sottovalutata dal turismo, Trapani è in realtà ricca di storia, con i suoi palazzi raccolti intorno al porto, fondato dai fenici per fare della città un emporio commerciale. Qui non ci sono monumenti importanti, ma il centro storico si presenta come un insieme architettonico e urbanistico di grande fascino, anche grazie a quel leggero senso di malinconico abbandono che avvolge le case, delle quali si intravede ancora l'antica bellezza. Da non dimenticare poi le saline, che si annunciano con le sagome dei mulini a vento, una volta utilizzati per pompare l'acqua da far evaporare, e che rappresentano un interessante ecomuseo diffuso, con i loro impianti avvolti dal bianco abbagliante del sale estratto dal mare.

7 Trapani

Trapani

Furono i fenici a fondare, in un luogo precedentemente abitato dagli Elimi, Trapani, l'antica Drepanon, come porto ed emporio commerciale strettamente legato a Cartagine. Ancora oggi la città, con i suoi palazzi, si raccoglie intorno allo scalo marittimo, protetto dalla caratteristica Torre di Ligny, costruita nel 1671 su uno scoglio oggi collegato alla terraferma e sede di un piccolo ma interessan-

te museo archeologico e di mostre temporanee.
Su un isolotto posto all'imboccatura del porto si trova il Castello della Colombaia, con la caratteristica torre, le cui origini risalgono al periodo fenicio, anche se fu successivamente modificato. Si ritiene che vi sia stata imprigionata, per soli tre giorni nel 1360, la regina Costanza, che doveva andare in sposa a Federico III di Svevia. Purtroppo la fortificazione non è ancora regolarmente aperta al pubblico ed è in fase di definizione il suo futuro utilizzo come spazio museale ed espositivo.
Nella zona del porto peschereccio si incontra il bel villino Nasi, costruito nel 1898, con arredi e decorazioni liberty e una piccola cappella, mentre su un isolotto non lontano dal villino, attualmente unito alla terraferma, si trova l'ex lazzaretto, dove passavano la quarantena gli equipaggi delle barche entrati in contatto con epidemie infettive, oggi sede della Lega Navale Italiana.
Passeggiando per il centro storico si possono invece ammirare dall'esterno alcuni interessanti palazzi, purtroppo in condizioni non sempre ottimali. Tra i più belli, Palazzo Cavarretta, che ospita il municipio di Trapani, il cinquecentesco Palazzo Riccio di Morana, Palazzo Riccio di San Gioacchino, riedificato nel XVIII secolo mantenendo la facciata in stile barocco, e Palazzo Lucatelli, costruito nel 1455 per adibirlo a ospedale. Il cinquecentesco Palazzo Fardella Baroni di Mokarta si distingue per il bel portale con decorazioni floreali, che immette in un meraviglioso cortile. E, per finire, il parco di villa Margherita, con i suoi giganteschi ficus risalenti all'Ottocento, e l'interessante orto botanico, il polmone verde della città.
Tra le chiese si distinguono la cattedrale dedicata a San Lorenzo, risalente al XV secolo, la chiesa delle Anime del Purgatorio, edificata nel 1688, dove sono custoditi i venti gruppi scultorei dei Misteri di Trapani, portati in processione il Venerdì Santo, il trecentesco ex convento dei Carmelitani, sede del Museo Regionale Pepoli, con una ricca collezione di arti figurative e uno splendido chiostro.

INFO

IAT di Trapani • Piazza Saturno, Trapani • 0923 29000 • www.comune.trapani.it/turismo

Museo della Torre di Ligny • Via Torre di Ligny, Trapani • 0923 547275 • Aperto da ottobre ad aprile dal martedì al sabato 10-12.30 e 16-18.30, domenica e festivi solo il pomeriggio; da maggio a settembre tutti i giorni 10-12.30 e 17-19.30 • Costi: ingresso gratuito

Villino Nasi • Via Catulo Lutazio, Trapani • Aperto previo appuntamento con il custode • Costi: ingresso gratuito

Parco Villa Margherita • Viale Regina Margherita, Trapani • Costi: ingresso gratuito

Museo Regionale Pepoli • Via Conte Agostino Pepoli 180, Trapani • 0923 553269 • Aperto 9-13.30; martedì, giovedì e sabato fino alle 19.30; domenica e festivi fino alle 12.30 • Costi: 3/6 €

8

Paceco

Le saline

Se da Trapani si procede in direzione di Marsala si incontrano le antiche saline, oggi protette da una riserva naturale gestita dal WWF. Un suggestivo ambiente salmastro abitato da circa 170 specie di uccelli, tra i quali fenicotteri, cicogne, gru e aironi. Le visite guidate, della durata media di due ore, vengono organizzate tutto l'anno (da luglio a settembre è possibile assistere anche alla raccolta del sale). Un'antica fattoria-fortezza in contrada Nubia ospita l'interessante Museo del Sale, dove vengono illustrate le diverse fasi della produzione del sale e si mostrano gli attrezzi utilizzati per l'estrazione e la raccolta. Proseguendo verso Marsala si possono osservare numerose altre saline, in parte non più attive, con i caratteristici mulini a vento utilizzati per pompare l'acqua di mare.

INFO

Pro Loco di Paceco • 0923 881991 • www.comune.paceco.tp.it

Riserva Naturale Orientata Saline di Trapani e Paceco • 0923 867700 • www.wwfsalineditrapani.it • Visite guidate mercoledì, venerdì e sabato, previa prenotazione • Costi: visite gratuite

Museo del Sale • Via Chiusa, località Nubia, Paceco • 0923 867061 • www.museodelsale.it • Aperto tutti i giorni 10-17 • Costi: 1,50/2,50 €

Zoom

Erice

Erice è un antico borgo medievale le cui origini si perdono nella notte dei tempi. Questa graziosa cittadina, che sorge sulla cima di Monte San Giuliano, sopra Trapani, è da visitare a piedi, camminando lungo le stradine che attraversano il centro storico e conducono ai giardini terrazzati del Balio e alle rovine del castello normanno. Tra i monumenti da vedere anche il duomo trecentesco, le mura puniche, il quartiere spagnolo e i cortili delle vecchie abitazioni.
Prima di lasciare Erice, vale la pena fermarsi in una delle numerose botteghe artigiane, dove si produce la tradizionale ceramica ericina.

Erice Tourism • Via Pepoli 11, Erice • 348 6912335 • Pagina Facebook: Erice Tourism

Dove dormire

TRAPANI

UN MARE DI COLORI

Nel centro storico di Trapani, in una bella casa del Novecento, un b&b dove si alloggia in camere con servizi privati contraddistinte da colori diversi. Il mare dista solo 300 metri e i clienti hanno a disposizione cassaforte e aria condizionata, oltre all'uso della cucina e della lavatrice. Offerte last minute nei periodi di bassa stagione.

INFO

Casatrapani b&b • Via Livio Bassi 196, Trapani • 333 5322010 • www.casatrapani.it • Costi: camera singola 30/35 €, doppia 40/70 € (prima colazione inclusa)

AL MACCOTTA, NEL CUORE DI TRAPANI

Per chi ama la semplicità, non c'è albergo migliore del Maccotta. Recentemente ristrutturato, si affaccia su una delle suggestive viette del centro storico di Trapani, a poche centinaia di metri dal porto e dalla stazione. Tra i servizi, la possibilità di noleggiare biciclette, auto e moto, oltre al transfer da e per l'aeroporto.

INFO

Albergo Maccotta • Via Degli Argentieri 4, Trapani • 0923 28418 • www.albergomaccotta.it • Costi: camera singola 30/40 €, doppia 55/75 €

PACECO

L'HOTEL CON AREA CAMPER LE SALINE

In tutta la zona, questa è l'unica struttura che, oltre alle tradizionali stanze d'albergo, mette a disposizione un'area attrezzata per camper. Le camere, ognuna contraddistinta da un colore diverso, sono provviste di impianto di climatizzazione, balconcino e servizi privati. Ristorante-pizzeria e autonoleggio convenzionato, transfer da e per l'aeroporto.

INFO

Le Saline • Contrada Nubia, Paceco • 0923 1941502 • www.lesalinehotel.com • Costi: camera singola 40/60 €, doppia 50/80 € (prima colazione inclusa)

LE COLAZIONI TRAPANESI DI MARIA

Il Casolare nelle Saline è conosciutissimo per le colazioni della proprietaria, Maria, ogni giorno diverse, e sempre a base di specialità trapanesi. Anche le stanze sono all'altezza della fama di questo b&b, arredate in stile rustico, in una casa di campagna all'interno della riserva delle saline. Parcheggio privato e noleggio di biciclette.

INFO

B&B Casolare nelle Saline • Via Murana 25, località Nubia, Paceco • 0923 868020 • www.casolarenellesaline.it • Costi: camera singola 40/60 €, doppia 60/80 €

Dove mangiare e bere

TRAPANI

LA PIZZA CON MOLLICA ABBRUSTOLITA E AGLIO DEL CALVINO

Una delle migliori pizze di Trapani si mangia al Calvino, complice anche la suggestiva location, un edificio dall'architettura arabeggiante nei pressi del vecchio carcere. La pizza viene servita su un vassoio già tagliata a spicchi, anche in versioni insolite come la Rianata, con pomodori a pezzi, acciughe, origano, mollica di pane abbrustolita e aglio. Niente pranzi però, la pizzeria Calvino è aperta solo a cena!

INFO

Pizzeria Calvino • Via Nasi 71, Trapani • 0923 21464 • Pagina Facebook: Pizza di Calvino (Trapani) • Chiuso martedì e a pranzo • Costi: 8/12 €, bevande escluse

CANTINA PRIMA, TRATTORIA POI

Questo locale, nato nel 1912 come cantina e trasformato in trattoria nel 1958, è uno dei punti di riferimento dell'enogastronomia trapanese. In tavola sarde marinate nell'aceto e poi infarinate e fritte, bruschette con bottarga, gamberi in olio e limone, cous cous di pesce alla trapanese, pesce spada con pomodorini, capperi e mandorle e altre specialità locali. Ottima carta dei vini.

INFO

Cantina Siciliana • Via Giudecca 36, Trapani • 0923 28673 • Aperto tutti i giorni • www.cantinasiciliana.it • Costi: 23/28 €, bevande escluse

PACECO

SOTTO LE VOLTE DEL VECCHIO MULINO

In un vecchio mulino ristrutturato, vicino al Museo del Sale, questa graziosa trattoria serve, in una sala dalle volte in pietra o nella veranda esterna, abbondanti antipasti rustici, pasta casareccia con pesto trapanese a base di pomodoro, mandorle, aglio e olio, pesce al sale, cous cous alla trapanese e cassatelle alla ricotta.

INFO

Trattoria del Sale • Via Chiusa, località Nubia, Paceco • 338 3915967 • Aperto tutti i giorni • Costi: 18/24 €, bevande escluse

IL MENU TURISTICO/DOMENICALE DELLA TORRE DI NUBIA

Se non avete voglia di scegliere alla carta (anche se i piatti proposti sono davvero tanti e tutti buonissimi), potete optare per il menu turistico che, a soli 20 euro, comprende bruschetta, busiate alla Norma, penne con gamberi e mentuccia, orata, insalata e sorbetto. La domenica a pranzo potete gustare altre proposte culinarie particolarmente interessanti a 25 euro.

INFO

La Torre di Nubia • Via Garibaldi 189, località Nubia, Paceco • 0923 867300 • www.latorredinubia.com • Chiuso martedì • Costi: menu turistico/domenicale 20/25 €

Trasporti e collegamenti

IN AEREO

Dall'aeroporto di Trapani partono voli diretti per Bergamo-Orio al Serio, Roma, Pisa e Bologna • Località Birgi, Marsala-Trapani • 0923 610111 • www.airgest.it

IN TRENO

La stazione FS di Trapani si trova sulla linea ferroviaria Palermo-Trapani.

IN AUTO

Trapani si raggiunge con l'autostrada A29 Palermo-Trapani.

IN AUTOBUS

Trapani è servita dai bus dell'AST Azienda Siciliana Trasporti • 0931 464820 • www.aziendasiciliana-trasporti.it

20.

Sardegna

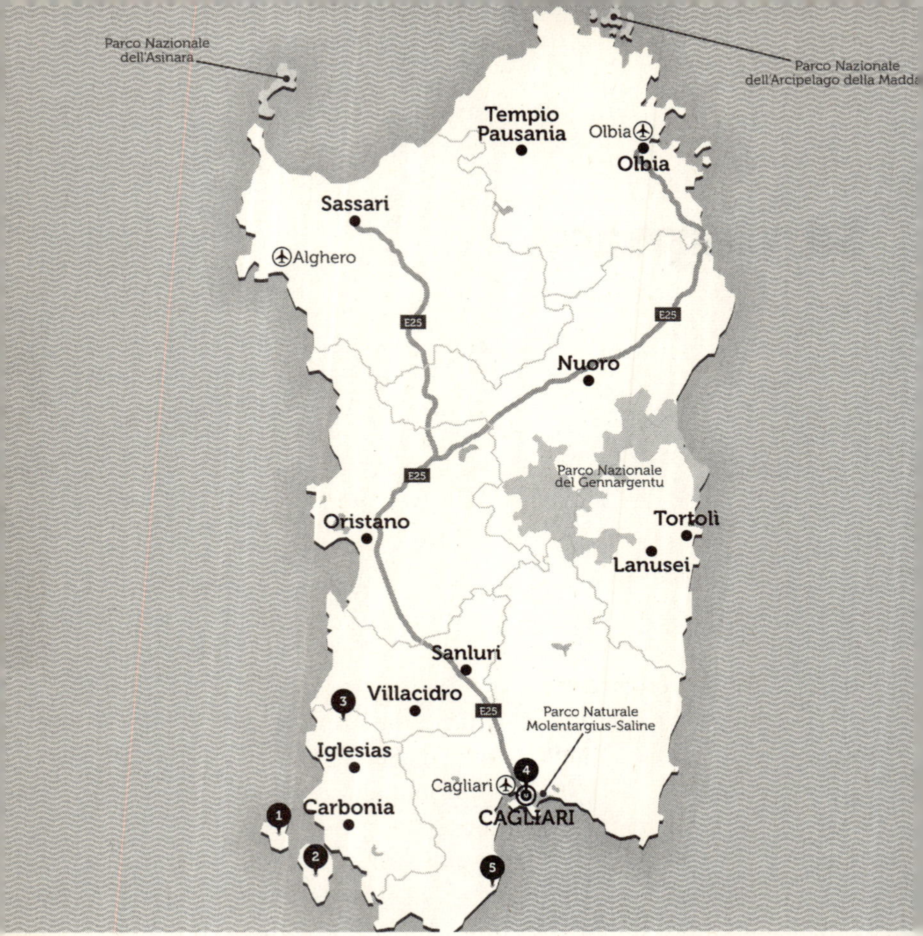

Sardegna

1. Isola di San Pietro (CI)
2. Isola di Sant'Antioco (CI)
3. Fluminimaggiore (CI)
4. Cagliari
5. Pula (CA)

San Pietro e Sant'Antioco

Tonnare, miniere, piscine naturali e siti archeologici

Fa uno strano effetto essere in Sardegna, sentir parlare il dialetto ligure e passeggiare costeggiando case che nelle forme e nei colori ricordano i borghi marinari della Liguria. È la storia degli abitanti di Carloforte, nell'isola di San Pietro, a spiegarci i motivi di questa insolita lingua, così come l'origine del nome di questa piacevole cittadina affacciata sul mare. Nell'isola di Sant'Antioco, oggi collegata alla terraferma da un ponte, si torna nella Sardegna vera, quella delle torri aragonesi, dei nuraghi, del porceddu e del mirto.

Isola di San Pietro

1 Isola di San Pietro

Se non lo sapeste, non pensereste mai di essere in Sardegna. L'antica Ynsm fenicia e Accipitrum Insula romana, una delle presunte tappe di San Pietro durante il viaggio verso Roma nel I secolo d.C., è stata abitata stabilmente solo dal 1738, quando Carlo Emanuele III di Savoia vi trasferì uomini e donne di origine ligure – in particolare di Pegli – che da molte generazioni vivevano a Tabarka, una piccola città tunisina con i fondali ricchi di corallo. Distrutti i banchi di preziosi rametti rossi, i tabarkini si ritrovarono a dover sopravvivere in una terra sterile, lontano dalla loro Liguria, finché furono salvati dal re che, desideroso di colonizzare le coste sarde, assegnò loro quest'isola disabitata. In onore del loro benefattore, i nuovi abitanti chiamarono Carloforte il villaggio dove si insediarono (Carlo quanto sei forte!).

Il paese è l'unico centro abitato dell'isola. Per visitarlo, non c'è niente di meglio di una passeggiata fra gli stretti caruggi, anticamente popolati da pescatori, fino al lungomare Battellieri, su cui si affacciano eleganti palazzi settecenteschi e ottocenteschi, un tempo di proprietà degli armatori che trasportavano via mare i minerali estratti dalle vicine miniere, situate soprattutto sull'isola madre. Anche San Pietro aveva la sua piccola miniera di manganese, nei pressi di Capo Becco. Chiusa definitivamente nel 1977, la zona mineraria, dove purtroppo alcune gallerie d'ingresso sono crollate, conserva ancora il piccolo villaggio dei minatori, gli altoforni, la teleferica, che serviva per il trasporto dei minerali, e il vecchio generatore di corrente.

Ma l'isola di San Pietro, oltre che per le miniere e per il borgo ligure di Carloforte, è nota soprattutto per la tonnara, una delle più antiche tra quelle ancora attive – anche se principalmente per fini turistici – nel Mediterraneo (chi vuole può assistere alla mattanza, seguendola dalle barche o in acqua, accompagnato dai sub del Diving Center Tonnare di Carloforte). Qui ogni anno, tra gli ultimi giorni di maggio e i primi di giugno, si svolge infatti la manifestazione Girotonno, un festival in cui sei chef provenienti da sei Paesi diversi cucinano le loro ricette, poi giudicate da una giuria di giornalisti. L'evento è aperto al pubblico, che può presenziare alla preparazione e prendere parte alle degustazioni, acquistando un biglietto al costo di 15 euro che dà diritto a un assaggio di sette antipasti, tre primi, quattro secondi, frutta e dolce.

Ultime e imperdibili tappe prima di lasciare l'isola, oltre alle antiche saline ormai non più attive ma abitate da fenicotteri rosa, sono le numerose spiagge sabbiose, per esempio la piscina naturale del Troggiu, raggiungibile solo a piedi, percorrendo un breve sentiero nei pressi della centrale solare ed eolica dell'isola. Nella vicina Oasi Lipu, che protegge una scogliera a picco sul mare, nidificano alcune decine di coppie del raro falco di Eleonora, conosciuto anche come falco della regina, che arriva dal Madagascar.

INFO

Pro Loco di Carloforte • Corso Tagliafico 2, Carloforte • 0781 854009 • www.carloforte.it

Miniera di Capo Becco • Capo Becco, Carloforte • La miniera è proprietà privata, le gallerie non sono accessibili ma si possono vedere dall'esterno le vecchie installazioni

Girotonno • Carloforte, isola di San Pietro • www.girotonno.it • Fine maggio-inizio giugno • Costi: degustazione 15 €

Oasi Lipu • Carloforte, isola di San Pietro • 338 2776307 • www.lipu.it/oasi-di-carloforte-cagliari • Aperto previo contatto con il responsabile dell'oasi • Costi: ingresso gratuito

Isola di Sant'Antioco

2 Isola di Sant'Antioco

Sant'Antioco è la quarta isola italiana per dimensioni, anche se oggi è collegata alla terraferma da un ponte e da un sottile istmo, lungo 5 chilometri, creato da sedimenti marini. Il suo nome deriva, secondo la leggenda, da un medico orientale in fuga dalle persecuzioni dei cristiani.

All'interno dell'isola si visitano insediamenti nuragici e prenuragici sul pendio della collina De is Baccas, nei dintorni di Triga e a Grutti Acqua. I reperti archeologici provenienti dagli scavi, insieme ad altri oggetti ritrovati negli insediamenti del Sulcis, sono conservati nel Museo Archeologico Comunale. Da vedere il forte sabaudo Su Pisu, situato nel punto più alto e panoramico del paese di Sant'Antioco, proprio nel luogo in cui sorgevano le mura puniche.

Il tour, organizzato dalla cooperativa Archeotur, comprende anche un villaggio ipogeo, il Museo Etnografico e un Tofet, un'area sacra in cui si bruciavano bambini e animali morti.

Prima di lasciare Sant'Antioco fermatevi a fare il bagno in una delle numerose spiagge sabbiose o di ciottoli, tra le quali si distinguono quelle di Portixeddu, Coaquaddus e Cala Lunga.

INFO

Cooperativa Archeotur • Via Foscolo 4, Sant'Antioco • 0781 800596 • www.archeotur.it • Siti aperti tutti i giorni 9.30-13 e 15-18 • Costi: biglietto cumulativo 8/13 €

Museo Archeologico Comunale • Via Sabatino Moscati, Sant'Antioco • 0781 82105 • Aperto tutti i giorni 9-19 • Costi: 3,50/6 €

Forte Su Pisu • Via Castello, Sant'Antioco • 0781 800596 • Aperto 9.30-13 e 15-18, nei mesi estivi 9-20 • Costi: 2,50 €

Museo Etnografico • Via Necropoli, Sant'Antioco • 0781 83590 • Aperto tutti i giorni 9.30-13 e 15-18, nei mesi estivi 9-20 • Costi: 3 €

3 Fluminimaggiore

Zoom

Il tempio di Antas a Fluminimaggiore

Poco prima del paese di Fluminimaggiore si incontra lo splendido tempio di Antas, una delle mete archeologiche più interessanti della Sardegna. Edificato nel I secolo a.C. sui resti di un precedente santuario nuragico e di un luogo di culto cartaginese, è stato dedicato al dio Sardus Pater. Con le sue sei colonne (quattro frontali e due laterali) è particolarmente suggestivo, anche per l'ubicazione nella valle. Nei dintorni, visitate la necropoli, le cave romane e i resti di un antico villaggio nuragico.

Tempio di Antas • Località Antas, Fluminimaggiore • 0781 580990 • Aperto 9.30-16.30, nei mesi estivi fino alle 19.30; chiuso lunedì • Costi: 3/4 €

Dove dormire

ISOLA DI SAN PIETRO

WELCOME TO THE HOTEL CALIFORNIA

Joe, il proprietario, è nato in California, e ci tiene a farlo presente a tutti. Non è quindi un caso che fuori da questo piccolo e grazioso albergo sventoli la bandiera bianca e rossa con l'orso. L'hotel, a conduzione familiare, raggiungibile anche a piedi dal porto di Carloforte, ha camere semplici, dotate di servizi privati, e monolocali con angolo cottura.

INFO

Hotel California • Via Cavallera 15, Carloforte • 0781 854470 • www.hotelcaliforniacarloforte.com • Costi: camera singola 40/80 €, doppia 60/100 €; appartamenti 25/50 € a persona (prima colazione inclusa)

IL B&B ECOSOSTENIBILE

L'edificio è stato ristrutturato secondo i canoni della bioedilizia, con prodotti rigorosamente naturali. L'arredamento è un po' rétro, rustico ma al contempo chic, con armadi vecchio stile dipinti a mano, porte colorate e comò di legno. Tutte le camere si affacciano sulla piazzetta. Buona la prima colazione.

INFO

Il Ghiro • Via Solferino 1, Carloforte • 338 2050553 • www.carlofortebedandbreakfast.it • Costi: camera singola 30/50 €, doppia 50/85 € (prima colazione inclusa)

ISOLA DI SANT'ANTIOCO

I BENEFICI DELLA CROMOTERAPIA

L'Hotel I Colori crede fermamente negli effetti benefici della cromoterapia, tanto che le sue tredici stanze si ispirano ciascuna a un colore diverso.
Prima di prenotare consultate il sito e scegliete la camera che più si addice al vostro carattere: se è ancora disponibile, i gestori saranno ben felici di riservarla per voi. Centro benessere con bagno turco, sauna, percorso kneipp e idromassaggio.

INFO

I Colori • Via Nazionale 89, Sant'Antioco • 0781 841142 • www.hotelicolori.it • Costi: camera singola 50/85 €, doppia 70/110 € (prima colazione inclusa)

L'HOTEL DEL CORSO DI SANT'ANTIOCO

Proprio sopra il centrale Caffè del Corso, si trova questo piccolo hotel a tre stelle recentemente ristrutturato, con ampie e luminose camere dotate di aria condizionata e servizi privati.
Personale cortese e ottime prime colazioni incluse nel prezzo.
Per visitare i siti archeologici dell'isola o fare il bagno nell'acqua cristallina di questo magico angolo di Sardegna, non c'è punto di partenza migliore dell'Hotel del Corso.

INFO

Hotel del Corso • Corso Vittorio Emanuele 32, Sant'Antioco • 0781 800265 • www.hoteldelcorso.it • Costi: camera singola 44/60 €, doppia 69/100 € (prima colazione inclusa)

Dove mangiare e bere

CARLOFORTE

UNA CENA A TUTTO TONNO

L'abbondante antipasto di tonno è da solo quasi un pranzo completo. Si può poi proseguire con il pasticcio di Carloforte, gli spaghetti alla Galaia, con vongole, cozze e bottarga, la panissa alla bottarga e, ovviamente, il tonno, preparato in modi diversi.
Molto fornita la cantina, con vini sardi e di buona qualità.
Ambiente gradevole, con le pareti bianche e il soffitto dalle travi color azzurro come il mare.

INFO

A Galaia • Via Don Nicolò Segni 36, Carloforte • 0781 854081 • Chiuso lunedì • Costi: 22/25 €, bevande escluse

LA SEMPLICITÀ A TAVOLA

Giacomo e Gianpaolo sono fieri dei loro piatti, che consigliano personalmente ai clienti, a seconda del menu del giorno.
In questa trattoria si assaggia la vera cucina carlofortina, come il cous cous di verdure, il baccalà alla genovese, l'immancabile tonno e gli spaghetti alla bottarga. Ambiente rustico, discreto e buoni vini a prezzi più che ragionevoli.

INFO

La Cantina • Via Gramsci 34, Carloforte • 0781 854588 • www.carloforte.com/lacantina • Aperto tutti i giorni • Costi: 20/25 €, bevande escluse

SANT'ANTIOCO

DAL PESCATORE AL CONSUMATORE

Nello stagno di Cirdu si pesca e si allevano cozze, vongole e arselle, che arrivano direttamente sulla tavola di questo bel ristorante, dove si serve un conveniente menu fisso con antipasti, un primo piatto (cous cous di tonno, riso alla pescatora o spaghetti ai ricci), fritto misto di paranza e un onesto vino sfuso.

INFO

La Laguna a Tavola • Località Stagno di Cirdu, Sant'Antioco • 347 0323404 • Pagina Facebook: Ittiturismo "La Laguna a tavola" • Chiuso lunedì • Costi: menu fisso 25 €, bevande escluse

AMBIENTE RUSPANTE, CUCINA SQUISITA

Si dice che nelle trattorie più ruspanti si nasconde il cibo migliore e mai proverbio è stato più vero.
Da Silvana i tavoli sono di plastica e le tovaglie di carta, ma i piatti di pesce sono impareggiabili: linguine con arselle, grigliate o fritture e, per finire, un bicchierino di mirto.
La sala è spesso molto affollata, quindi è consigliabile prenotare, specie nei fine settimana.

INFO

Da Silvana • Località Is Loddus, Sant'Antioco • 0781 83756 • Chiuso martedì • Costi: 22/24 €, bevande escluse

Trasporti e collegamenti

IN AEREO
L'aeroporto più vicino è quello di Cagliari • Via dei Trasvolatori, Elmas • 070 211211 • www.sogaer.it

IN TRENO
La stazione ferroviaria più vicina è quella di Carbonia Serbariu.

IN AUTO
Da Cagliari prendete la SS 130 in direzione Iglesias. Poi seguite le indicazioni per Villamassargia e Carbonia. Giunti al bivio di Carbonia-Sirai proseguite per Portovesme o deviate per Calasetta.

IN AUTOBUS
I porti di imbarco per l'isola di San Pietro e Sant'Antioco sono raggiungibili con i bus dell'ARST • 800 865 042 • www.arst.sardegna.it

IN TRAGHETTO
Per arrivare sull'isola di San Pietro ci si deve imbarcare sui traghetti Saremar e Delcomar in partenza dai porti di Portovesme e Calasetta. Le ultime corse sono tra le 22 e le 23 (costi del biglietto: 4,70/5,50 €).
Saremar • 199 118877 • www.saremar.it
Delcomar • 0781 857123 • www.delcomar.it

Cagliari e Nora

La porta della Sardegna e la più antica città dell'isola

Cagliari non è solo il capoluogo della Sardegna, ma anche una delle due principali porte d'accesso all'isola. Spesso trascurata dai turisti, la città offre al visitatore curioso numerosi musei, il caratteristico quartiere di Castello, un insolito mondo sotterraneo, una movimentata vita notturna, la vivacità del porto e la lunga spiaggia del Poetto. Nora è invece la città più antica della Sardegna, probabilmente abitata sin dal 750 a.C. Oggi si presenta con un affascinante e in parte ancora misterioso sito archeologico. Gli ingredienti giusti per un weekend all'insegna dell'arte e del divertimento.

Cagliari

4
Cagliari

Cagliari, famosa per le sue meravigliose spiagge di sabbia bianca e per il suo mare cristallino, per le calette nascoste, i porticcioli, le darsene e i pontili, è anche una città d'arte dal grande fascino. Purtroppo solo in pochi conoscono le sue bellezze, i suoi musei e le sue chiese, in cui risplende l'anima medievale del quartiere di Castello che, dal colle sul quale sorge, domina la città nuova e il porto. Si raggiunge a piedi o utilizzando uno degli ascensori che lo collegano alla città bassa. È ancora in gran parte protetto dalle mura e vi si possono ammirare numerosi palazzi, le cui facciate esibiscono ancora gli eleganti stemmi nobiliari delle famiglie che li abitavano. Il più bel punto panoramico è la maestosa terrazza Umberto I, che appartiene al Bastione Saint Remy, progettata nel 1896 insieme alla bella passeggiata coperta. Camminando per il centro si incontrano la chiesa della Speranza, costruita tra il XV e il XVI secolo in stile gotico-catalano, e la cattedrale di Santa Maria. Nel vecchio arsenale piemontese, tra Porta Cristina e piazza Indipendenza, si visita invece la Cittadella dei Musei, sede del Museo Archeologico Nazionale e della Pinacoteca Nazionale che, attraverso bronzetti nuragici e retabli sardi e catalani del Quattrocento (grandi pannelli dipinti simili alle pale d'altare), ripercorrono la storia dell'isola. Il complesso espositivo ospita anche la Collezione delle Cere Anatomiche e il Museo d'Arte Siamese.

Il Museo del Tesoro di Sant'Eulalia, nel quartiere Marina, conserva oggetti religiosi provenienti da alcune chiese della cittadina ed è il punto di accesso all'area archeologica sotterranea, in cui sono stati portati alla luce una cisterna scavata nella roccia e una strada (il biglietto d'ingresso per il museo vale anche per l'area archeologica).

Se il Castello è il luogo della cultura, il quartiere Marina è quello del divertimento e della movida, ma anche delle spiagge più belle. Per fare una rilassante passeggiata sul lungomare si può andare, anche con i mezzi pubblici, al Poetto, magari programmando un'escursione alla Sella del Diavolo, il promontorio in cui si incontrano ancora vecchie postazioni militari abbandonate risalenti alla Seconda guerra mondiale.

INFO

IAT di Cagliari • Piazza Matteotti 9, Cagliari • 070 669255 • www.cagliariturismo.it

Cittadella dei Musei • Piazza Arsenale, Cagliari • 070 6757627 • Aperto dal martedì alla domenica 9-20, chiuso lunedì • Costi: 5/10 €

Museo del Tesoro di Sant'Eulalia • Vico del Collegio 2, Cagliari • 070 663724 • Aperto dal martedì alla domenica 10-13 e 17-20, chiuso lunedì • Costi: 2/4 €

5

Pula

Pula e l'antica Nora

Una quarantina di chilometri separa Cagliari da Nora, la più antica città sarda, che si trova nel comune di Pula. Le origini di questo importante porto dominato dall'altura di Coltellazzo risalgono al 750 a.C., anche se il luogo fu probabilmente abitato in passato da popolazioni nuragiche. Fenicia e poi cartaginese, Nora fu quindi la sede del governatorato romano, prima che venisse trasferito a Karalis, l'attuale Cagliari. Abbandonata definitivamente nell'VIII secolo, è stata «riscoperta» nel 1952, quando gli archeologi hanno iniziato a scavare nell'area del pro-

montorio di Capo di Pula, separato dalla terraferma da un istmo e dominato da una torre di avvistamento. Oggi si possono visitare la necropoli, numerose abitazioni di epoca fenicia e cartaginese, alcune tombe, il foro romano, un tempio, il macellum (mercato), un piccolo teatro e un grande stabilimento termale del II secolo d.C.
Nel punto più alto del promontorio si incontra un affascinante complesso di santuari, tra cui quello dedicato a Esculapio.
Nora ha anche una bella spiaggia di sabbia bianca dove rilassarsi e fare un bagno.

INFO

Pro Loco di Pula • Casa Frau, piazza del Popolo 55, Pula • 347 2377842 • Pagina Facebook: Pro Loco Pula

Area Archeologica di Nora • Località Nora, Pula • 070 921470 • Aperto dalle 9 al tramonto • Costi: 4,50/7,50 €

Zoom

Il Parco Molentargius-Saline

Il Parco Naturale Molentargius-Saline, nelle vicinanze di Cagliari, è composto da alcuni stagni di acqua dolce e salata e da un vasto sistema di saline – le più importanti della Sardegna –, non più in attività dal 1985. Questo vasto ambiente lacustre rappresenta oggi uno dei siti più importanti in Europa per la sosta e la nidificazione di numerose specie di uccelli acquatici e ospita una grande colonia di fenicotteri rosa, che si possono ammirare visitando il parco in bicicletta, a cavallo, in battello, in minibus elettrico o a piedi, lungo le stradine e i sentieri che attraversano questa interessante area naturalistica.

Parco Molentargius-Saline • 070 379191 • www.parcomolentargius.it

Dove dormire

CAGLIARI

L'EX MONASTERO NEL QUARTIERE MARINA

In cima alla scalinata di piazza San Sepolcro, in un antico monastero del quartiere Marina, l'Hostel Marina dà il benvenuto ai suoi clienti in camere singole, doppie o a più letti, talvolta con graziosi soppalchi, tutte dotate di servizi privati. Nel cortile interno con gazebo ci si può sedere a fare colazione o per una pausa relax dopo una giornata al mare.

INFO

Hostel Marina • Scalette San Sepolcro 2, Cagliari • 070 670818 • www.hostelmarinacagliari.com • Costi: camera singola 25 €, doppia 40 €, posto letto 20 € (prima colazione inclusa)

COCCOLE AL CRISARIPA ♥

Salottino, camera e bagno, tutto in una sola stanza. Al b&b Crisaripa, gli ospiti vengono coccolati in tutti i modi: lavanderia, garage, parrucchiere, estetista, babysitting e colazione in camera. Il palazzo è del Seicento, nel cuore del quartiere di Castello, ed è stato ristrutturato preservando gli elementi architettonici originali d'epoca. I bambini fino a tre anni non pagano.

INFO

B&B Crisaripa • Via Canelles 104, Cagliari • 347 9230287 • www.crisaripa.it • Costi: camera singola 60/70 €, doppia 80/90 € (prima colazione inclusa)

PULA

A POCHI PASSI DALLA SPIAGGIA DI NORA

Le camere sono solo tre (con bagno privato in una, in comune nelle altre due), ma in questa villetta in stile rustico, situata in una zona tranquilla a pochi passi dalla spiaggia di Nora, non mancano certo gli spazi in cui rilassarsi. Per esempio il bel giardino con veranda, sempre curatissimo, dove la colazione acquista un sapore particolare...

INFO

Le Quattro Mura • Via Sant'Efisio 51, Pula • 393 6585921 • www.le4mura.it • Costi: camera singola 25/35 €, doppia 50/90 € (prima colazione inclusa)

NELLA SARDEGNA ANCESTRALE

Il nome deriva da un'antica pietra ritrovata nell'uliveto, che in epoca nuragica sembra essere stata un altare. Si alloggia in luminose camere con servizi privati, arredate in tipico stile sardo e con quadri di un pittore oristanese. Colazione con prodotti locali e possibilità di mangiare nel ristorante dell'agriturismo.

INFO

Pedra de Mari • Località Santa Barbara, Pula • 349 0024331 • www.pedrademari.com • Costi: camera singola 40/56 €, doppia 50/70 € (prima colazione inclusa)

Dove mangiare e bere

CAGLIARI

LA PIZZA CARCIOFI E BOTTARGA DEL FANTASMA2

Difficile scegliere una sola pizza dal lunghissimo menu: la prima cosa che vi verrà in mente sarà di ordinarne almeno due. Se poi l'occhio vi cade sulla Carlofortina, con tonno, pesto e pomodoro, e su quella con carciofi e bottarga, la decisione sarà davvero ardua. Se invece non volete la pizza, ordinate un buon piatto di carne o salumi e formaggi.

INFO

Il Fantasma2 • Via San Domenico 77, Cagliari • 070 655016 • Chiuso lunedì a pranzo • Costi: 15/18 €, bevande escluse

CUCINA SARDA, ETNICA E PIZZE ALL'OCA BIANCA

Nel cuore del vivace quartiere Marina, affacciato sulla via pedonale, un locale moderno dove provare piatti della cucina locale ed etnica, oltre a buone pizze. Nel menu avocado, ceci e rucola, tomino grigliato al miele di corbezzolo, trofie al ragù di pesce spada, riso venere scampi e radicchio, costate di cavallo, agnello, manzo e bistecche di pesce.

INFO
L'Oca Bianca • Via Napoli 38, Cagliari • 070 664339 • www.locabiancacagliari.it • Chiuso domenica • Costi: 15/22 €, bevande escluse

QUANDO L'OCCHIO NON VUOLE LA SUA PARTE

Non si può certo dire che il locale sia elegante. L'arredamento semplice, le stoviglie bianche old style e le tovaglie a quadri ne fanno un locale d'altri tempi, dove non viene fatta nessuna concessione all'estetica. Ma in compenso i piatti, che variano a seconda del pescato del giorno, sono generalmente ottimi e abbondanti.

INFO
La Balena • Via Santa Gilla 125, Cagliari • 070 288415 • Pagina Facebook: La Balena • Chiuso domenica e sabato a pranzo • Costi: 20/25 €, bevande escluse

PULA

QUANDO LA PIZZA È UNA DELLE POCHE CERTEZZE

Eleonora, nei pressi della piazza principale di Pula, è una delle certezze fra le pizzerie di questo angolo di Sardegna. Le pizze, anche di grandi dimensioni per più commensali, sono sempre di ottima qualità, preparate usando solo farine locali. La Bacio di Sole è condita con pomodorini coltivati in zona ed è buona anche quella con salsiccia fresca e patate. Attenzione però: il locale apre la sera, mai a pranzo.

INFO
Eleonora • Via Nora 35/37, Pula • 070 9245638 • Pagina Facebook: Ristorante Pizzeria Eleonora • Chiuso mercoledì • Costi: 12/15 €, bevande escluse

LA CASA-RISTORANTE NEL CAMPIDANESE

Su Furriadroxu è il nome delle case dei villaggi del campidanese, di cui questo ristorante rispetta tutte le caratteristiche: ci sono infatti il portale, la corte, la sala e il loggiato.
Un piccolo angolo incantato nel centro di Pula, dove viene proposta la vera cucina sarda, anche sotto forma di ottimi spuntini. Da non perdere la ricotta affumicata con bottarga di muggine, la fregola con ragù di capra e, a chi piace, il tradizionale porceddu allo spiedo. Meglio prenotare.

INFO
Su Furriadroxu • Via XXIV Maggio, S'Arruga de su Soddu 11, Pula • 070 9246148 • www.sufurriadroxu.it • Chiuso mercoledì • Costi: 22/27 €, bevande escluse

Trasporti e collegamenti

IN AEREO

All'aeroporto di Cagliari atterrano voli provenienti dalle principali città italiane • Via dei Trasvolatori, Elmas • 070 211211 • www.sogaer.it

IN TRENO

La stazione FS di Cagliari collega la città a Olbia, Sassari, Oristano e Porto Torres.

IN AUTO

Per raggiungere Cagliari da Porto Torres e da Sassari si percorre la SS 131 Carlo Felice.

IN AUTOBUS

Cagliari è collegata al resto della Sardegna dai bus dell'ARST • 800 865 042 • www.arst.sardegna.it

IN TRAGHETTO

Al porto di Cagliari arrivano i traghetti della Tirrenia provenienti da Civitavecchia, Napoli, Palermo e Trapani • 892 123 • www.tirrenia.it

Ringraziamenti

Se questo libro vi piacerà sarà anche merito di tutti coloro che lo hanno reso possibile – già, perché dietro ogni volume non c'è solo l'autore ma anche un'elaborazione collettiva – con idee, proposte, suggerimenti e un lavoro certosino di editing. Grazie quindi a Valeria, Marianna e a chi mi ha in qualche maniera accompagnato nell'avventura.

Indice dei luoghi

TRENTINO-ALTO ADIGE

VENETO

FRIULI-VENEZIA GIULIA

LIGURIA

EMILIA-ROMAGNA

MOLISE

PUGLIA

BASILICATA

CALABRIA

SICILIA

SARDEGNA

GUIDE LOW COST BUR

Belle, originali, economiche, smart!

"Lo sterminato archivio di Tripadvisor arriva su carta, gestito però secondo un principio gerarchico estremamente meno dispersivo del sito."

la Repubblica

L'unica guida alle bellezze d'Italia garantita dai viaggiatori.

"In 260 pagine una guida alle 194 etichette con il miglior rapporto qualità/prezzo."

la Repubblica

Una guida rivoluzionaria che cambierà il vostro modo di accostarvi al vino.

ITALIA
LOW COST

BUR Varia
pp. 384 • 12,90€
ISBN 978-88-17-07145-1

GRANDI VINI
A PREZZI LOW COST

BUR Varia
pp. 264 • 12,90€
ISBN 978-88-17-07392-9

"La guida perfetta per godersi
la Città Eterna senza preoccuparsi
di prosciugare il conto corrente."

Vanity Fair

Una guida ricchissima
per non perdersi nulla tra le mille
opportunità offerte dalla Città Eterna.

....

Tutti gli indirizzi
e le cose da fare per godere
al meglio la città che il mondo ci invidia.

"Un libro agile che svela il lato meno
conosciuto di Firenze."

Corriere Fiorentino

....

Itinerari e mete insolite
per esplorare con un piccolo budget
una regione esclusiva
e sorprendente.

ROMA
LOW COST

BUR Varia
pp. 352 • 9,90€
ISBN 978-88-17-06664-8

FIRENZE
LOW COST

BUR Varia
pp. 288 • 9,90€
ISBN 978-88-17-07448-3

LIGURIA
LOW COST

BUR Varia
pp. 448 • 9,90€
ISBN 978-88-17-07449-0

Finito di stampare nel marzo 2015 presso
Grafica Veneta - via Malcanton, 2 - Trebaseleghe (PD)

Printed in Italy

RCS
Libri

ISBN 978-88-17-08020-0